智能制造工程师系列

数字孪生技术及应用

——Process Simulate 从入门到精通

主　编　于福华　魏仁胜　董嘉伟
副主编　王亚东　吴俊杰　唐昊阳　文鼎灏
参　编　熊国灿　孟淑丽　顾　刚　李　硕

机械工业出版社

本书融合了数字孪生应用的基本知识、模型导入、装配操作、运动设置、场景搭建、时间序列和事件序列响应、PLC 编程、通信仿真、虚拟调试等内容。全书共分为 4 个项目，20 个典型工作任务。本着好学、好教、好用原则，从知识储备、案例分析、任务实操入手，着重培养读者胜任数字孪生应用相关岗位的职业技能，助力企业提升数字孪生应用能力。本书配有视频讲解、同步练习资料，为读者学习提供了便利。

本书实战性强，注重工程应用和实际操作，可作为工程技术人员在数字孪生工艺仿真产品开发过程中的参考书，也可作为应用型本科和高职院校智能制造等相关专业的教材。

本书配有教学视频（扫描书中二维码直接观看）及电子课件等教学资源，需要配套资源的教师可登录机械工业出版社教育服务网 www.cmpedu.com 免费注册后下载。

图书在版编目（CIP）数据

数字孪生技术及应用：Process Simulate 从入门到精通 / 于福华，魏仁胜，董嘉伟主编 . —北京：机械工业出版社，2023.1（2024.8 重印）
（智能制造工程师系列）
ISBN 978-7-111-72304-2

Ⅰ . ①数… Ⅱ . ①于… ②魏… ③董… Ⅲ . ①数字技术－应用－智能制造系统 Ⅳ . ① TH166-39

中国版本图书馆 CIP 数据核字（2022）第 252731 号

机械工业出版社（北京市百万庄大街 22 号 邮政编码 100037）
策划编辑：罗 莉 责任编辑：罗 莉
责任校对：樊钟英 梁 静 封面设计：鞠 杨
责任印制：单爱军
北京虎彩文化传播有限公司印刷
2024 年 8 月第 1 版第 3 次印刷
184mm × 260mm • 20.5 印张 • 496 千字
标准书号：ISBN 978-7-111-72304-2
定价：79.00 元

电话服务	网络服务
客服电话：010-88361066	机 工 官 网：www.cmpbook.com
010-88379833	机 工 官 博：weibo.com/cmp1952
010-68326294	金 书 网：www.golden-book.com
封底无防伪标均为盗版	机工教育服务网：www.cmpedu.com

二维码清单

数字孪生作为工业4.0与中国制造2025的关键核心技术之一，
相互关联的纽带。在产品研发过程中，数字孪生可以虚拟构建产品的数
行仿真测试和验证。在生产制造过程中，它可以模拟实际设备的运转和参
化。数字孪生能有效提升产品的可靠性和可用性，缩短产品研发的时间，降
程中的风险，促进企业范围内的制造过程信息协同与共享，减少制造规划的工
时间，能在整个过程的生命周期中模仿现实工艺流程，从而提高生产过程中产
质量。

本书实战性较强，注重工程应用和实际操作，可作为工程技术人员在数字孪生
仿真产品开发过程中的参考书，也可作为应用型本科和高职院校智能制造等相关专业的
材。本书以产教融合作为撰写依据，在理念、内容和形式上均进行改革。以项目为引领
任务为驱动，知识点学习融入在各项任务中，加深读者对数字孪生应用的理解，注重培养读者分析问题和解决问题的能力；充分调动读者的兴趣、提高创新和拓展的能力，使读者能够胜任数字孪生应用和数字化工艺仿真的相关岗位。

本书融合了数字孪生应用的基本知识、模型导入、装配操作、运动设置、场景搭建、时间序列和事件序列响应、PLC编程、通信仿真、虚拟调试等内容。全书共分为4个项目，20个典型工作任务。本着好学、好教、好用原则，从知识储备、案例分析、任务实操入手，着重培养读者胜任数字孪生应用相关岗位的职业技能，助力企业提升数字孪生应用能力。本书配有视频讲解、同步练习资料，为读者学习提供了便利。

本书由于福华、魏仁胜、董嘉伟担任主编，王亚东、吴俊杰、唐昊阳、文鼎灏担任副主编，熊国灿、孟淑丽、顾刚、李硕参编，上海建桥学院陈志澜教授主审。同时，本书在编写过程中，参阅了相关的资料和书籍，还吸纳了典型企业用户的实际工程案例等，案例由企业工程师顾刚提供，在此一并致谢！

由于编者水平有限，书中难免有不妥之处，恳请各位同仁、专家及读者批评指正。

书中资源包下载网址：

编　者

（续）

名称	图形	页码	名称	图形	页码
项目二任务五（一） 机器人的类型设置与插入		104	项目三 机器人焊接流水线仿真		137
项目二任务五（二）上 创建六轴机器人连杆并对其关节运动关系绑定		107	项目三任务一（一） 布局规划		138
项目二任务五（二）下 创建六轴机器人连杆并对其关节运动关系绑定		107	项目三任务一（二）上 工作台及工件夹具的导入		140
项目二任务五（三） 机器人基准坐标系和工具坐标系的设置		114	项目三任务一（二）下 工作台及工件夹具的导入		140
项目二任务五（四） 机器人初始位置的修改		118	项目三任务一（三）上 三个机器人设备的导入		146
项目二任务五（五） 机器人外接装置的安装与拆卸		119	项目三任务一（三）下 三个机器人设备的导入		146
项目二任务六（一） 通用机器人操作的创建与设置		124	项目三任务一（四） 布局完成		153
项目二任务六（二） 路径编辑器定制列		127	项目三任务二（一）上 拾放机器人工业参数设置		155
项目二任务六（三） 机器人离线编程命令		128	项目三任务二（一）下 拾放机器人工业参数设置		155
项目二任务六（四） 创建机器人程序		131	项目三任务二（二） 机电设备工艺参数设置		163
项目二任务六（五） 机器人信号设置		133	项目三任务二（三）上 焊接机器人工艺参数设置		163

（续）

名称	图形	页码	名称	图形	页码
项目三任务二（三）下 焊接机器人工艺参数设置		163	项目三任务四（三） 物料流序列参数的设置		183
项目三任务二（四） 设备操作检查		169	项目三任务四（四） 过渡条件事件信号的设置		185
项目三任务三（一）上 设备时间序列排序		171	项目三任务四（五）上 机电设备智能对象的设置		187
项目三任务三（一）下 设备时间序列排序		171	项目三任务四（五）下 机电设备智能对象的设置		187
项目三任务三（二） 操作生产节拍设置		174	项目三任务四（六） 机器人信号的创建和应用		191
项目三任务三（三） 操作间的关联设置		174	项目三任务四（七） 仿真面板事件信号控制		194
项目三任务三（四） 附加事件设置		175	项目四 立体仓库的虚拟调试与工艺仿真		200
项目三任务三（五） 时间序列工艺仿真模拟		177	项目四任务一（上） 设备的创建与导入		200
项目三任务三 任务总结 整个流水线生产过程的仿真演示		178	项目四任务一（中） 设备的创建与导入		200
项目三任务四（一） 启动信号的创建		179	项目四任务一（下） 设备的创建与导入		200
项目三任务四（二） 零件外观生成事件的设置		181	项目四任务二（一） 普通智能对象创建		224

（续）

名称	图形	页码	名称	图形	页码
项目四任务二（二） 特殊智能对象创建		236	项目四任务六（四）上 指示灯设置外观动画		292
项目四任务三 外观零件的生命周期设置		245	项目四任务六（四）下 指示灯设置外观动画		292
项目四任务四 三个软件相互联立的通信调试		251	项目四任务六（五） 数字显示栏设置		294
项目四任务五（一、二） 设备所有模块上电程序设计，手动控制程序设计		266	项目四任务七（一） 仿真面板调试		297
项目四任务五（三、四） 自动控制程序设计，手动自动切换程序设计		274	项目四任务七（二） 监控表信号通信调试		301
项目四任务六（一） 添加一个 HMI 面板		282	项目四任务七（三） WinCC 启用仿真调试信号通信		307
项目四任务六（二）上 HMI 元素布局		287	项目四任务七（四） 手动触发 PLC 程序进行信号调试		310
项目四任务六（二）下 HMI 元素布局		287	项目四任务七（五） WinCC 虚拟触控板触发 PLC 程序运行		312
项目四任务六（三） 添加元素的触发事件		289	数字孪生技术及应用资源包		

目录 CONTENTS

项目一

Process Simulate 常用命令的使用

Process Simulate 常用命令的使用

Process Simulate 软件是数字孪生技术在产线设计和工艺仿真中的重要应用工具，本项目通过引入裁片机和焊接机两个实际工程项目案例，分别构建了工程项目的新建和打开、工程项目的保存和导出、基本对象类型的导入与创建 3 个典型工作任务作为入门学习基础，以便为后续项目的学习和各项任务的实际操作打好牢固基础。

任务一 裁片机工程项目的新建和打开

裁片机工程项目的新建和打开

任务工单

<table>
<tr><td>任务名称</td><td colspan="3"></td><td>姓名</td><td></td></tr>
<tr><td>班级</td><td></td><td>组号</td><td></td><td>成绩</td><td></td></tr>
<tr><td>工作任务</td><td colspan="5">本任务通过一个实际案例裁片机工程项目的新建和打开、设置客户端系统根目录，以便初学者迅速掌握 Process Simulate 软件操作的入门关键点。裁片机工程项目的打开，如下图所示
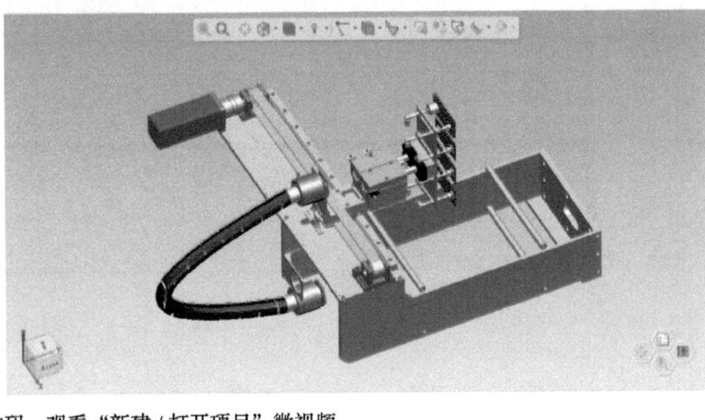
• 扫描二维码，观看“新建 / 打开项目”微视频
• 阅读任务知识储备，了解 Process Simulate 软件界面分区
• 阅读任务技能实操，通过一个实际案例裁片机工程项目的新建和打开、设置客户端系统根目录，让初学者迅速掌握 Process Simulate 软件入门操作</td></tr>
<tr><td>任务目标</td><td colspan="5">知识目标
• 掌握 Process Simulate 软件的界面分区
能力目标
• 学会创建一个新建项目
• 学会设置本地资源路径
• 学会打开现有项目
素质目标
• 培养学生践行科技报国的家国情怀和使命担当，遇到困难不退缩
• 培养学生职业素养，遵守实践操作中的安全要求和规范操作注意事项</td></tr>
</table>

（续）

	职务	姓名	工作内容
任务分配	组长		
	组员		
	组员		

1. 用户界面分区

Process Simulate 软件主页面（用户主界面）：由快速访问工具栏、功能区、视图窗口和工作区等 4 个区域所组成，如图 1-1-1 所示。

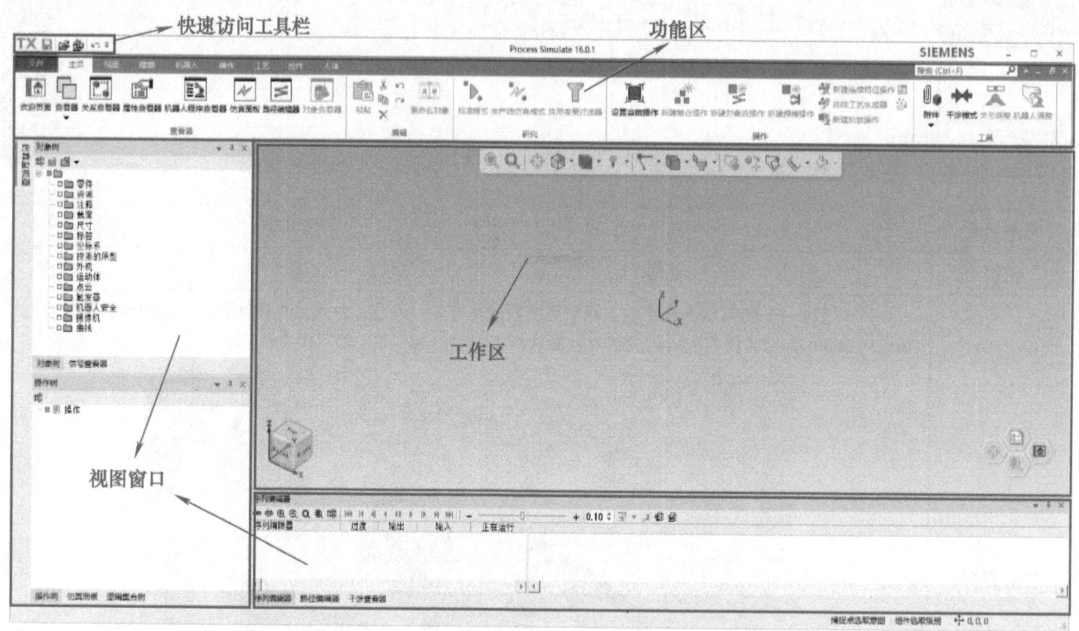

图 1-1-1　用户主界面

2. 功能区

功能区分为菜单栏和命令栏两部分，系统默认的菜单栏为“主页”“视图”“建模”“机器人”“操作”“工艺”“控件”和“人体”等 8 个部分。系统默认的命令栏为“编辑”“研究”“操作”“工具”等 4 个部分。具体如图 1-1-2 所示。

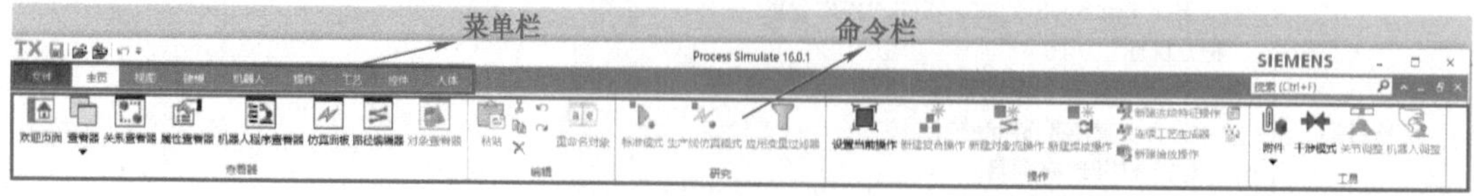

图 1-1-2　功能区

3. 裁片机资源包文件（caipianji.rar）

随书附赠的项目一任务一配套裁片机资源包文件（caipianji.rar）中，包含项目 TEST1.psz、文件 model.html 和 video.html、设备 caipianji 文件夹共 4 部分。设备资源文件夹 caipianji 中含有滑槽“huacao.cojt”和升降吸盘“shengjiangxipan.cojt”两个设备。配套裁片机资源包文件（caipianji.rar）如图 1-1-3 所示。

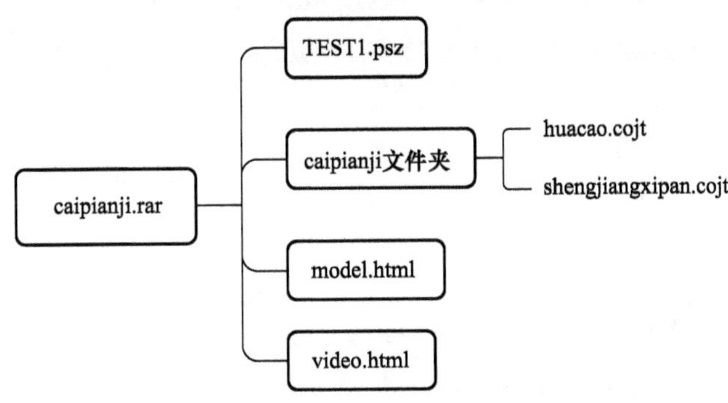

图 1-1-3　裁片机资源包文件（caipianji.rar）

技能实操

（一）创建一个工程新项目

使用 PS on eMS Standalone 软件快捷方式打开软件时，主页自动弹出“欢迎使用”界面，如图 1-1-4 所示。用鼠标左键单击“系统根目录”下方第三个按钮，打开“新建研究”窗口。

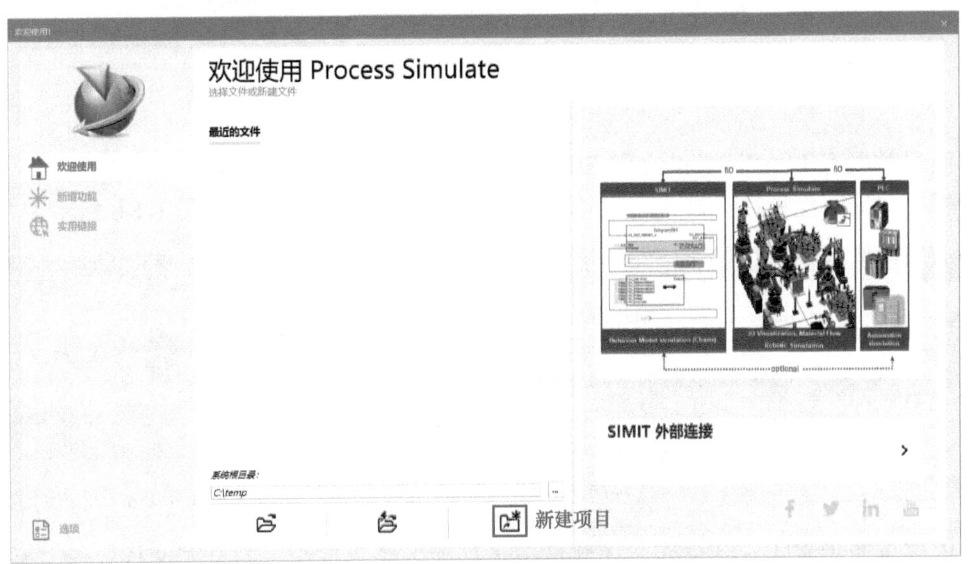

图 1-1-4　“欢迎使用”界面新建项目

单击按钮后弹出窗口“新建研究”，如图 1-1-5 所示。新建项目时需要选择项目模板，Process Simulate 软件安装时已经自动下载了项目模板，打开软件后无需手动修改模板路径。如 16.0.1 版软件默认安装地址（软件安装时未修改安装路径）的模板路径为“C:\Program Files\Tecnomatix_16.0.1\eMPower\Templates”。

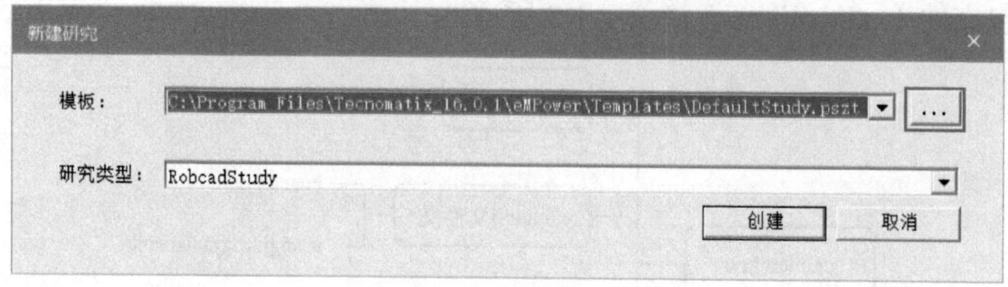

图 1-1-5　“新建研究”窗口

若用户误修改了模板路径，则需单击模板地址右侧的“...”，手动找到安装目录下的“DefaultStudy.pszt”文件并添加至项目模板即可，如图 1-1-6 所示。

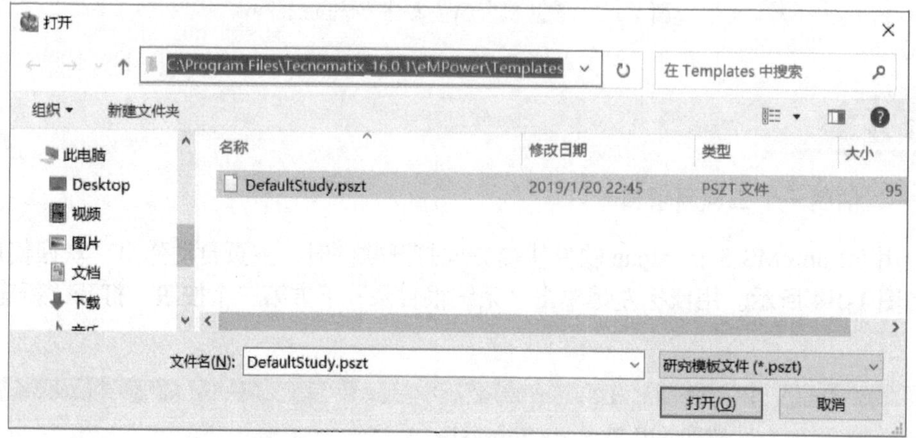

图 1-1-6　选择项目模板

项目类型有 LineSimulation 和 RobcadStudy 两种，选择默认 RobcadStudy 即可，单击“创建”，完成新建项目，如图 1-1-7 所示。成功创建后弹出窗口，如图 1-1-8 所示。

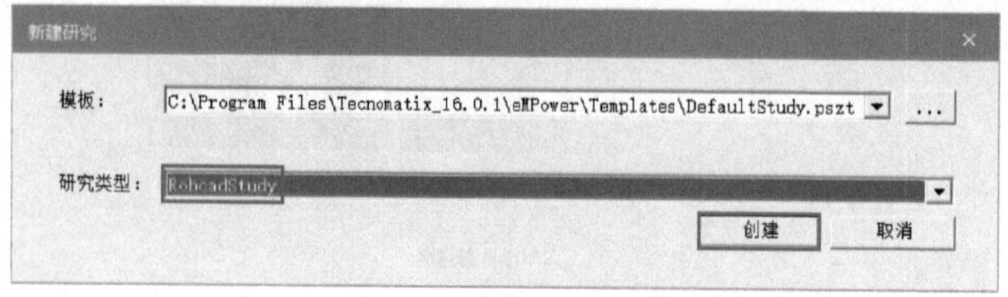

图 1-1-7　选择项目类型

图 1-1-8　成功创建项目

依次按照步骤①～③操作，在软件主页功能区菜单栏中，打开“文件”→“断开研究”→“新建研究”，也可以打开“新建研究”窗口，如图 1-1-9 所示。

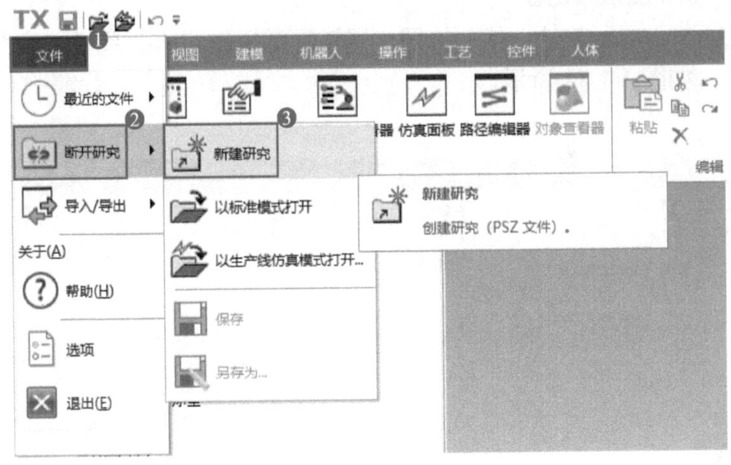

图 1-1-9　主页“新建研究”

（二）设置客户端系统根目录

在打开已有项目前，需要将系统根目录设置到存储文件资源的目录下。只有这样，在打开项目 *.psz 文件时，才能够正确导入源文件中的各个组件。新建的项目，如需插入资源组件，也需要确保资源文件在 Process Simulate 软件的系统根目录下。

1. 默认资源路径下插入组件

（1）保存资源文件至默认路径

软件默认系统根目录路径为：“C:\temp”，用户可以将资源包直接存储在计算机“C:\temp”路径下。

下载随书附赠的任务一配套资源“caipianji.rar”，解压至计算机“C:\temp”目录下，如图 1-1-10 所示。

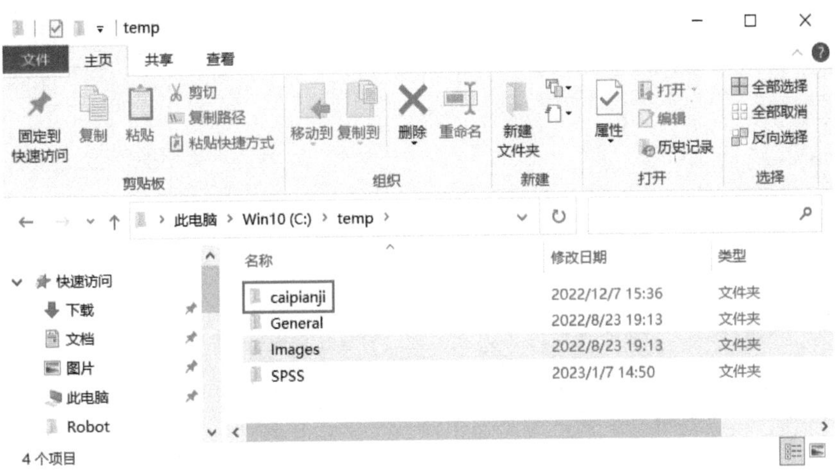

图 1-1-10　解压资源包至默认路径

（2）默认资源路径导入设备

回到 Process Simulate 软件，依次按照步骤①～②操作，将菜单栏切换至“建模”，单击“插入组件”，如图 1-1-11 所示。

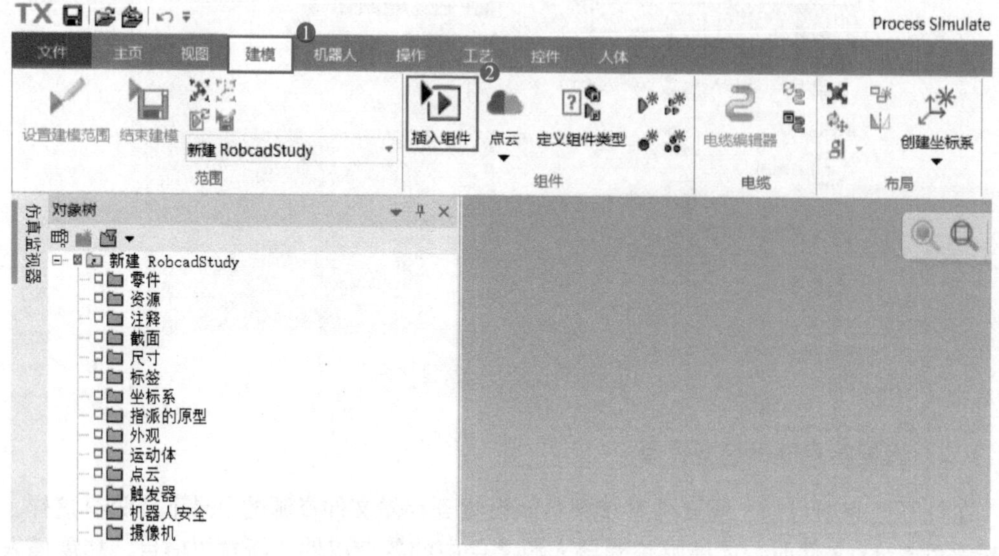

图 1-1-11　插入组件

在“插入组件”窗口，将目录导航至“C:\temp\ caipianji\caipianji”，选中 caipianji 项目中的“huacao.cojt”文件。单击“打开”，将设备导入项目，如图 1-1-12 所示。

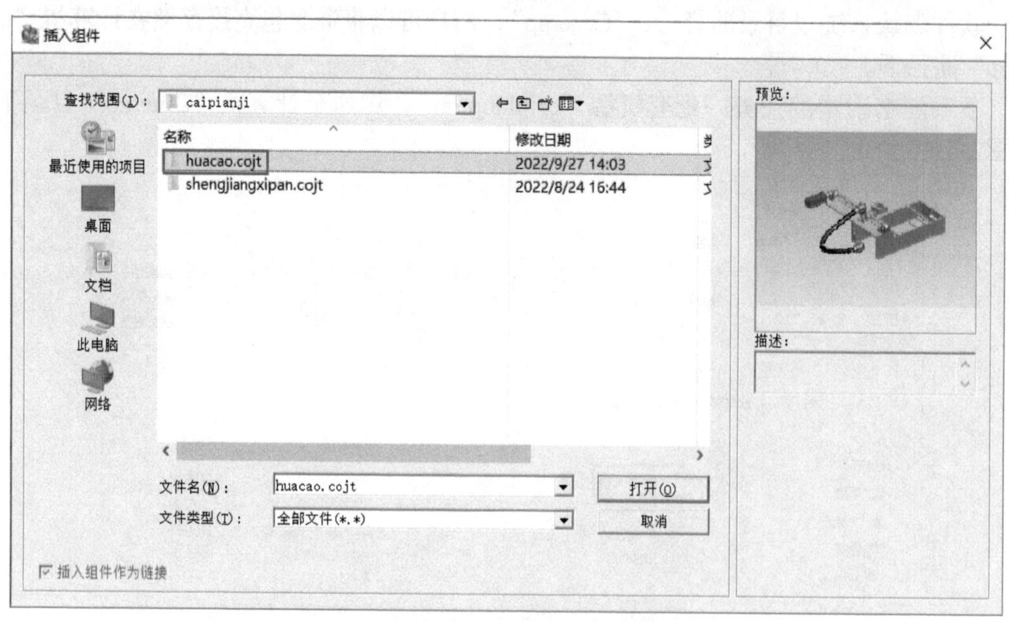

图 1-1-12　导入设备“huacao.cojt”

设备导入完成后，工作区设备高亮。此时可以看到“对象树”→“资源”中增加了设备“huacao”，表示设备导入成功，如图 1-1-13 所示。

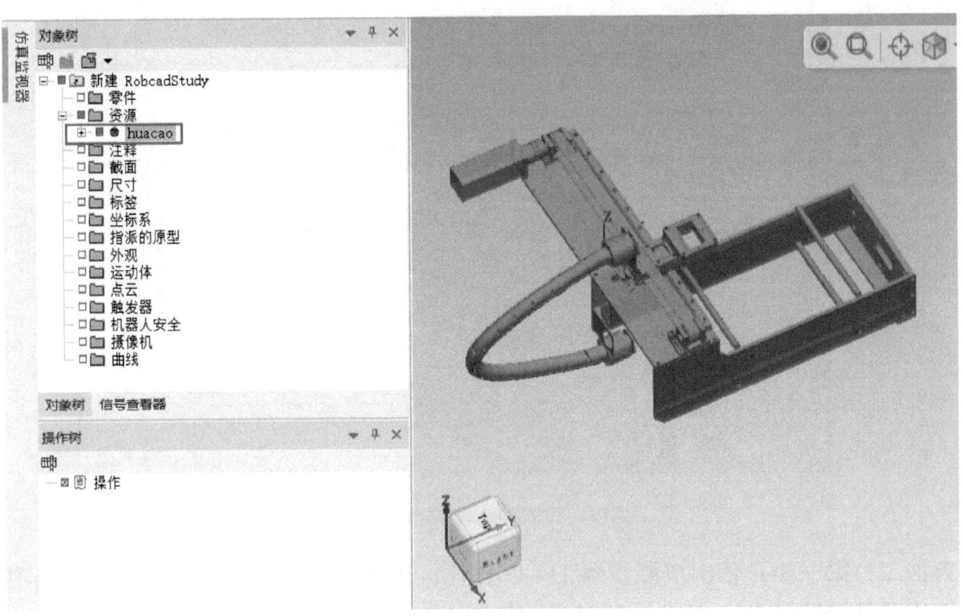

图 1-1-13 导入设备完成

参考上述步骤继续导入设备“shengjiangxipan.cojt”，导入成功则如图 1-1-14 所示。

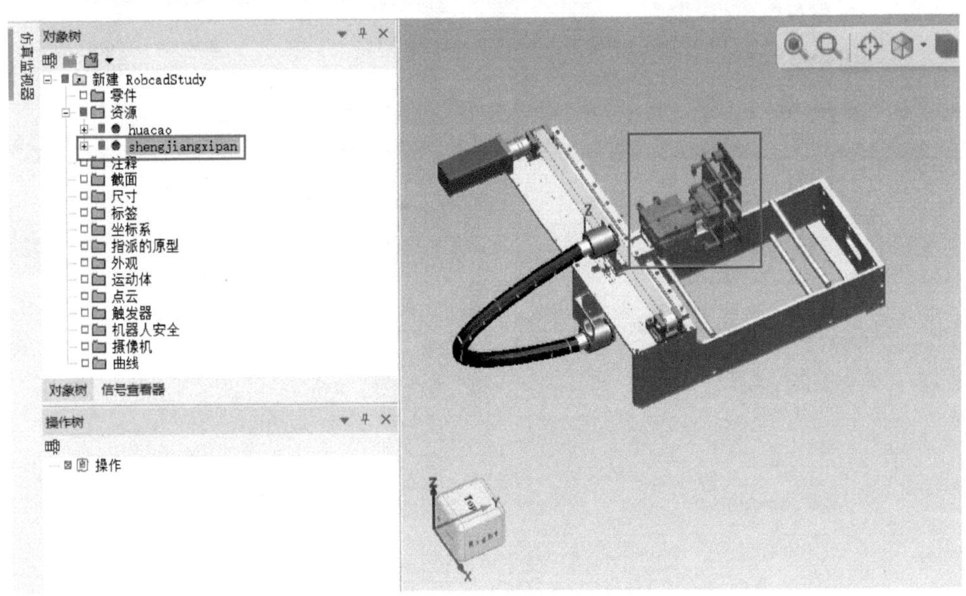

图 1-1-14 导入设备“shengjiangxipan.cojt”

2. 设置自定义资源路径

设置自定义本地文件资源路径的两种方法：

方法一：在欢迎界面，直接将本地资源文件路径复制到系统根目录下。或者单击弹窗中系统根目录右侧的“...”，此时会弹出浏览文件夹窗口，如图 1-1-15 所示，用户再通过弹窗导航至本地资源路径存放的文件夹中。

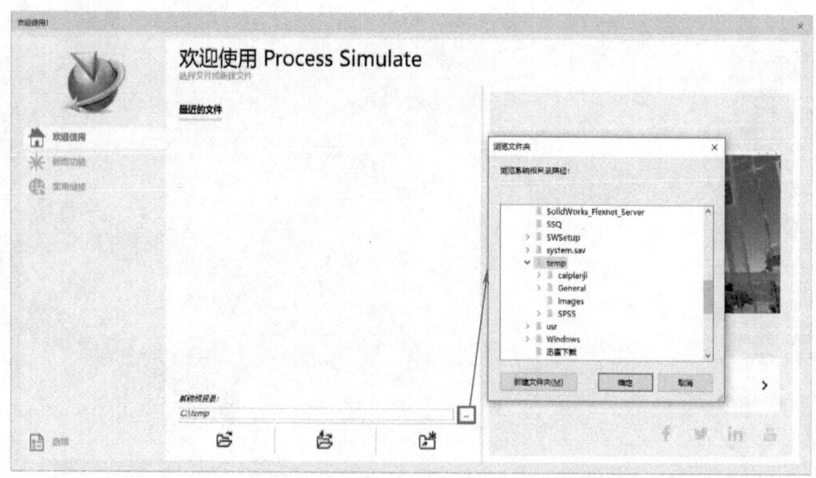

图 1-1-15　在欢迎界面修改系统根目录

方法二：第一步：依次按照步骤①~②操作，单击功能区中的“文件”→“选项”按钮或使用键盘快捷键 F6，打开选项窗口，如图 1-1-16 所示。

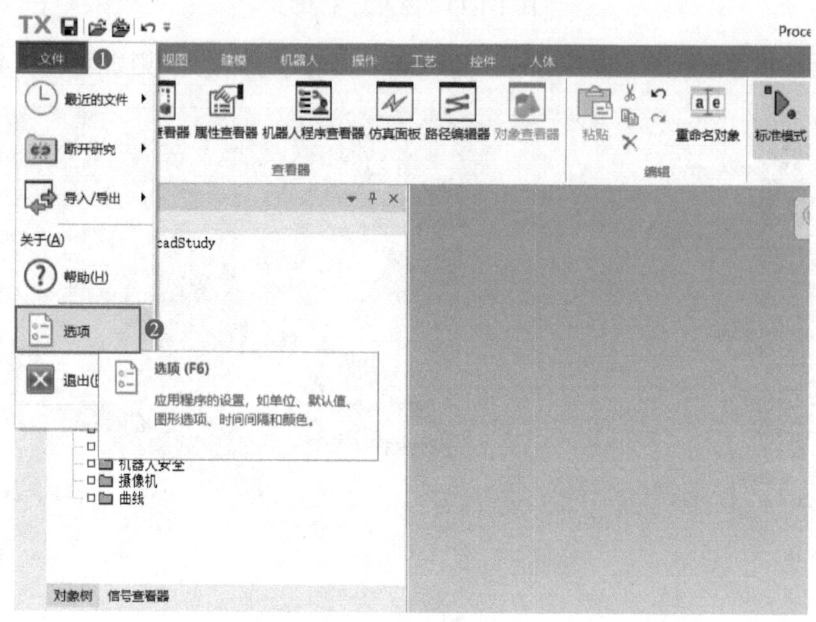

图 1-1-16　在主界面打开选项窗口

第二步：依次按照步骤①~③操作，单击选项窗口左侧选项卡中“断开的”按钮，找到“客户端系统根目录”，复制本地资源文件存储路径并粘贴至窗口路径中。或者单击路径右侧的“...”，在“浏览系统根目录路径”弹窗里导航至本地资源路径存放的文件夹中，如图 1-1-17 所示（注：资源文件存放路径中不允许使用中文）。

路径更改完成后单击弹窗下方的“确定”按钮即可保存上述操作（切记勿单击“取消”按钮或直接关闭弹窗，否则上述操作不会自动保存）。完成自定义资源路径设置后，使用“插入设备”时也需要手动导航至自定义目录。

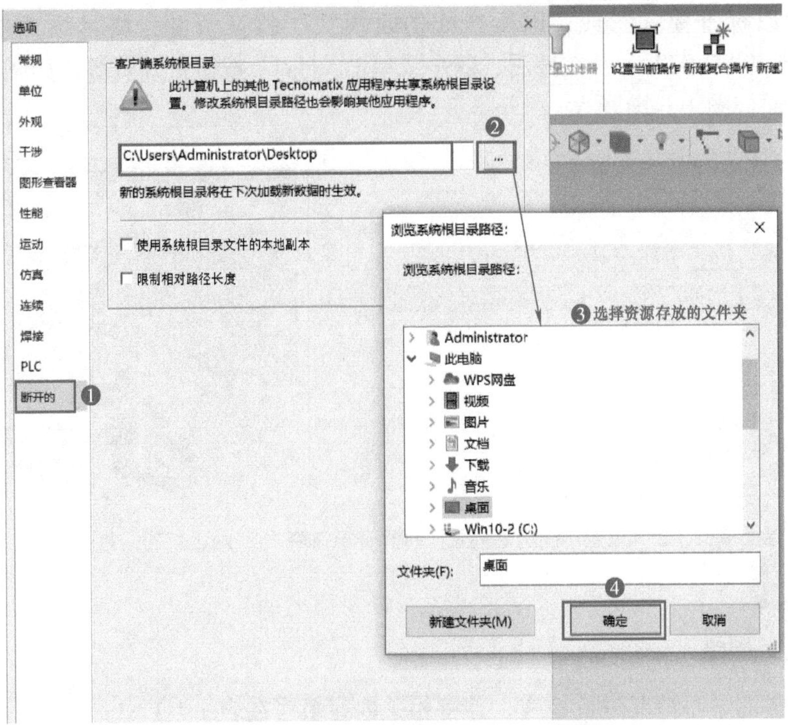

图 1-1-17 在选项窗口修改系统根目录路径

（三）打开项目 TEST1.psz 文件

上述新建项目完成后，先关闭 Process Simulate 软件，再重新使用快捷方式 PS on eMS Standalone 打开软件。在“欢迎使用”界面，可以找到本地计算机最近打开的项目历史记录，单击具体的历史记录即可快速打开并加载上次文件设置的资源路径。如果需要打开的项目不在最近的文件里，就需要使用系统根目录下方的“以标准模式打开”和“以生产线仿真模式打开”两种模式，如图 1-1-18 所示。

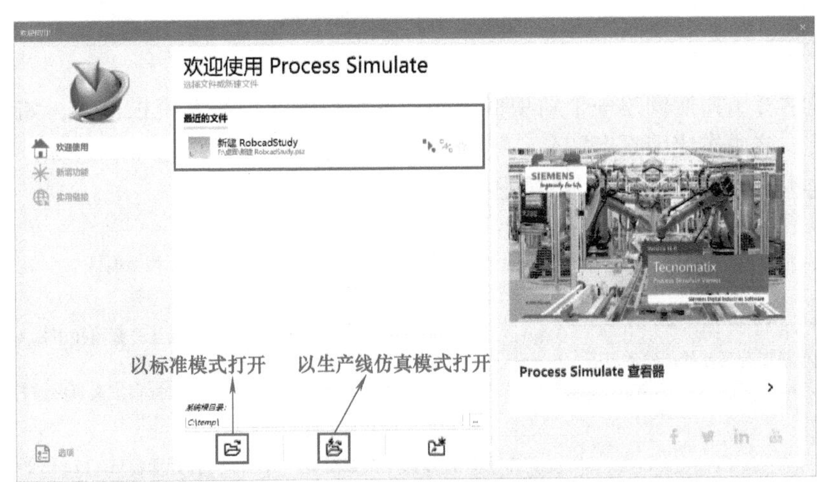

图 1-1-18 两种模式打开项目

使用“以标准模式”或“以生产线仿真模式”打开资源，将目录导航至 C:\temp\caipianji，选中“TEST1.psz”文件后，双击或单击“打开”按钮打开资源，如图 1-1-19 所示。项目打开界面如图 1-1-20 所示。

图 1-1-19 “以标准模式”或“以生产线仿真模式”打开资源弹窗　　图 1-1-20 打开 TEST1.psz 文件

检查与评估

对本任务的学习情况进行检查，并将相关内容填写在表 1-1-1 中。

表 1-1-1 检查评估表

检查项目	检查对象	检查结果	结果点评
新建工程项目	① 在 C:\temp 路径下创建一个工程新项目 ② 在计算机桌面创建一个工程新项目	是□ 否□ 是□ 否□	
设置客户端系统根目录	① 默认资源路径下插入组件 ② 设置自定义资源路径	是□ 否□ 是□ 否□	
打开裁片机工程项目	① 打开项目 TEST1.psz 文件 ② 打开计算机桌面创建的工程新项目	是□ 否□ 是□ 否□	

任务总结

本任务学习了如何创建一个新项目，如何正确设置客户端系统根目录，如何打开一个现有的项目。该操作使用频率较高，初学者应该结合本任务要求边学和边练，能够独立操作和完成这些任务目标，任务小结如图 1-1-21 所示。

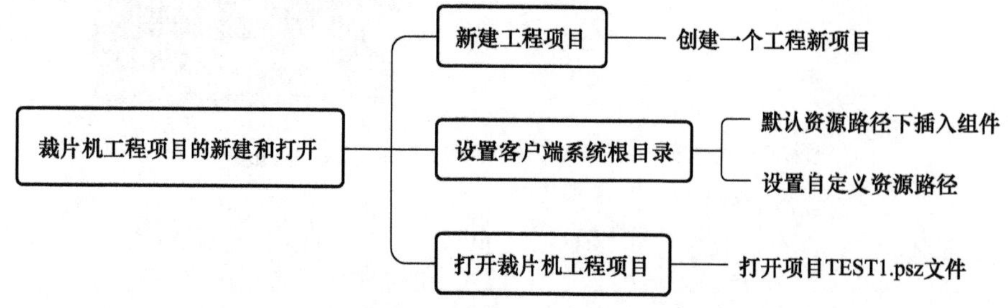

图 1-1-21 裁片机工程项目的新建和打开小结

任务拓展

随书附赠的任务拓展上料资源包文件（shangliao.rar）中，包含项目 exer1.psz 和资源 Library_shangliao 文件夹两部分，如图 1-1-22 所示。参考本节任务步骤，完成任务拓展的项目新建和设备滑槽（huacao1.cojt）以及吸盘（xipan.cojt）的导入。

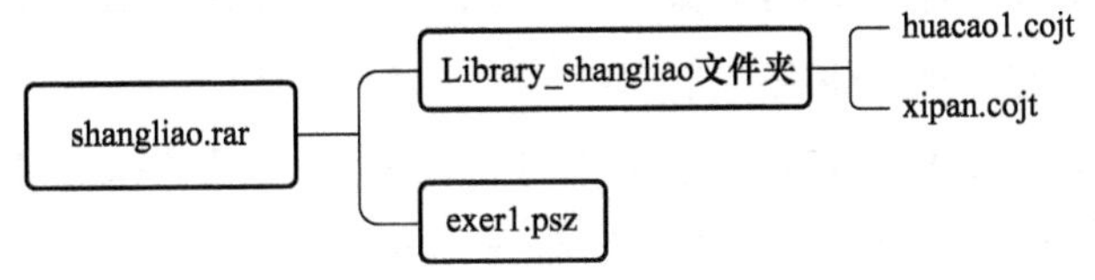

图 1-1-22　上料资源包（shangliao.rar）

任务二　裁片机工程项目的保存和导出

任务工单

<table>
<tr><td>任务名称</td><td colspan="3"></td><td>姓名</td><td></td></tr>
<tr><td>班级</td><td></td><td>组号</td><td></td><td>成绩</td><td></td></tr>
<tr><td>工作任务</td><td colspan="5">本任务继续使用裁切片机工程项目作为任务，掌握如何对工程项目进行保存和另存，如何导出静态模型布局 Web 图，以及如何导出动态 Web 动画演示
• 扫描二维码，观看“保存 / 另存项目”微视频
• 阅读任务技能实操，通过保存和另存的具体操作，将裁片机项目保存成为指定格式，导出 Web 图和动态 Web 动画演示</td></tr>
<tr><td>任务目标</td><td colspan="5">知识目标
• 理解 Process Simulate 文件保存类型的区别
能力目标
• 学会对一个项目进行保存 / 另存
• 学会导出静态模型布局 Web 图
• 学会导出动态 Web 动画演示
素质目标
• 培养学生独立学习及获取新知识、新技能、新方法的能力
• 培养学生爱国和爱专业的情感，为国家智能制造产业建设贡献自己的力量</td></tr>
<tr><td rowspan="4">任务分配</td><td>职务</td><td>姓名</td><td colspan="3">工作内容</td></tr>
<tr><td>组长</td><td></td><td colspan="3"></td></tr>
<tr><td>组员</td><td></td><td colspan="3"></td></tr>
<tr><td>组员</td><td></td><td colspan="3"></td></tr>
</table>

知识储备

在 Process Simulate 软件中，项目“另存为”的保存类型有 4 种方式，分别是：

1. 另存为研究

选择保存类型为“研究（*.psz）”，在另存为窗口继续选择保存的路径，单击“保存”按钮即保存完成，组件资源目录不做修改。

2. 另存为研究和修改的组件

另存为“研究（*.psz）和修改的组件（*.zip）”时，会在存储地址保存一个 *.psz 项目文件和一个资源组件的 *.zip 压缩包，其中压缩包里含有 *.psz 项目中使用的所有组件。

3. 另存为含已修改组件的研究

另存为“含已修改组件的研究（*.pszx）”时，会保存一个 *.pszx 文件，将文件解压后会有 *.psz 项目文件以及 *.psz 项目中使用的所有组件。

4. 另存为研究和所有组件

另存为“所有组件（*.pszx）”时，也会保存一个 *.pszx 文件，将文件解压后会有 *.psz 项目文件以及 *.psz 项目中使用的所有组件。

注：若计算机无法识别 *.pszx 文件时，可将文件后缀名修改为 *.zip 后解压。

技能实操

（一）项目的保存和另存

1. 项目保存（默认方式）

打开项目一任务一中裁片机资源包文件（caipianji.rar）中的项目“TEST1.psz”，单击快速访问工具栏的“保存研究”，如图 1-2-1 所示，或使用快捷键“Ctrl”+“S”快速保存，默认的保存格式为“*.psz”。每个项目首次保存时会弹出另存为窗口，需要手动设置存储路径，并可以修改文件名，默认文件名为“新建 RobcadStudy.psz”，如图 1-2-2 所示。

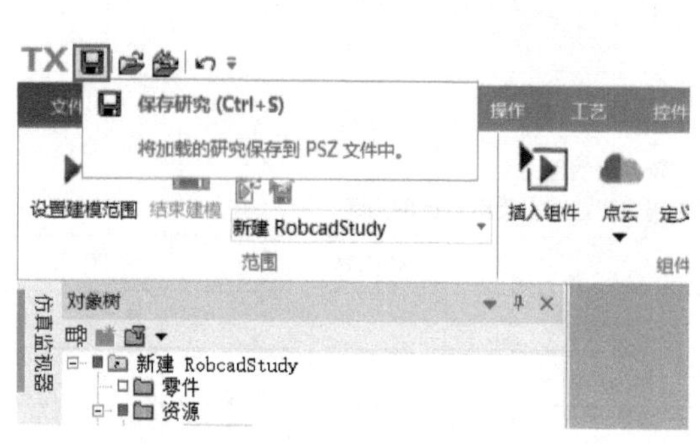

图 1-2-1　保存研究

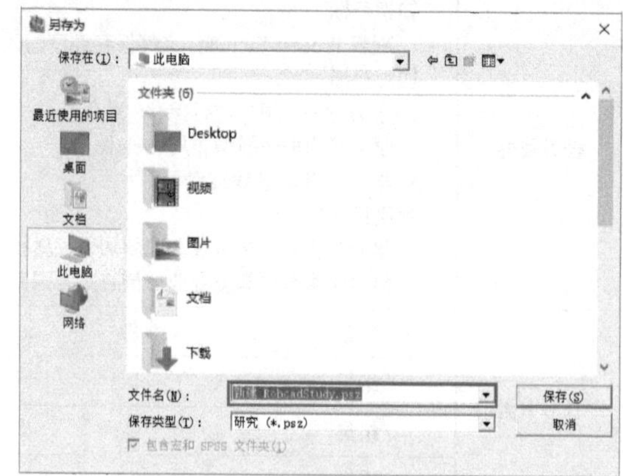

图 1-2-2　项目首次使用保存时弹出另存为窗口

2. 项目另存为

如果项目需要保存为压缩文件格式，则可以依次按照步骤①~③操作，找到功能区的“文件”→“断开研究”→“另存为”打开另存为窗口，如图 1-2-3 所示。

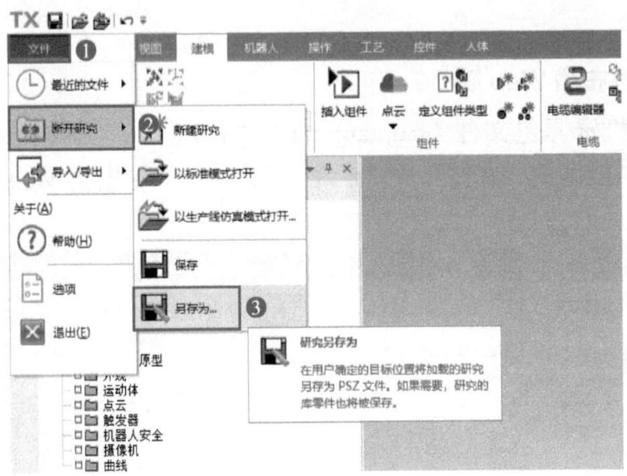

图 1-2-3　项目另存为

将项目另存为“研究和所有组件（*.pszx）”，如图 1-2-4 所示，存储地址 C:\temp\caipianji 生成文件“TEST22.pszx”，如图 1-2-5 所示。

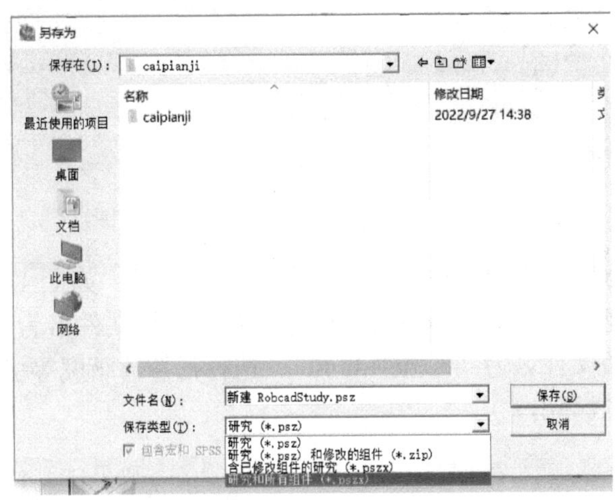

图 1-2-4　项目另存为类型

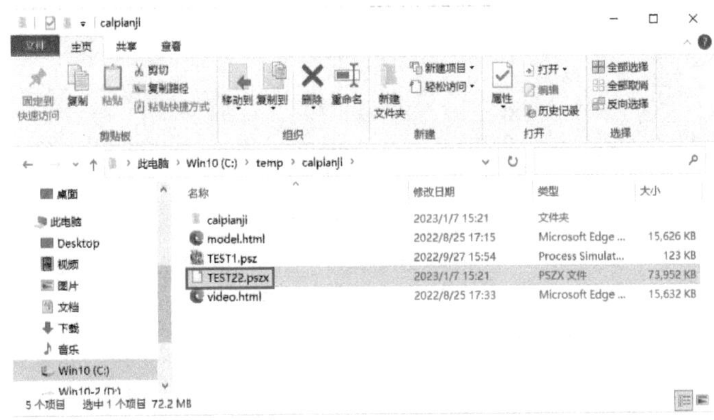

图 1-2-5　另存为压缩文件

（二）导出 Web

1. 导出静态模型布局 Web 图

继续打开裁片机资源包文件（caipianji.rar）中的项目“TEST1.psz”，依次按照步骤①~③操作，找到功能区的“文件”→“导入 / 导出”→“导出至 Web”，如图 1-2-6 所示。

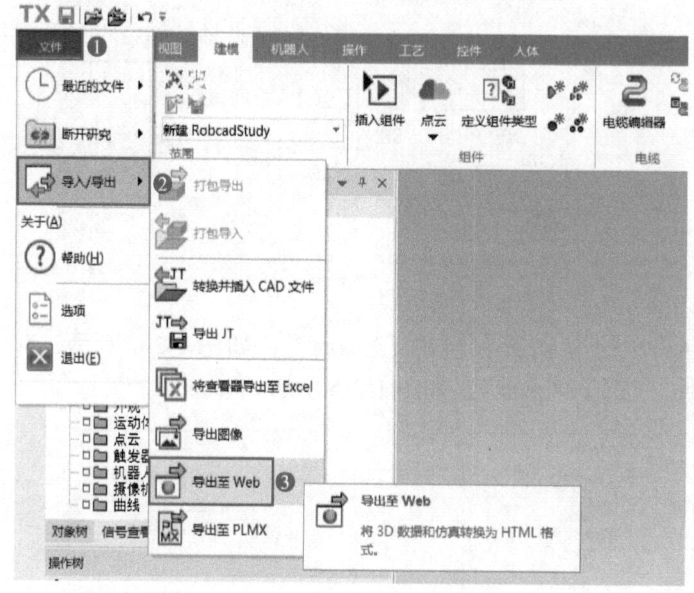

图 1-2-6　项目导出静态模型布局 Web 图

在“导出至 Web”窗口中，单击“...”选择存储路径，如图 1-2-7 所示。可以修改导出 Web 的存储路径、文件名、画面清晰度等参数，默认文件名为“新建 RobcadStudy_WebView.html”，修改文件名为“model1.html”，选择任意清晰度等级即可。如图 1-2-8 所示，单击“确定”完成导出。

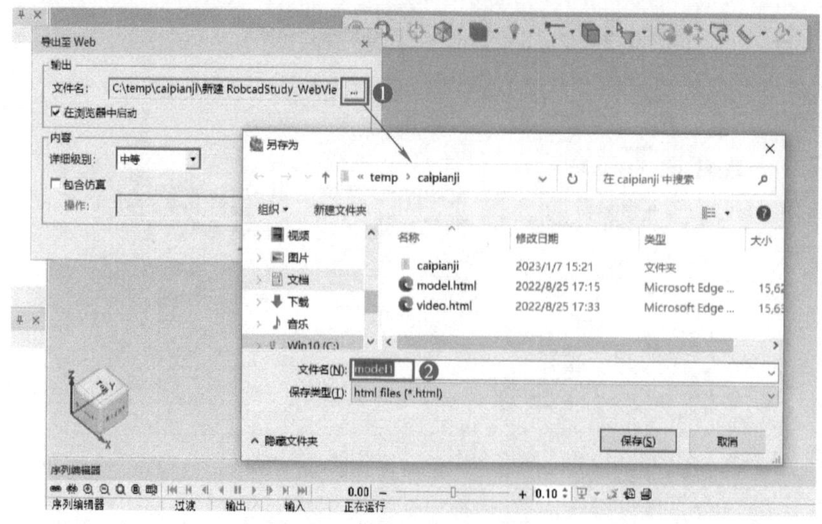

图 1-2-7　设置 Web 存储地址

使用浏览器打开文件“model1.html”，显示出工作区模型，如图 1-2-9 所示。可以长按鼠标左键旋转模型角度，长按鼠标滚轮放大 / 缩小模型视图，长按鼠标右键平移视图，进行 Web 图的观看。

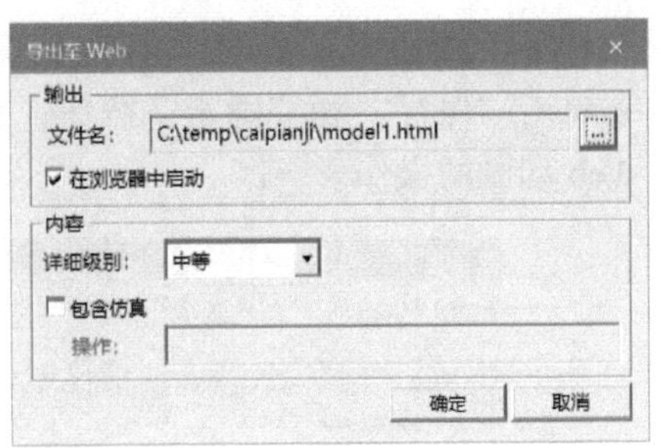

图 1-2-8　导出至 Web 路径及参数选择

2. 导出动态 Web 动画演示

继续打开裁片机资源包文件（caipianji.rar）中的项目“TEST1.psz”，在完成静态模型布局 Web 图基础上，打开“导出至 Web”窗口，勾选“包含仿真”选项后，选中对应的设备操作即可导出 Web 动画，如图 1-2-10 所示。

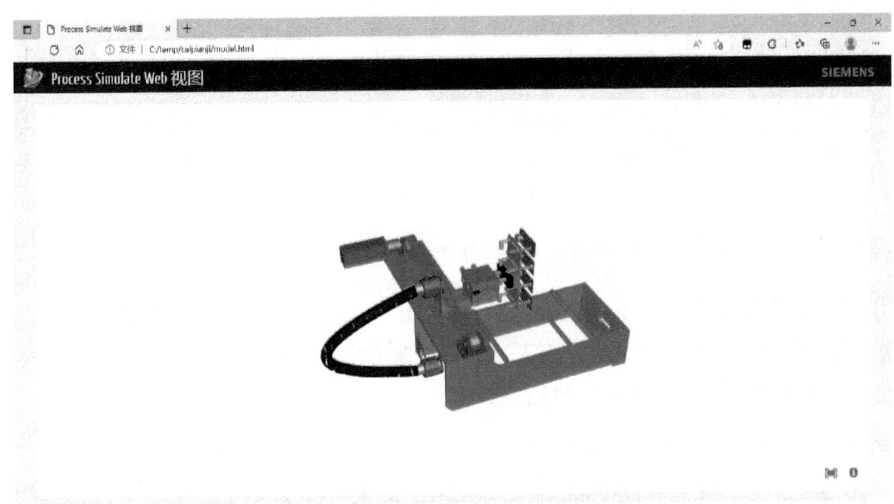

图 1-2-9　浏览器打开 Web 图

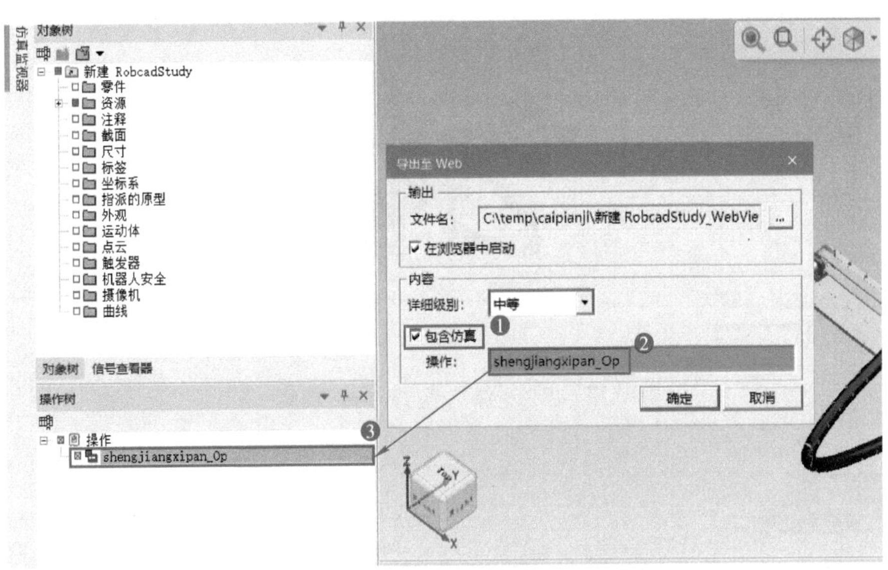

图 1-2-10　导出 Web 添加仿真动画

单击按钮“...”，在另存为窗口修改文件名为“video1.html”，如图1-2-11所示。继续单击“保存”和“确定”按钮，此时存储地址生成“video1.html”文件，直至完成导出Web动画的操作。

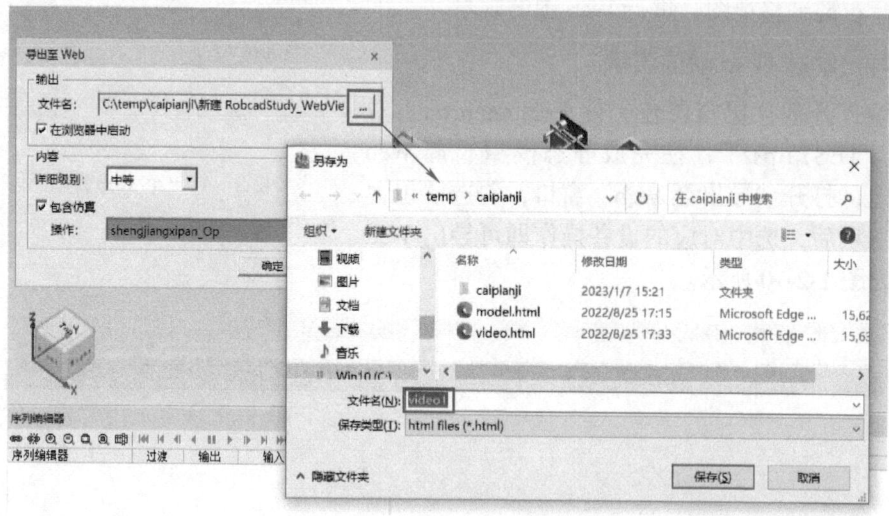

图 1-2-11　修改Web文件名

使用浏览器打开文件“video1.html”，显示如图1-2-12所示。可以看到Web动画打开后浏览器页面下方有一个“播放”按钮，单击“播放”按钮后设备执行指定操作，右侧有一段进度条，进度条结束时动作也执行完毕。

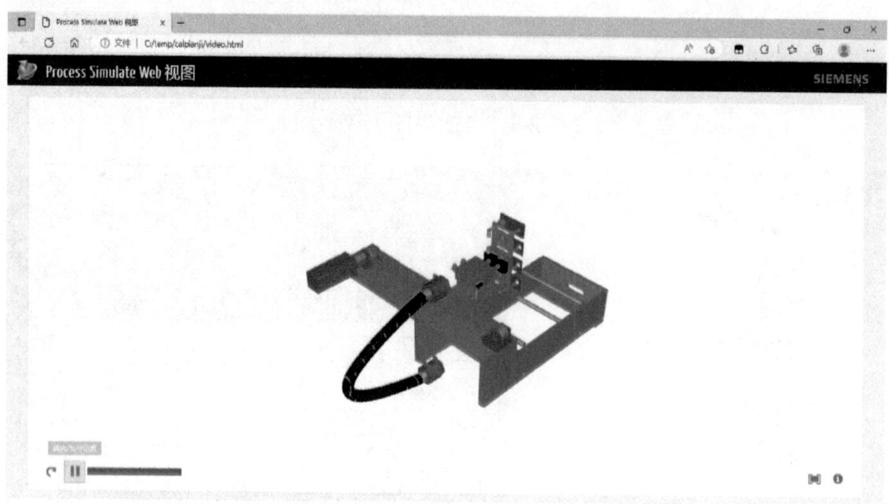

图 1-2-12　浏览器打开Web动画

对本任务的学习情况进行检查，并将相关内容填写在表1-2-1中。

表 1-2-1 检查评估表

检查项目	检查对象	检查结果	结果点评
项目保存和另存	① 保存项目（默认） ② 项目另存	是□ 否□ 是□ 否□	
导出项目为 Web	① 导出静态模型布局 Web 图 ② 导出动态 Web 动画演示	是□ 否□ 是□ 否□	

任务总结

本任务主要学会保存文件资源格式、导出静态模型布局 Web 图和动态 Web 动画演示的基本操作；要掌握 Process Simulate 文件的几种格式和后缀名，以及将产线操作导出至 Web。对没有安装 Process Simulate 软件的计算机，也同样能观看虚拟产线的操作步骤与运行过程，本任务小结如图 1-2-13 所示。

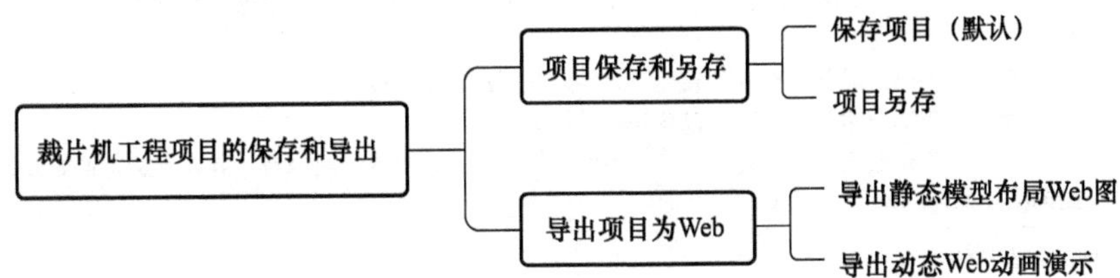

图 1-2-13 裁片机工程项目的保存和导出小结

任务拓展

打开本项目任务一中的任务拓展项目，图 1-1-22 上料资源包（shangliao.rar）中的 exer1.psz 项目文件，参考本节任务步骤，将操作树中的设备操作“UP_TO_DOWN”导出为静态模型布局和动态 Web 动画，并将其分别命名为“Static.html”和“UP_TO_DOWN.html”。

任务三 基本对象类型的导入与创建

任务名称				姓名	
班级		组号		成绩	
工作任务	本任务通过一个实际生产线焊接工位项目，对 Process Simulate 软件常用的零件、资源、新建操作和制造特征等四大基本对象类型进行导入，以便初学者迅速掌握 Process Simulate 软件的操作要点和技能，生产线焊接工位项目如下图所示				

（续）

<table>
<tr><td>工作任务</td><td colspan="3">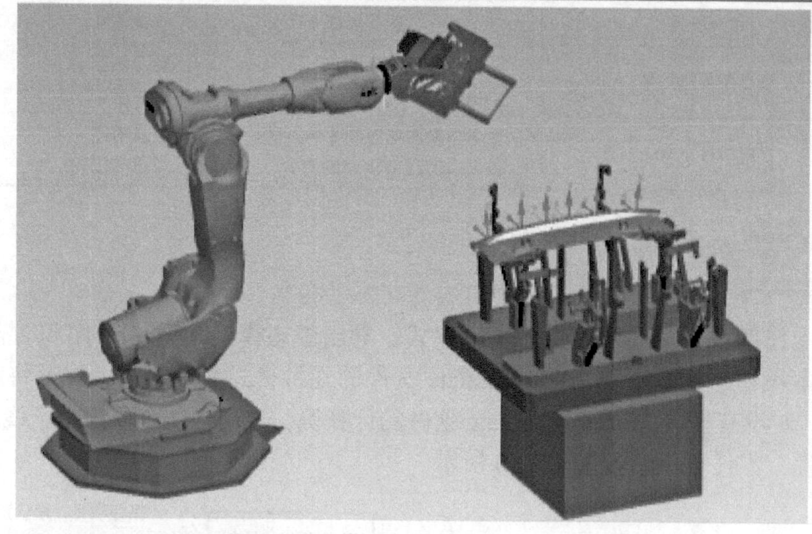
• 扫描二维码，观看“基本对象类型的导入与创建”微视频
• 阅读任务知识储备，认识什么是基本对象类型
• 阅读任务技能实操，掌握如何导入零件、导入资源、导入新建操作、导入制造特征等四大基本对象类型的具体操作</td></tr>
<tr><td>任务目标</td><td colspan="3">知识目标
• 理解基本对象类型概念
能力目标
• 学会导入零件操作
• 学会导入资源操作
• 学会导入新建操作
• 学会导入制造特征操作
素质目标
• 遇到困难不退缩，能专心钻研、专注做事
• 激发学生爱国和爱专业的情感，为国家智能制造产业建设贡献自己的力量</td></tr>
<tr><td rowspan="4">任务分配</td><td>职务</td><td>姓名</td><td>工作内容</td></tr>
<tr><td>组长</td><td></td><td></td></tr>
<tr><td>组员</td><td></td><td></td></tr>
<tr><td>组员</td><td></td><td></td></tr>
</table>

知识储备

1. 零件

（1）零件本体

在Process Simulate软件中完成建模后，导入软件中的模型称为零件本体，零件是构成产品的重要组成部分。

（2）外观零件

在进入生产线仿真模式后，要在生产线仿真模式中生成零件，只能使用移动流方式来触发生成的零件称为外观零件。

2. 资源

（1）资源类型种类

资源指的是执行操作的工厂所规定的具体部件，例如：加工设备、焊枪、夹爪、机器人、桌子等类型。在插入资源时若资源未被定义会提示报错信息。

（2）复合资源

复合资源可以将各个单独的资源归并在一起，起到对资源进行分类管理的作用。

3. 操作

操作指的是为了生产产品所进行的动作。

4. 制造特征

制造特征用于表示几个部分之间的特殊关系。

5. 生产线焊接工位资源包文件（PDPS.rar）

随书附赠的项目一任务三配套资源包文件（PDPS.rar）中，包含项目 model.psz 和资源文件夹 TEST-BENKE。其中资源文件夹由完整零件文件夹 PARTS、分散零件文件夹 Product、设备资源文件夹 RESSOURCES 和焊点数据表文件夹 WeldPoint 4 个部分组成。完整文件夹 PARTS 中包含项目中使用的完整零件 weldpart.cojt 文件；分散零件文件夹 Product 中包含项目所使用完整零件将其一分为二后的两个部分焊接零件："weldpart1.cojt" 和 "weldpart2.cojt"；设备资源文件夹 RESSOURCES 中包括项目所需要的所有设备文件夹，分别有：DEVICES（旋转转台）、FIXTURES（夹钳）、GUNS（焊枪机构）、Layout（平面规划图）、Robot（机器人），每个文件夹里有对应的一个或多个 .cojt 后缀的设备文件且每个 .cojt 文件里面还包含一个 .jt 后缀的文件；焊点数据表文件夹 WeldPoint 中包含项目所使用的焊点数据表 MFG_Library.csv。

本项目任务三配套资源包（PDPS.rar）详细信息如图 1-3-1 所示。

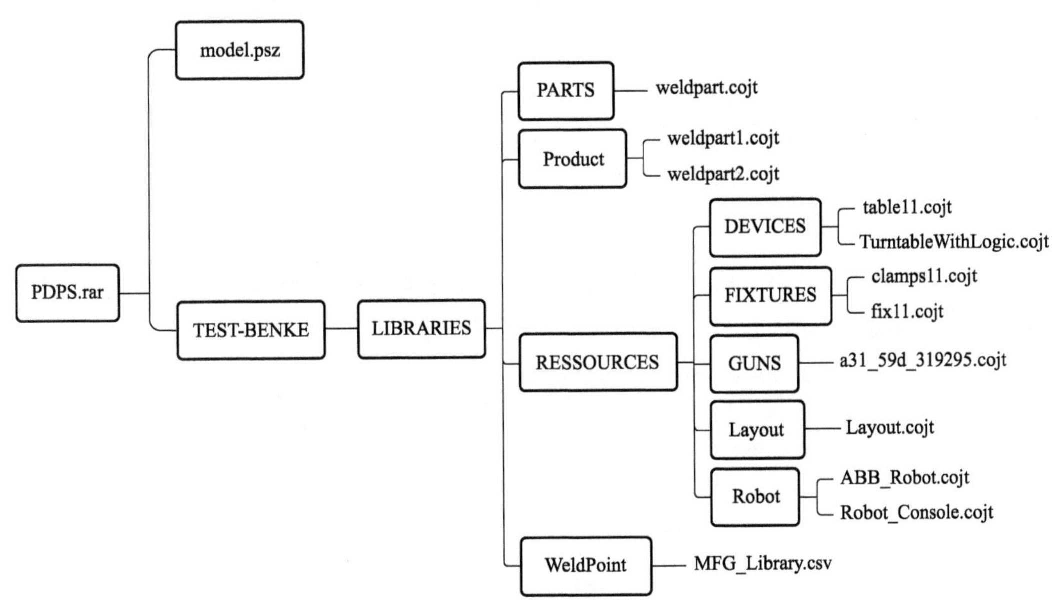

图 1-3-1　生产线焊接工位资源包文件（PDPS.rar）

（一）导入零件

1. 项目新建

选择“文件”→“断开研究”→“新建研究”，建立一个新的 Process Simulate 项目。

2. 导入零件

打开菜单栏，单击“建模”→“定义组件类型”，在弹窗中选中焊接件零件模型，依次选择“PDPS 资源包文件”→“TEST-BENKE 文件夹”→“LIBRARIES 文件夹”→“PARTS 文件夹”→“weldpart.cojt”，选中文件后单击“确定”按钮。如图 1-3-2 所示，依次按照步骤①~②操作。

在类型栏中选择类型为“PartPrototype”，完成上述操作后单击“确定”按钮，设置零件类型完成。如图 1-3-3 所示，依次按照步骤①~②操作。

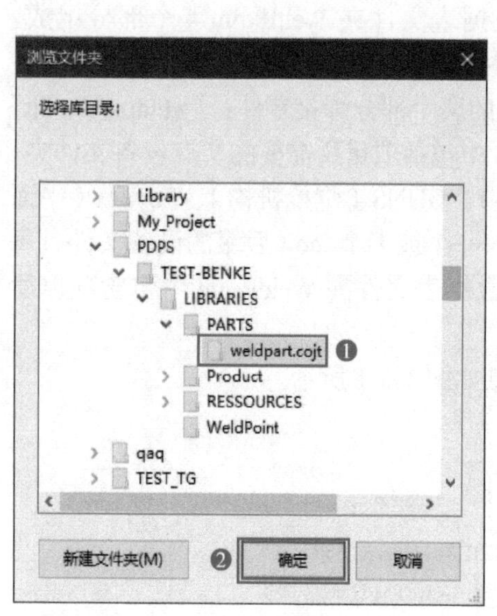

图 1-3-2 选中零件

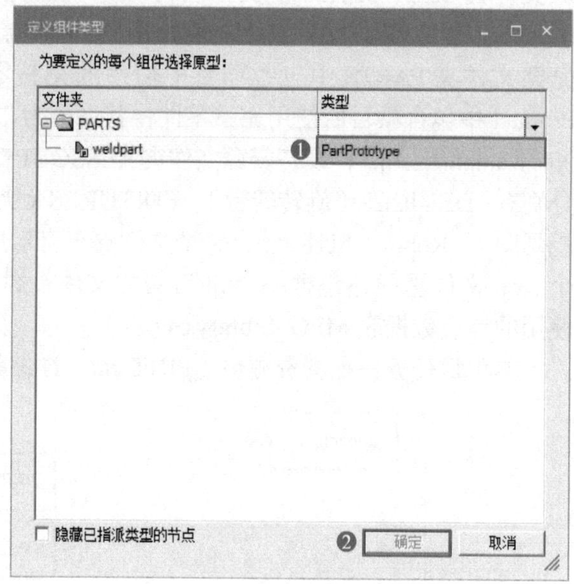

图 1-3-3 定义组件类型弹窗

在完成零件的类型定义后，如图 1-3-4 所示在菜单栏中单击“建模”→“插入组件”→再次选取“weldpart.cojt”文件→“打开”，完成零件导入，如图 1-3-5 所示。

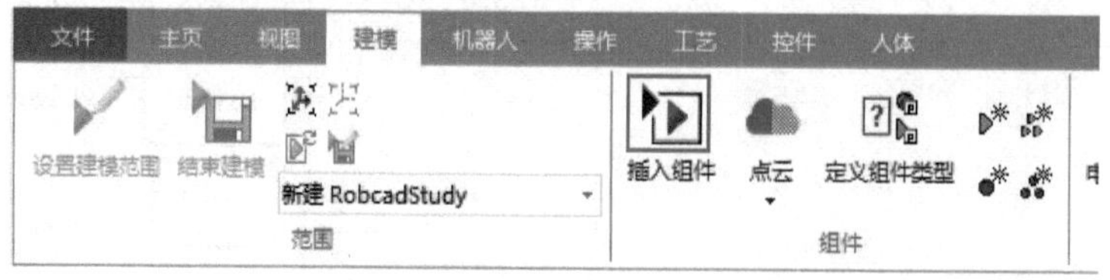

图 1-3-4 插入组件

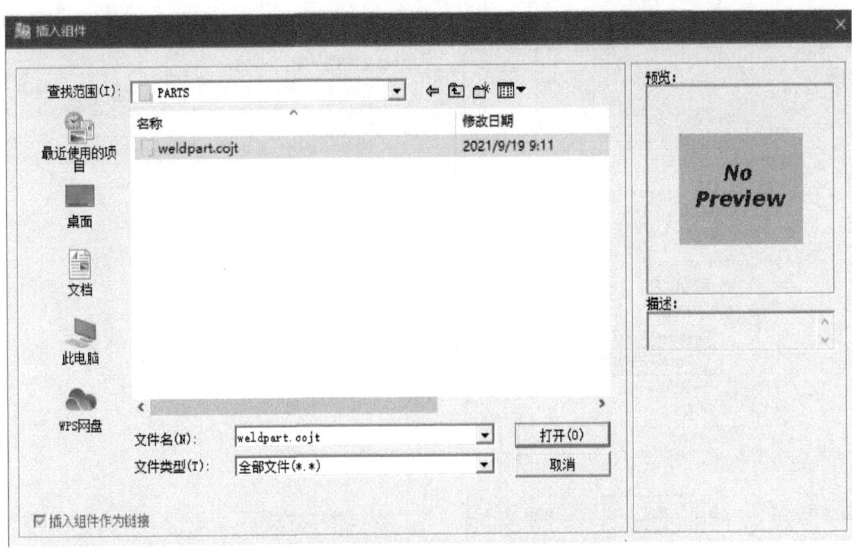

图 1-3-5 导入零件文件

零件导入成功后，其示意图如图 1-3-6 所示。

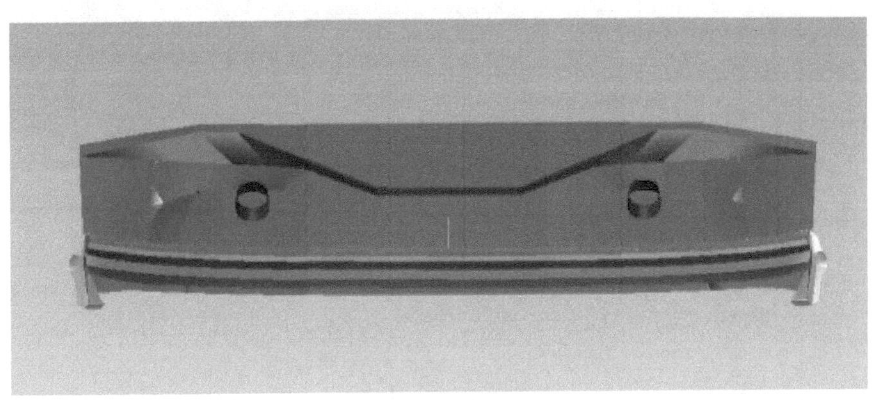

图 1-3-6 零件模型

（二）导入资源

打开菜单栏，单击“建模”→“定义组件类型”，在弹窗中选中所需资源模型，本任务中以旋转转台“TurntableWithLogic.cojt”作为导入资源。依次选择“PDPS 资源包文件”→“TEST-BENKE 文件夹”→“LIBRARIES 文件夹”→“RESSOURCES 文件夹”→“DEVICES 文件夹”→“TurntableWithLogic.cojt”，选中该文件后单击“确定”按钮。如图 1-3-7 所示，依次按照步骤①～②操作。

在类型栏中选择类型为“Turn_Table”，完成上述操作后单击“确定”按钮，即可完成资源类型的定义。如图 1-3-8 所示，依次按照步骤①～②操作。

在完成零件资源的类型定义后，在菜单栏中单击“建模”→“插入组件”→选取“TurntableWithLogic.cojt”文件→“打开”，即可完成资源的导入，如图 1-3-9 所示。

旋转转台资源导入成功后，其示意图如图 1-3-10 所示。

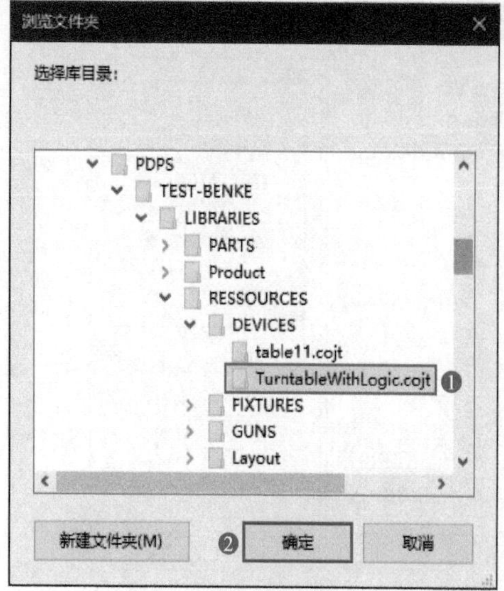

图 1-3-7　定义组件类型 TurntableWithLogic.cojt 弹窗

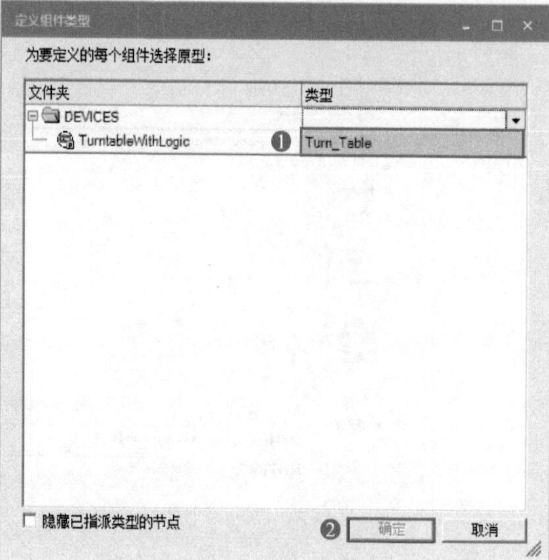

图 1-3-8　定义组件类型 Turn_Table 弹窗

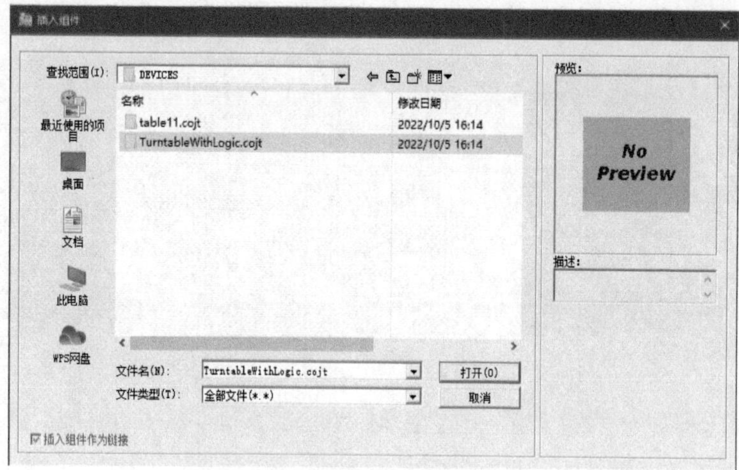

图 1-3-9　导入资源

图 1-3-10　旋转转台资源导入成功的示意图

以旋转转台资源的导入和设置为参考，完成机器人资源、夹爪资源、机器人底座资源、焊枪资源的导入和设置，并通过重定位功能移动到任务工单图所示指定的位置。

（三）导入新建操作

选中“Turn_table”菜单栏，单击“操作”→“新建操作”→“新建设备操作”，如图 1-3-11 所示，依次按照步骤①～③操作，此时会出现新建设备操作弹窗，如图 1-3-12 所示。

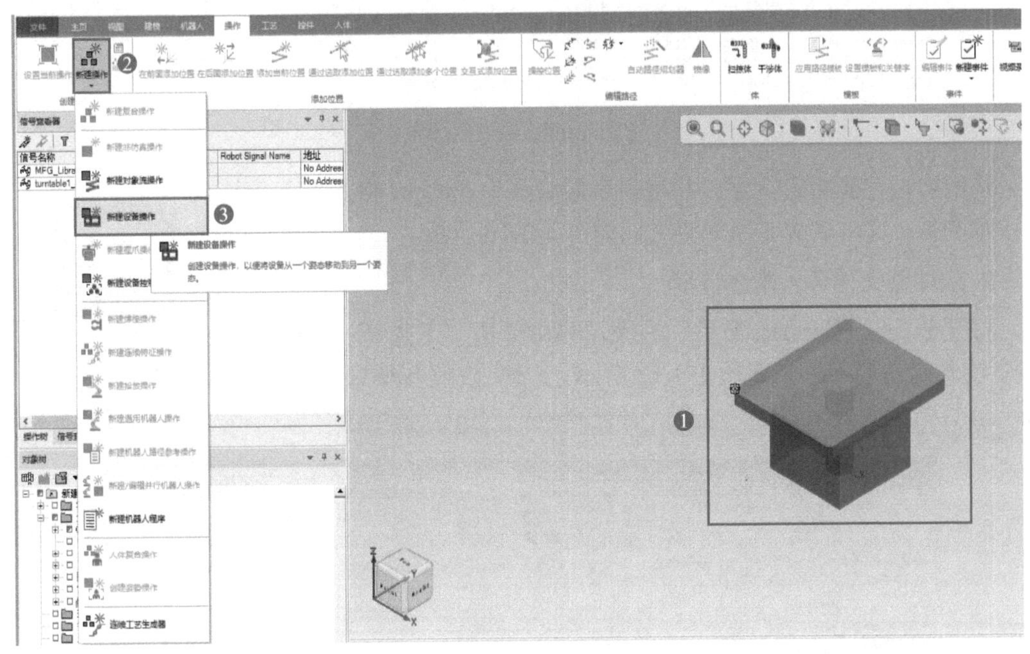

图 1-3-11　新建设备操作步骤

设置新建设备操作：“从姿态：”选择“HOME”；“到姿态：”选择“FWD”；操作名称为“turntable11_Op”，操作创建完成，如图 1-3-13 所示，依次按照步骤①～④操作。

此时在新建操作树的界面中，可以查看新创建的相关操作，如图 1-3-14 所示。

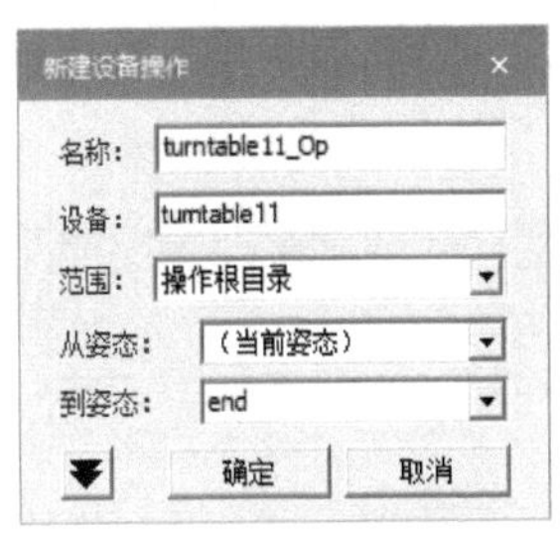

图 1-3-12　新建设备操作弹窗 1

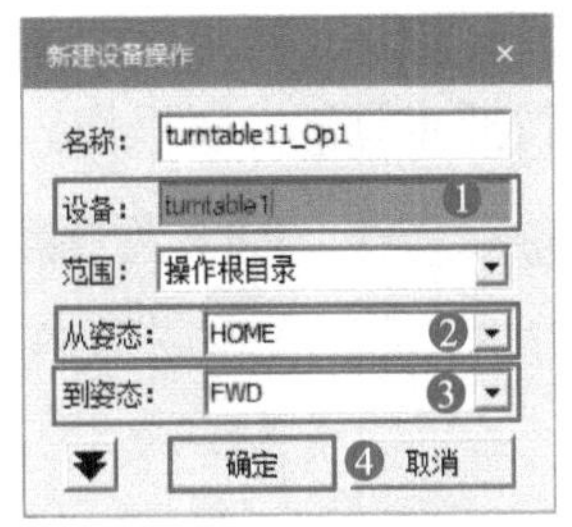

图 1-3-13　新建设备操作弹窗 2

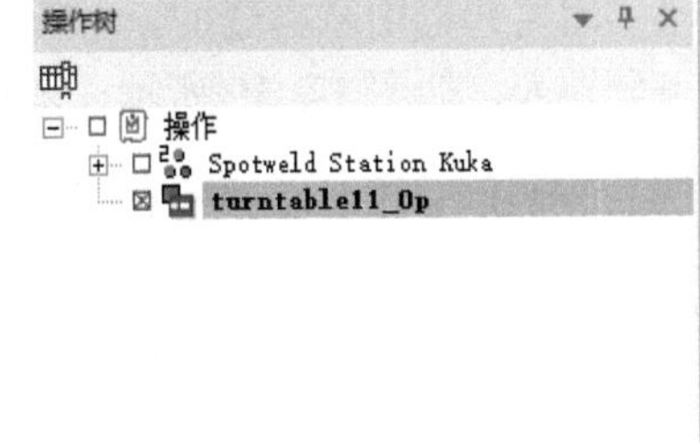

图 1-3-14　新建操作在操作树中的位置

（四）导入制造特征

1. 构建焊点数据的 csv 格式文件

导入焊点数据前，需要构建一份含有焊点类型、焊点名称、焊点坐标位置的 excel 焊点数据表。其中，焊点类型（Class）为PmWeldPoint，必须每行都填写。焊点名称（name）不能重复，也不能使用中文字符；焊点坐标X、Y、Z、RX、RY、RZ必须按照顺序依次填写至焊点名称（name）后。csv格式文件的焊点数据导入具体格式如图1-3-15所示。

A1 fx Class

	A	B	C	D	E	F	G	H	I	J	K	L
1	Class	name	X	Y	Z	RX	RY	RZ	Attribute	Attribute	Attribute_Sealant	
2	PmWeldPoi	WP01	-556.01	382.08	-35.64	0	0	0				
3	PmWeldPoi	WP02	-259.69	415.03	-18.89	0	0	0				
4	PmWeldPoi	WP03	-83.97	421	-16.53	0	0	0				
5	PmWeldPoi	WP04	79.81	419.9	-16.5	0	0	0				
6	PmWeldPoi	WP05	277.16	415.5	-19.39	0	0	0				
7	PmWeldPoi	WP06	556.67	382.31	-35.73	0	0	0				

图1-3-15　焊点数据表

将表格保存到指定位置，并将其后缀修改为***.csv格式．特别注意的是：文件名称必须为英文，如图1-3-16所示。

图1-3-16　修改文件格式

2. 从焊点文件导入制造特征

打开Process Simulate软件，在菜单栏中单击“工艺”→“从文件导入制造特征”，如图1-3-17所示，依次按照步骤①～②操作。

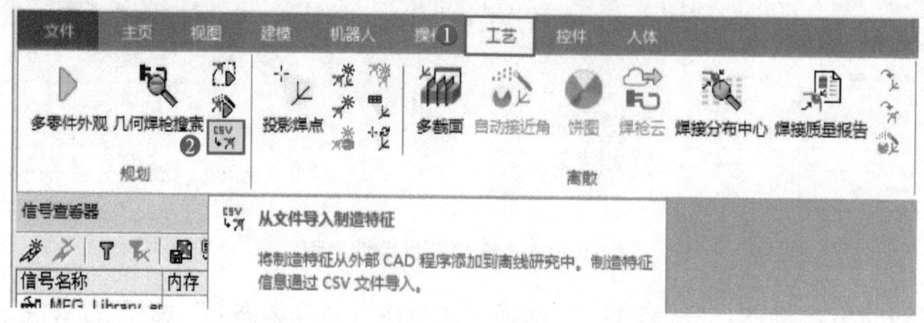

图1-3-17　从文件导入制造特征

单击该命令后出现导入制造特征弹窗，如图1-3-18所示。

浏览并选中刚构建的csv格式焊点数据文件，再单击“导入”按钮，即所有焊点数据完全导入，如图1-3-19所示，依次按照步骤①～②操作。

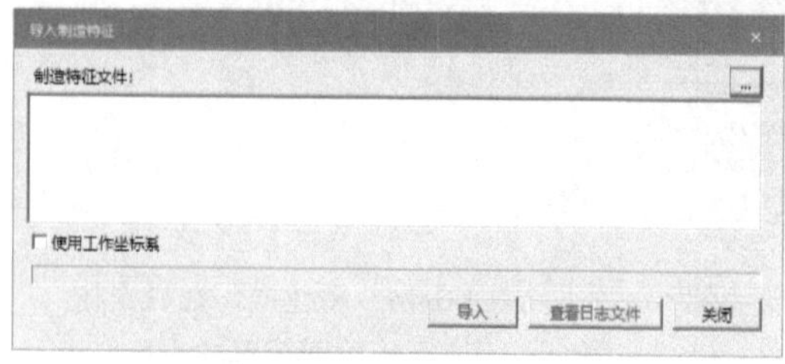

图1-3-18　导入制造特征弹窗

图1-3-19　导入焊点表

导入制造特征成功后，其示意图如图1-3-20所示。

焊点导入成功后，在左侧的操作树中会出现同名的焊点操作文件，如图1-3-21所示。

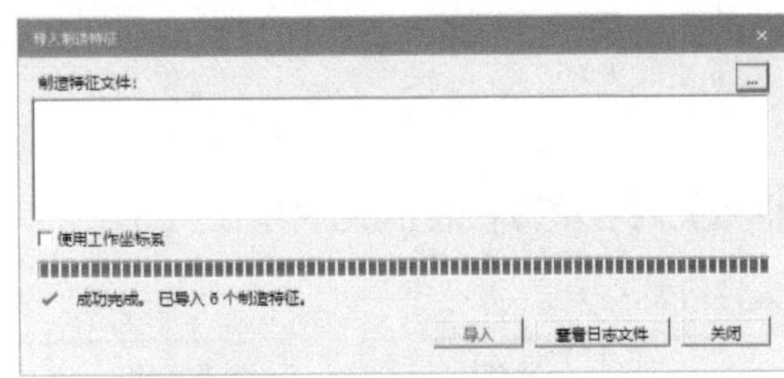

图 1-3-20　导入制造特征成功

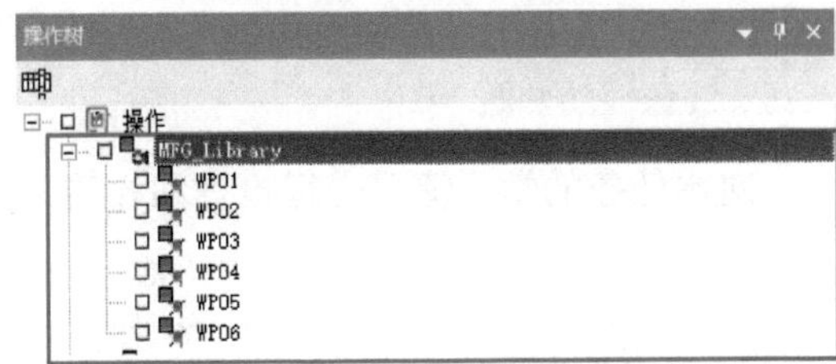

图 1-3-21　操作树中的焊点操作文件

在操作树中选中所有焊点，在菜单栏单击“工艺”→“投影焊点”，将焊点投影在工具模型上，如图 1-3-22 所示，依次按照步骤①~③操作。

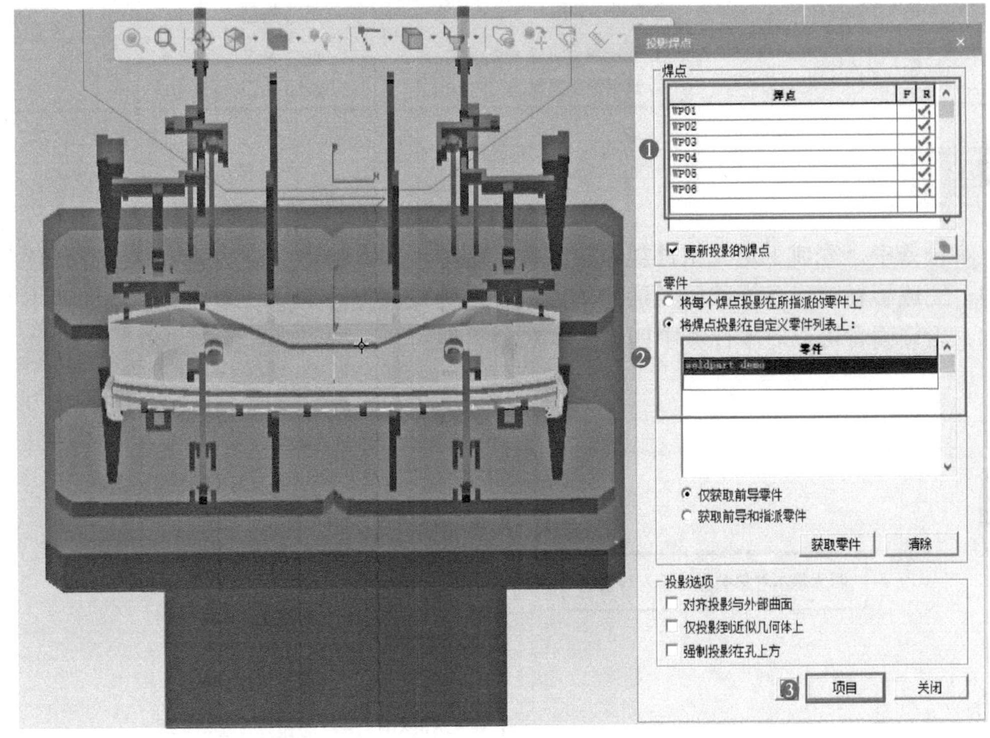

图 1-3-22　投影焊点

投影成功后，工件模型上将出现粉色的焊点坐标位置系列，如图 1-3-23 所示。至此，焊点数据全部导入完成。

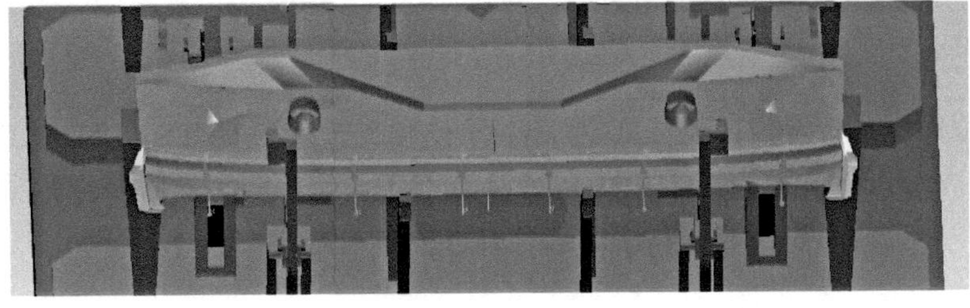

图 1-3-23　焊点投影成功

检查与评估

对本任务的学习情况进行检查和评估，并将相关内容填写在表 1-3-1 中。

表 1-3-1　检查评估表

检查项目	检查对象	检查结果	结果点评
导入零件	① 定义设备为零件 ② 零件导入完成	是□ 否□ 是□ 否□	
导入资源	① 定义设备为资源 ② 资源导入完成	是□ 否□ 是□ 否□	
导入新建操作	新建设备操作	是□ 否□	
导入制造特征	① 通过焊点表导入焊点 ② 投影焊点完成	是□ 否□ 是□ 否□	

任务总结

本任务中，完成了定义组件类型为零件、资源，并且将定义成功的零件、资源导入项目中；完成了新建设备操作以及通过焊点表导入焊点并投影焊点。本任务小结如图 1-3-24 所示，希望读者可以对本任务中四大基本对象类型的导入与创建有深刻印象。

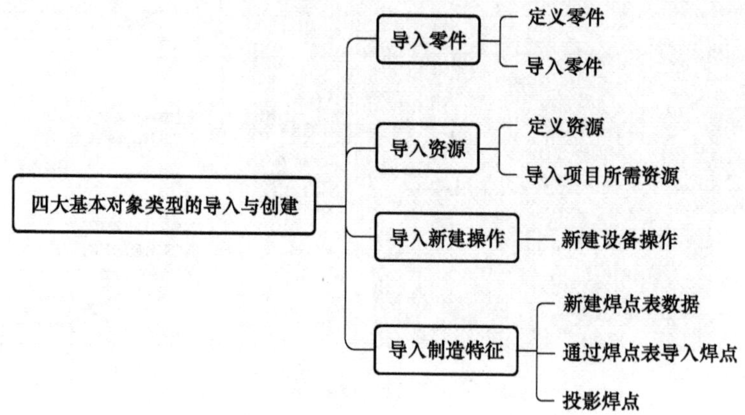

图 1-3-24　基本对象类型的导入与创建小结

任务拓展

按照随书附赠的焊点数据表，见图 1-3-1 所示“PDPS.rar”→“TEST-BENKE”→“LIBRARIES”→“WeldPoint”→“MFG_Library.csv”为参考。按照图 1-3-15 焊点数据表要求，自行再创建一个新的焊点数据表，在创建完成后将其导入至 Process Simulate 中进行检查。

项目二

机构的运动设置及仿真

机构的运动设置及仿真

机构的运动设置是数字孪生技术在执行装配仿真、工艺仿真、虚拟调试操作前不可缺少的环节。本项目通过抓手夹具的运动设置、焊枪机构的运动设置、制造特征（焊接件）的运动设置、旋转转台和工装夹具的运动设置、六轴机器人设置、机器人仿真操作等 6 个典型工作任务的学习，希望读者能够熟练掌握运动机构的设置及仿真，为后续的项目三、项目四具体实际操作打好基础。

任务一 抓手夹具的运动设置

抓手夹具模型的导入及激活

任务工单

<table>
<tr><td>任务名称</td><td colspan="3"></td><td>姓名</td><td></td></tr>
<tr><td>班级</td><td></td><td>组号</td><td></td><td>成绩</td><td></td></tr>
<tr><td>工作任务</td><td colspan="5">工业机器人是生产流水线中的一种常用智能生产装置，其中抓手夹具是机器人的末端设备之一，主要用于机器人对工件的拾取和放置操作。抓手夹具一般分为机械抓手、真空抓手、磁性抓手和粘附式抓手等类型
本任务通过引入一个典型的机械抓手，如下图所示，让初学者学会如何构建机械抓手并完成对该机械抓手的运动设置
• 扫描二维码，观看“抓手夹具的运动设置”微视频
• 阅读任务知识储备，理解关节类型、上下限制、最大值、关联函数作用
• 阅读任务技能实操，完成机械抓手进行模型导入及激活、创建父子连杆、设置各连杆之间的运动关系、创建抓手夹具工作姿态、设置特殊点属性以及进行工具类型定义等步骤操作</td></tr>
<tr><td>任务目标</td><td colspan="5">知识目标
• 掌握对机械抓手的运动设置步骤以及对其各参数的认识与理解
能力目标
• 学会创建一个新的研究，导入机械抓手模型
• 学会创建父子连杆，并会设置各连杆之间连接的运动关系</td></tr>
</table>

（续）

任务目标	• 学会建立机械抓手的关节依赖关系，能通过关节调整来判断建立的运动关系是否正确 • 学会创建机械抓手所需的工作姿态，设置姿态参数 • 学会工具坐标系以及基准坐标系的创建和调整 • 学会机械抓手的工具定义 • 学会机械抓手的运动仿真模拟 素质目标 • 良好的协调沟通能力、团队合作及敬业精神 • 专业的职业素养，遵守实践操作中的安全要求和规范操作注意事项 • 勤于思考、善于探索的良好学习作风 • 勤于查阅资料、善于自学、善于归纳分析

任务分配	职务	姓名	工作内容
	组长		
	组员		
	组员		

1. 关节类型

包括“移动”和“旋转”，表示两个连杆连接之间的运动方式。

2. 上下限制

包括“上限”和“下限”，表示两个连杆连接之间相对距离的最大值和最小值。

3. 最大值

包括“速度”和“加速度”，表示两个连杆连接之间移动的速度与加速度的最大数值。

4. 关联函数

表示两个关节之间的从属关系，其跟随系数表示两个关节之间的比率。

5. 运动机构资源包文件（My_Project.rar）

随书附赠的项目二任务一至任务四配套的运动机构资源包文件（My_Project.rar）中，包含资源文件夹 Library。其中资源文件夹由拓展资源文件夹 Expand、平面规划图文件夹 Layout、零件文件夹 Product 和设备资源文件夹 Resource 四个部分组成。

平面规划图文件夹 Layout 中包含 Layout.dwg 和 Layout.dxf 两个 CAD 文件；零件文件夹 Product 中包含项目所需要的两个焊接零件：“Part1.cojt”和“Part2.cojt”；设备资源文件夹 Resource 中包括项目所需要的所有设备文件夹，分别有：Clamp（工装夹具）、Device（机器人基座）、fixture（夹钳）、Gripper（抓手夹具）、Gun（焊枪机构）、Layout（平面规划图）、Robot（机器人）、Table（工作台），每个文件夹里有对应的一个或多个 .cojt 后缀的设备文件且每个 .cojt 文件里面还包含一个 .jt 后缀的文件；拓展资源文件夹 Expand 中包含项目二中的任务拓展章节所需的资源文件。

运动机构资源包文件（My_Project.rar）详细信息如图 2-1-1 所示。

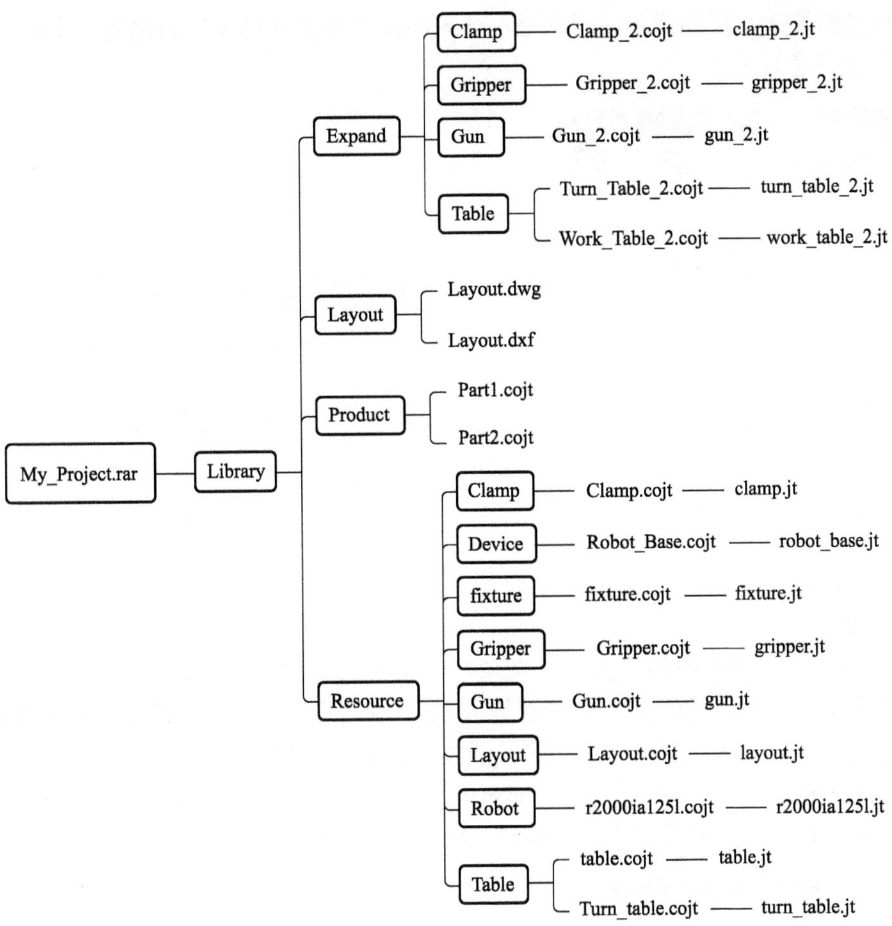

图 2-1-1　运动机构资源包文件（My_Project.rar）

技能实操

由于模型导入后，需要对该模型完成相关的运动设置，否则该模型无法创建和使用对应操作。通过完成相关的设置以及运动参数设置，才能创建对应的操作。

（一）抓手夹具模型的导入及激活

1. 新建研究

单击左上角菜单栏中的“文件”选项后，依次选择“断开研究”→“新建研究”命令，这时会弹出“新建研究”对话框，保持默认选项并单击“创建”按钮，这样就完成了对研究的创建，如图 2-1-2 和图 2-1-3 所示。

2. 导入模型

在创建完新研究后，要将所需要的模型进行导入。导入模型的方式有两种：一种是通过“转换并插入 CAD 文件”命令的方式，另一种是通过“插入组件”的方式。本任务将详细讲解两种方式的模型导入方法和各自特点，后续任务将依据各自特点，采用两者轮换方式进行模型导入。特别需要注意的是：导入前需先将运动机构资源包文件（My_Project.rar）解压至任意目录下。

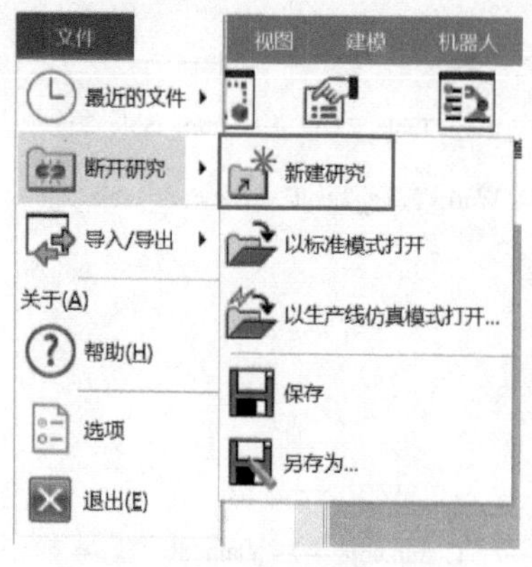

图 2-1-2 “新建研究”命令

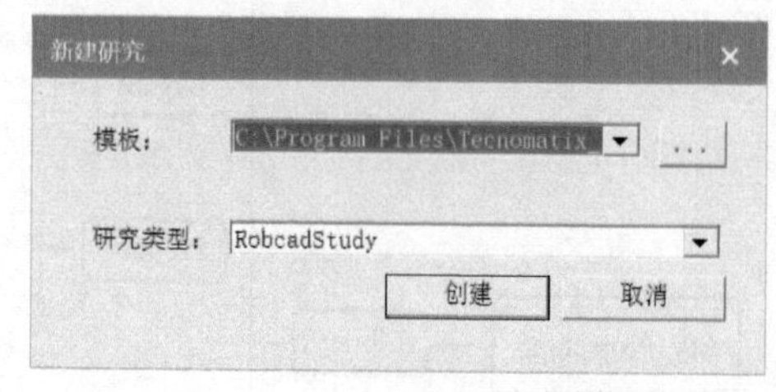

图 2-1-3 “新建研究”对话框

（1）转换并插入 CAD 文件的导入方式

1）选择命令

单击左上角菜单栏中的“文件”选项后，依次选择“导入 / 导出”→“转换并插入 CAD 文件”命令，这时会弹出“转换并插入 CAD 文件”对话框，如图 2-1-4 和图 2-1-5 所示。再单击“添加”按钮会弹出“打开”对话框，依次选择“My_Project 文件夹”→“Library 文件夹”→“Resource 文件夹”→“Gripper 文件夹”→“Gripper.cojt”→“gripper.jt”并单击“打开”按钮，这时会弹出“文件导入设置”对话框，如图 2-1-6 所示。

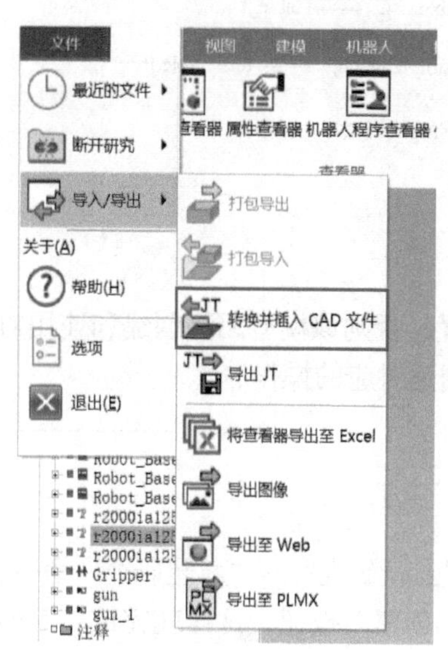

图 2-1-4 “转换并插入 CAD 文件”命令

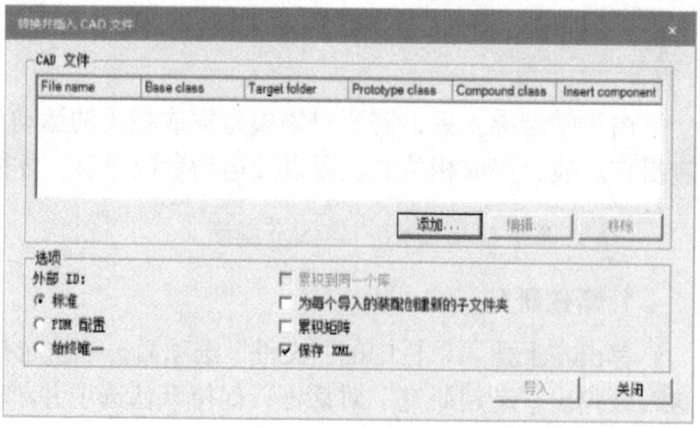

图 2-1-5 “转换并插入 CAD 文件”对话框

2）设置文件导入参数

在“文件导入设置”对话框内，单击“目标文件夹”下的“路径”栏右侧的按钮可以重新选择其他位置下的模型文件，如图 2-1-6 所示。

在对话框中的“类型”下面包含有基本类、复合类、原型类3个选择列表：基本类中包含“零件”和“资源”两个选项，“零件”指构成产品的单个制件，“资源”指执行操作的组件或者设施。在本任务中，机械抓手属于资源；复合类和原型类随着基本类选择的不同，其包含的类型也不同。当基本类为“零件”时，复合类和原型类一般均保持默认选择“PmCompoundPart”及“PmPartPrototype”；当基本类为“资源”时，复合类和原型类就需要依据模型的具体情况在选择列表中选择对应的类型。本任务中的复合类和原型类分别选择“PmCompoundResource”及“Gripper”。

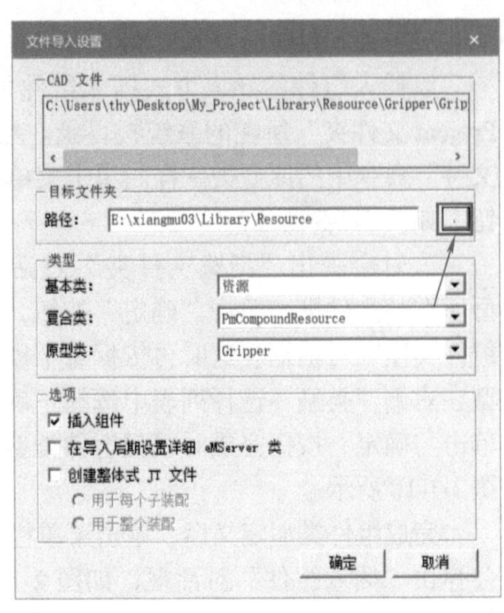

图 2-1-6 “文件导入设置”

最后在选项下勾选“插入组件”选项并单击“确定”按钮，这时会回到“转换并插入CAD文件”对话框，如图2-1-7所示。再在“转换并插入CAD文件”对话框中单击“导入”按钮完成模型文件的导入，如图2-1-8所示。

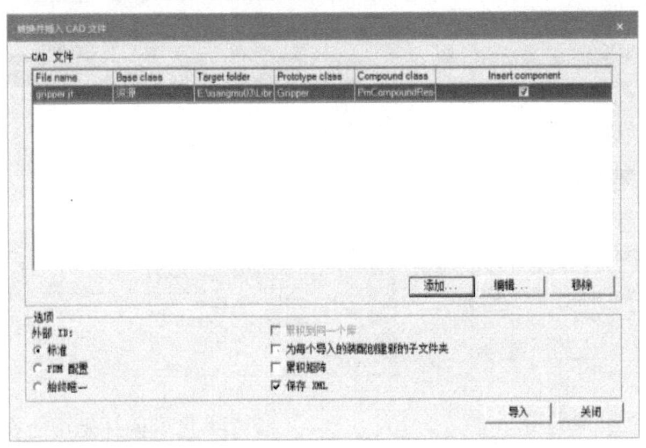

图 2-1-7 添加CAD文件成功

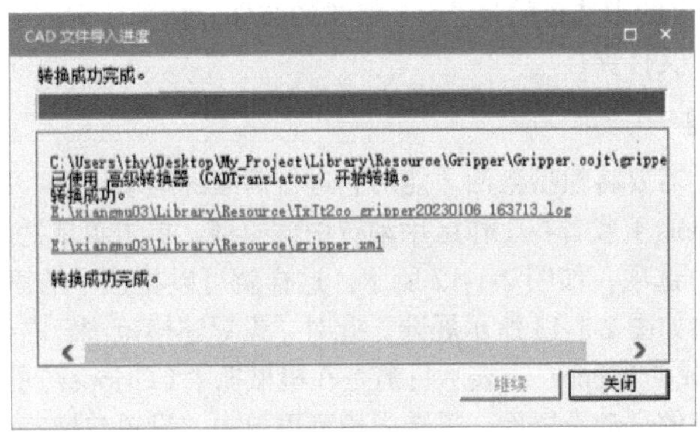

图 2-1-8 “CAD 文件导入进度”

（2）插入组件的导入方式

以插入组件的导入方式插入组件之前，首先需要将客户端系统根目录更改到“My_Project 文件夹”所在的系统根目录。然后再定义组件类型，其作用与“转换并插入 CAD 文件”命令中的原型类一样。单击菜单栏中的“建模”选项后，选择“定义组件类型”按钮，如图 2-1-9 所示。

这时会弹出“浏览文件夹”对话框，选择模型所在的文件夹，单击“确定”按钮，弹出“定义组件类型”对话框。这时再依据每个模型对应的类型在右侧“类型”选择列表中选择正确的类型，再单击“确定”按钮完成对模型组件类型的定义，如图2-1-10 所示。

图 2-1-9 “插入组件”和“定义组件类型”按钮

完成组件类型定义后，单击菜单栏中的“建模”选项，选择“插入组件”按钮，这时会弹出“插入组件”对话框，如图 2-1-11 所示。选择机械抓手模型（Gripper）所在的文件夹，单击“打开”按钮，即可完成模型的导入。

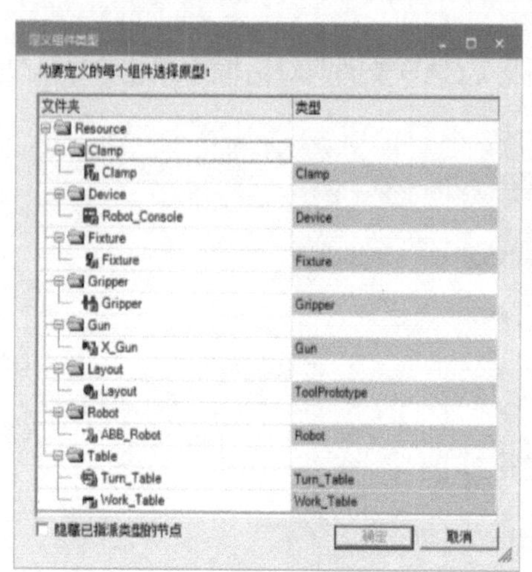

图 2-1-10 “定义组件类型”

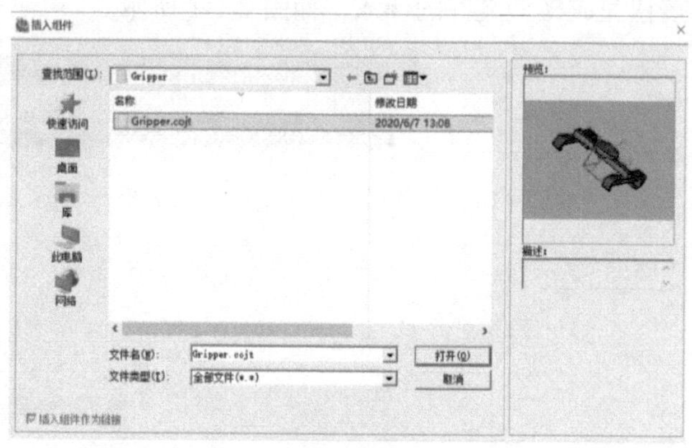

图 2-1-11 选择模型所在文件夹

这里注意用插入组件导入模型时，选择的是“.cojt”格式的文件夹，而使用“转换并插入 CAD 文件”命令的则选择的是“.jt”格式的文件。特别注意的是：cojt 格式其实就是在 jt 文件外嵌套一个文件夹。

3. 设置建模范围

将模型导入后，需要将模型激活才能对它进行后续的运动设置。通过在对象树中选中机械抓手模型（Gripper）或者在工作区手动选中该模型，单击菜单栏的“建模”选项，选择“设置建模范围”选项，如图 2-1-12 所示。这样就可以将选中的模型设置成活动组件，模型在对象树中将会如图 2-1-13 所示展开。此时“设置建模范围”右侧下拉列表就从“新建 RobcadStudy”变成“Gripper”，表示目前是在机械抓手（Gripper）的建模范围下。注意，当后续完成模型所有的运动设置后，需选中模型再单击“设置建模范围”按钮右侧的“结束建模”按钮结束激活状态，此时才会将所做的运动设置保存到原始文件上。

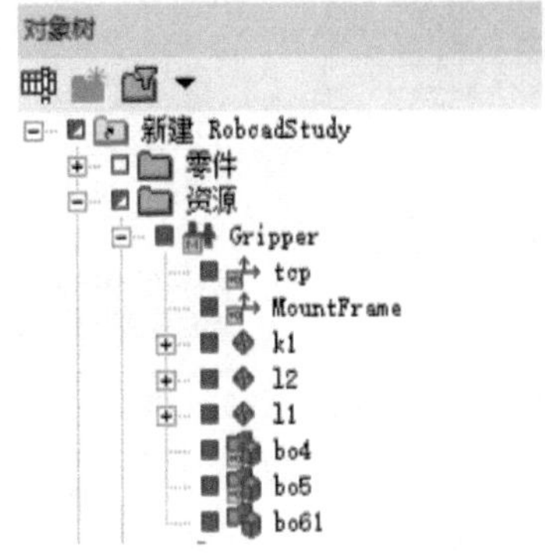

图 2-1-12 “设置建模范围”

图 2-1-13 模型对象树展开

（二）创建父子连杆

1. 打开运动学编辑器

在“对象树”查看器中，选中导入的机械抓手模型（Gripper）或在工作区选中该模型，选择菜单栏中的“建模”选项，单击其下的“运动学编辑器”按钮，如图 2-1-14 所示。这时就会弹出“运动学编辑器 -Gripper”对话框，如图 2-1-15 所示。至此，运动学编辑器就打开了。

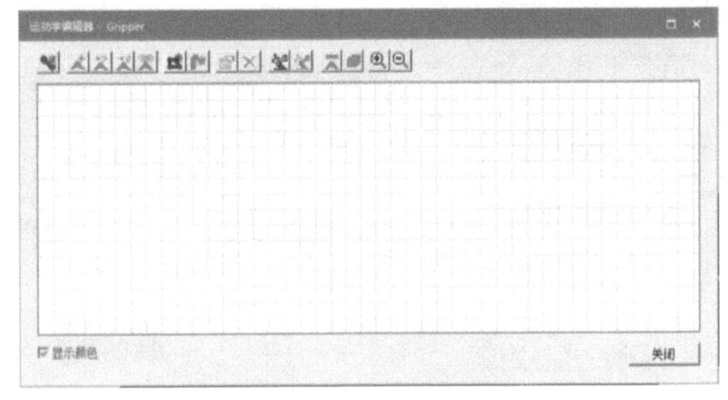

图 2-1-14 “运动学编辑器”按钮

图 2-1-15 运动学编辑器

2. 完成对 base 连杆的设置

在打开运动学编辑器后，在“运动学编辑器 -Gripper”对话框中单击“创建连杆”按钮，如图 2-1-16 所示。

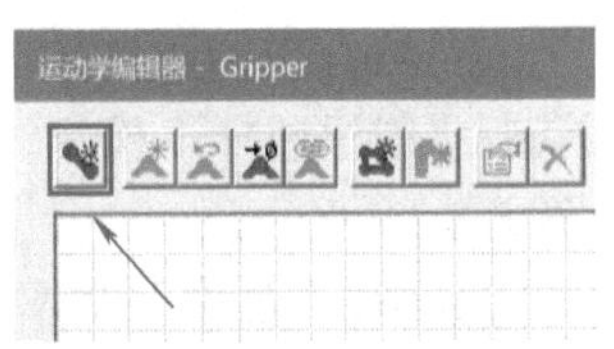

图 2-1-16 “创建连杆”按钮

这时会弹出“连杆属性”对话框，如图 2-1-17 所示。其中，“名称”文本框中输入“base”，而对于“连杆单元”列表栏，则需要在工作区或者对象树中选中“bo4”“bo5”“bo8”“bo61”4 个零件。最后单击“确定”按钮，这样就完成对“base”连杆的设置，结果如图 2-1-18 所示。

最后可以在运动学编辑器中看到“base”连杆的颜色与其对应零件的颜色是一致的，这样可以便于区分不同的连杆单元，如图 2-1-19 所示。

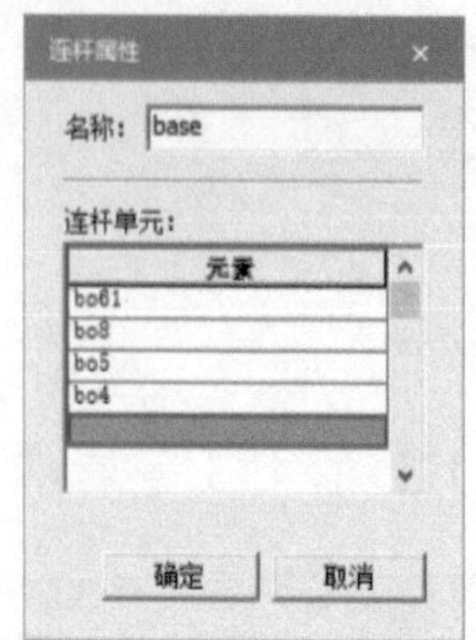

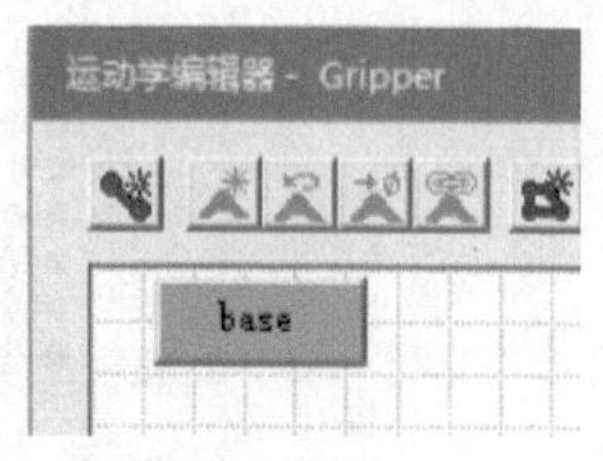

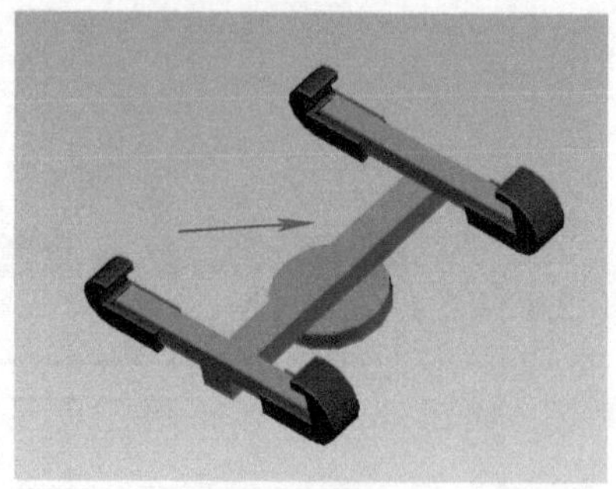

图 2-1-17 “base”连杆属性　　图 2-1-18 “base”连杆　　图 2-1-19 “base”连杆对应的单元

3. 完成对 lnk1 连杆的设置

同理，在“运动学编辑器 -Gripper”对话框中再次单击“创建连杆”按钮，弹出“连杆属性”对话框，如图 2-1-20 所示。

其中，“名称”文本框中自动生成“lnk1”，而对于“连杆单元”列表栏，则需要在工作区或者对象树中选中“bo7”“bo14”两个零件。最后单击“确定”按钮，这样就完成对“lnk1”连杆的设置，结果如图 2-1-21 和图 2-1-22 所示。

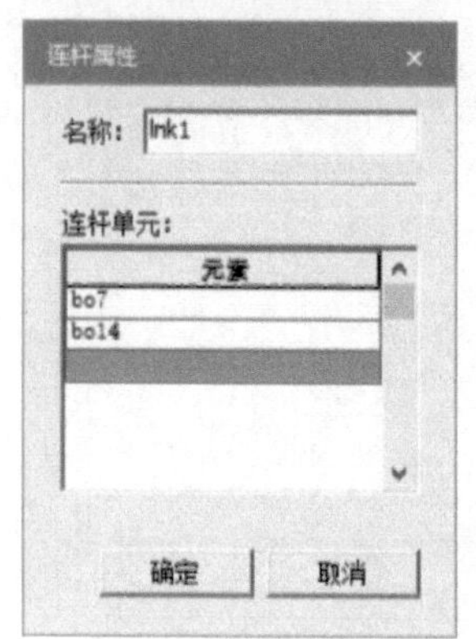

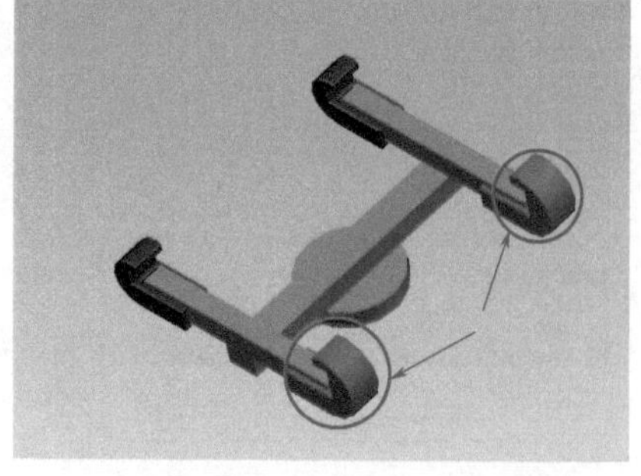

图 2-1-20 “lnk1”连杆属性　　图 2-1-21 “lnk1”连杆　　图 2-1-22 “lnk1”连杆对应的单元

4. 完成对 lnk2 连杆的设置

同理，在“运动学编辑器 -Gripper”对话框中再次单击“创建连杆”按钮，弹出“连杆属性”对话框，如图 2-1-23 所示。

其中，“名称”文本框中自动生成“lnk2”，而对于“连杆单元”列表栏，则需要在工作区或者对象树中选中“bo9”“bo12”两个零件。最后单击“确定”按钮，这样就完成对“lnk2”连杆的定义，结果如图 2-1-24 和图 2-1-25 所示。

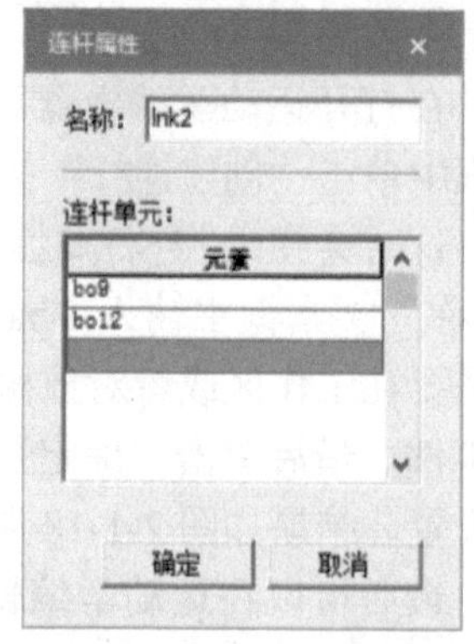

图 2-1-23 “lnk2”连杆属性

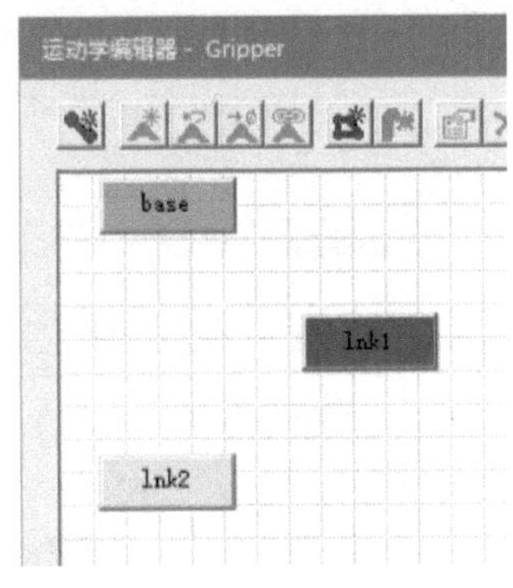

图 2-1-24 “lnk2”连杆

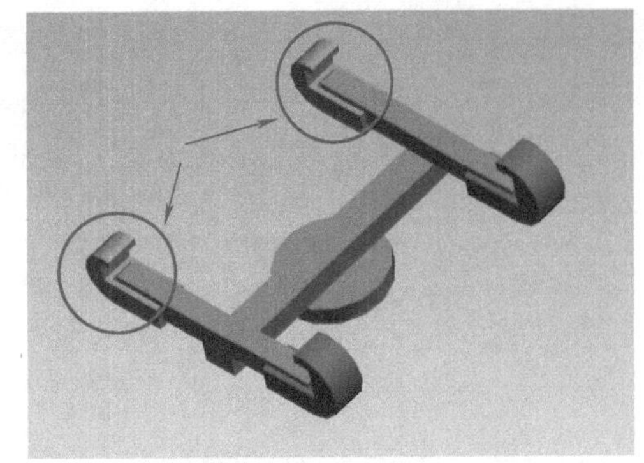

图 2-1-25 “lnk2”连杆对应的单元

（三）设置各连杆之间的运动关系

1. 设置 base 与 lnk1 之间的运动关系

（1）连接 base 与 lnk1

在“运动学编辑器 -Gripper”对话框中将鼠标移动至“base”连杆的方框上，按住鼠标左键不松，移动至“lnk1”连杆的方框上松开，这时会生成一个黑色箭头 j1 从“base”连杆指向“lnk1”连杆且弹出“关节属性”对话框，这样就将“base”和“lnk1”连接到了一起形成一个叫 j1 的关节，如图 2-1-26 所示。

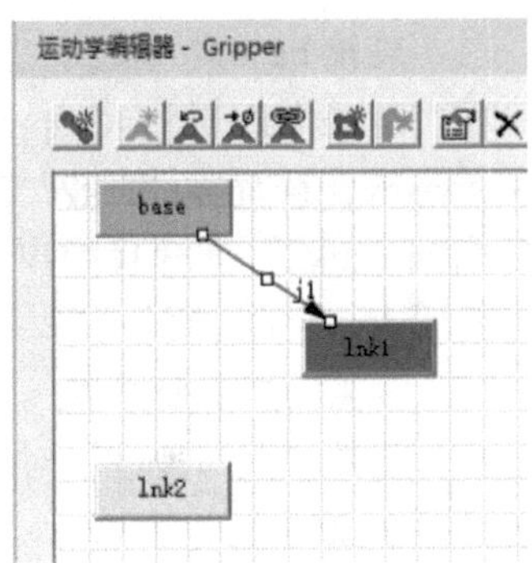

图 2-1-26 连接 base 与 lnk1 连杆

（2）设置关节属性参数

在弹出的“关节属性”对话框中，如图 2-1-27 所示，需要完成轴的两端坐标输入，通过选择两个点的方式完成。

单击轴下面的“从”按钮，选择如图 2-1-28 所示的零件“bo5”的左端点（①点），此时注意最好采用实体选取级别来选取该点。再单击“到”按钮，选择如图 2-1-28 所示零件“bo5”的右端点（②点），这时会生成一个从左端点到右端点黄色箭头，这就是关节 j1 的移动轴。

“关节类型”选择列表选择“移动”，也就表示“lnk1”（绿色部分）会顺着箭头的方向在“base”（橙色部分）上移动。限制类型可以根据需求选择，这里选择“常数”，上限为“100”，下限为“0”。最大值保持默认。最后单击“确定”按钮，完成“base”与“lnk1”之间的关节属性设置，此时箭头 j1 的颜色从黑色变为蓝色，表示两者间的运动关系已确定，如图 2-1-29 所示。

图 2-1-27 j1 关节属性

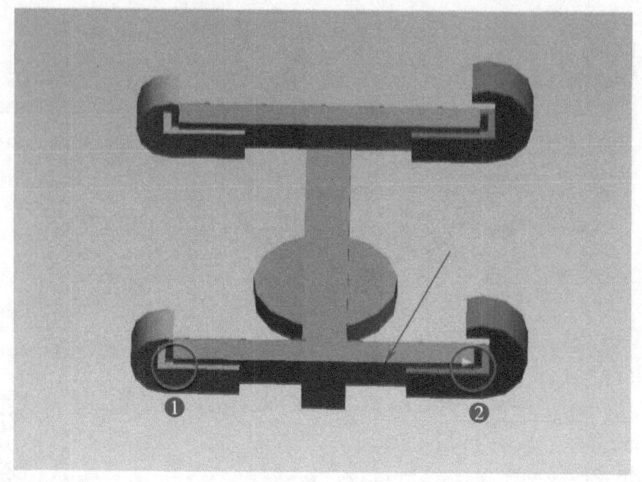

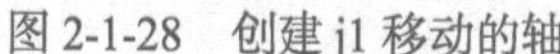
图 2-1-28　创建 j1 移动的轴

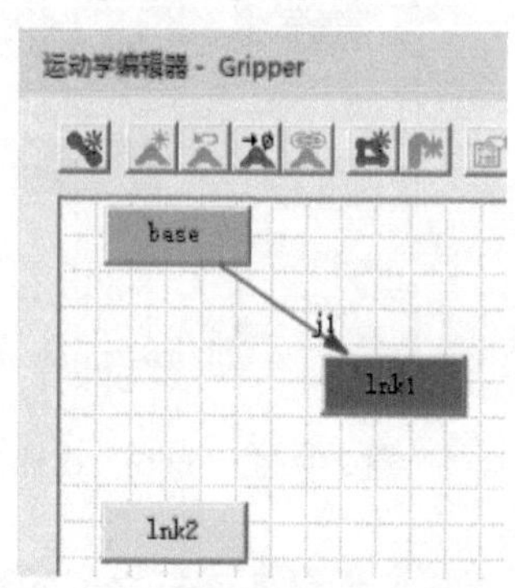

图 2-1-29　已确定 j1 的运动关系

2. 设置 base 与 lnk2 之间的运动关系

（1）连接 base 与 lnk2

在“运动学编辑器 -Gripper”对话框中将鼠标移动至“base”连杆的方框上，按住鼠标左键不松，移动至“lnk2”连杆的方框上松开，这时会生成一个黑色箭头 j2 从“base”连杆指向“lnk2”连杆且弹出“关节属性”对话框，这样就将“base”和“lnk2”连接到了一起形成一个叫 j2 的关节，如图 2-1-30 所示。

（2）设置关节属性参数

在弹出的“关节属性”对话框中，如图 2-1-31 所示，需要完成轴的两端坐标输入，通过选择两个点的方式完成。

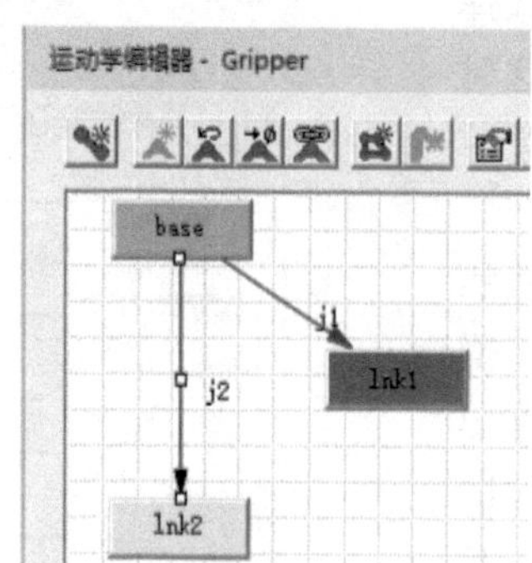

图 2-1-30　连接 base 与 lnk2 连杆

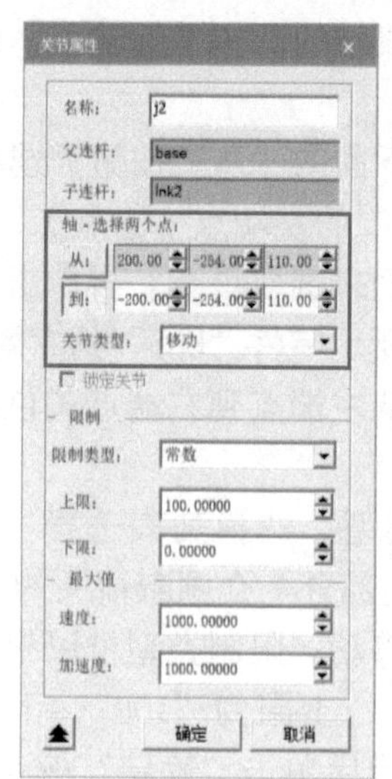

图 2-1-31　j2 关节属性

单击轴下面的“从”按钮，选择如图 2-1-32 所示的零件“bo5”的右端点（①点），同样注意最好采用实体选取级别来选取该点。再单击“到”按钮，选择如图 2-1-32 所示零件“bo5”的左端点（②点），这时会生成一个从右端点到左端点黄色箭头，这就是关节 j2 的移动轴。

“关节类型”选择列表选择“移动”，也就表示“lnk2”（黄色部分）会顺着箭头的方向在“base”（橙色部分）上移动。限制类型可以根据需求选择，这里同样选择“常数”，上限为“100”，下限为“0”。最大值保持默认。最后单击“确定”按钮，完成“base”与“lnk2”之间的关节属性设置，此时箭头 j2 的颜色从黑色变为蓝色，表示两者间的运动关系已确定，如图 2-1-33 所示。

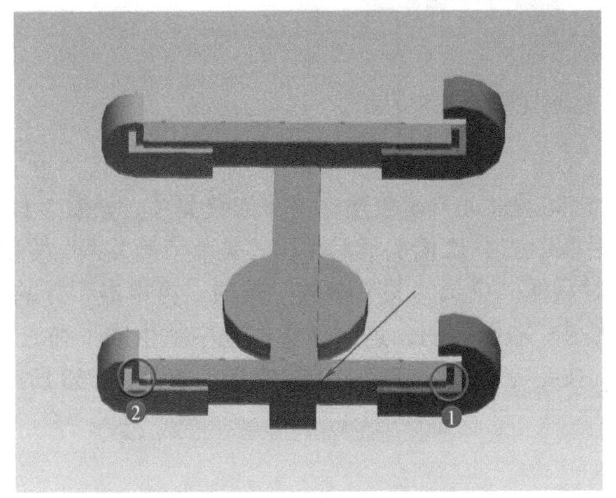

图 2-1-32　创建 j2 移动的轴

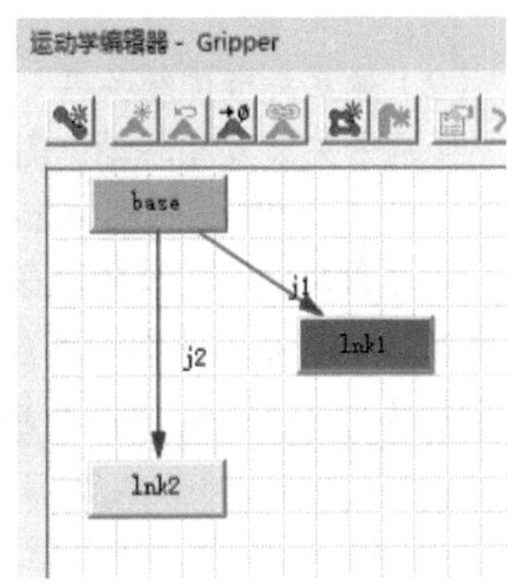

图 2-1-33　已确定 j2 的运动关系

3. 调整关节以检查各连杆之间运动关系的正确性

（1）打开关节调整

在设置好关节的运动关系后，需要验证该运动关系的正确性。如图 2-1-34 所示，在“运动学编辑器 -Gripper”对话框中单击“打开关节调整”按钮，这时会弹出“关节调整 -Gripper”对话框，如图 2-1-35 所示。

图 2-1-34　“打开关节调整”按钮

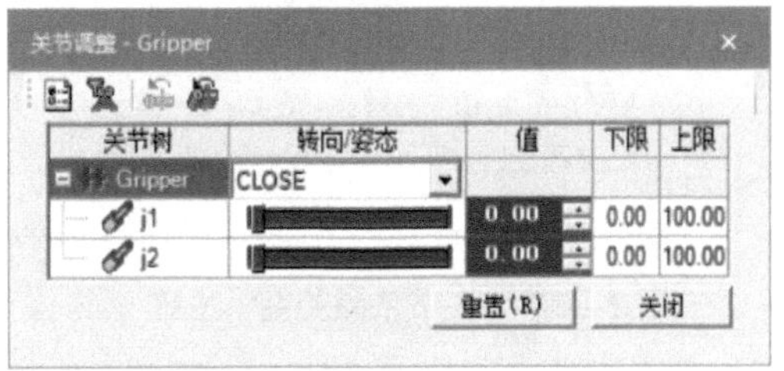

图 2-1-35　“关节调整 -Gripper”对话框

这里面有 j1、j2 两个关节，通过鼠标拉动“转向 \ 姿态”下的滑条，可以观察它们的运动。如图 2-1-36 所示，这里可以发现两者的运动方式为水平移动且方向相反，表明它们的运动是正确的。如果两者之间没有联动，应该是仅一个滑条可以控制两者同时移动，所以需要通过建立关节依赖关系解决以上问题。单击“重置（R）”按钮可以让关节回到初始位置。

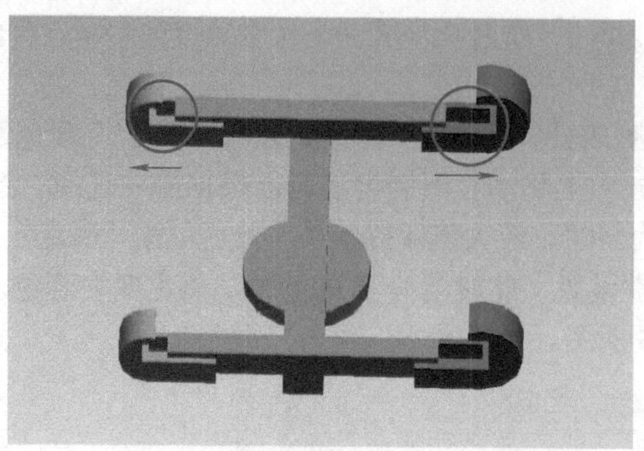

图 2-1-36　未调整的关节运动示意图

（2）建立关节依赖关系

让两个关节互相联动，需要在两者之间通过关节函数建立关节依赖关系。如图 2-1-37 所示，在“运动学编辑器 -Gripper”对话框中选中 j2 箭头然后单击“关节依赖关系”按钮。

这时会弹出“关节依赖关系 -j2”对话框，点选“关节函数”选项，再单击下方的下三角按钮在其下拉列表中选择 j1 后并单击“j1”按钮，这时在文本框中就生成了和 j1 的关节函数（D（j1））。最后单击“应用”按钮完成关节依赖关系的建立，如图 2-1-38 所示。

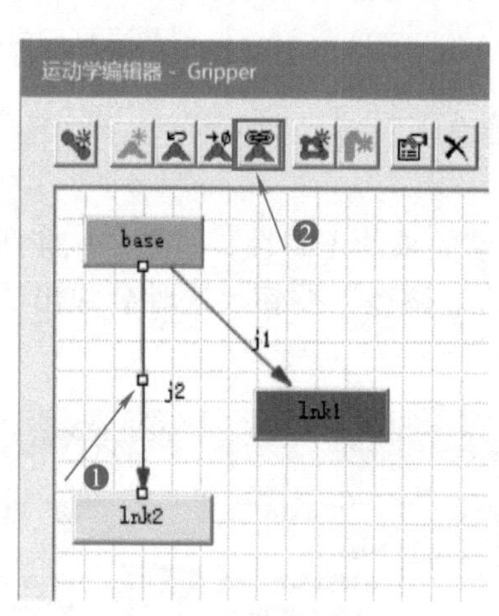

图 2-1-37　“关节依赖关系”按钮

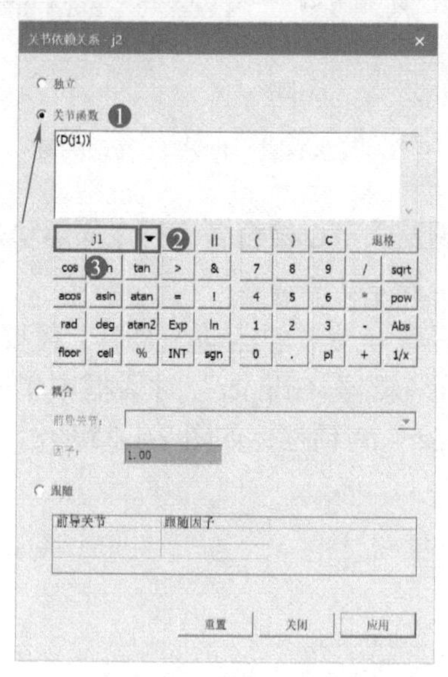

图 2-1-38　“关节依赖关系 -j2”对话框

（3）再次打开关节调整检验

建立两个关节之间的关节依赖关系后，需要再次验证一下两者之间运动关系的正确性。在“运动学编辑器 -Gripper”对话框中单击“打开关节调整”按钮，如图 2-1-39 所示，弹出“关节调整 -Gripper”对话框。

这时发现里面只有 j1 一个关节，通过鼠标拉动“转向 \ 姿态”下的滑条，如图 2-1-40 所示，可以观察到 j1 和 j2 同时运动。至此，两个关节的运动关系设置完成且完全正确，这表明机械抓手的运动关系也设置完成。

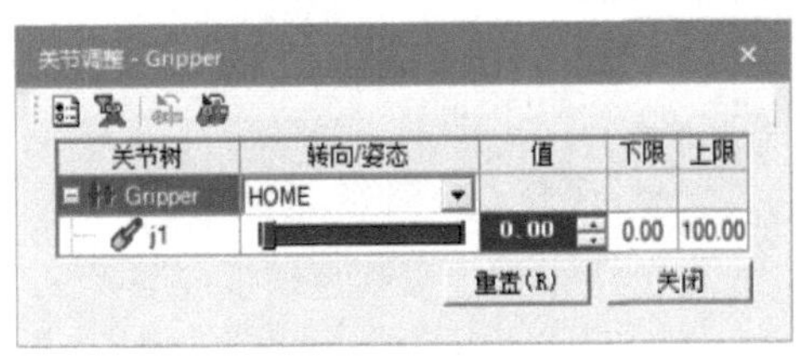

图 2-1-39　建立关节依赖关系后的“关节调整 -Gripper”对话框

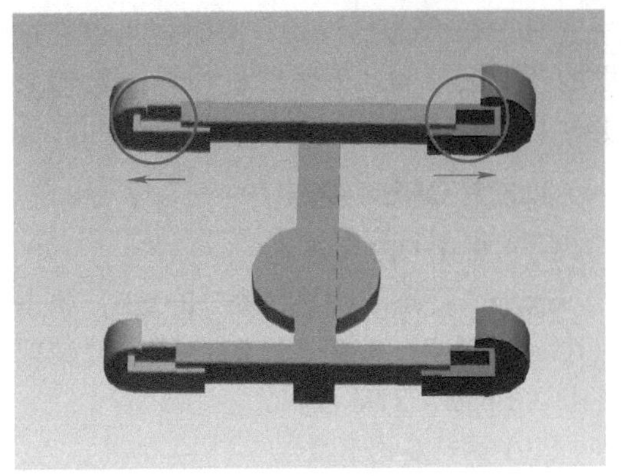

图 2-1-40　调整后的关节运动示意图

（四）创建抓手夹具工作姿态

确定好抓手夹具的运动关系后，还需要创建其所需的工作姿态，工作姿态也是为后续的具体操作所服务的。本任务的机械抓手则需要 3 个姿态，分别为 HOME、OPEN、CLOSE。HOME 姿态指的是抓手的初始位置，OPEN 姿态指的是抓手打开时的位置，CLOSE 姿态指的是抓手闭合时的位置。

1. 打开姿态编辑器

在“运动学编辑器 -Gripper”对话框中，直接单击“姿态编辑器”按钮。或者先选中抓手夹具模型，再在菜单栏“建模”选项下，单击“姿态编辑器”按钮，如图 2-1-41 所示。

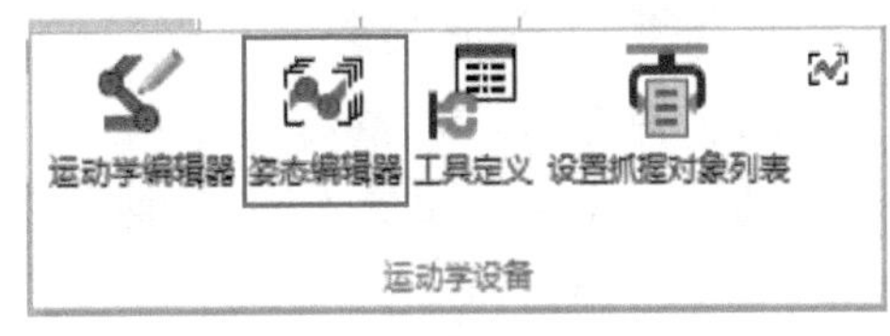

图 2-1-41　“姿态编辑器”按钮

这时会弹出“姿态编辑器 -Gripper”对话框，如图 2-1-42 所示。默认情况下已经有了 HOME 姿态。选中“姿态”列表下的其他姿态，单击右边的“删除”按钮，可以删除该姿态；单击右边的“新建”按钮，可以新建姿态；单击“编辑”按钮，可以编辑该姿态的具体参数。

图 2-1-42　“姿态编辑器 -Gripper”对话框

2. 设置 HOME 姿态

（1）选择 HOME 姿态

选中“姿态”列表下的 HOME，单击右边的“编辑”按钮，如图 2-1-43 所示，这时会弹出“编辑姿态 -Gripper”对话框。

（2）编辑姿态参数

在“编辑姿态 -Gripper”对话框中的“姿态名称”一栏中输入“HOME”，然后在关节 j1 的“值”的那一栏输入“0”，再单击“确定”按钮，完成 HOME 姿态的设置。同时也可以在这里的“上限”和“下限”栏中输入数值来更改上下限，如图 2-1-43 所示。

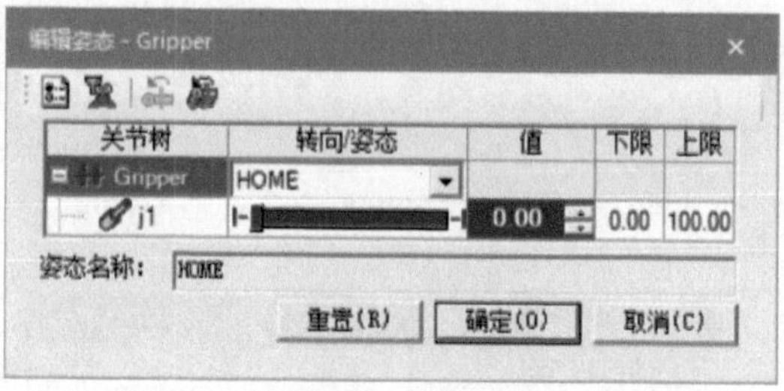

图 2-1-43　编辑姿态 -HOME 姿态

3. 设置 OPEN 姿态

（1）新建 OPEN 姿态

选中“姿态”列表下的 HOME，单击右边的“新建”按钮，这时会弹出“编辑姿态 -Gripper”对话框。

（2）编辑姿态参数

在“编辑姿态 -Gripper”对话框中的“姿态名称”一栏中输入“OPEN”，然后在关节 j1 的“值”的那一栏输入“90”，如图 2-1-44 所示。再单击“确定”按钮，完成 OPEN 姿态的设置，如图 2-1-45 所示。

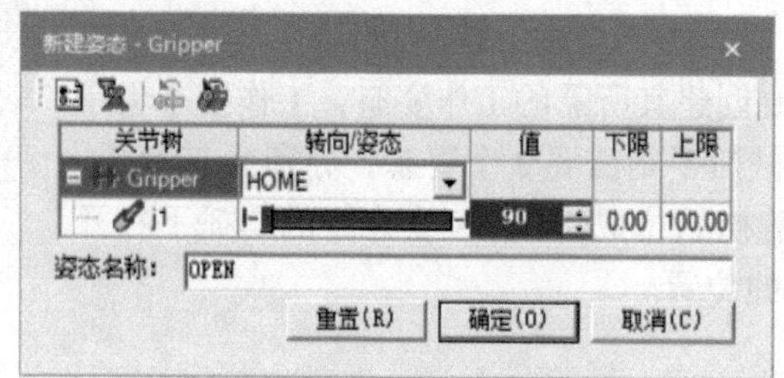

图 2-1-44　编辑姿态 -OPEN 姿态

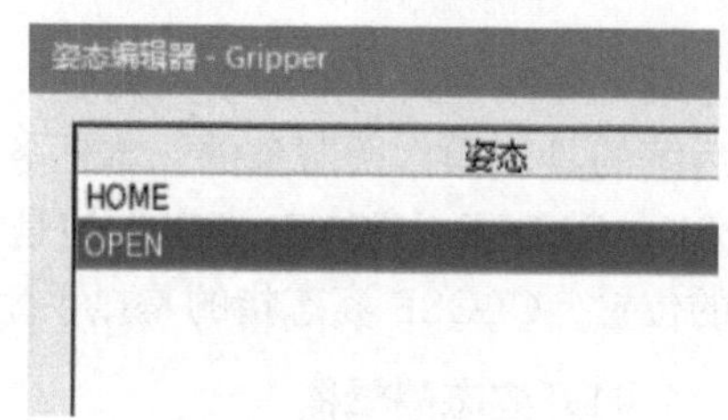

图 2-1-45　OPEN 姿态

4. 设置 CLOSE 姿态

（1）新建 CLOSE 姿态

选中“姿态”列表下的 HOME，单击右边的“新建”按钮，这时会弹出“编辑姿态 -Gripper”对话框。

（2）编辑姿态参数

在“编辑姿态 -Gripper”对话框中的“姿态名称”一栏中输入“CLOSE”，然后在关节 j1 的“值”的那一栏输入“0”，如图 2-1-46 所示。再单击“确定”按钮，完成 CLOSE 姿态的设置，如图 2-1-47 所示。

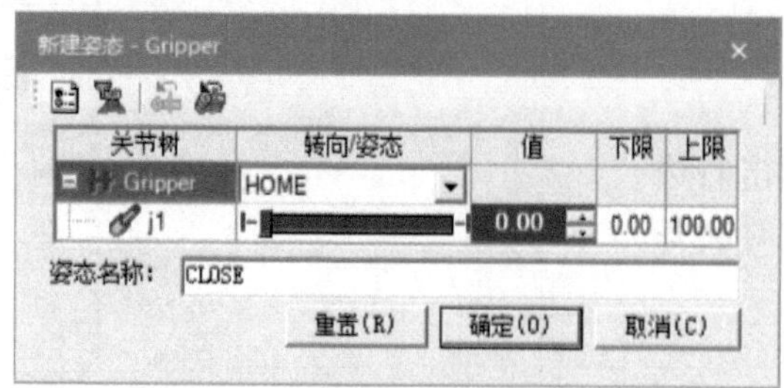

图 2-1-46　编辑姿态 -CLOSE 姿态

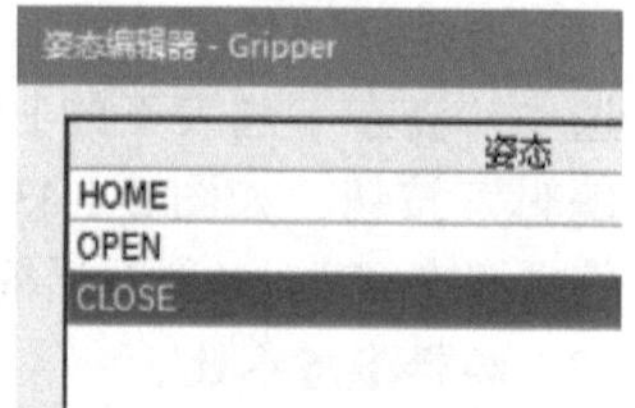

图 2-1-47　CLOSE 姿态

至此，机械抓手所需的 3 个工作姿态全部创建完毕。

（五）设置特殊点属性

为使机械抓手移动、操作和重新定位准确，还需要创建相应的基准坐标系和TCP工具坐标系。基准坐标系主要用于机械抓手等工具在机器人上的安装，TCP工具坐标系就是机械抓手等工具安装在机器人上执行操作时的工具中心点。特别注意的是：无论创建哪种坐标系，一定要保证在该模型的建模参数范围内，绝对不能超出该模型的建模参数范围。

1. 创建基准坐标系

（1）设置基准坐标系

在菜单栏中选择“建模”选项，依次单击“创建坐标系”→“通过6个值创建坐标系”命令，如图2-1-48所示。这时会弹出“6值创建坐标系”对话框，如图2-1-49所示。

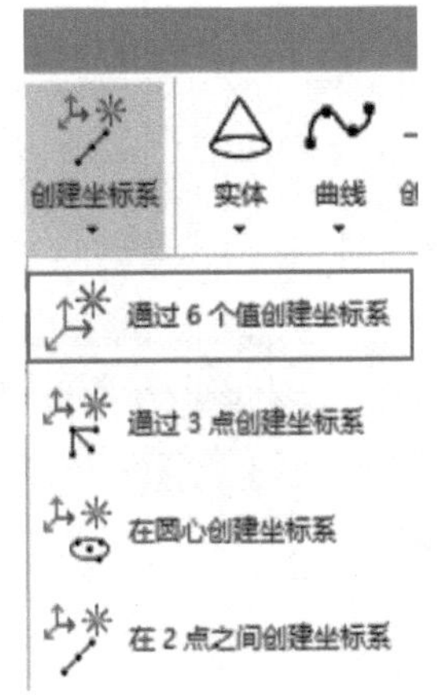

图2-1-48 “通过6个值创建坐标系”

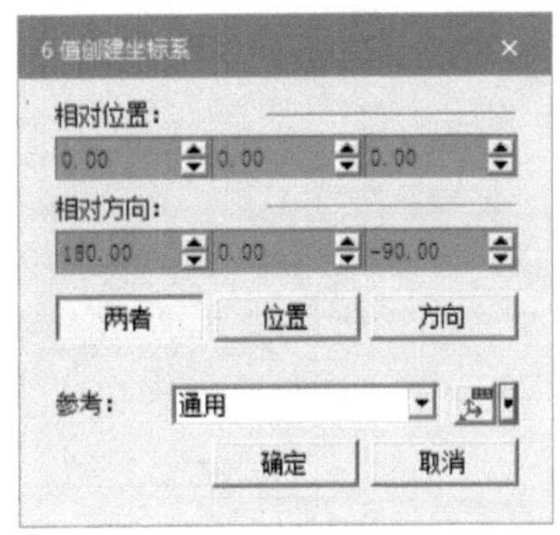

图2-1-49 “6值创建坐标系”对话框

选中并单击机械抓手最底部的零件“bo61”的底面中心点，这时会在中心位置创建一个坐标系，如图2-1-50所示。最后单击“确定”按钮，完成基准坐标系的创建，如图2-1-51所示。这时坐标系的方向与后续安装到机器人上的坐标系方向是不一致的，需要进一步调整坐标系的方向。

图2-1-50 零件“bo61”的底面中心点

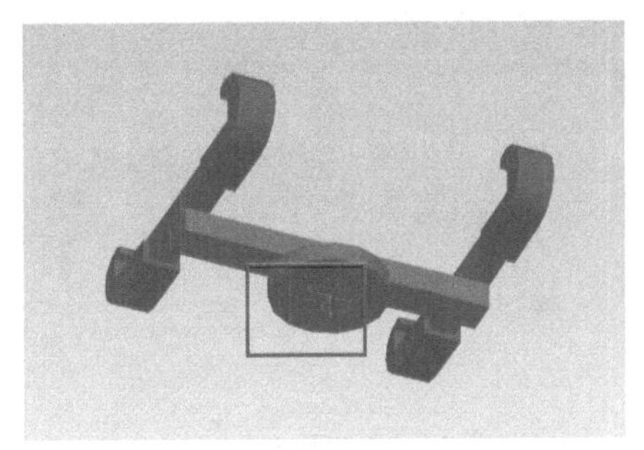

图2-1-51 未调整的基准坐标系

（2）调整基准坐标系

在对象树中选中新建的基准坐标系或者用实体选取级别在工作区手动选中该坐标系，再单击如图 2-1-52 所示的工具栏中的“放置操控器”按钮，这时会弹出“放置操控器”对话框，如图 2-1-53 所示。

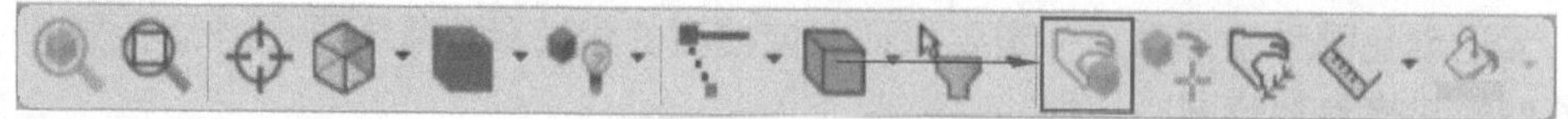

图 2-1-52 “放置操控器”按钮

在“放置操控器”对话框中，可以选择“平移”或“旋转”下的 6 个方向按钮，以此确定平移或旋转的方向。确定方向后的具体操作方式有：①在右侧单击箭头使得对象平移或旋转；②在文本框中输入数值使得对象平移或旋转；③按照图 2-1-54 所示，在工作区用鼠标拖动坐标轴使得对象平移或旋转。

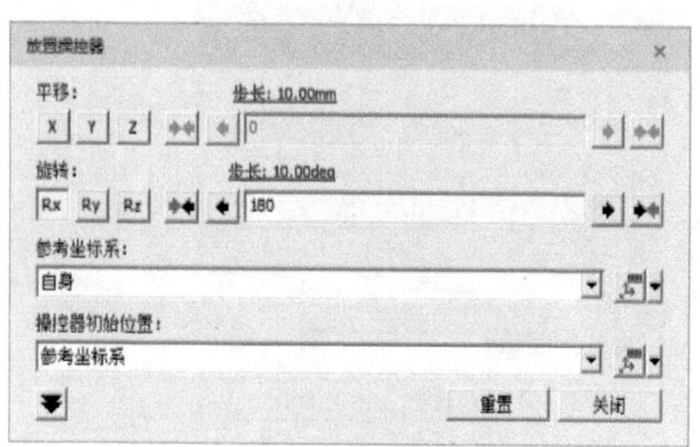

图 2-1-53 “放置操控器”对话框

图 2-1-54 调整基准坐标系

此时要将基准坐标系的方向，调整到与后续机器人上安装位置的坐标系方向一致。单击“旋转”下的“Ry”按钮，在右边文本框输入“180”，意为绕 Y 轴转 180°。再单击“旋转”下的“Rz”按钮，在右边文本框输入“−90”，意为绕 Z 轴反方向转 90°，如图 2-1-55 所示。此时基准坐标系的方向就调整完成了，最终完成的机械抓手基准坐标系如图 2-1-56 所示。

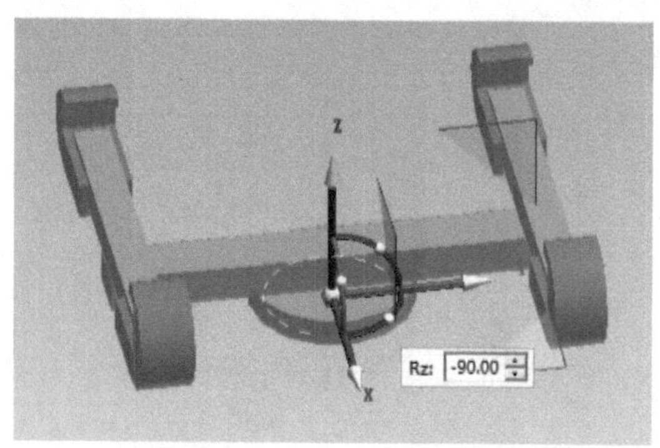

图 2-1-55 旋转坐标系

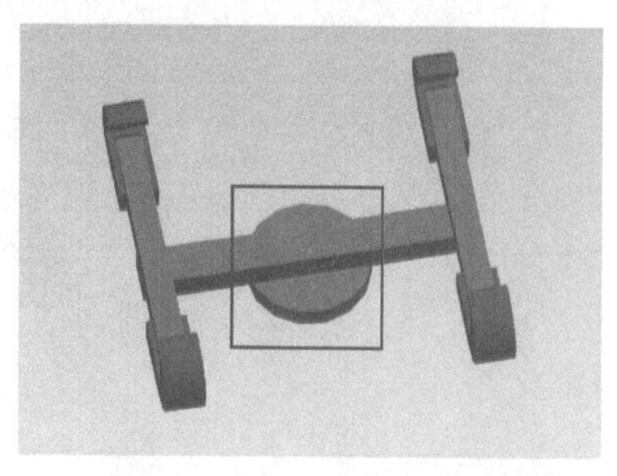

图 2-1-56 最终的基准坐标系

2. 创建工具坐标系

（1）设置工具坐标系

在菜单栏中选择“建模”选项，依次单击“创建坐标系”→“在2点之间创建坐标系”命令，如图2-1-57所示。这时会弹出“通过2点创建坐标系”对话框，如图2-1-58所示。

分别选中并单击机械抓手一侧的零件“bo9”和“bo12”的内侧面，如图2-1-59和图2-1-60所示的两个中心点。这时会在两个夹爪中心位置创建一个坐标系，如图2-1-61所示。最后单击“确定”按钮，完成工具坐标系（TCP坐标系）的创建。这时坐标系的方向也与后续安装到机器人上的坐标系方向是不一致的，需要进一步调整坐标系的方向。

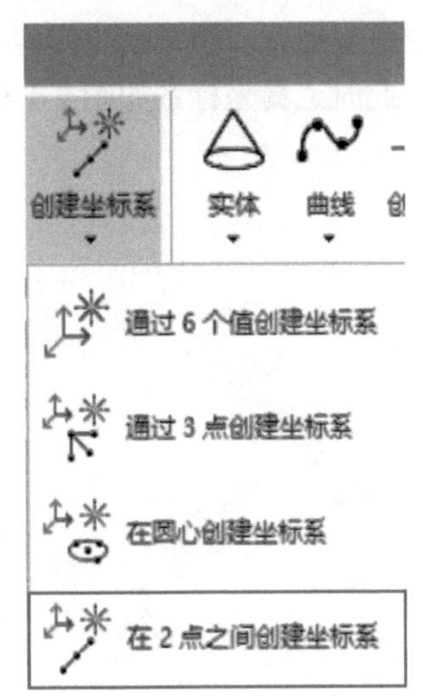

图2-1-57 “在2点之间创建坐标系”

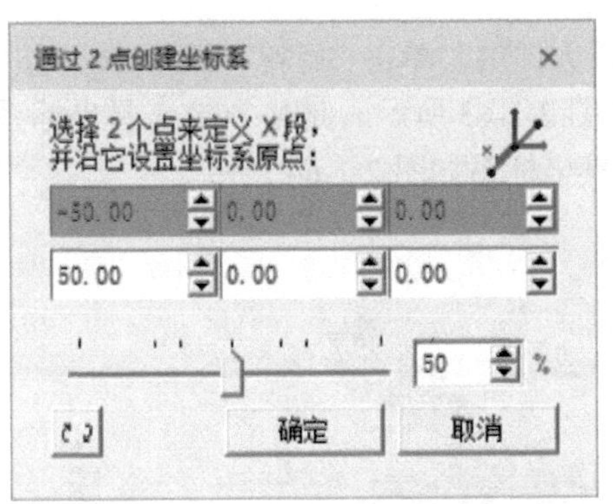

图2-1-58 “通过2点创建坐标系”对话框

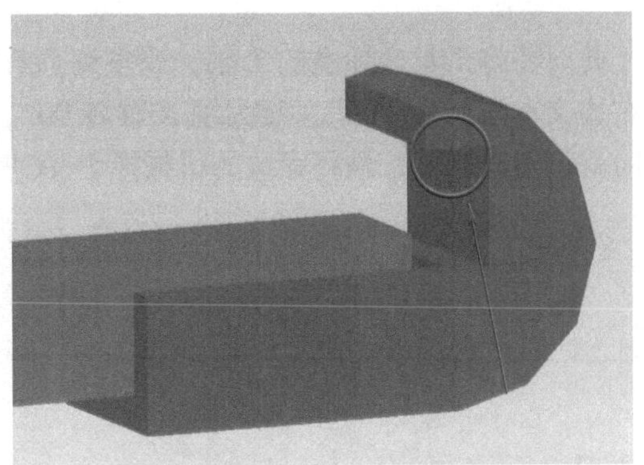

图2-1-59 零件“bo9”上的中心点

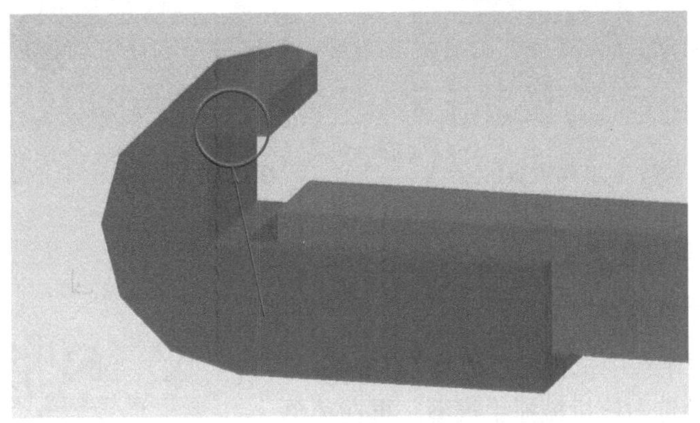

图2-1-60 零件“bo12”上的中心点

（2）调整工具坐标系

在对象树中选中新建的TCP工具坐标系，或采用实体选取级别方式在工作区内手动选中该坐标系。再单击工具栏中的“放置操控器”按钮，这时会弹出“放置操控器”对话框。此时工具坐标系如图 2-1-62 所示，可以调整相应的位置与方向。

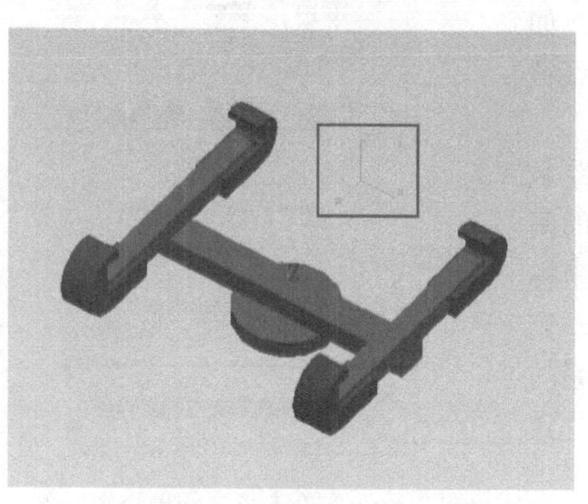

图 2-1-61　未调整的工具坐标系

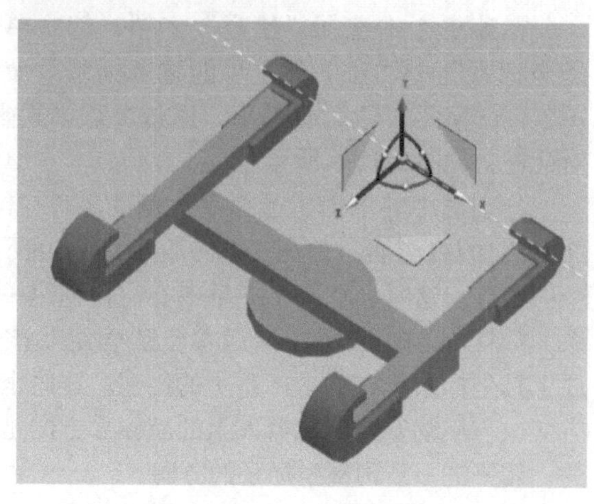

图 2-1-62　调整 TCP 坐标系

此时要将工具坐标系的 Z 轴，调整到垂直零件方向内。单击“旋转”下的“Rx”按钮，在右边文本框输入“90”，意为绕 X 轴转 90°，如图 2-1-63 所示。此时 TCP 工具坐标系的方向就调整完成了，最终完成的机械抓手 TCP 工具坐标系如图 2-1-64 所示。

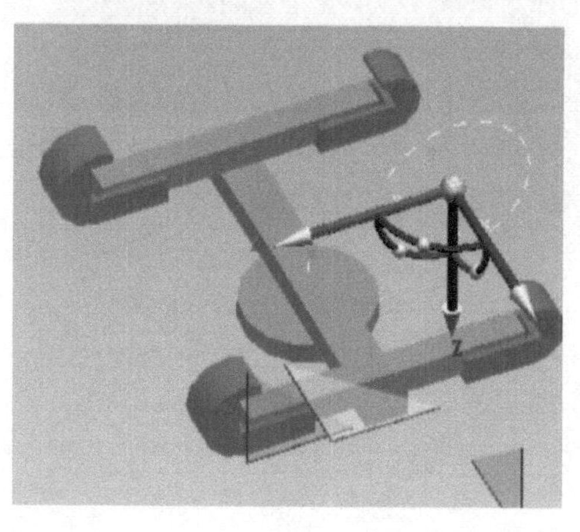

图 2-1-63　旋转 TCP 坐标系

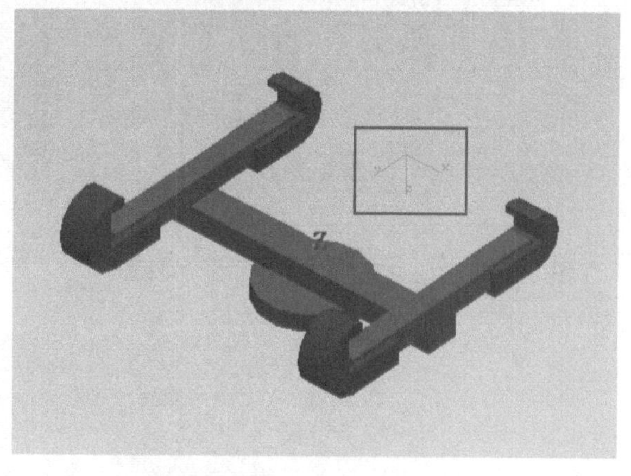

图 2-1-64　最终的 TCP 工具坐标系

工具类型定义

（六）工具类型定义

1. 选择工具类型

在对象树中选中机械抓手模型（Gripper），或者在工作区手动选中该机械抓手模型。再在菜单栏中选择“建模”选项，单击“工具定义”按钮，如图 2-1-65 所示。这时会弹出“工具定义 -Gripper”对话框。首先要根据实际情况确定工具类型，这里在“工具类”下拉列表中选择“握爪”，如图 2-1-66 所示。

图 2-1-65　“工具定义”按钮

2. 指派坐标系

在“指派坐标系”下，先单击 TCP 坐标，然后在对象树中或者工作区中选中之前创建的 TCP 坐标系。同理，再单击基准坐标，然后选中前面创建的基准坐标系，如图 2-1-67 所示。

3. 选取抓握实体

在“不要检查与以下对象的干涉”列表中，选中“bo5”和“bo4”两个零件。在“抓握实体”列表中，选中“bo7”“bo14”“bo12”“bo9”4 个零件，也就是机械抓手的 4 个爪子。最后单击“确定”按钮完成机械抓手的工具定义，如图 2-1-68 和图 2-1-69 所示。在“偏”文本框中输入“5”，表示在操作中抓握实体和抓握对象之间的距离控制在偏置范围内，抓手即可完成抓取操作。至此，机械抓手的运动设置就全部完成了，记得单击“结束建模”按钮以保存运动设置。

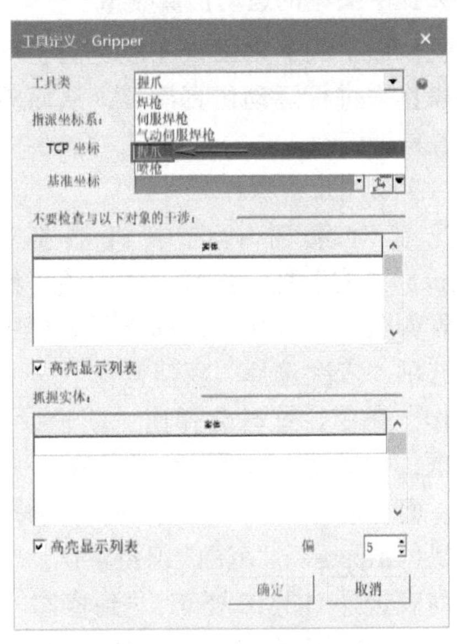

图 2-1-66　选取工具类型

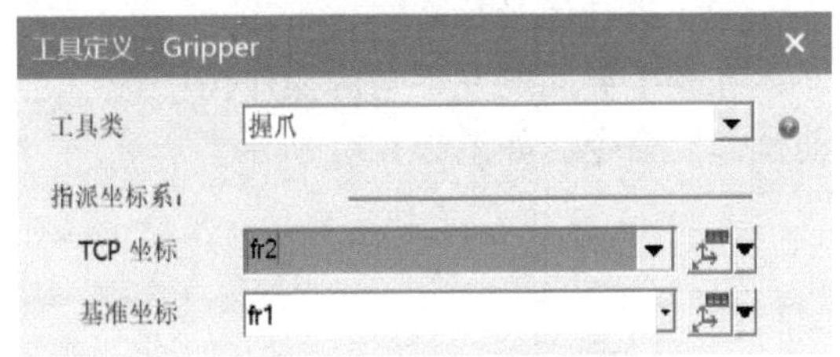

图 2-1-67　指派坐标系

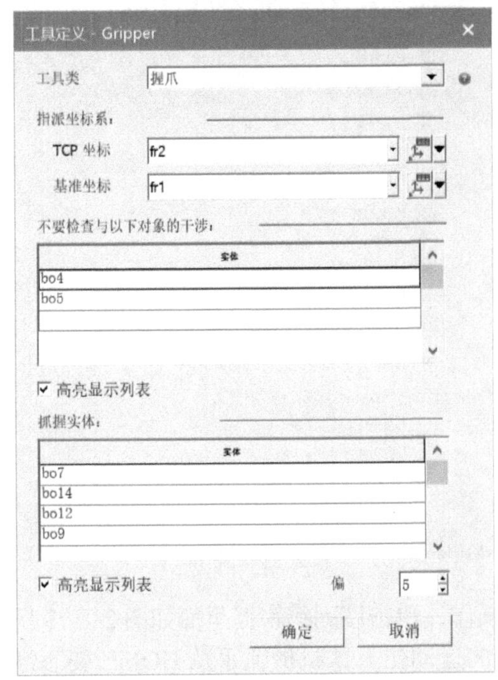

图 2-1-68　选择干涉对象

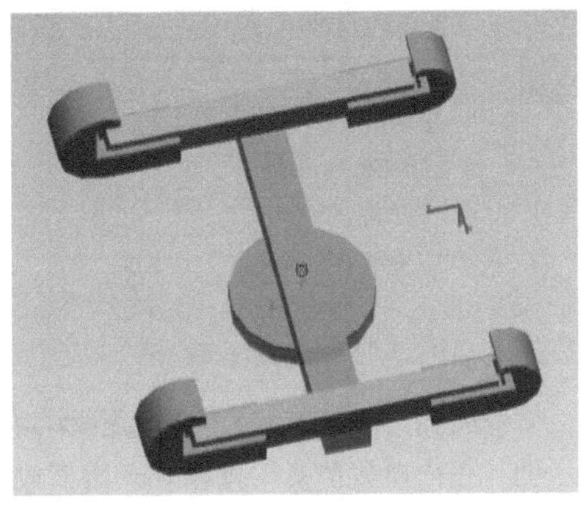

图 2-1-69　干涉对象与抓握实体

4. 抓手夹具的运动仿真模拟

机械抓手的运动设置完成之后，可以对其新建操作来进行运动仿真模拟，从而验证前面的设置是否正确。

（1）创建设备操作

先在对象树中选中机械抓手模型（Gripper），或者在工作区中选中该机械抓手模型。再如图 2-1-70 所示，选择菜单栏中的“操作”选项，依次选择“新建操作”→“新建设备操作”命令。这时会弹出“新建设备操作”对话框，如图 2-1-71 所示。“名称”一栏可以更改，而“设备”文本框需要手动选择机械抓手模型（Gripper）。“范围”保持默认。“从姿态”下拉列表选择 HOME 姿态，“到姿态”下拉列表选择 OPEN 姿态。单击“确定”按钮完成机械抓手的新建设备操作。

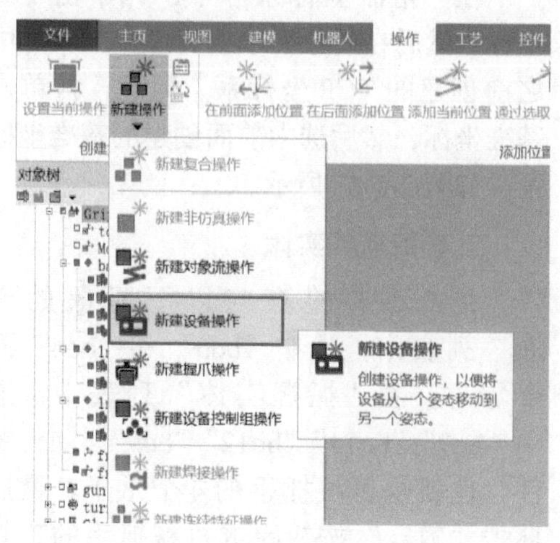

图 2-1-70 “新建设备操作”命令

（2）进行运动仿真

在整个界面的左下角的操作树中选中之前创建的设备操作，用鼠标右键单击“设置当前操作”命令，如图 2-1-72 所示。

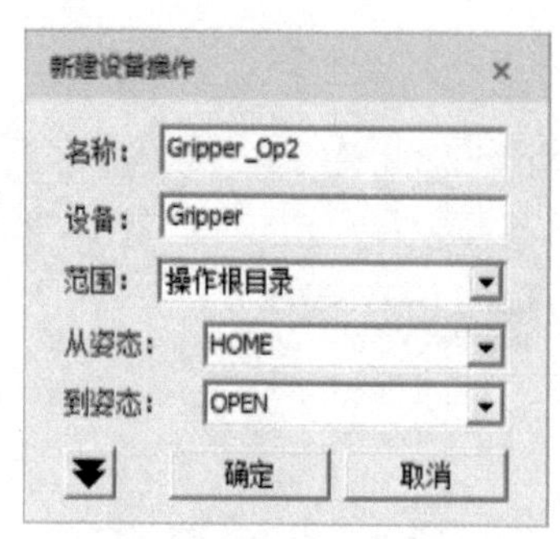

图 2-1-71 “新建设备操作”对话框

图 2-1-72 “设置当前操作”

这时在工作区下方的序列编辑器中就有了该操作，单击序列编辑器里面如图 2-1-73 所示的“正向播放仿真”按钮。开始播放机械抓手的运动仿真，机械抓手从 HOME 姿态慢慢运动到 OPEN 姿态，如图 2-1-74 所示。

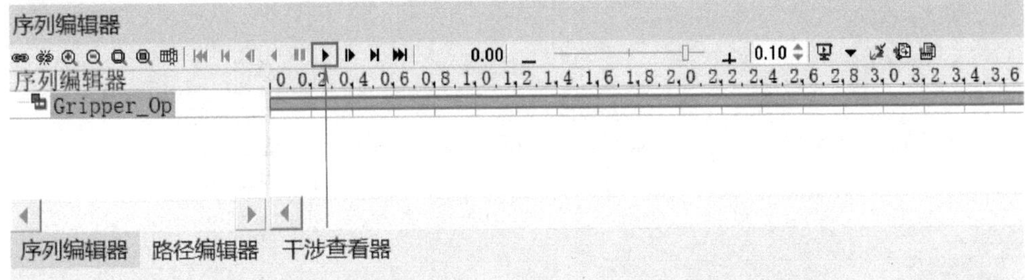

图 2-1-73 “序列编辑器”中的“正向播放仿真”按钮

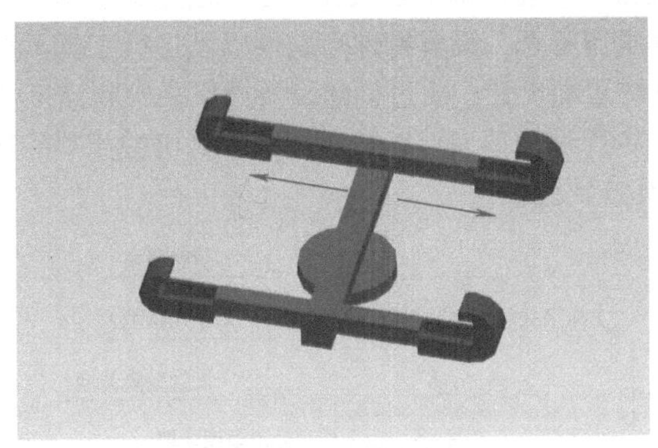

图 2-1-74 运动模拟仿真

检查与评估

对本任务的学习情况进行检查，并将相关内容填写在表 2-1-1 中。

表 2-1-1 检查评估表

检查项目	检查对象	检查结果	结果点评
模型的两种导入方法	① 转换并插入 CAD 文件 ② 插入组件	是□ 否□ 是□ 否□	
正确完成机械抓手连杆之间的连接	① base 与 lnk1 ② base 与 lnk2	是□ 否□ 是□ 否□	
运动关系的基本知识点	① 关节类型 ② 上下限制 ③ 关联函数 ④ 最大值	是□ 否□ 是□ 否□ 是□ 否□ 是□ 否□	
机械抓手工作姿态的创建	① HOME 姿态 ② OPEN 姿态 ③ CLOSE 姿态	是□ 否□ 是□ 否□ 是□ 否□	
TCP 坐标系和基准坐标系的创建与选取	① TCP 坐标系 ② 基准坐标系	是□ 否□ 是□ 否□	
工具定义的内容	① 工具类的选取 ② 指派坐标系 ③ 不检查干涉对象的选取 ④ 抓握实体的选取	是□ 否□ 是□ 否□ 是□ 否□ 是□ 否□	

（续）

检查项目	检查对象	检查结果	结果点评
机械抓手的运动仿真模拟	① 新建设备操作 ② 设置成当前操作 ③ 播放仿真	是□ 否□ 是□ 否□ 是□ 否□	

任务总结

本任务通过对该机械抓手进行模型导入及激活、创建父子连杆、设置各连杆之间的运动关系、创建抓手夹具工作姿态、设置特殊点属性以及进行工具类型定义等步骤操作，从而完成了对该机械抓手的运动设置；通过创建设备操作来检验该机械抓手的运动设置。

任务小结如图 2-1-75 所示，读者可以按照任务中对机械抓手的运动设置步骤和任务小结熟练掌握抓手夹具的运动设置。

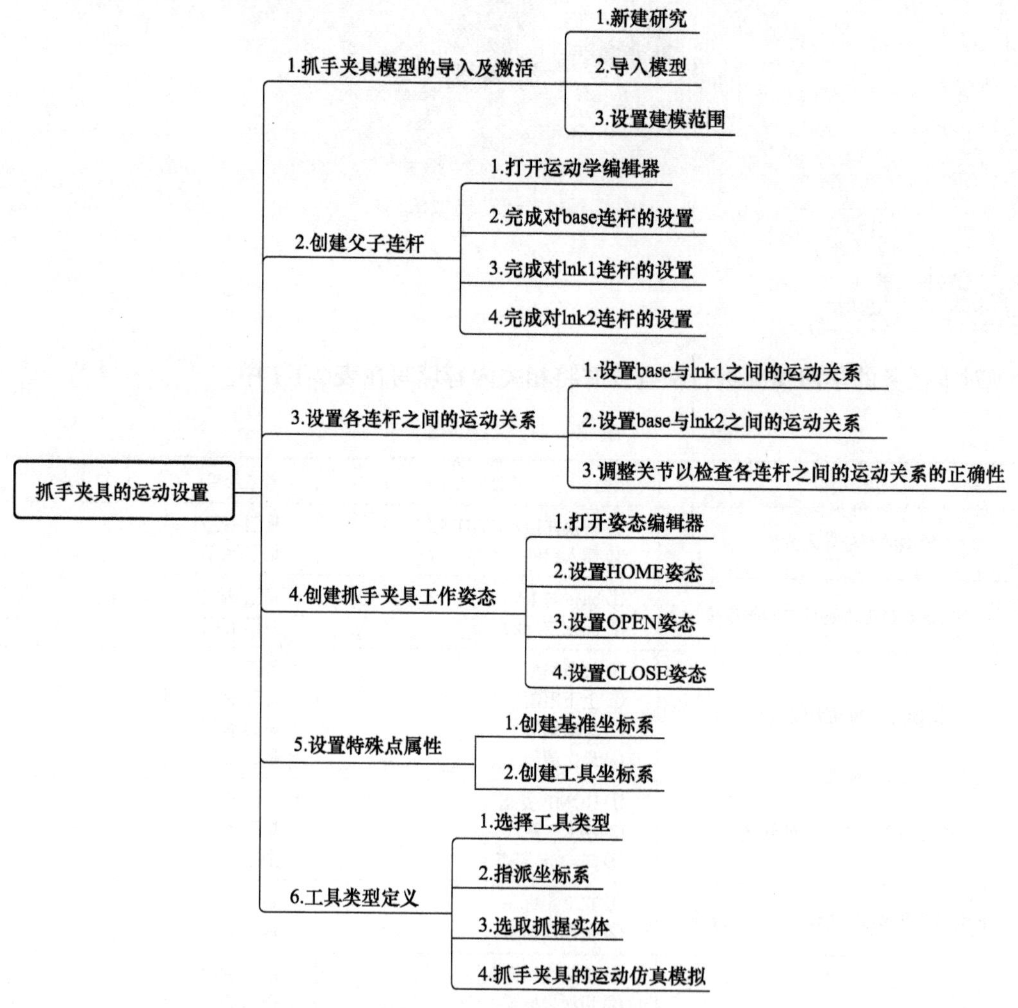

图 2-1-75　抓手夹具的运动设置小结

任务拓展

按照随书附赠的两指机械抓手夹具模型，见图 2-1-1 “Expand” → “Gripper” → “Gripper_2.cojt” → “gripper_2.jt”，完成两指机械抓手运动设置的任务拓展，并按表 2-1-1 对其各个参数设置进行检查。

文件在资源库中的所在位置: My_Project/Library/Expand/Gripper/Gripper_2.cojt/gripper_2.jt

任务二 焊枪机构的运动设置

焊枪机构模型的导入及激活

任务工单

<table>
<tr><td>任务名称</td><td colspan="3"></td><td>姓名</td><td></td></tr>
<tr><td>班级</td><td></td><td>组号</td><td></td><td>成绩</td><td></td></tr>
<tr><td>工作任务</td><td colspan="5">焊枪机构与本项目任务一中的抓手夹具一样，均属于机器人的末端设备之一，主要用于机器人对工件的焊接操作。焊枪机构有多种类型，需要依据具体的工作来合理选取焊枪机构
本任务通过引入一个典型的 X 型伺服焊枪，如下图所示，让初学者学会如何构建 X 型伺服焊枪，并完成对该焊枪的运动设置
• 扫描二维码，观看“焊枪机构的运动设置”微视频
• 阅读任务知识储备，了解焊枪机构的分类、焊接工艺的分类以及常用的焊接方式
• 阅读任务技能实操，完成 X 型伺服焊枪进行模型导入及激活、创建曲柄、创建焊枪机构所需工作姿态、设置特殊点属性以及进行工具类型定义等步骤操作</td></tr>
<tr><td>任务目标</td><td colspan="5">知识目标
• 掌握对 X 型伺服焊枪的运动设置步骤以及对其各参数的认识与理解
能力目标
• 学会创建一个新项目，导入 X 型伺服焊枪模型
• 学会根据 X 型伺服焊枪的运动关系，创建曲柄并进行相关设置
• 学会创建 X 型伺服焊枪所需的工作姿态，设置姿态参数
• 学会工具坐标系以及基准坐标系的创建和调整
• 理解 X 型伺服焊枪的工具定义
• 学会 X 型伺服焊枪的运动仿真模拟
素质目标
• 保持敬畏规则，遵纪守法的品质
• 严格按照国家标准规范和流程去完成工作
• 具有统筹兼顾和大局意识
• 弘扬工匠精神，做合格匠人</td></tr>
<tr><td rowspan="4">任务分配</td><td>职务</td><td>姓名</td><td colspan="3">工作内容</td></tr>
<tr><td>组长</td><td></td><td colspan="3"></td></tr>
<tr><td>组员</td><td></td><td colspan="3"></td></tr>
<tr><td>组员</td><td></td><td colspan="3"></td></tr>
</table>

知识储备

1．焊枪机构根据驱动方式的不同，一般分为气动焊枪和伺服焊枪。气动焊枪多采用气缸驱动，伺服焊枪多采用伺服电机驱动。还有一种用伺服气缸来驱动的新型焊枪，称为气动伺服焊枪。

2．焊枪机构根据焊接工艺的不同，分为点焊焊枪和弧焊焊枪等。点焊焊枪根据枪体结构的不同，一般分为 X 型焊枪、C 型焊枪和双头焊枪等。

3．焊接工艺根据焊接原理和方式的不同，总体分为三大类：熔焊、压焊和钎焊。

4．在汽车制造领域，以电阻焊中的点焊、电弧焊为主。点焊是以一个又一个的焊点来连接工件；弧焊是以连续焊接焊缝来连接工件。

技能实操

（一）焊枪机构模型的导入及激活

1. 新建项目

单击左上角菜单栏中的“文件”选项后，依次选择“断开研究”→“新建研究”命令，这时会弹出“新建研究”对话框，保持默认选项并单击“创建”按钮，这样就完成了对新项目的创建。如果在已创建的项目下进行运动设置，则跳过此步骤。

2. 导入模型

（1）选择命令

单击左上角菜单栏中的“文件”选项后，依次选择“导入 / 导出”→“转换并插入 CAD 文件”命令，这时会弹出“转换并插入 CAD 文件”对话框。再单击“添加”按钮会弹出“打开”对话框，依次选择“My_Project 文件夹”→“Library 文件夹”→“Resource 文件夹”→“Gun 文件夹”→“Gun.cojt”→“gun.jt”并单击“打开”按钮，这时会弹出“文件导入设置”对话框。

（2）设置文件导入参数

在本任务中，X 型伺服焊枪同样属于资源；本任务中的复合类和原型类分别选择“PmCompoundResource”及“Gun”，如图 2-2-1 所示。最后在选项下勾选“插入组件”选项并单击“确定”按钮。再在“转换并插入 CAD 文件”对话框中单击“导入”按钮完成模型文件的导入，如图 2-2-2 所示。

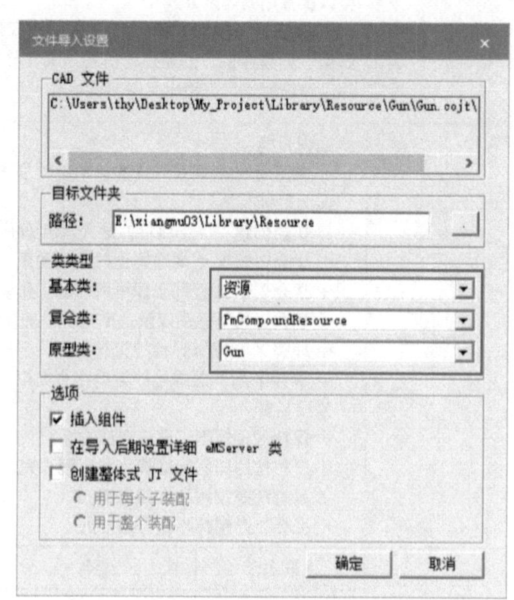

图 2-2-1　文件导入设置

3. 设置建模范围

通过在对象树中选中 X 型伺服焊枪模型（gun）或者在工作区手动选中该模型，单击菜单栏的“建模”选项，选择“设置建模范围”按钮，如图 2-2-3 所示。这样就可以将选中的模型设置成活动组件，模型在对象树中将会如图 2-2-4 所示展开。此时“设置建模范围”右侧下拉列表由“新建 RobcadStudy”变为“gun”，表示目前是在 X 型伺服焊枪模型（gun）的建模范围内。

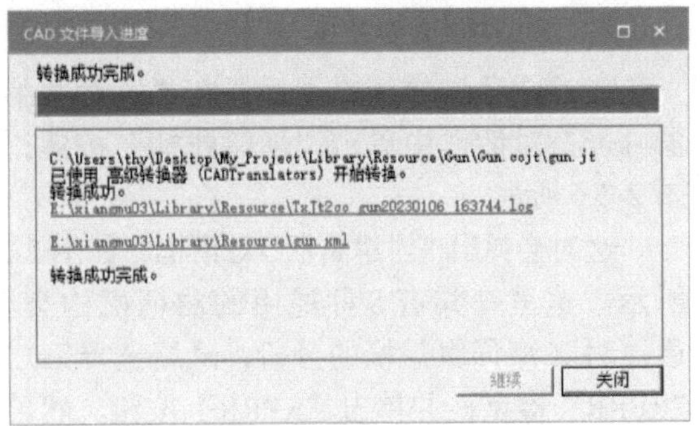

图 2-2-2　添加 CAD 文件成功

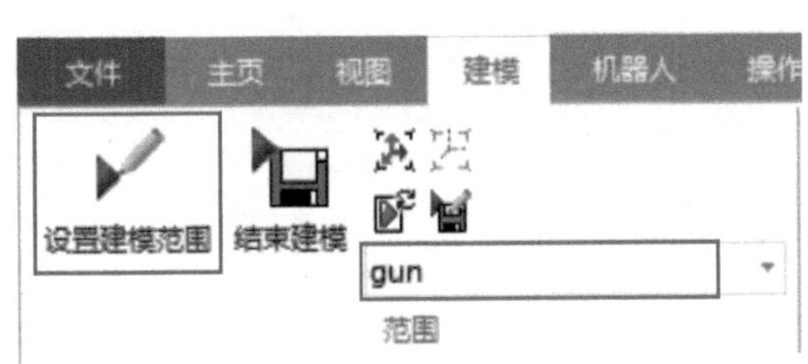

图 2-2-3　设置建模范围

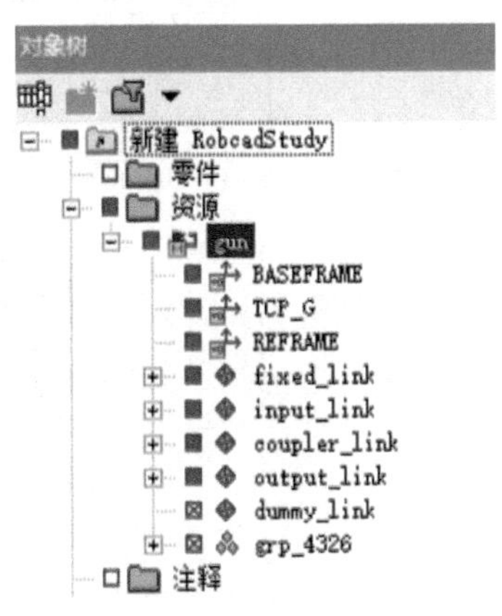

图 2-2-4　模型对象树展开

（二）创建曲柄

1. 打开运动学编辑器

在“对象树”查看器中，选中导入的 X 型伺服焊枪模型（gun）或在工作区选中该模型。选择菜单栏中的“建模”选项，单击其下的“运动学编辑器”按钮，这时就会弹出“运动学编辑器 -gun”对话框，如图 2-2-5 所示。至此为止，运动学编辑器就打开了。

创建曲柄

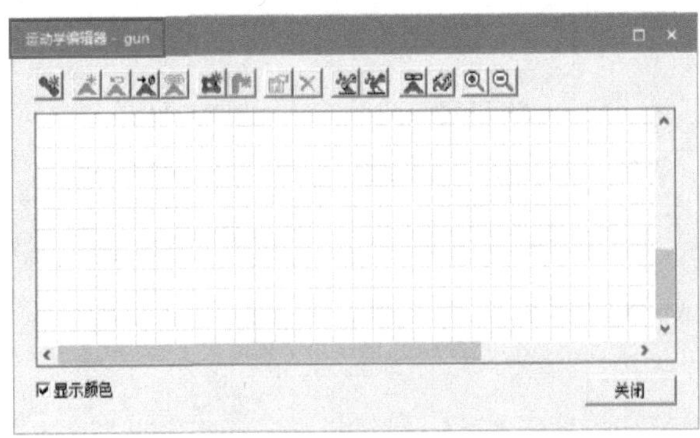

图 2-2-5　“运动学编辑器 -gun”

2. 选择焊枪机构类型

在打开运动学编辑器后，在“运动学编辑器 -gun”对话框中单击“创建曲柄”按钮，如图 2-2-6 所示。

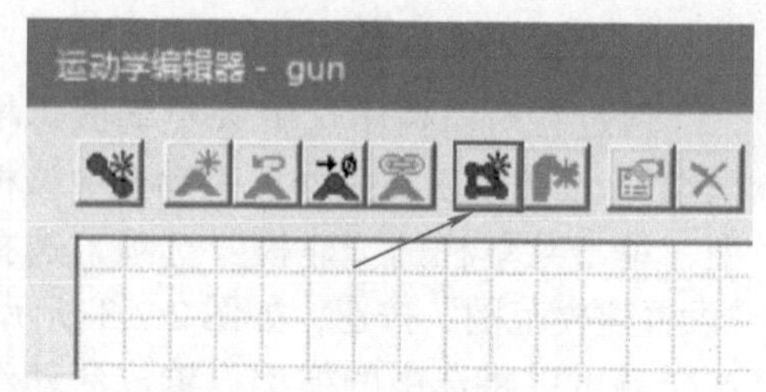

图 2-2-6 “创建曲柄”按钮

这时会弹出“创建曲柄”对话框，如图 2-2-7 所示。这里一共有 5 种通用的曲柄机构类型，通过对 X 型伺服焊枪的分析，最终选择第二种“RPRR”类型，并单击“RPRR”按钮。然后单击“下一页”按钮，这时会弹出“RPRR 曲柄滑块关节”对话框，这样就完成对 X 型伺服焊枪的类型选择。

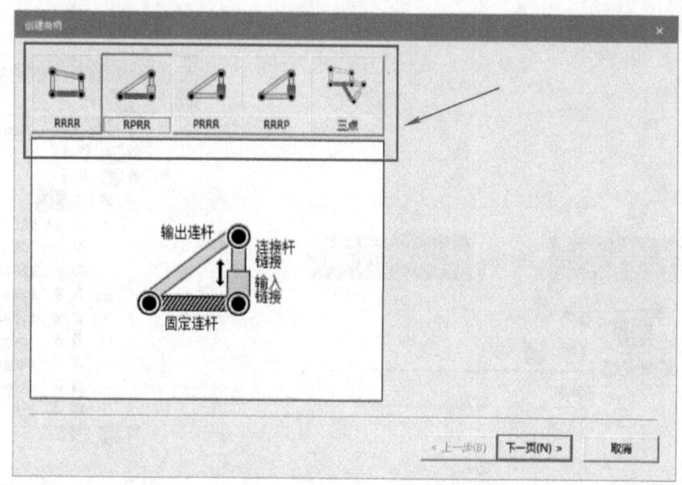

图 2-2-7 选择焊枪机构类型

3. 选取关节坐标

在“RPRR 曲柄滑块关节”对话框中，需要分别确定“固定 - 输入关节”“连接杆 - 输出关节”以及“输出关节”3 个关节的关节坐标，如图 2-2-8 所示。

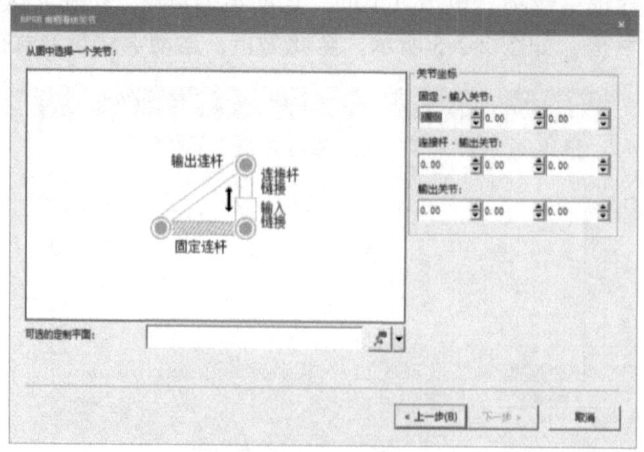

图 2-2-8 “RPRR 曲柄滑块关节”

依次按照①～③步骤进行操作：采用手动选取 3 个关节的坐标位置来确定关节坐标，如图 2-2-9 所示。

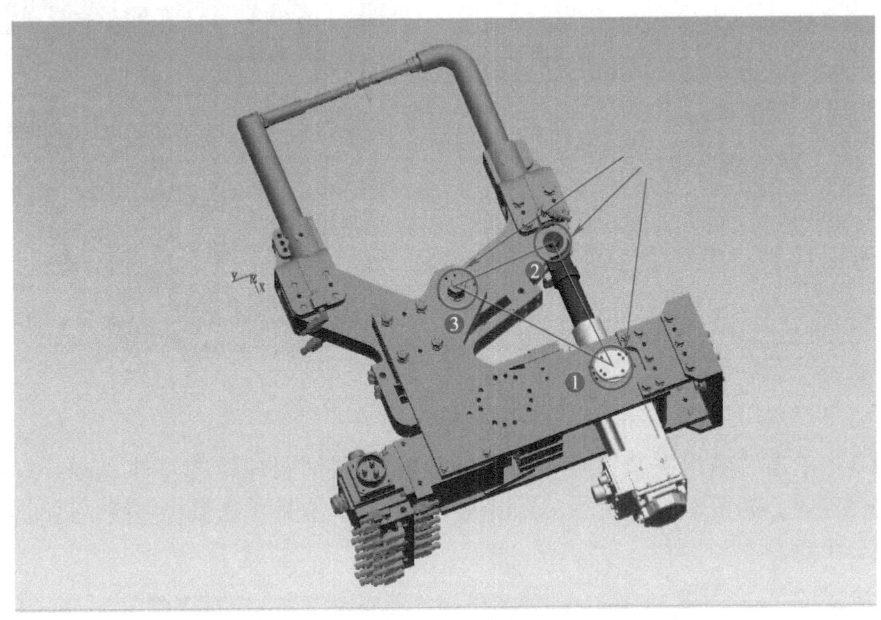

图 2-2-9　坐标位置

步骤 1：单击“固定 - 输入关节”后，将鼠标放在 X 型伺服焊枪的零件“approx_148780”的表面外侧停留，如图 2-2-10 所示，当出现中心点时，立即单击鼠标左键，这时会在中心位置创建一个点。

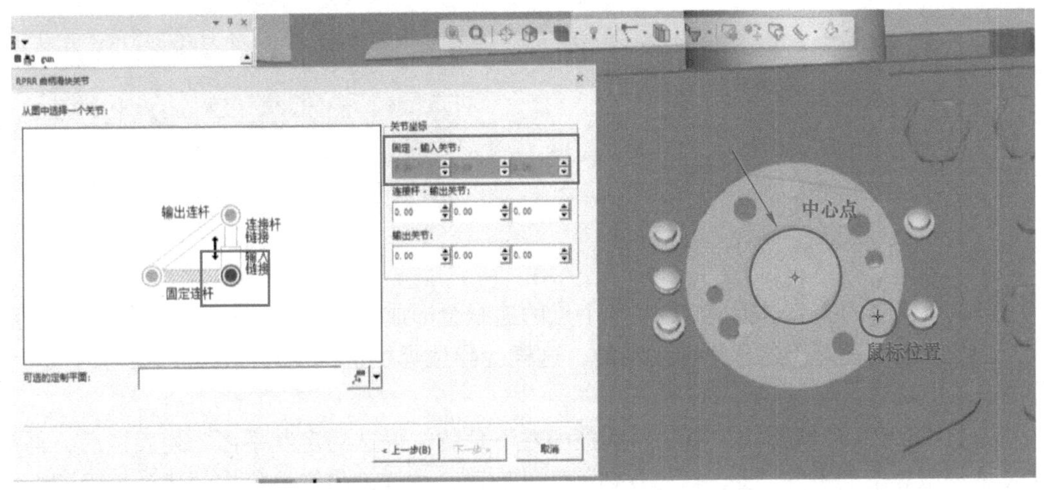

图 2-2-10　固定 - 输入关节

步骤 2：单击“连接杆 - 输出关节”后，将鼠标放在 X 型伺服焊枪的零件“approx_52703”的表面外侧停留，如图 2-2-11 所示，当出现中心点时，立即单击鼠标左键，这时会在中心位置创建一个点。

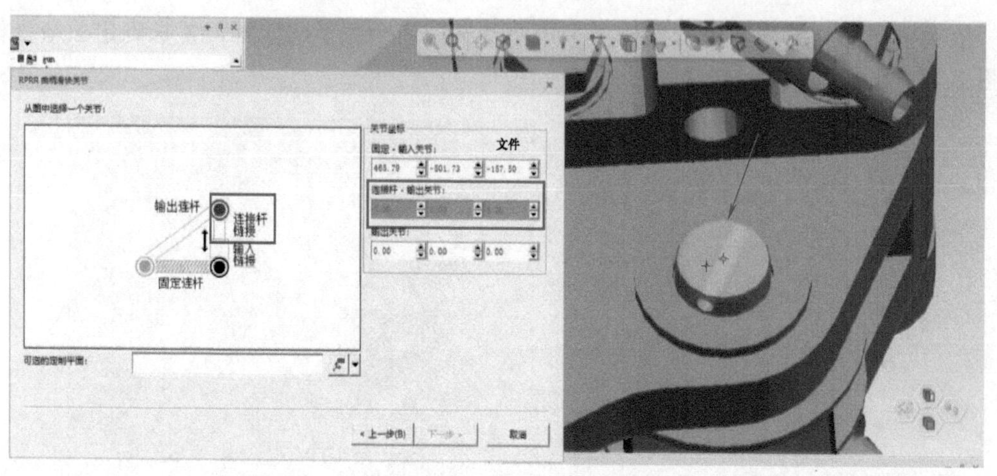

图 2-2-11　连接杆 - 输出关节

步骤 3：单击“输出关节”后，将鼠标放在 X 型伺服焊枪的零件“approx_149397”的表面外侧停留，如图 2-2-12 所示，当出现中心点时，立即单击鼠标左键，这时会在中心位置创建一个点。

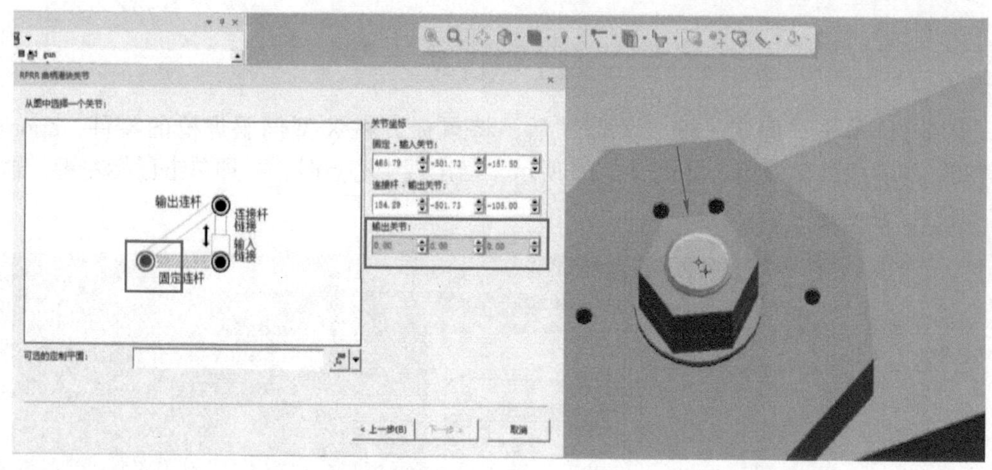

图 2-2-12　输出关节

当 3 个关节的关节坐标确定后，3 个点的连线会形成一个倾斜的平面，如图 2-2-13 所示。连杆的运动是基于这个平面运动的，这样会导致焊枪机构的运动不在一个水平面上，需要进一步调整。

单击“RPRR 曲柄滑块关节”对话框中左下角的“可选的定制平面”列表栏后，再单击 X 型伺服焊枪的零件“approx_53145”的外表面，这样就将焊枪机构的运动平面调整成水平面，如图 2-2-14 所示。单击“下一页”按钮，这时会弹出“移动关节偏置”对话框，这样就完成了关节坐标的选取。

在“移动关节偏置”对话框中，根据焊枪机构的结构选择是否带有偏置。本任务中的 X 型伺服焊枪选择“不带偏置”选项，如图 2-2-15 所示。最后单击“下一页”按钮，这时会弹出“RPRR 曲柄滑块连杆”对话框。

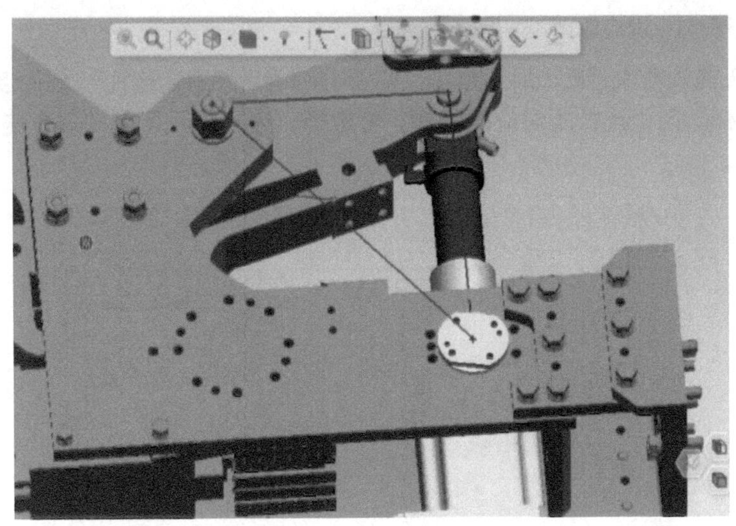

图 2-2-13　关节确定的平面

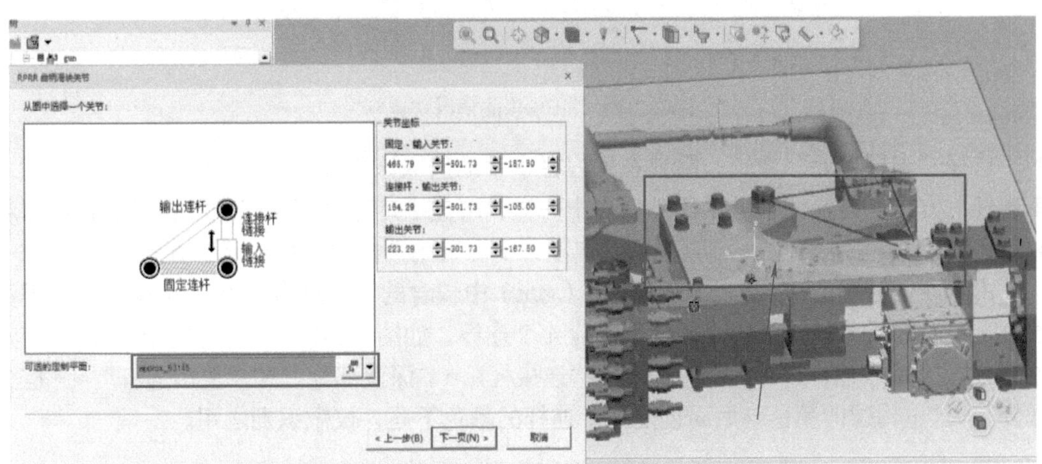

图 2-2-14　选择定制平面

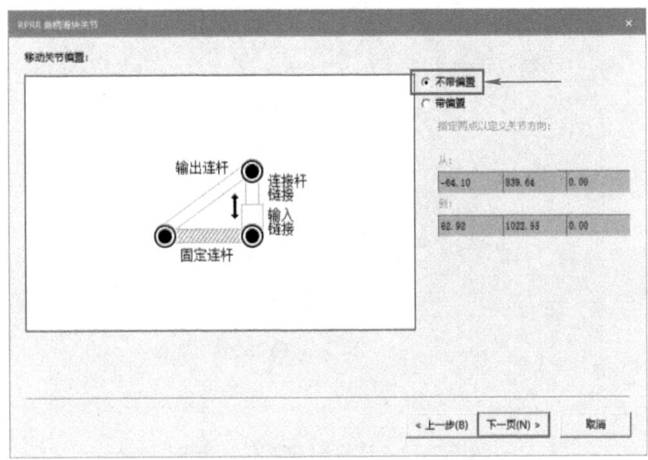

图 2-2-15　移动关节偏置

4. 选取父子连杆对应零件

在“RPRR 曲柄滑块连杆”对话框中，需要分别确定“固定连杆”“输入连杆”“连接杆”以及“输出连杆”四个连杆所对应的零件。可选择“连杆单元”或“现有连杆”方式，如图 2-2-16 所示。

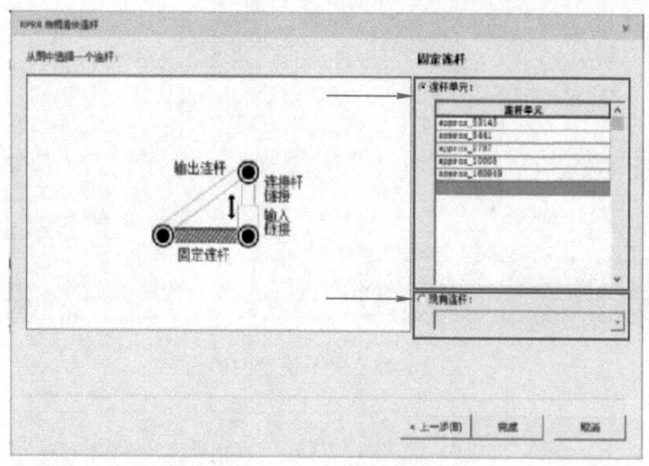

图 2-2-16 “RPRR 曲柄滑块连杆”

选择“连杆单元”方式，需要在列表栏中手动选取该连杆对应的所有零件。选择“现有连杆”方式，需要像本项目任务一当中一样，事先手动创建好父子连杆，然后在这里将 4 个连杆与创建的连杆一一对应起来。本任务中均采用选择“连杆单元”方式。

由于本任务中的 X 型伺服焊枪模型（gun）中包含的零件过多，将 X 型伺服焊枪模型通过上色的方式分成 4 个部分，分别对应 4 个连杆，如图 2-2-17 所示。“固定连杆” = “灰色部分”、“输入连杆” = “黄色部分”、“连接杆” = “深蓝部分”和“输出连杆” = “橙色部分”，这里构建的颜色与后面创建父子连杆的颜色不同，仅做识别之用。

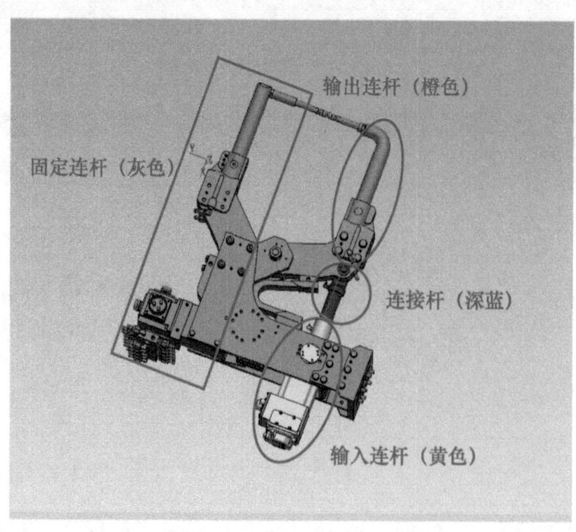

图 2-2-17 连杆对应零件示意图

依次按照①～③步骤进行操作：首先单击图中的“固定连杆”后，选择右侧的“连杆单元”选项，最后选中如图 2-2-18 所示的零件。整个 X 型伺服焊枪的灰色部分（机架部分）均可选为“固定连杆”，这里只需要选择部分零件即可，然后在图中单击“输入连杆”，对“输入连杆”对应零件进行选择。

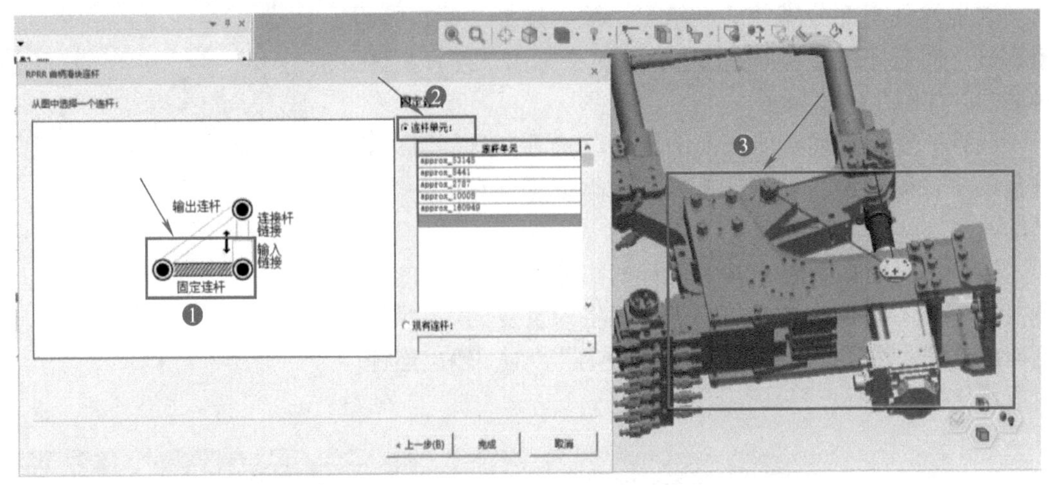

图 2-2-18 “固定连杆”对应零件

依次按照①～③步骤进行操作：首先单击图中的“输入连杆”后，选择右侧的“连杆单元”选项，最后选中如图 2-2-19 所示的零件。整个 X 型伺服焊枪的黄色部分（电机部分）都是“输入连杆”需要全部选中，这里故意将黄色部分（电机部分）和深蓝部分（伸缩杆部分）全部选中。

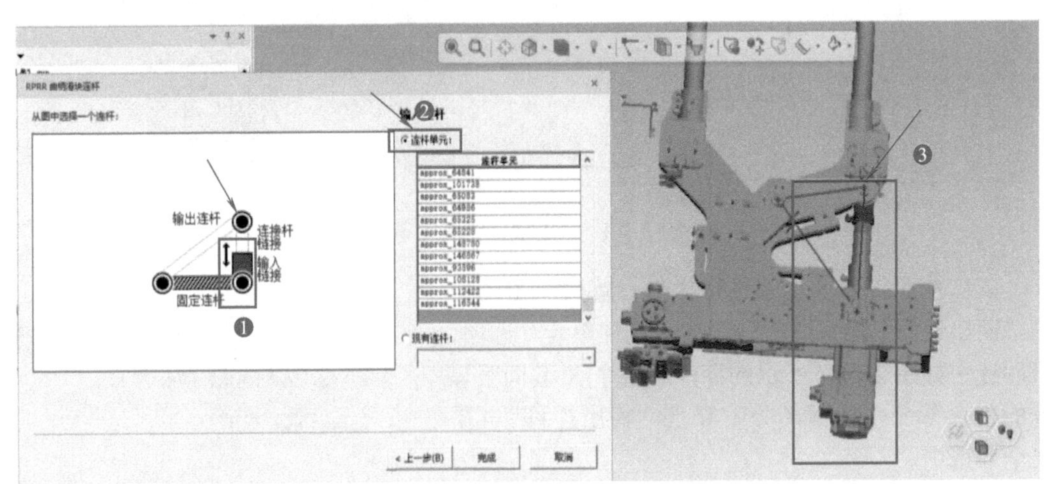

图 2-2-19 “输入连杆”对应零件

由于这部分的零件太多，而且部分零件隐藏在内部不易选取，可以采用框选的方式将整个零件选中，如图 2-2-20 所示。如果不小心框选到了其他零件，可以在“连杆单元”列表栏中单击多余零件后，按键盘上的“Delete”键删除该零件，然后在图中单击“连接杆”，对“连接杆”对应零件进行选择。

依次按照①～③步骤进行操作：单击图中的“连接杆”后，选择右侧的“连杆单元”选项，最后选中如图 2-2-21 所示的零件。整个 X 型伺服焊枪的深蓝部分（伸缩杆部分）都是“连接杆”，需要全部选中。

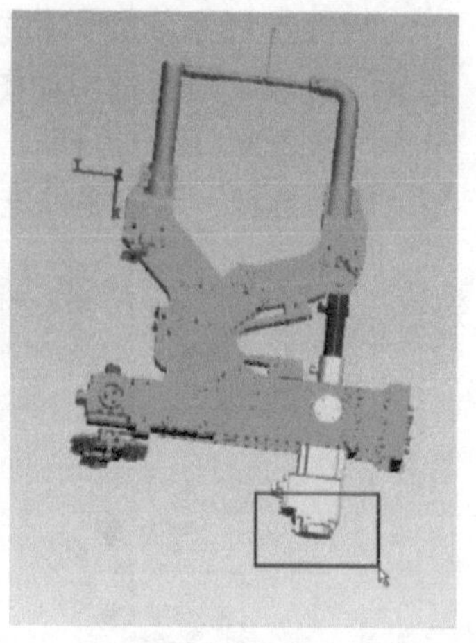
图 2-2-20　框选零件

这里发现有部分零件已经给了“输入连杆”了，将深蓝部分（伸缩杆部分）全部选中，这时会弹出“连杆实体”对话框，如图 2-2-22 所示。

选择“忽略上述实体先前的附件”选项，这样可以将重复的零件附加给当前的连杆，并剔除该零件在上一个连杆的附加。

选择“只附加不属于其他连杆的实体”选项，可以将重复的零件不附加给当前的连杆，只将未重复的零件附加到当前连杆。然后在图中单击“输出连杆”，对“输出连杆”对应零件进行选择。

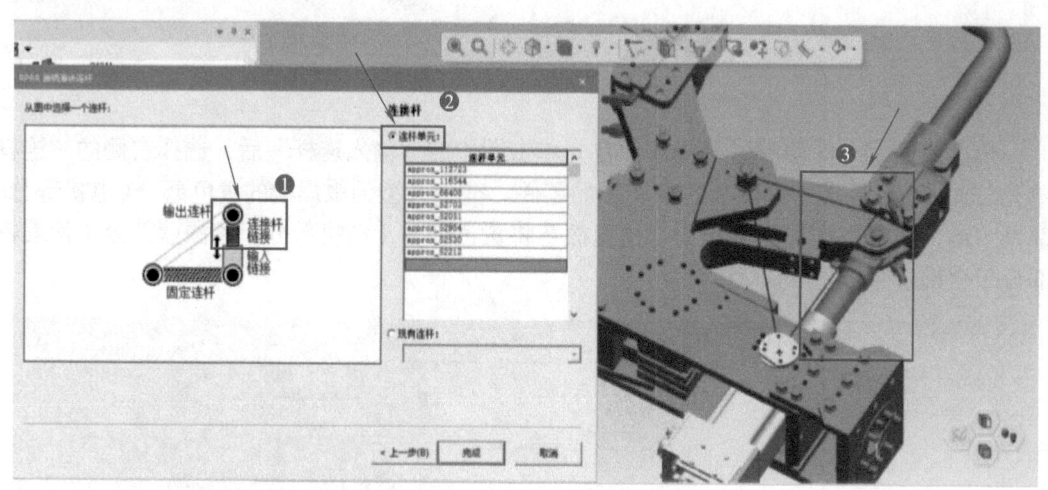

图 2-2-21　“连接杆”对应零件

依次按照①～③步骤进行操作：首先单击图中的“输出连杆”后，选择右侧的“连杆单元”选项，最后选中如图 2-2-23 所示的零件。整个 X 型伺服焊枪的橙色部分（枪臂部分）都是“输出连杆”，需要全部选中。

发现有部分零件已经给了“连接杆”了，这时会弹出“连杆实体”对话框，如图 2-2-24 所示。

选择“只附加不属于其他连杆的实体”选项，可以将重复的零件不附加给当前的连杆，只将未重复的零件附加到当前连杆。最后单击“确定”按钮，完成对 4 个连杆与其对应零件的确定。

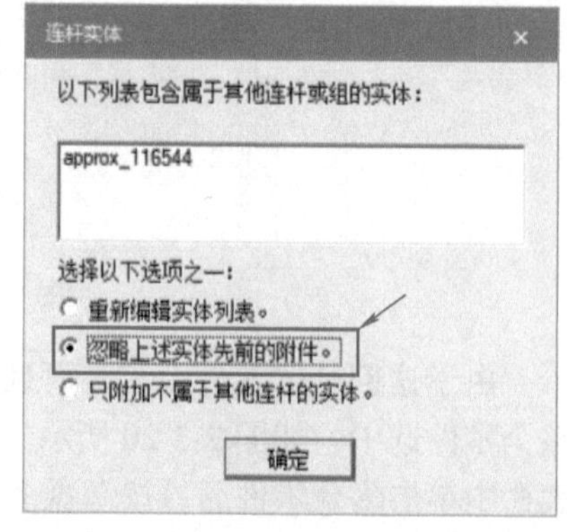

图 2-2-22　“忽略上述实体先前的附件”

这时会退出“RPRR 曲柄滑块连杆”对话框，回到“运动学编辑器 -gun”对话框。整个 X 型伺服焊枪的运动关系会根据之前的设置自动创建完成，如图 2-2-25 所示。

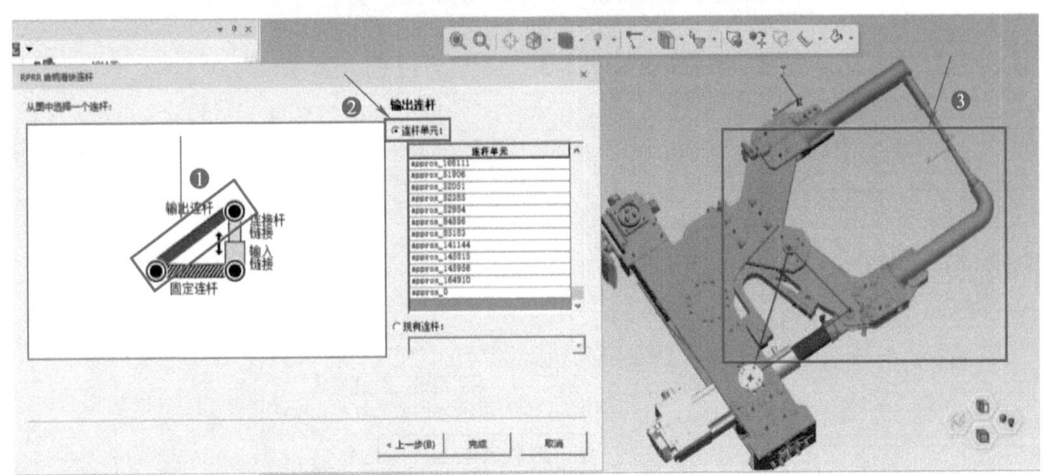

图 2-2-23 “输出连杆”对应零件

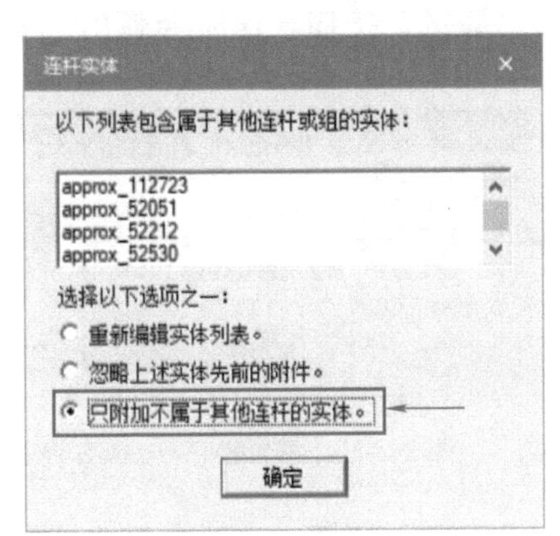

图 2-2-24 “只附加不属于其他连杆的实体”

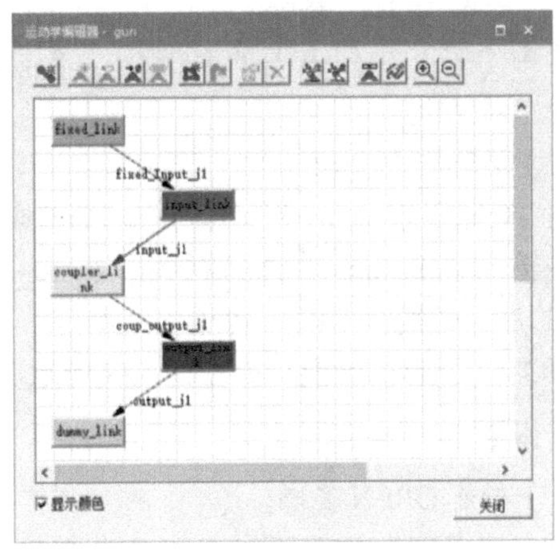

图 2-2-25 X 型伺服焊枪运动关系图

（三）创建焊枪机构工作姿态

确定好 X 型伺服焊枪的运动关系后，还需要创建其所需的工作姿态。X 型伺服焊枪共有三个姿态需要创建，分别为 HOME、OPEN、CLOSE。HOME 姿态指的是焊枪的初始位置，OPEN 姿态指的是焊枪在焊接操作时打开的位置，CLOSE 姿态指的是焊枪在焊接操作时闭合的位置（闭合时的位置并非为零，会预留出工件厚度的大小）。

1. 打开姿态编辑器

在“运动学编辑器 -gun”对话框中，单击“打开姿态编辑器”按钮或者先选中模型再在菜单栏“建模”选项下单击“姿态编辑器”按钮。这时会弹出“姿态编辑器 -gun”对话框，如图 2-2-26 所示。默认情况下已经有了 HOME 姿态。

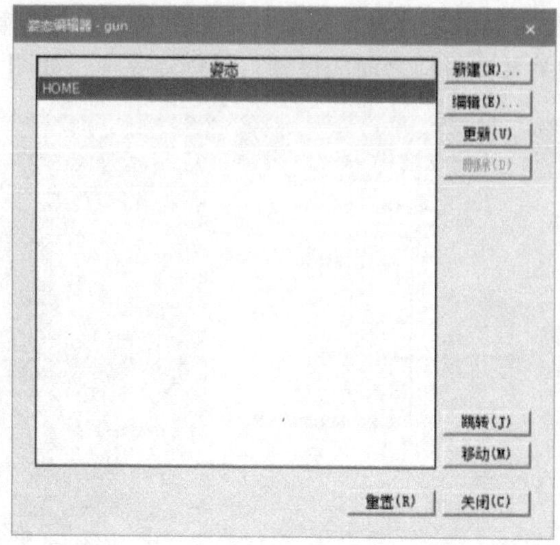

图 2-2-26 “姿态编辑器 -gun”对话框

2. 设置 HOME 姿态

（1）选择 HOME 姿态

选中“姿态”列表下的 HOME，单击右边的“编辑”按钮。这时会弹出“编辑姿态 -gun”对话框。

（2）编辑姿态参数

在“编辑姿态 -gun”对话框中的“姿态名称”一栏中输入“HOME”，然后在关节 input_j1 的“值”的那一栏输入“0”，再单击“确定”按钮完成 HOME 姿态的设置，如图 2-2-27 所示。

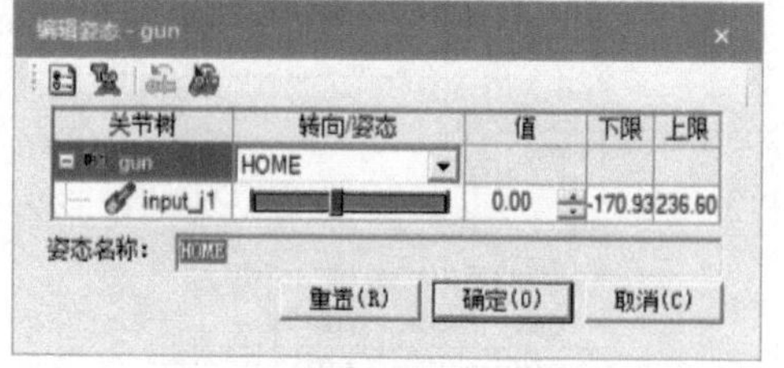

图 2-2-27 编辑姿态 -HOME 姿态

3. 设置 OPEN 姿态

（1）新建 OPEN 姿态

选中“姿态”列表下的 HOME，单击右边的“新建”按钮。这时会弹出“编辑姿态 -gun”对话框。

（2）编辑姿态参数

在“编辑姿态 -gun”对话框中的“姿态名称”一栏中输入“OPEN”，然后在关节 input_j1 的“值”的那一栏输入“−40”，如图 2-2-28 所示。再单击“确定”按钮完成 OPEN 姿态的设置，如图 2-2-29 所示。

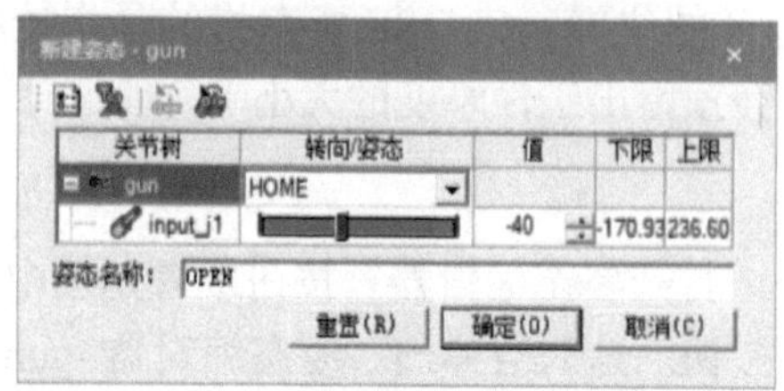

图 2-2-28 编辑姿态 -OPEN 姿态

图 2-2-29 OPEN 姿态

4. 设置 CLOSE 姿态

（1）新建 CLOSE 姿态

选中“姿态”列表下的任意姿态，单击右边的“新建”按钮，这时会弹出“编辑姿态 -gun”对话框。

（2）编辑姿态参数

在“编辑姿态 -gun”对话框中的“姿态名称”一栏中输入“CLOSE”，然后在关节 input_j1 的“值”的那一栏输入“−5”，如图 2-2-30 所示。再单击“确定”按钮完成 CLOSE 姿态的设置，如图 2-2-31 所示。至此，X 型伺服焊枪所需的 3 个姿态全部创建完毕。

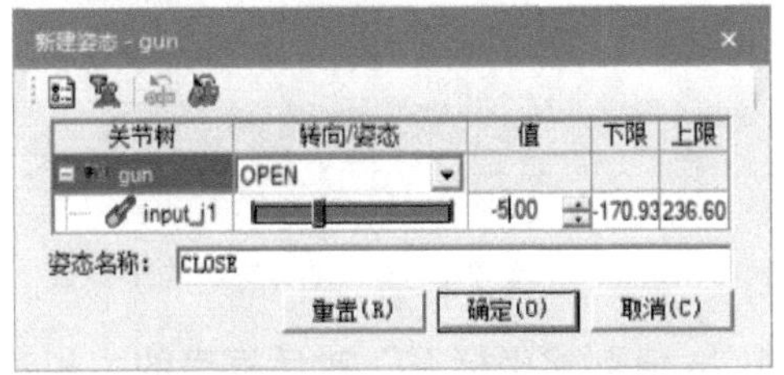

图 2-2-30　编辑姿态 -CLOSE 姿态

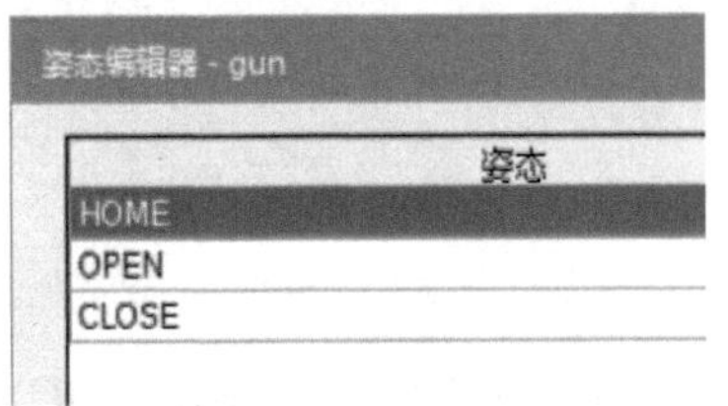

图 2-2-31　CLOSE 姿态

（四）设置特殊点属性

创建 X 型伺服焊枪必要的基准坐标系和 TCP 工具坐标系，基准坐标系主要用于 X 型伺服焊枪等工具在机器人上的安装，TCP 工具坐标系就是 X 型伺服焊枪等工具安装在机器人上执行操作时的工具中心点。注意，创建坐标系时一定要保证在该模型的建模范围之内。

1. 创建基准坐标系

（1）设置基准坐标系

在菜单栏中选择“建模”选项，依次单击“创建坐标系”→“通过 6 个值创建坐标系”命令。这时会弹出“6 值创建坐标系”对话框，如图 2-2-32 所示。

基准坐标系选取的位置如图 2-2-33 所示。将鼠标放在 X 型伺服焊枪的零件“approx_2787”的内侧面停留，如图 2-2-34 所示，当出现中心点时单击，这时会在中心位置创建一个坐标系，如图 2-2-35 所示。

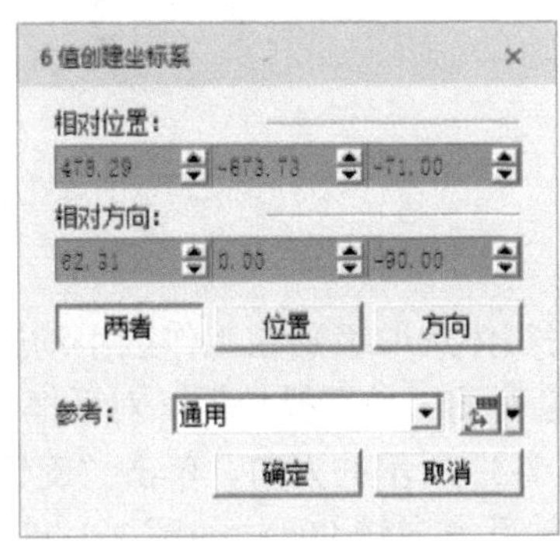

图 2-2-32　“6 值创建坐标系”对话框

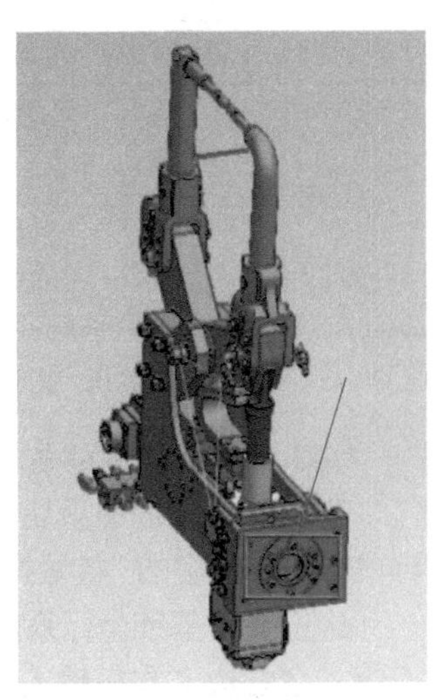

图 2-2-33　基准坐标系位置

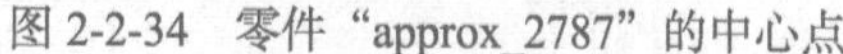

图 2-2-34 零件“approx_2787”的中心点

图 2-2-35 倾斜的基准坐标系

此时的坐标系方向有倾斜，可以通过将“6 值创建坐标系”对话框里的“相对方向”数值更改为“0”，从而调整其方向，如图 2-2-36 所示。最后单击“确定”按钮，完成基准坐标系的创建，如图 2-2-37 所示。但这时的坐标系的方向仍然与后续安装到机器人上的坐标系方向不一致，还需要进一步调整参数。

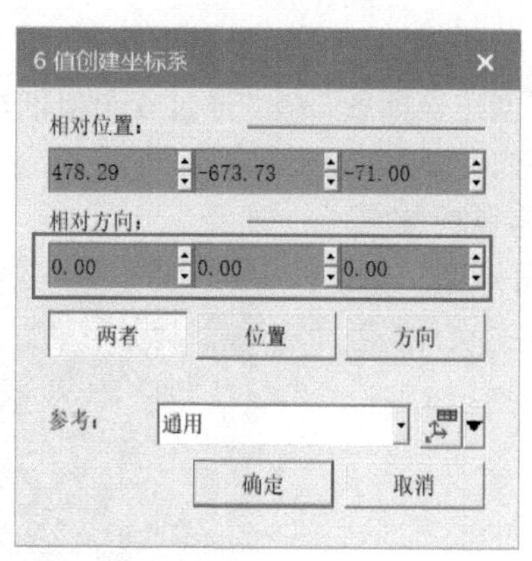

图 2-2-36 更改“相对方向”

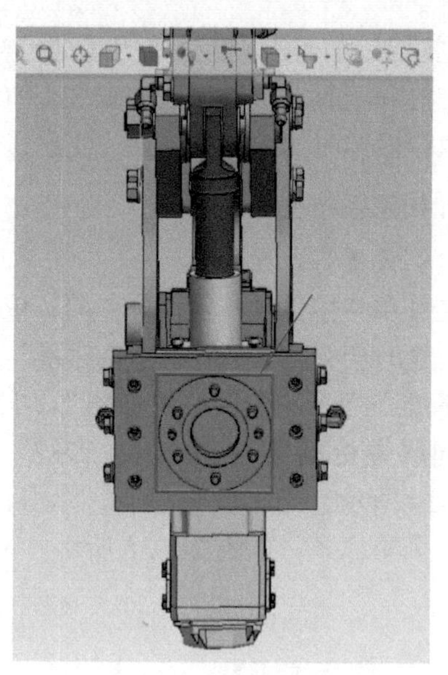

图 2-2-37 未调整的基准坐标系

（2）调整基准坐标系

在对象树中选中新建的基准坐标系或者用实体选取级别在工作区手动选取该坐标系，再单击工具栏中的“放置操控器”按钮，这时会弹出“放置操控器”对话框。

这里要将基准坐标系的 Z 轴调整到如图 2-2-39 所示的方向。单击“旋转”下的“Rx”按钮，在右边文本框输入“−90”，意为绕 X 轴反方向转 90°，如图 2-2-38 所示。此时基准坐标系的方向就调整完成了，如图 2-2-39 所示。

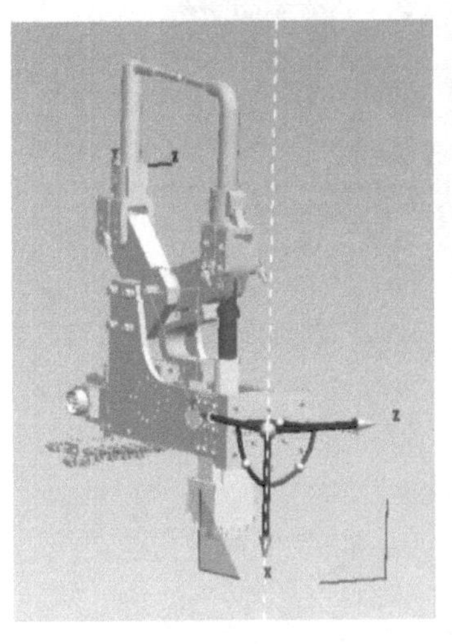

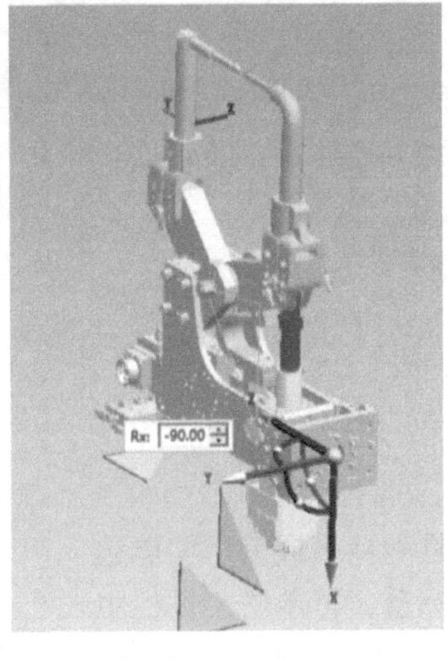

图 2-2-38　调整基准坐标系

图 2-2-39　最终的基准坐标系

2. 创建工具坐标系

（1）设置工具坐标系

在菜单栏中选择“建模”选项，依次单击“创建坐标系”→“在 2 点之间创建坐标系”命令。这时会弹出“通过 2 点创建坐标系”对话框，如图 2-2-40 所示。

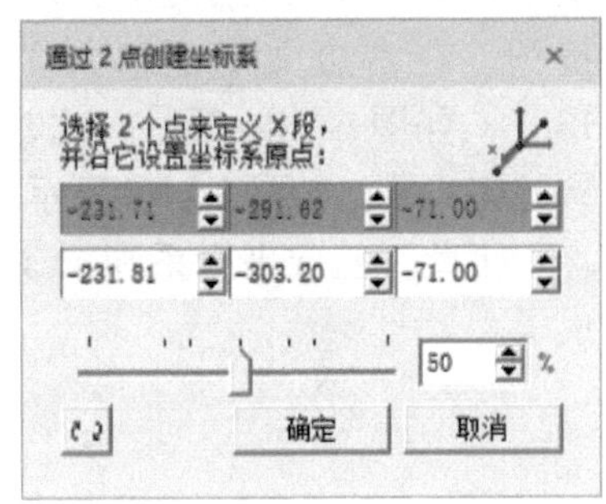

图 2-2-40　通过 2 点创建坐标系的位置选取

创建工具坐标系之前先将 X 型伺服焊枪通过“姿态编辑器”调整到“CLOSE”姿态。选中并单击 X 型伺服焊枪的两个电极即零件“approx_14286”和“approx_164541”的顶面如图 2-2-41 和图 2-2-42 所示的两个中心点，这时会在两个电极中心位置创建一个如图 2-2-43 所示的坐标系。最后单击“确定”按钮，完成工具坐标系的创建。但是该坐标系的方向不对，需要再进一步调整。

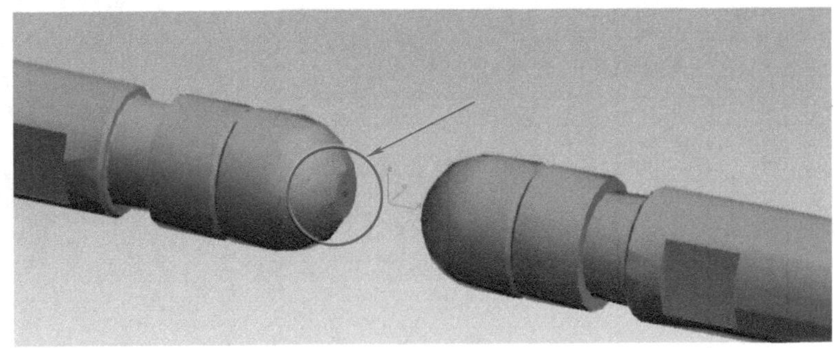
图 2-2-41　零件“approx_14286”顶面中心点

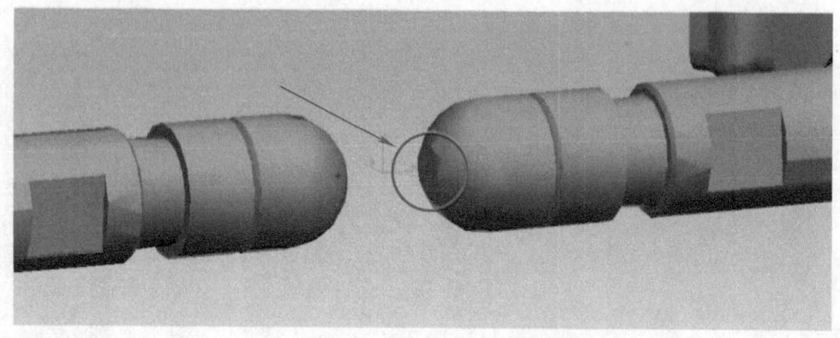

图 2-2-42　零件“approx_164541”顶面中心点

（2）调整工具坐标系

在对象树中选中新建的工具坐标系或者用实体选取级别在工作区手动选取该坐标系，再单击工具栏中的“放置操控器”按钮，这时会弹出“放置操控器”对话框。

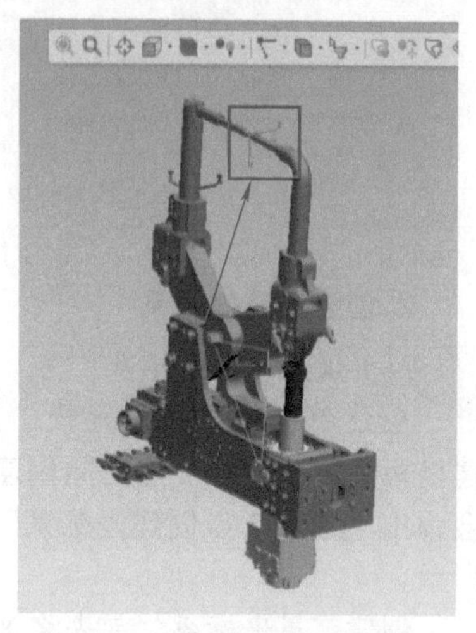

图 2-2-43　未调整的工具坐标系

这里要将工具坐标系的 Z 轴调整到图 2-2-45 所示的方向：单击“旋转”下的“Ry”按钮，在右边文本框输入“90”，意为绕 Y 轴转 90°。再单击“Rz”按钮，在右边文本框输入“180”，意为绕 Z 轴转 180°，如图 2-2-44 所示。此时工具坐标系的方向就调整完成了，如图 2-2-45 所示。

至此，基准坐标系和 TCP 工具坐标系就创建完成了。

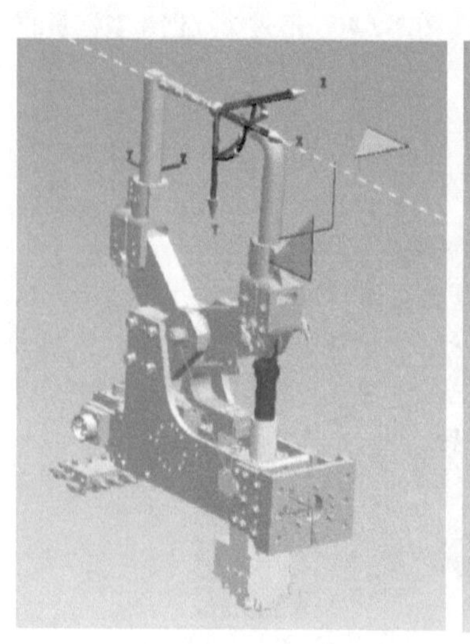

图 2-2-44　调整工具坐标系

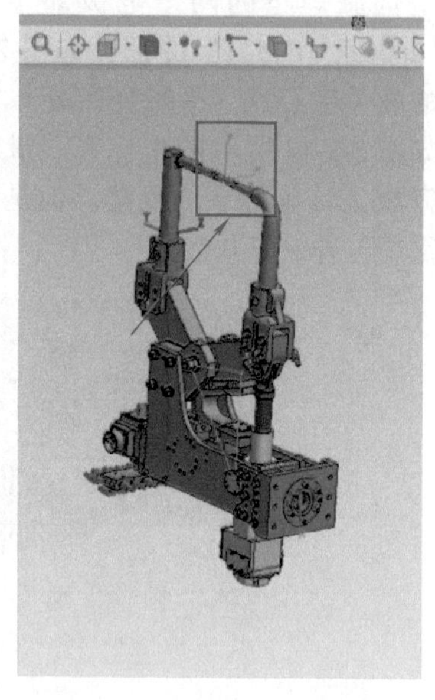

图 2-2-45　最终的工具坐标系

（五）工具类型定义

工具类型定义

1. 选择工具类型

在对象树中选中 X 型伺服焊枪模型（gun）或者在工作区手动选中该模型，再在菜单栏中选择“建模”选项，单击“工具定义”按钮，这时会弹出“工具定义 -gun”对话框。根据实际工艺要求，确定工具类型，本任务在“工具类”下拉列表中选择“伺服焊枪”作为工具类型，如图2-2-46 所示。

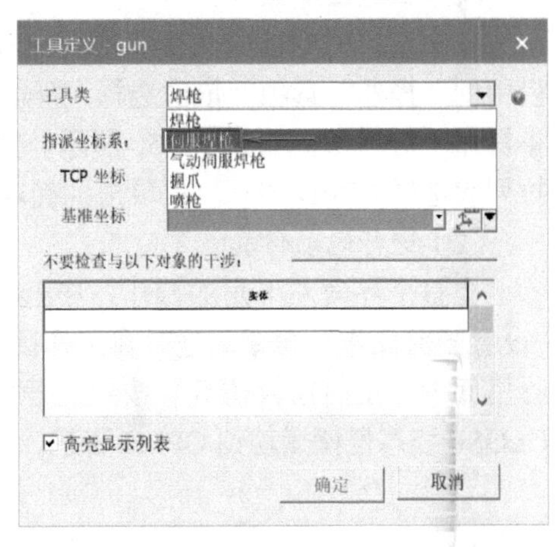

图 2-2-46　选择工具类型

2. 指派坐标系

在“指派坐标系”下单击 TCP 坐标，然后在对象树中或者工作区中，选中之前创建的 TCP 坐标系。同理，再单击基准坐标，然后选中前面创建的基准坐标系，如图 2-2-47 所示。

3. 选取干涉对象

最后在“不要检查与以下对象的干涉”列表中，选中“approx_14286”和“approx_164541”两个零件，也就是 X 型伺服焊枪的两个电极。最后单击“确定”按钮完成 X 型伺服焊枪的工具定义，如图 2-2-48 和图 2-2-49 所示。

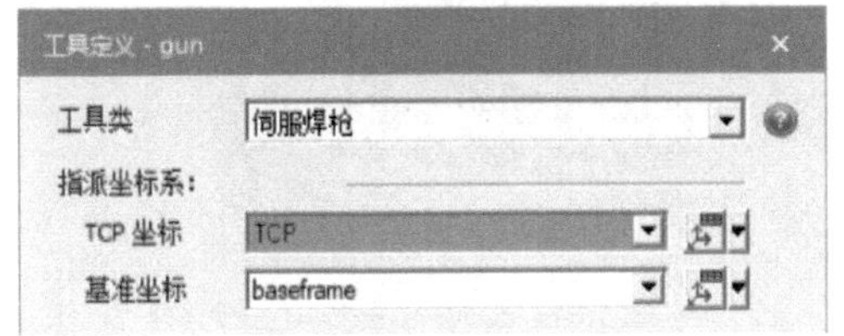

图 2-2-47　指派坐标系

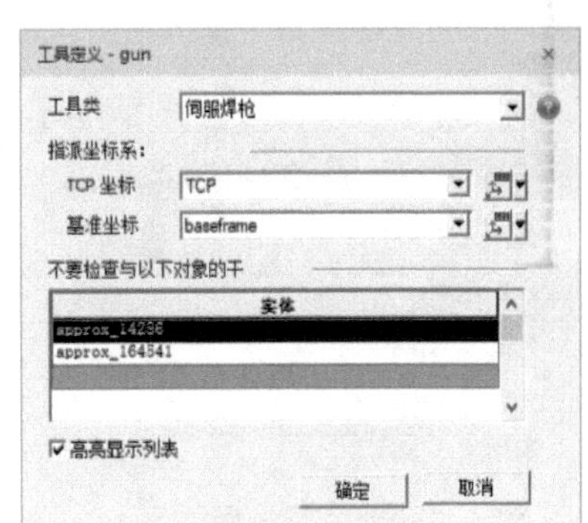

图 2-2-48　选取干涉对象

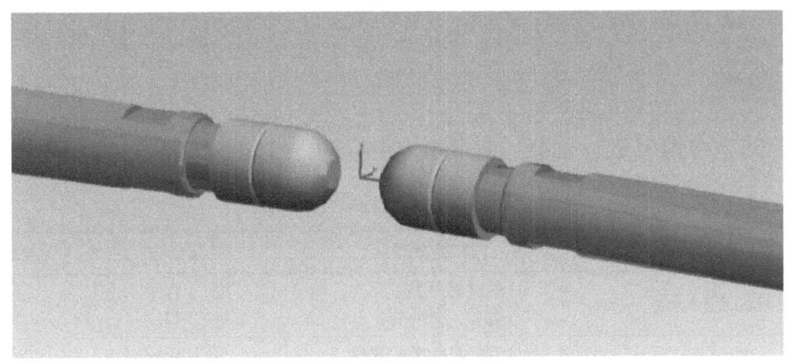

图 2-2-49　干涉对象

至此，整个 X 型伺服焊枪的运动设置就完成了，记得单击“结束建模”按钮以保存运动设置。

4. 焊枪机构的运动仿真模拟

X 型伺服焊枪的运动设置完成之后，可对其新建设备操作来进行运动仿真模拟，从而验证前面的设置是否正确。

（1）创建设备操作

先在对象树中选中 X 型伺服焊枪模型（gun）或者在工作区中选中该模型，选择菜单栏中的“操作”选项，依次选择“新建操作”→“新建设备操作”命令。将弹出“新建设备操作”对话框，如图 2-2-50 所示。“从姿态”下拉列表选择 CLOSE 姿态，“到姿态”下拉列表选择 OPEN 姿态。再单击“确定”按钮完成 X 型伺服焊枪的“新建设备操作”。

（2）进行运动仿真

在整个界面左下角的操作树中选中之前创建的设备操作，用右键鼠标单击后再单击“设置当前操作”命令。这时在工作区的下方序列编辑器中就有了该操作。单击序列编辑器里面的“正向播放仿真”按钮，开始播放 X 型伺服焊枪的运动仿真，X 型伺服焊枪从 CLOSE 姿态慢慢运动到 OPEN 姿态，如图 2-2-51 所示。

图 2-2-50　新建设备操作设置

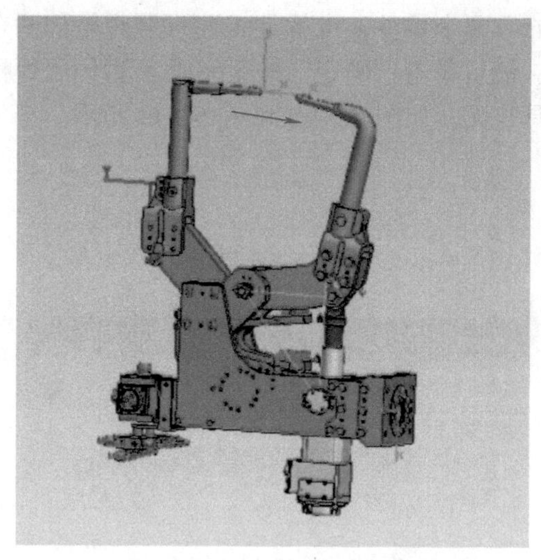

图 2-2-51　运动模拟仿真

对本任务的学习情况进行检查，并将相关内容填写在表 2-2-1 中。

表 2-2-1　检查评估表

检查项目	检查对象	检查结果	结果点评
焊枪及焊接工艺的分类	① 焊枪的分类 ② 焊接工艺的分类	是□ 否□ 是□ 否□	
曲柄的创建过程	① 四杆机构类型选择 ② 关节坐标的选取 ③ 父子连杆对应零件的选取	是□ 否□ 是□ 否□ 是□ 否□	

（续）

检查项目	检查对象	检查结果	结果点评
X 型伺服焊枪工作姿态的创建	① HOME 姿态 ② OPEN 姿态 ③ CLOSE 姿态	是□ 否□ 是□ 否□ 是□ 否□	
TCP 坐标系和基准坐标系的创建与选取	① TCP 坐标系 ② 基准坐标系	是□ 否□ 是□ 否□	
X 型伺服焊枪的工具定义	① 工具类的选取 ② 指派坐标系 ③ 不检查干涉对象的选取	是□ 否□ 是□ 否□ 是□ 否□	
X 型伺服焊枪的运动仿真操作	① 新建设备操作 ② 设置成当前操作 ③ 播放仿真	是□ 否□ 是□ 否□ 是□ 否□	

任务总结

本任务通过对 X 型伺服焊枪进行模型导入、创建曲柄、创建焊枪机构所需工作姿态、设置特殊点的属性以及进行工具定义等步骤操作，从而完成了对该 X 型伺服焊枪的运动设置；通过创建设备操作来检验该 X 型伺服焊枪的运动设置。

任务小结如图 2-2-52 所示，读者可以按照任务中对 X 型伺服焊枪的运动设置步骤和任务小结熟练掌握焊枪机构的运动设置。

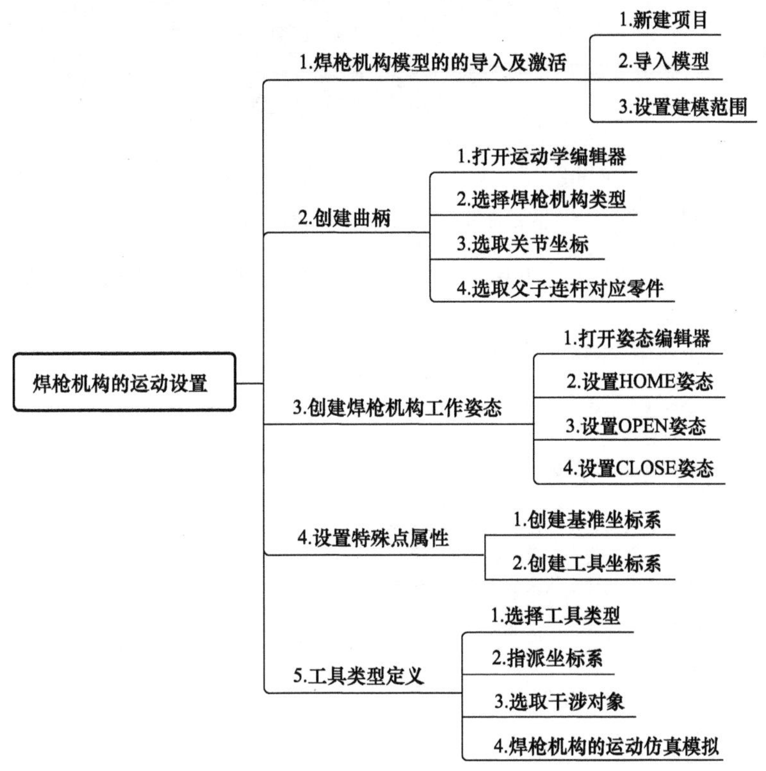

图 2-2-52 焊枪机构的运动设置小结

任务拓展

按照随书附赠的 X 型伺服焊枪模型，见图 2-1-1 “Expand” → “Gun” → “Gun_2.cojt” → “gun_2.jt”，完成 X 型伺服焊枪运动设置的拓展任务，并按表 2-2-1 对其各个参数设置进行检查。

文件在资源库中的所在位置：My_Project/Library/Expand/Gun/Gun_2.cojt/gun_2.jt

制造特征（焊接件）的运动设置

任务三 制造特征（焊接件）的运动设置

任务工单

<table>
<tr><td>任务名称</td><td colspan="3"></td><td>姓名</td><td></td></tr>
<tr><td>班级</td><td></td><td>组号</td><td></td><td>成绩</td><td></td></tr>
<tr><td>工作任务</td><td colspan="5">针对具有制造特征类的焊接件如何进行运动参数设置和如何操作，将是本任务需要完成的工作。通过引入两个零件作为焊接件（如下图所示），让初学者学会如何在焊接零件上创建焊点和焊点的运动设置
• 扫描二维码，观看“制造特征（焊接件）的运动设置”微视频
• 阅读任务知识储备，理解制造特征概念
• 阅读任务技能实操，对焊接件进行模型导入及激活、创建焊点、投影焊点、等步骤操作</td></tr>
<tr><td>任务目标</td><td colspan="5">知识目标
• 理解制造特征设置步骤以及对其各参数的认识与理解
能力目标
• 学会焊接件的导入及激活
• 学会创建焊点
• 学会将焊点进行投影
素质目标
• 勤于查阅资料、善于自学、善于归纳分析
• 培养学生敬畏规则，遵纪守法的品质
• 培养学生严格遵守国家标准规范和流程</td></tr>
<tr><td rowspan="4">任务分配</td><td>职务</td><td>姓名</td><td colspan="3">工作内容</td></tr>
<tr><td>组长</td><td></td><td colspan="3"></td></tr>
<tr><td>组员</td><td></td><td colspan="3"></td></tr>
<tr><td>组员</td><td></td><td colspan="3"></td></tr>
</table>

1. 制造特征

制造特征用于表示几个部分之间的特殊关系。在工业中表现这些制造特征的是焊接点和表示机器人路径曲线与零件轮廓一致的零件，如电弧焊、磨削、打磨、抛光等。

2. 焊接件

工件需要进行焊接，焊接的工件称为焊接件。

3. 焊点

在两块搭接工件接触面之间形成局部点位的焊接位置。

（一）焊接件的导入及激活

1. 新建研究

单击左上角菜单栏中的“文件”选项后，依次选择“断开研究”→“新建研究”命令，这时会弹出“新建研究”对话框，保持默认选项并单击“创建”按钮，这样就完成了对研究的创建。如果在已创建的研究下进行运动设置，则跳过此步骤。

2. 导入焊接件模型

单击左上角菜单栏中的“建模”选项后，依次选择“插入组件”命令，这时会弹出“插入组件”对话框，依次选择本项目任务一中图 2-1-1“My_Project.rar”→“Library”→“Product”→“Part1.cojt”和“Part2.cojt”，完成上述步骤后单击“打开”按钮，此时零件将会加入到当前研究中。如图 2-3-1 所示，依次按照步骤①～③操作。

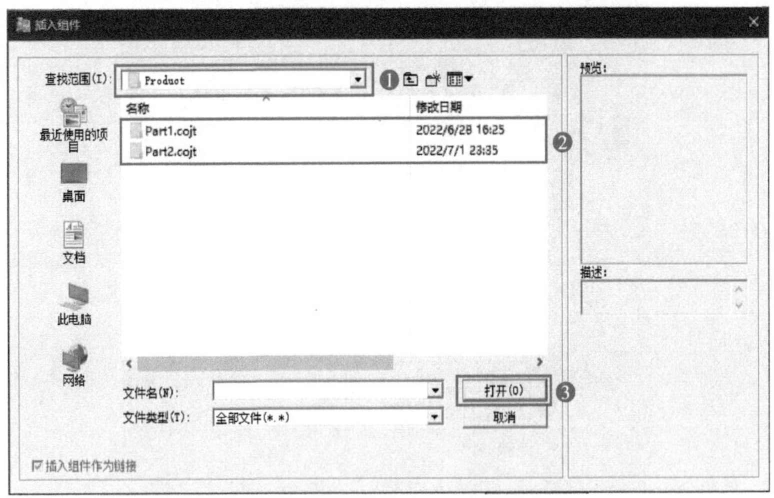

图 2-3-1　插入组件

3. 移动焊接件

按住 Ctrl，依次单击选中“Part1.cojt”和“Part2.cojt”两个零件，在图像查看器快捷工具栏中单击“重定位”命令，可以看见如图 2-3-2 所示重定位窗口弹窗。

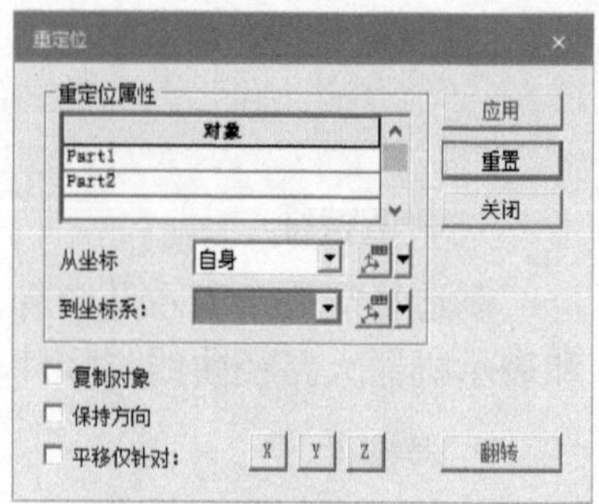

图 2-3-2 “重定位”窗口

在重定位窗口中，从坐标选择“自身”，到坐标系在对象树中单击“资源”→“Clamp_project_1”中选择支架的“PlaceFRAME”坐标，如图 2-3-3 所示，依次按照步骤①～③操作。选择完成后单击“应用”按钮，将零件移动到支架上，如图 2-3-4 所示，依次按照步骤①～③操作。

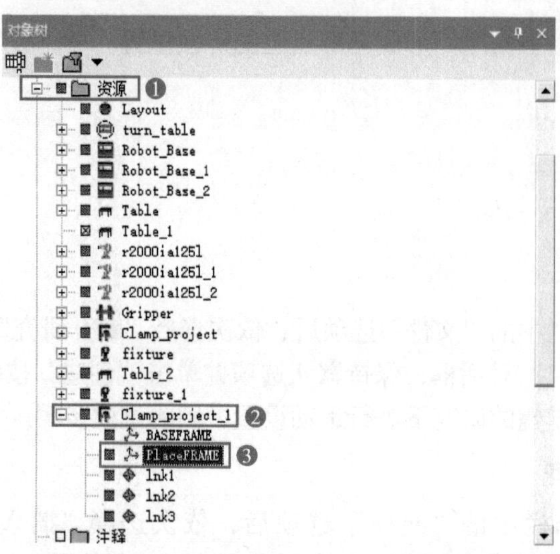

图 2-3-3 选取“PlaceFRAME”坐标

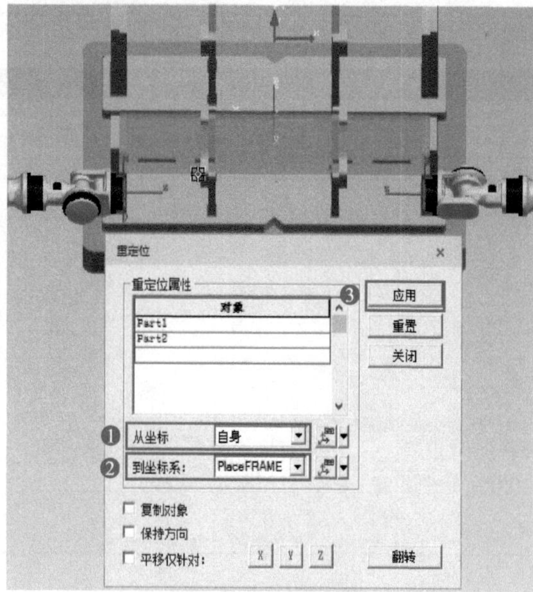

图 2-3-4 设置重定位坐标

（二）创建焊点

1. 创建坐标系

在图像查看器快捷工具栏中单击“选取意图”→“选取点选取意图”，如图 2-3-5 所示，依次按照步骤①～②操作，其他选取意图功能详情见表 2-3-1。

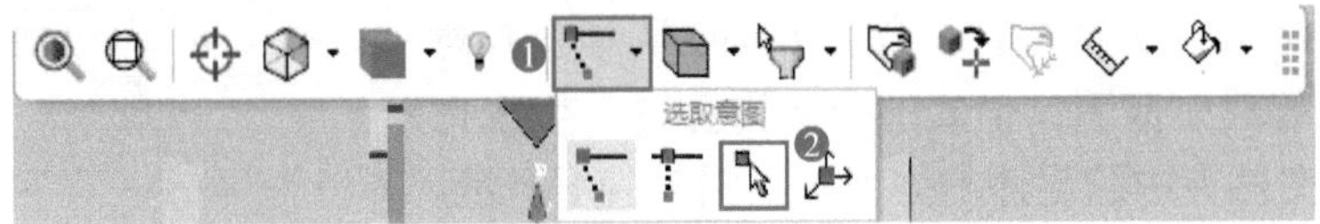

图 2-3-5　设置“选取意图”

表 2-3-1　特征点选取列表

图标	名称	解释
	捕捉点选取意图	选择一个顶点、一个边的中心点或一个面的中心点，取其最接近实际点的点
	边上点选取意图	选择边缘上与单击的实际点最接近的点
	选取点选取意图	选择鼠标光标实际单击的点
	自原点选取意图	选择当前选择对象实体的自身原点

在菜单栏中单击“建模”→“创建坐标系”→“通过 6 个值创建坐标系”，如图 2-3-6 所示，依次按照步骤①～③操作。

图 2-3-6　选择创建坐标系方式

此时会弹出 6 个值创建坐标系窗口，如图 2-3-7 所示。图中①位置参数数值变动会使坐标沿 Y 轴方向进行平移；②位置参数数值变动会使坐标沿 X 轴方向进行平移；③位置参数数值变动会使坐标沿 Z 轴方向进行平移；④位置参数数值变动会使坐标绕 RX 轴方向进行旋转；⑤位置参数数值变动会使坐标绕 RY 轴方向进行旋转；⑥位置参数数值变动会使坐标绕 RZ 轴方向进行旋转；单击⑦“两者”按钮可以对相对位置和相对方向参数同时进行编辑；单击⑧“位置”按钮会锁定相对方向参数编辑功能，只能对相对位置参数进行编辑；单击⑨“方向”按钮会锁定相对位置参数编辑功能，只能对相对方向参数进行编辑。

在两个零件重合部位表面单击左键，此时在鼠标光标单击位置会生成坐标“fr1”，看到坐标生成后单击6值创建坐标系中“确定”按钮，坐标系生成成功，如图2-3-8所示，依次按照步骤①~②操作。若生成坐标前建模范围为工程的建模范围，生成的坐标会自动添加到对象树中的坐标系文件夹中，如图2-3-9a所示；若建模范围为零件的建模范围，生成的坐标则会自动生成在对象树中零件文件夹中的零件本体中，如图2-3-9b所示。如需要对坐标名称进行更改，在对象树中鼠标左键双击坐标，即可进行更改。在本任务中使用的是建立坐标默认名称“fr1”。

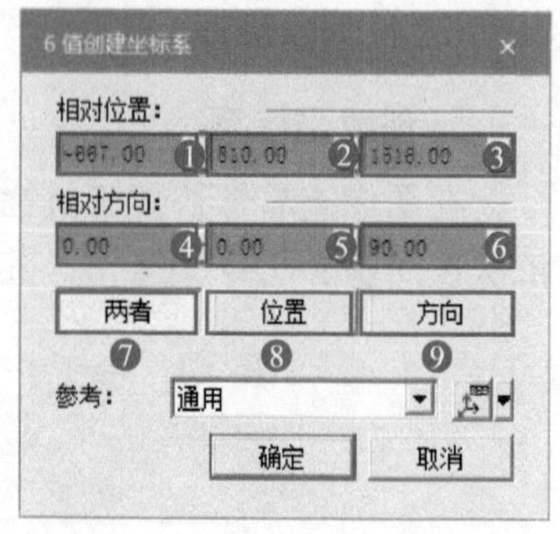

图 2-3-7 “6 值创建坐标系”窗口

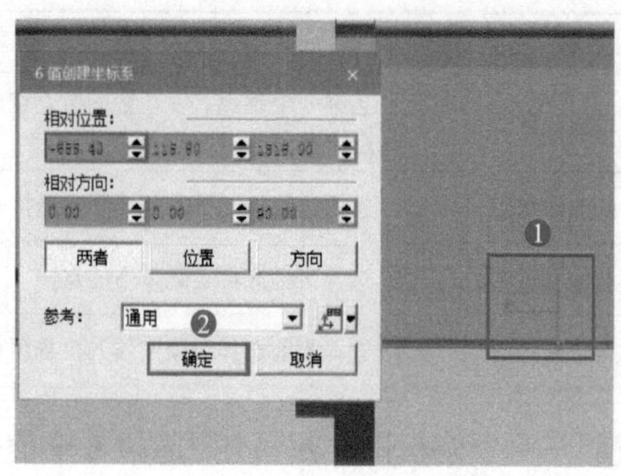

图 2-3-8 6 值创建坐标系

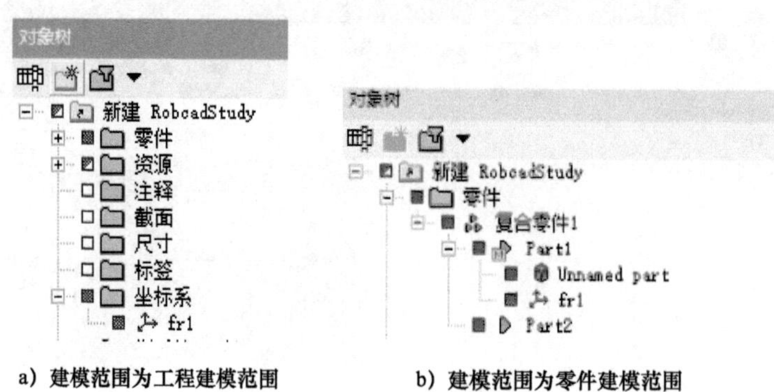

a）建模范围为工程建模范围　　b）建模范围为零件建模范围

图 2-3-9 创建坐标

2. 通过坐标创建焊点

在菜单栏单击“工艺”→“通过坐标创建焊点”，如图2-3-10所示，依次按照步骤①~②操作。

此时会出现“通过坐标创建焊点”弹窗，如图2-3-11所示。

在“通过坐标创建焊点”弹窗中，“点”选择前面操作中创建的坐标“fr1”，零件选择“Part2”，完成后单击“确定”按钮，如图2-3-12所示，依次按照步骤①~③操作。

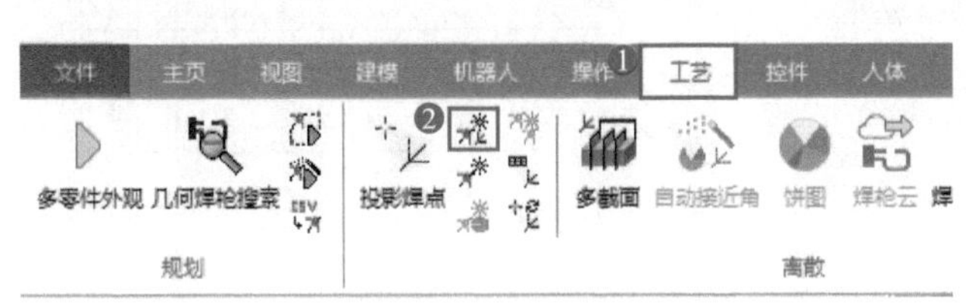

图 2-3-10 “通过坐标创建焊点”命令位置

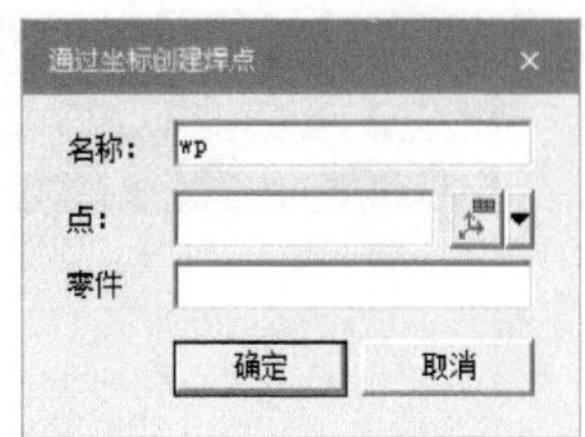

图 2-3-11 “通过坐标创建焊点”弹窗

焊点创建成功会生成如图 2-3-13 所示的小方块，名称为“wp”。

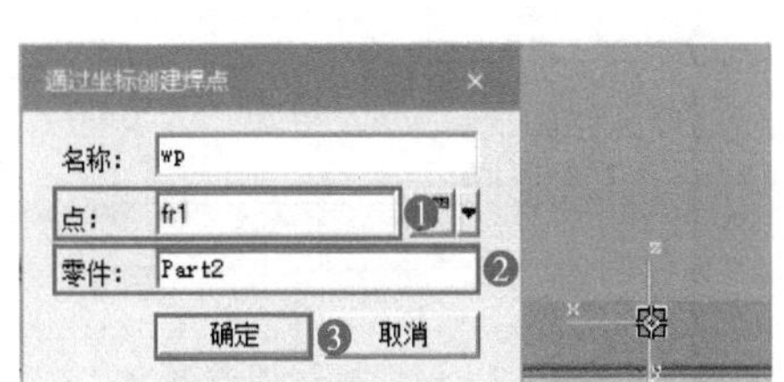

图 2-3-12 “通过坐标创建焊点”设置

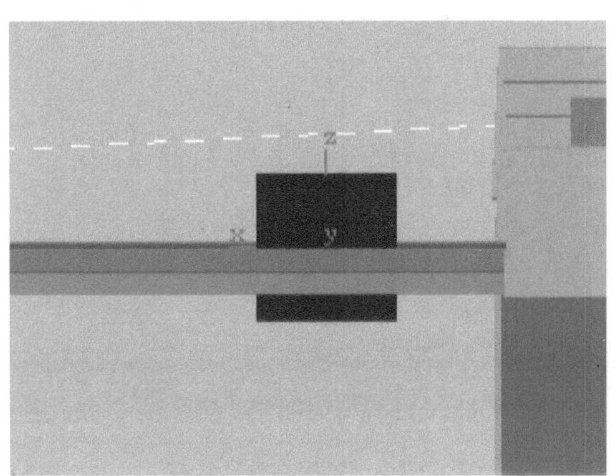

图 2-3-13 焊点

（三）焊点投影

在菜单栏单击“工艺”→“投影焊点”，如图 2-3-14 所示，依次按照步骤①～②操作。

图 2-3-14 “投影焊点”命令

此时会出现“投影焊点”弹窗，如图 2-3-15 所示。

在弹窗中，焊点区域选择上述操作中创建的“wp”焊点，零件区域选择“将焊点投影在自定义零件列表上”，选中零件“Part1”及零件“Part2”，在投影选项区域选择“对齐投影与外部曲面”，完成后单击“项目”按钮，如图 2-3-16 所示，依次按照步骤①～④操作。

投影焊点成功会将焊点的小方块变为紫色的坐标系，如图 2-3-17a 所示 Z 轴向上。若投影多个焊点，需确保所有的 Z 轴都处于同侧。若紫色的坐标系生成如图 2-3-17b 所示 Z 轴向下，左键单击选中坐标，在出现的快捷操作栏中单击“翻转位置”，即可反转投影的 Z 轴方向，如图 2-3-18 所示。

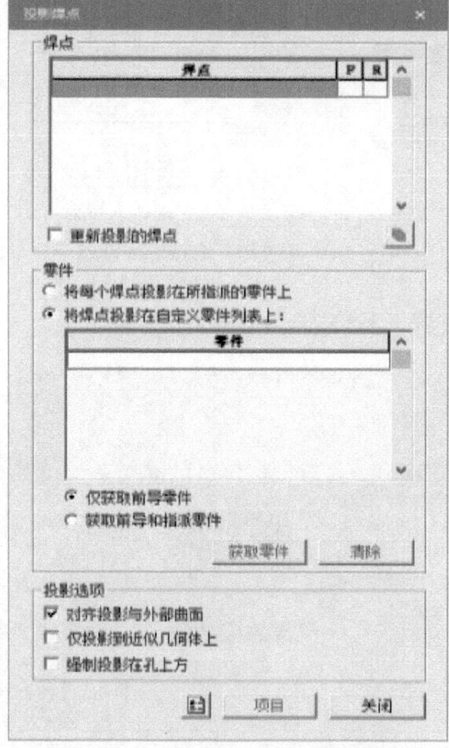

图 2-3-15 “投影焊点”弹窗

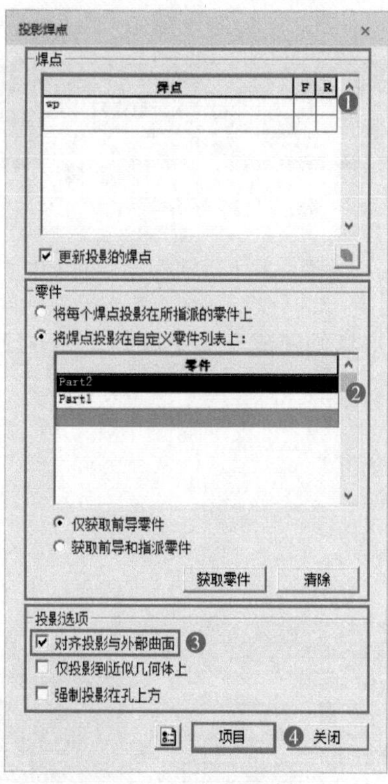

图 2-3-16 设置投影焊点弹窗

a）建模范围为工程建模范围

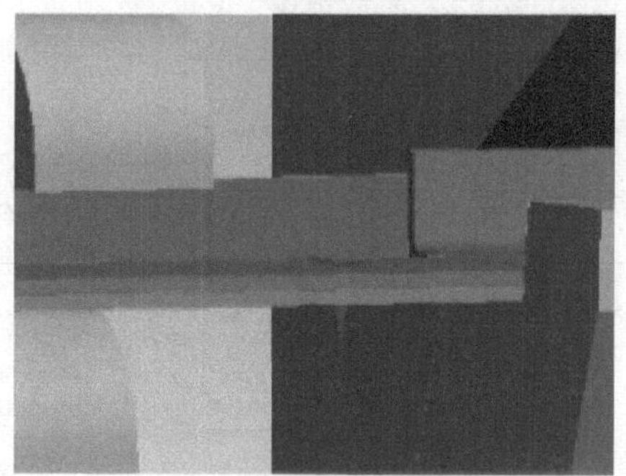

b）建模范围为零件建模范围

图 2-3-17 创建坐标

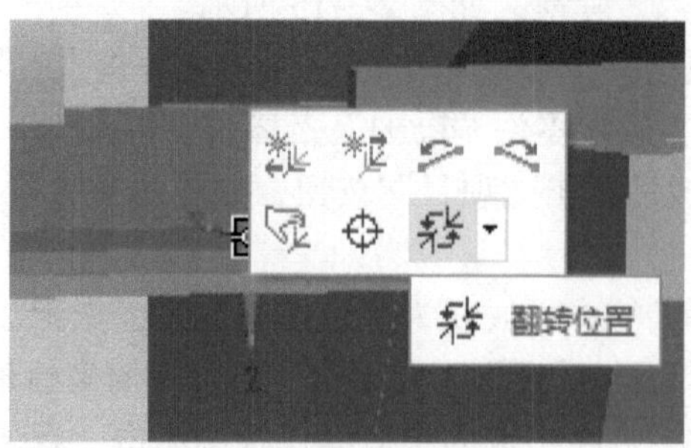

图 2-3-18 投影焊点创建成功

检查与评估

对本任务的学习情况进行检查和评估，并将相关内容填写在表 2-3-2 中。

表 2-3-2　检查评估表

检查项目	检查对象	检查结果	结果点评
焊接件的导入及激活	① 新建研究 ② 焊接件零件导入 ③ 将焊接件移动至支架指定坐标	是□ 否□ 是□ 否□ 是□ 否□	
创建焊点	① 通过 6 值创建坐标系 ② 通过坐标系生成焊点	是□ 否□ 是□ 否□	
投影焊点	① 设置投影焊点弹窗 ② 投影焊点生成	是□ 否□ 是□ 否□	

任务总结

本任务小结如图 2-3-19 所示，初学者可按照本任务中对制造特征（焊接件）的焊点设置进行操作，以此熟练掌握制造特征（焊接件）的运动设置。

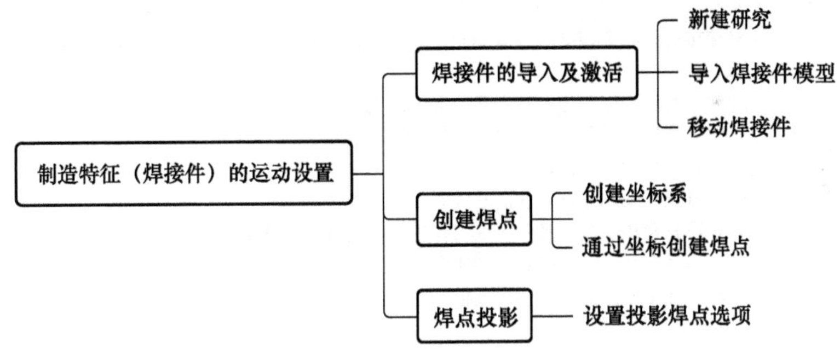

图 2-3-19　制造特征（焊接件）的运动设置小结

任务拓展

任务拓展选取的焊接件依然与本项目任务三相同，但原有“通过坐标创建焊点”改为“通过选取创建焊点”方式进行任务拓展操作。具体按图 2-3-10 所示，单击“菜单栏”→“工艺”→“通过选取创建焊点命令”，单击零件任意位置创建多个焊点后，如图2-3-14 所示将焊点进行投影。最后如图 2-3-18 把投影焊点生成的紫色坐标系方向调整至同一方向。

旋转转台和工装夹具模型的导入及激活

任务四 旋转转台和工装夹具的运动设置

任务工单

<table>
<tr><td>任务名称</td><td colspan="3"></td><td>姓名</td><td></td></tr>
<tr><td>班级</td><td></td><td>组号</td><td></td><td>成绩</td><td></td></tr>
<tr><td>工作任务</td><td colspan="5">旋转转台和工装夹具是生产流水线常用的智能装备之一，旋转转台带有可转动的台面，用于带动工件和其他设备。工装夹具则用来装夹工件，保持工件在正确的位置上
本任务通过引入一个典型的旋转转台和一个工装夹具，如下图所示，让初学者学会如何构建旋转转台和工装夹具，并完成对它们的运动参数设置
• 扫描二维码，观看“旋转转台和工装夹具的运动设置”微视频
• 阅读知识储备，了解工装夹具原型类“Clamp”和“Fixture”的区别以及工具定义作用范围等
• 阅读任务技能实操，完成旋转转台和工装夹具进行模型导入、创建父子连杆、设置各连杆之间连接的运动关系、创建旋转转台和工装夹具所需工作姿态、设置特殊点的属性等步骤操作</td></tr>
<tr><td>任务目标</td><td colspan="5">知识目标
• 掌握对旋转转台和工装夹具的运动设置步骤以及对其各参数的认识与理解
能力目标
• 会创建一个新的研究，导入旋转转台和工装夹具模型
• 会创建父子连杆和设置各连杆之间连接的运动关系
• 会建立工装夹具的关节依赖关系
• 能通过关节调整来判断建立的运动关系是否正确
• 会创建旋转转台和工装夹具所需的工作姿态，设置姿态参数
• 会基准坐标系以及零件坐标系的创建和调整
• 会旋转转台和工装夹具的运动仿真模拟
素质目标
• 科学的思维方式，认真细致的工作态度，爱岗敬业的主人翁精神
• 牢固的安全生产职业素养，坚定的安全意识
• 具有发现问题，解决问题的专业素养
• 实事求是的诚实品质</td></tr>
<tr><td rowspan="4">任务分配</td><td>职务</td><td>姓名</td><td colspan="3">工作内容</td></tr>
<tr><td>组长</td><td></td><td colspan="3"></td></tr>
<tr><td>组员</td><td></td><td colspan="3"></td></tr>
<tr><td>组员</td><td></td><td colspan="3"></td></tr>
</table>

知识储备

1．工具定义是将设备（焊枪机构、抓手夹具）定义成工具，此工具可以安装到机器人上执行操作。

2．除焊枪机构、抓手夹具之外的设备和机器人不需要进行工具定义。

3. 原型类中的“Clamp”和“Fixture”均为“夹具”，其中“Clamp”为夹钳，“Fixture”为固定夹具。

（一）旋转转台和工装夹具模型的导入及激活

1. 新建研究

单击左上角菜单栏中的“文件”选项后，依次选择“断开研究”→“新建研究”命令，这时会弹出“新建研究”对话框，保持默认选项并单击“创建”按钮，这样就完成了对研究的创建。如果在已创建的研究下进行运动设置，则跳过此步骤。

2. 导入模型

（1）选择命令

单击左上角菜单栏中的“文件”选项后，依次选择“导入 / 导出”→“转换并插入 CAD 文件”命令，这时会弹出“转换并插入 CAD 文件”对话框。再单击“添加”按钮会弹出“打开”对话框，依次选择“My_Project 文件夹”→“Library 文件夹”→“Resource 文件夹”→“Table 文件夹”→“Turn_table.cojt”→“turn_table.jt”并单击“打开”按钮，这时会弹出“文件导入设置”对话框。

（2）设置文件导入参数

在本任务中，旋转转台和工装夹具同样属于资源；本任务中旋转转台的复合类和原型类分别选择“PmCompoundResource”及“Turn_Table”；工装夹具选择“PmCompound-Resource”及“Clamp”，如图 2-4-1 所示。

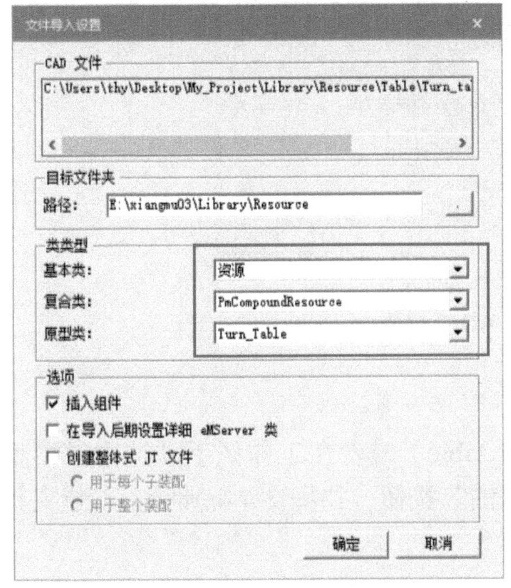

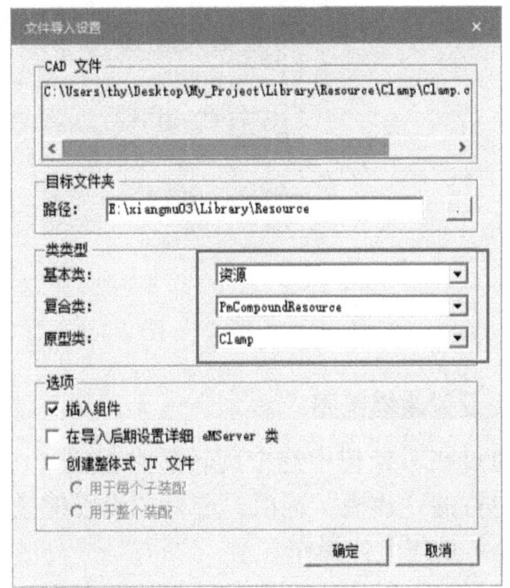

图 2-4-1 文件导入设置

在旋转转台的“文件导入设置”对话框的选项下勾选“插入组件”选项并单击“确定”按钮，这时会回到“转换并插入 CAD 文件”对话框，可以再次单击“添加”按钮批量导入模型文件。在弹出的“打开”对话框中，依次选择“My_Project 文件夹”→“Library 文件夹”→“Resource 文件夹”→“Clamp 文件夹”→“Clamp.cojt”→“clamp.jt”并单击“打开”按钮，这时会弹出“文件导入设置”对话框。设置完成后，如图 2-4-2 所示。在“转换并插入 CAD 文件”对话框中单击“导入”按钮完成多个模型文件的导入，如图 2-4-3 所示。

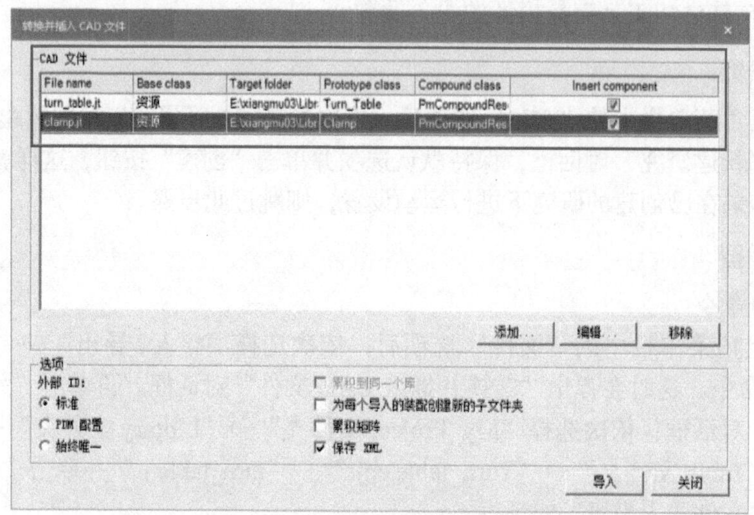

图 2-4-2　批量导入文件

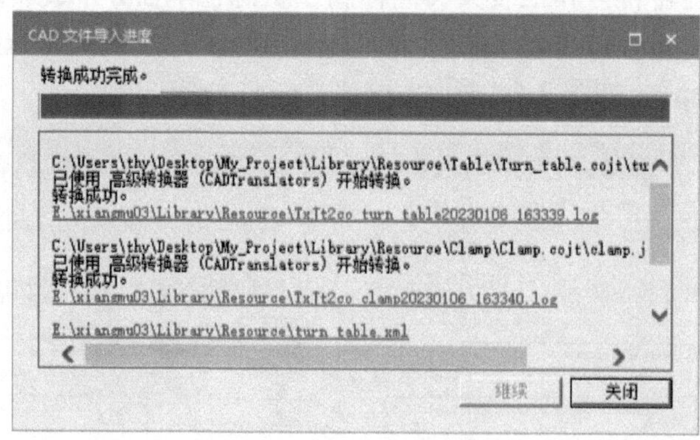

图 2-4-3　添加 CAD 文件成功

3. 设置建模范围

通过在对象树中选中旋转转台模型（turn_table）或者在工作区手动选中该模型，单击菜单栏的“建模”选项，选择“设置建模范围”按钮，如图 2-4-4 所示。工装夹具模型（clamp）重复上述操作。

这样就可以将选中的模型设置成活动组件，模型在对象树中将会如图 2-4-5 所示展开。此时“设置建模范围”右侧下拉列表就从“新建 RobcadStudy”变成“turn_table”，表示目前是在旋转转台模型（turn_table）的建模范围下。这里可以通过右侧下拉列表更改建模范围。注意在对其中一个模型进行运动设置时一定要保证是在该模型的建模范围下。

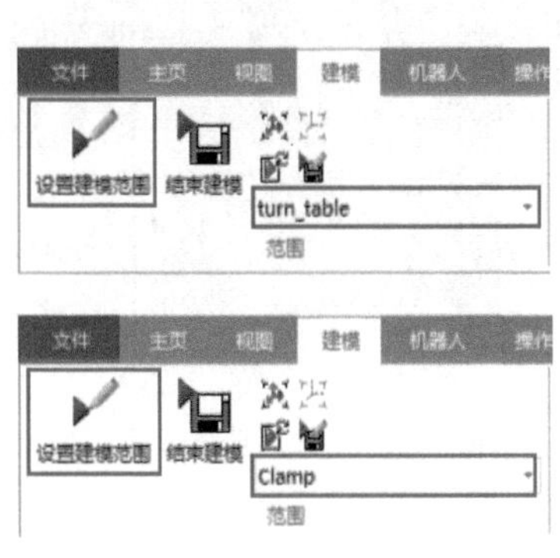

图 2-4-4　设置建模范围

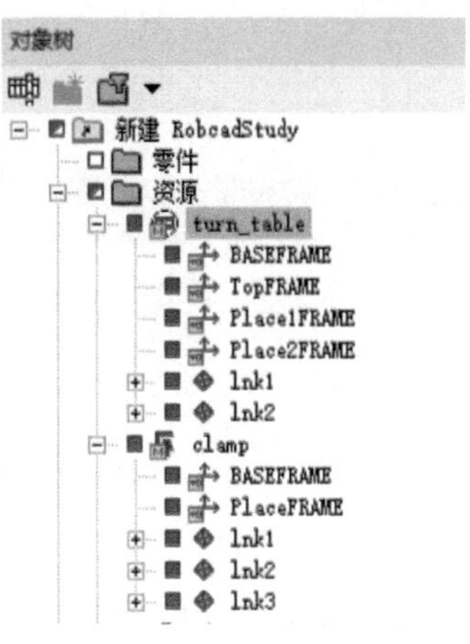

图 2-4-5　模型对象树展开

（二）创建旋转转台和工装夹具的父子连杆

从当前步骤开始，对于工装夹具的运动设置均在旋转转台的运动设置完成后再进行。

1. 打开运动学编辑器

在“对象树”查看器中，选中导入的旋转转台模型（turn_table）或在工作区选中该模型，选择菜单栏中的“建模”选项，单击其下的“运动学编辑器”按钮。这时就会弹出“运动学编辑器 -turn_table”对话框，如图 2-4-6 所示。即可打开旋转转台的运动学编辑器，工装夹具运动学编辑器的打开方式与旋转转台运动学编辑器的打开方式相同。

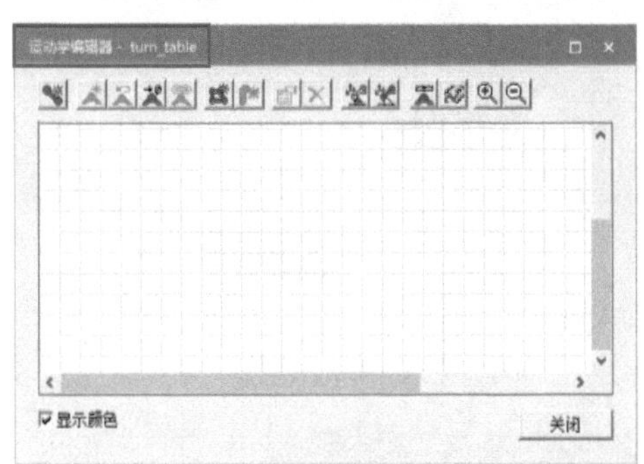

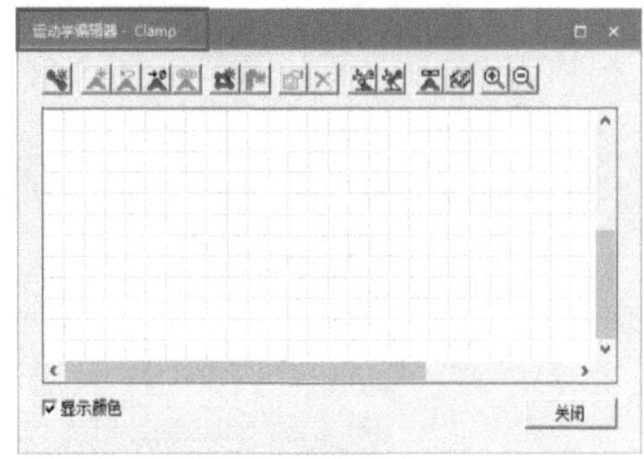

图 2-4-6　运动学编辑器

2. 创建旋转转台的父子连杆

（1）完成对 base 连杆的设置

在打开运动学编辑器后，在“运动学编辑器 -turn_table”对话框中单击“创建连杆”按钮。这时会弹出“连杆属性”对话框，如图 2-4-7 所示。

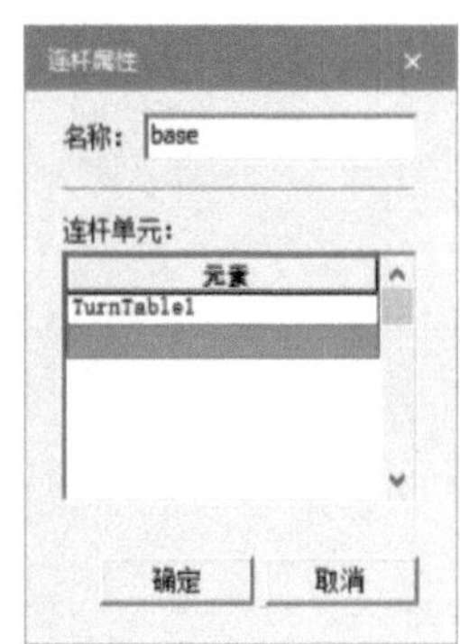

图 2-4-7　base 连杆属性

其中，“名称”文本框中输入“base”，而对于“连杆单元”列表栏，则需要在工作区或者对象树中选中“TurnTable1”零件。最后单击“确定”按钮，这样就完成对“base”连杆的设置，结果如图 2-4-8 和图 2-4-9 所示。

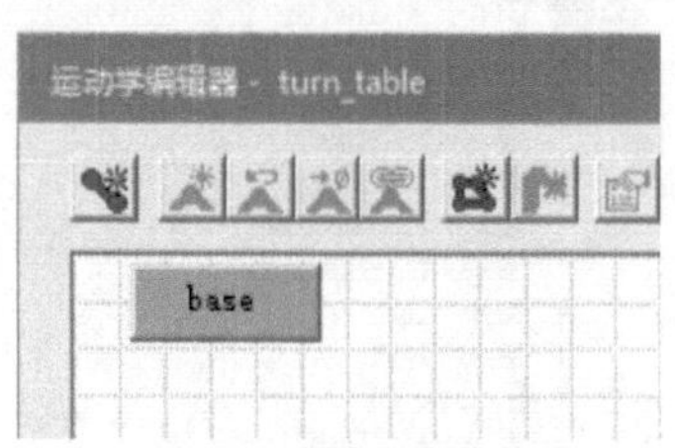

图 2-4-8　base 连杆

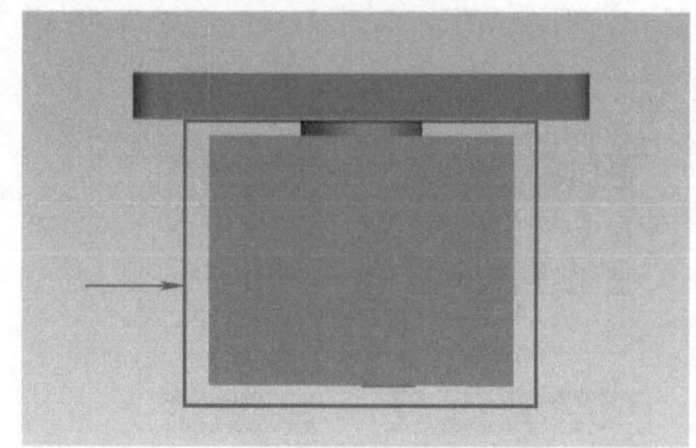

图 2-4-9　base 连杆对应的单元

（2）完成对 lnk1 连杆的设置

同理，在“运动学编辑器 -turn_table”对话框中再次单击“创建连杆”按钮，弹出“连杆属性”对话框，如图 2-4-10 所示。

其中，“名称”文本框中自动生成“lnk1”，而对于“连杆单元”列表栏，则需要在工作区或者对象树中选中“TurnTableTop”零件。最后单击“确定”按钮，这样就完成对“lnk1”连杆的设置，结果如图 2-4-11 和图 2-4-12 所示。

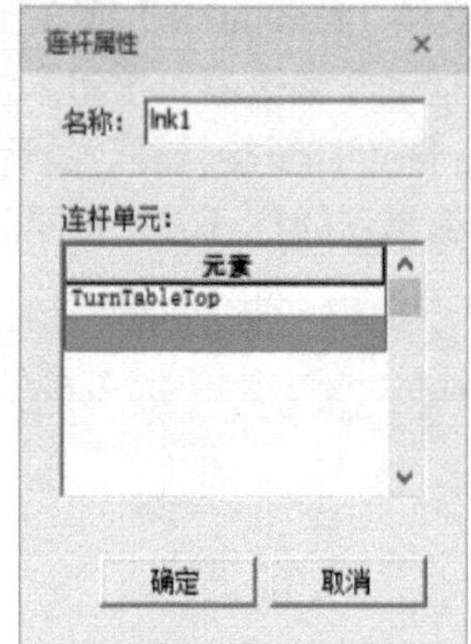

图 2-4-10　lnk1 连杆属性

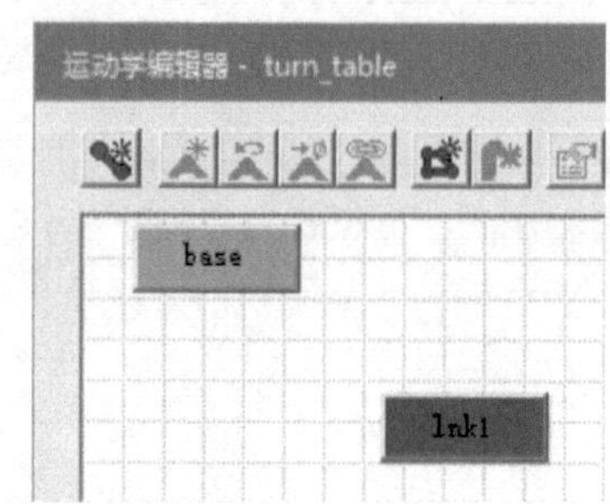

图 2-4-11　lnk1 连杆

图 2-4-12　lnk1 连杆对应的单元

至此，旋转转台的父子连杆就创建完毕了。

3. 创建工装夹具的父子连杆

（1）完成对 base 连杆的设置

在打开运动学编辑器后，在“运动学编辑器 -Clamp”对话框中单击“创建连杆”按钮。这时会弹出“连杆属性”对话框，如图 2-4-13 所示。

其中，“名称”文本框中输入“base”，而对于“连杆单元”列表栏，则需要在工作区或者对象树中选中“fixture_A”零件。最后单击“确定”按钮，这样就完成对“base”连杆的设置，如图 2-4-14 和图 2-4-15 所示。

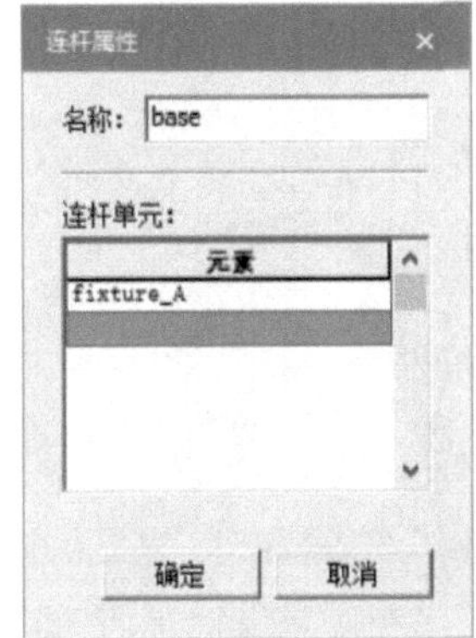

图 2-4-13　base 连杆属性

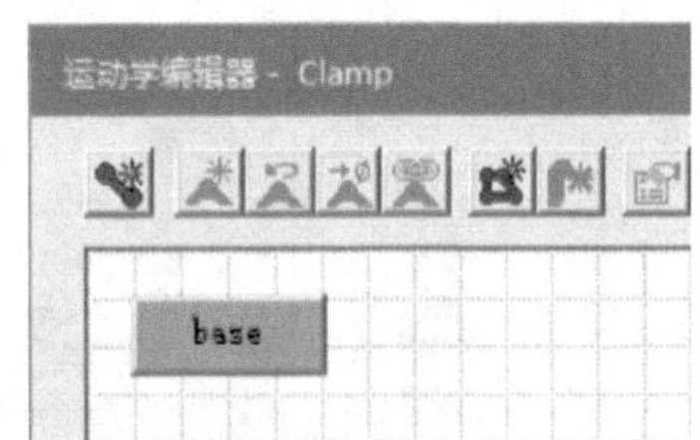

图 2-4-14　base 连杆

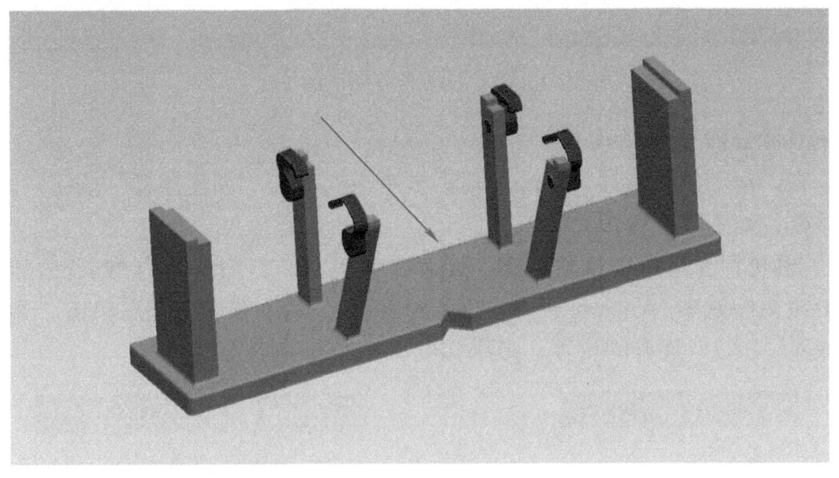

图 2-4-15　base 连杆对应的单元

（2）完成对 lnk1 连杆的设置

同理，在“运动学编辑器 -Clamp”对话框中再次单击“创建连杆”按钮，弹出“连杆属性”对话框，如图 2-4-16 所示。

其中，“名称”文本框中自动生成“lnk1”，而对于“连杆单元”列表栏，则需要在工作区或者对象树中选中“Clamp_small”“Clamp_small_1”两个零件。最后单击“确定”按钮，这样就完成对“lnk1”连杆的设置，结果如图 2-4-17 和图 2-4-18 所示。

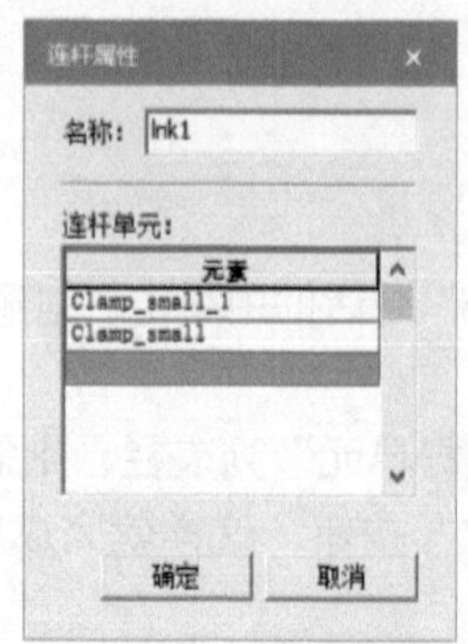

图 2-4-16　lnk1 连杆属性

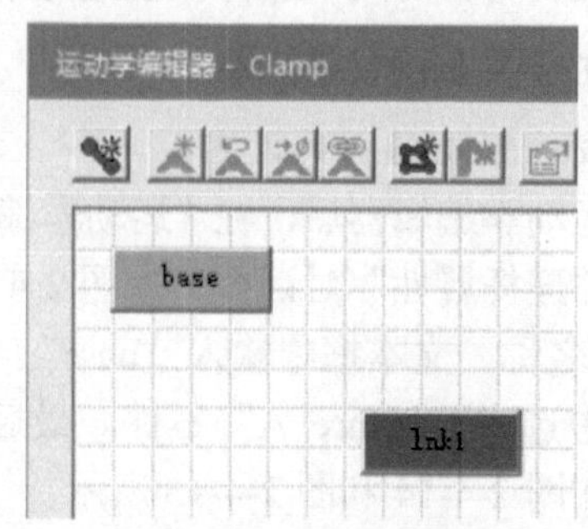

图 2-4-17　lnk1 连杆

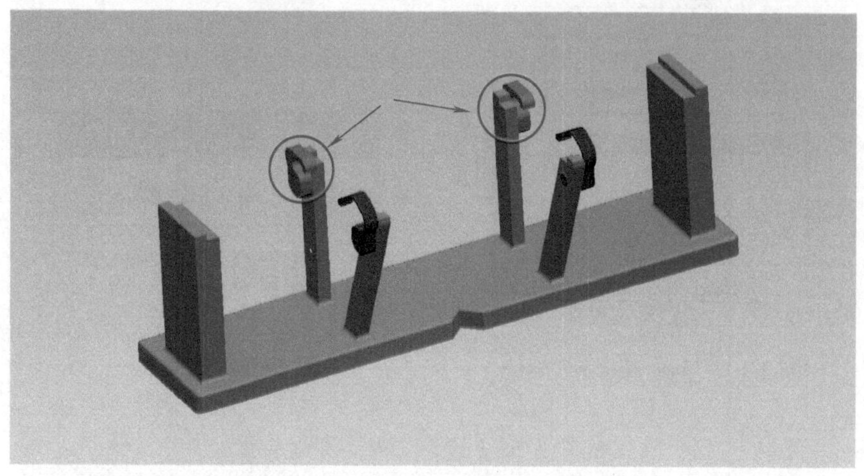

图 2-4-18　lnk1 连杆对应的单元

（3）完成对 lnk2 连杆的设置

同理，在“运动学编辑器 -clamp”对话框中再次单击“创建连杆”按钮，弹出“连杆属性”对话框，如图 2-4-19 所示。

其中，“名称”文本框中自动生成“lnk2”，而对于“连杆单元”列表栏，则需要在工作区或者对象树中选中“Clamp_big”“Clamp_big_1”两个零件。最后单击“确定”按钮，这样就完成对“lnk2”连杆的设置，结果如图 2-4-20 和图 2-4-21 所示。

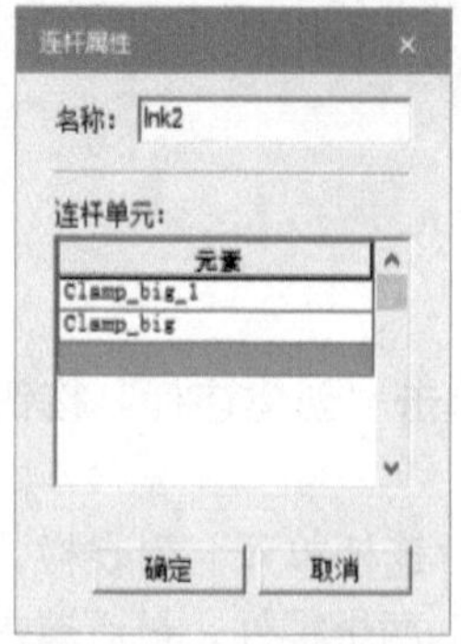

图 2-4-19　lnk2 连杆属性

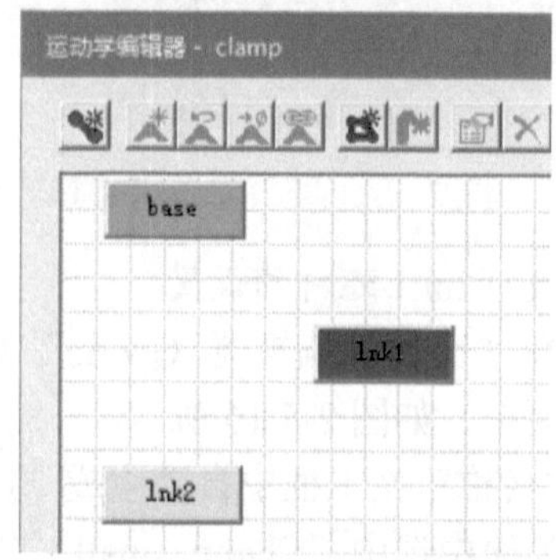

图 2-4-20　lnk2 连杆

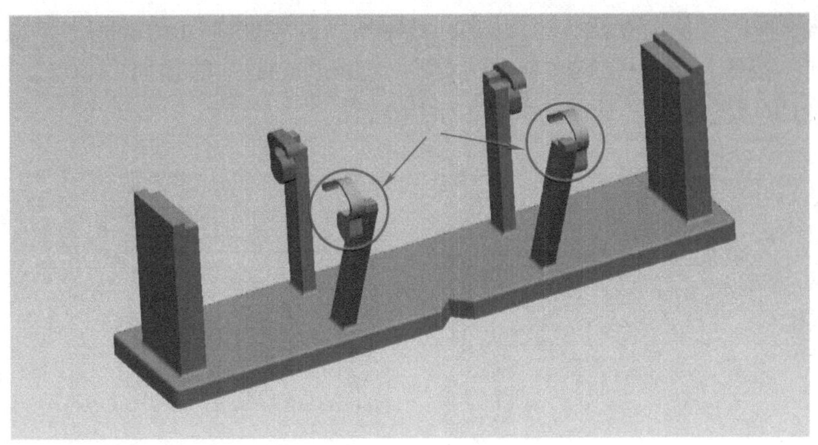

图 2-4-21　lnk2 连杆对应的单元

至此，工装夹具的父子连杆就创建完毕了。

（三）设置旋转转台和工装夹具各连杆之间的运动关系

1. 设置旋转转台父子连杆之间的运动关系

（1）连接 base 与 lnk1

在“运动学编辑器 -turn_table”对话框中将鼠标移动至“base”连杆的方框上，按住鼠标左键不松，再移动至“lnk1”连杆的方框上松开，这时会生成一个黑色箭头 j1 从“base”连杆指向“lnk1”连杆且弹出“关节属性”对话框，这样就将“base”和“lnk1”连接到了一起形成一个叫 j1 的关节，如图 2-4-22 所示。

（2）设置关节属性参数

在弹出的“关节属性”对话框中，如图 2-4-23 所示。

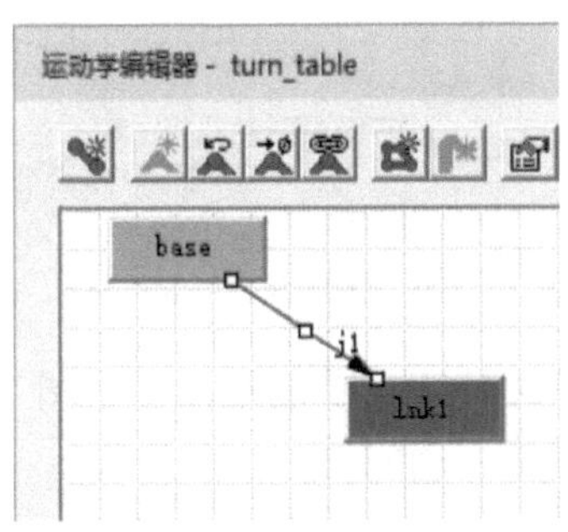

图 2-4-22　连接 base 与 lnk1 连杆

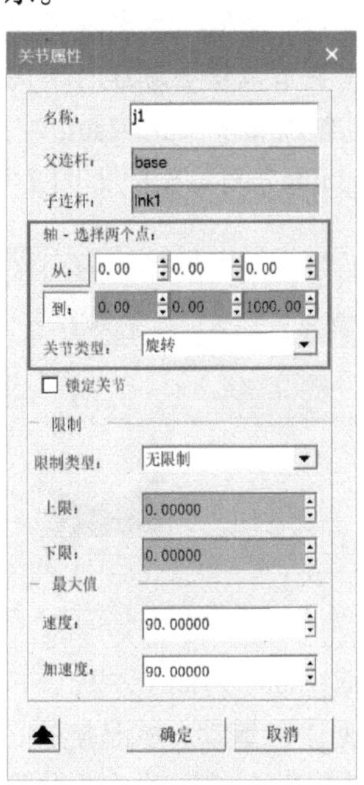

图 2-4-23　j1 关节属性

单击轴下面的“从”按钮，选择图 2-4-24a 所示的零件“TurnTable1”的底面中心点。再单击“到”按钮，选择图 2-4-24b 所示零件“TurnTable1”的顶面中心点，这时会生成一个从下到上的黄色箭头，这就是关节 j1 的旋转轴。

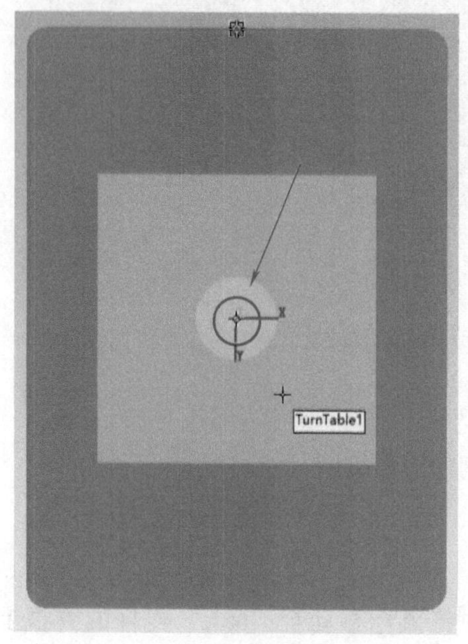

a）底面中心点

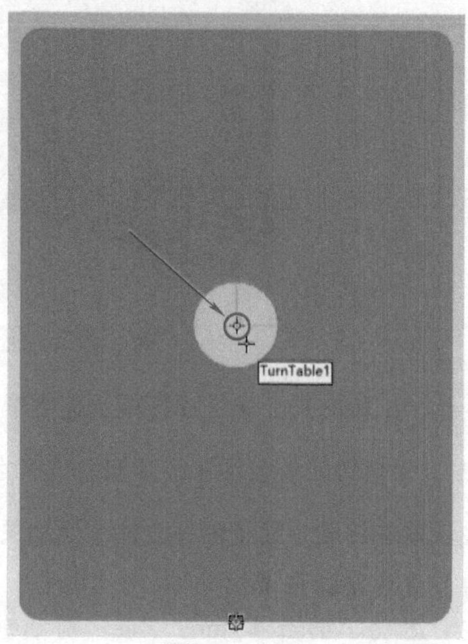

b）顶面中心点

图 2-4-24　零件“TurnTable1”的两个中心点

在“关节类型”选择列表中选择“旋转”，表示“lnk1”会绕着箭头的方向在“base”上旋转。限制类型可以根据需求选择，这里保持默认。最后单击“确定”按钮，完成“base”与“lnk1”之间的关节属性设置，两者间的运动关系已确定，如图 2-4-25 所示。

（3）调整关节以检查各连杆之间运动关系的正确性

在“运动学编辑器 -turn_table”对话框中单击“打开关节调整”按钮，这时会弹出“关节调整 -turn_table”对话框，如图 2-4-26 所示。

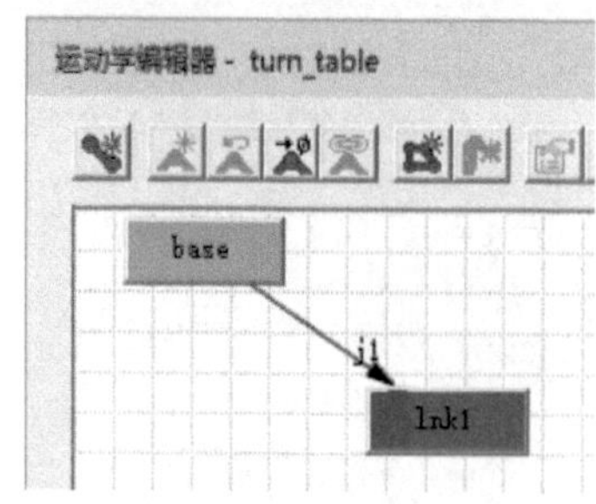

图 2-4-25　已确定 j1 的运动关系

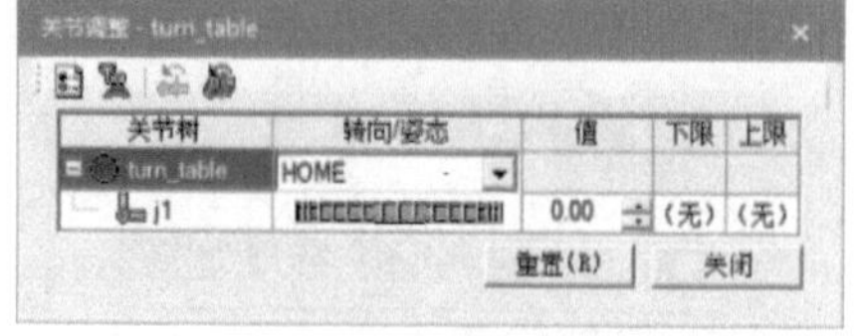

图 2-4-26　关节调整 -turn_table

通过鼠标拉动“转向 \ 姿态”下的滑条，可以观察 j1 关节的运动。如图 2-4-27 所示，这里可以发现 j1 的运动方式是旋转，整个运动关系是正确的。

至此，旋转转台的运动关系设置完成。

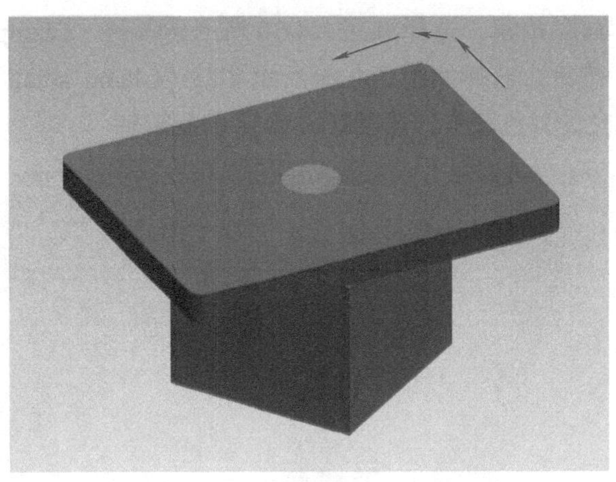

图 2-4-27　关节运动示意图

2. 设置工装夹具父子连杆之间的运动关系

（1）设置 base 与 lnk1 之间的运动关系

1）连接 base 与 lnk1

在“运动学编辑器 -clamp”对话框中将鼠标移动至“base”连杆的方框上，按住鼠标左键不松，再移动至“lnk1”连杆的方框上松开，这时会生成一个黑色箭头 j1 从“base”连杆指向“lnk1”连杆且弹出“关节属性”对话框，这样就将“base”和“lnk1”连接到了一起形成一个叫 j1 的关节，如图 2-4-28 所示。

2）设置关节属性参数

在弹出的“关节属性”对话框中，如图 2-4-29 所示。

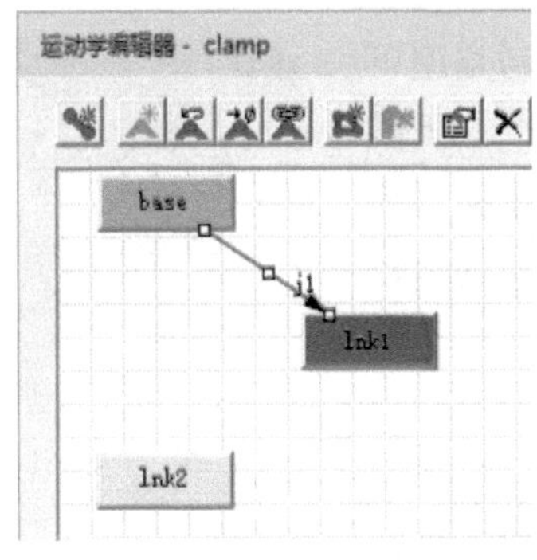

图 2-4-28　连接 base 与 lnk1 连杆

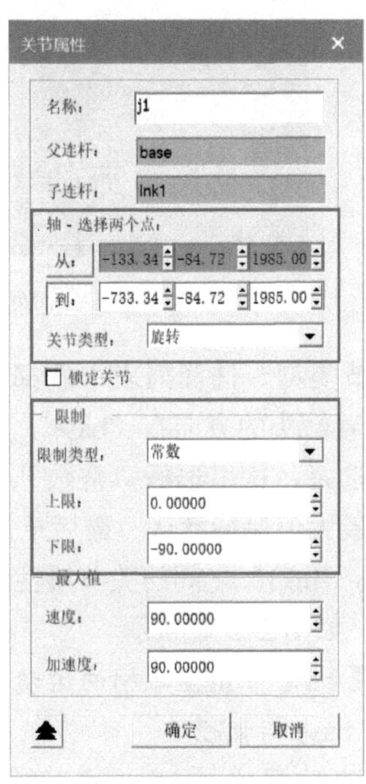

图 2-4-29　j1 关节属性

单击轴下面的“从”按钮，选择如图 2-4-30 所示的零件“Clamp_small_1”的左侧中心点。再单击“到”按钮，选择如图 2-4-31 所示零件“Clamp_small”的右侧中心点，这时会生成一个从右到左的黄色箭头，这就是关节 j1 的旋转轴。

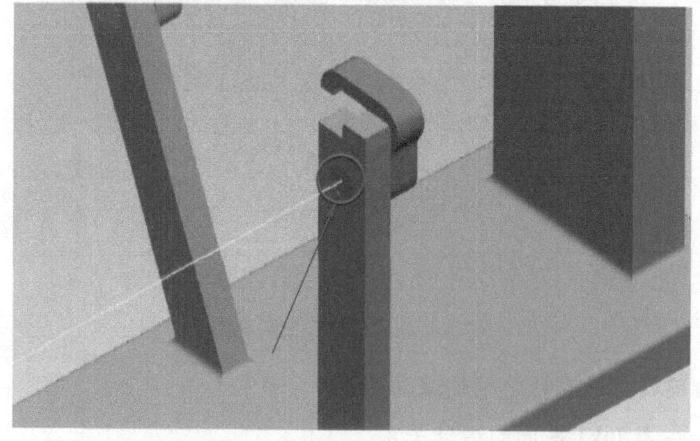

图 2-4-30　零件“Clamp_small_1”的左侧中心点

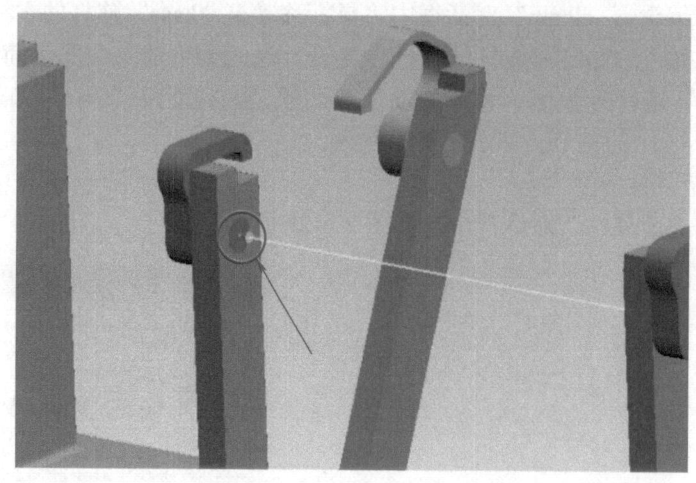

图 2-4-31　零件“Clamp_small”的右侧中心点

在“关节类型”选择列表中选择“旋转”，也就表示“lnk1”会绕着箭头的方向在“base”上旋转。限制类型可以根据需求选择，这里选择“常数”，上限为“0”，下限为“−90”。最大值保持默认。最后单击“确定”按钮，完成“base”与“lnk1”之间的关节属性设置，两者间的运动关系已确定，如图 2-4-32 所示。

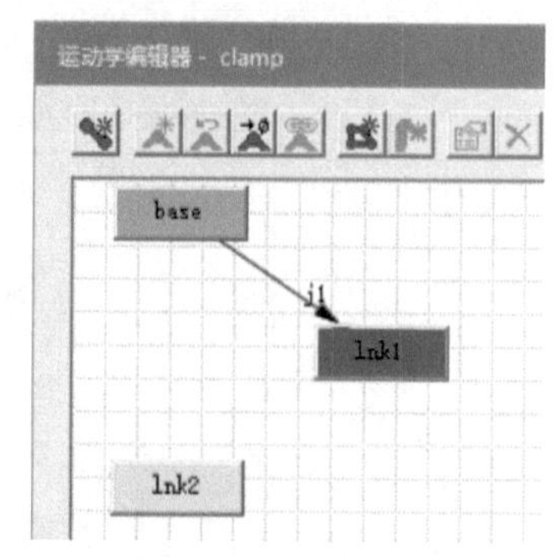

图 2-4-32　已确定 j1 的运动关系

（2）设置 base 与 lnk2 之间的运动关系

1）连接 base 与 lnk2

在“运动学编辑器 -clamp”对话框中将鼠标移动至“base”连杆的方框上，按住鼠标左键不松，再移动至

“lnk2”连杆的方框上松开，这时会生成一个黑色箭头 j2 从“base”连杆指向“lnk2”连杆且弹出“关节属性”对话框，这样就将“base”和“lnk2”连接到了一起形成一个叫 j2 的关节，如图 2-4-33 所示。

2）设置关节属性参数

在弹出的“关节属性”对话框中，如图 2-4-34 所示。

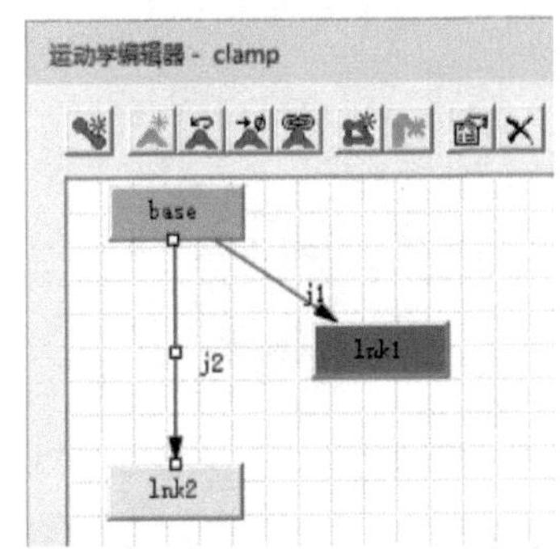

图 2-4-33　连接 base 与 lnk2 连杆

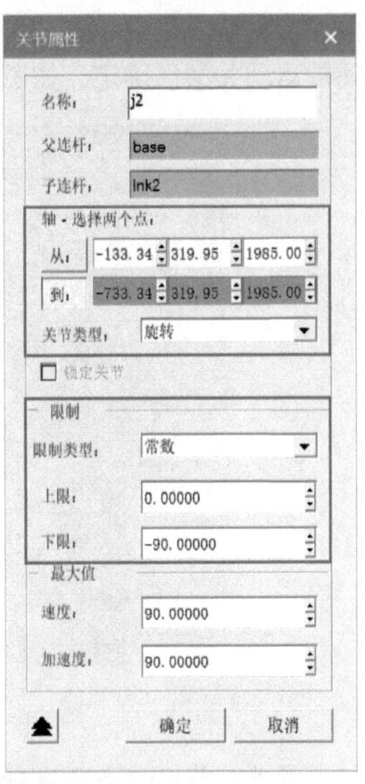

图 2-4-34　j2 关节属性

单击轴下面的“从”按钮，选择如图 2-4-35 所示的零件“Clamp_big_1”的左侧中心点。再单击“到”按钮，选择如图 2-4-36 所示零件“Clamp_big”的右侧中心点，这时同样会生成一个从右到左的黄色箭头，这就是关节 j2 的旋转轴。

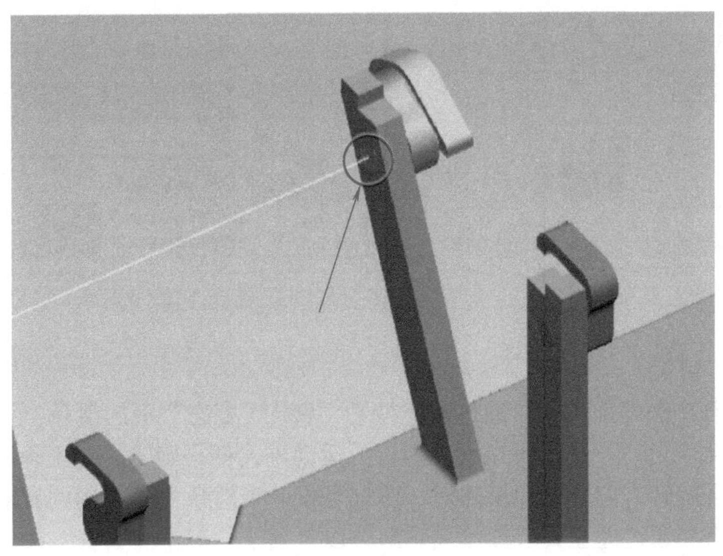

图 2-4-35　零件“Clamp_big_1”的左侧中心点

在“关节类型”选择列表中选择“旋转”，也就表示“lnk2”会绕着箭头的方向在“base”上旋转。限制类型可以根据需求选择，这里选择“常数”，上限为“0”，下限为“-90”。

最大值保持默认。最后单击“确定”按钮，完成“base”与“lnk2”之间的关节属性设置，两者间的运动关系已确定，如图 2-4-37 所示。

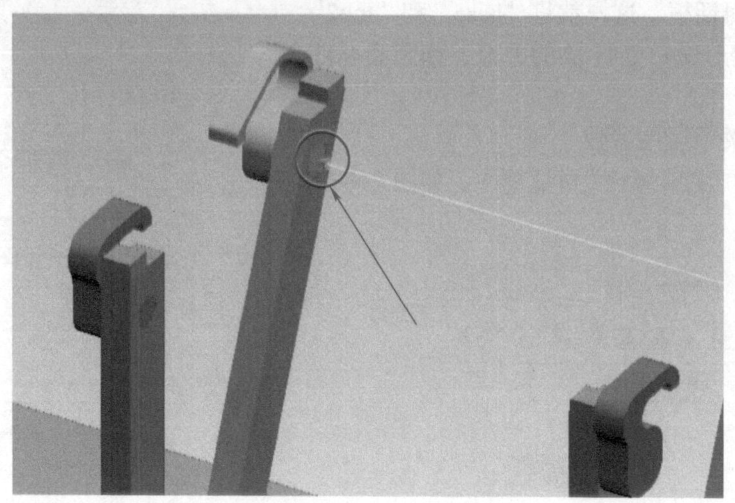

图 2-4-36　零件“Clamp_big”的右侧中心点

（3）调整关节以检查各连杆之间运动关系的正确性

1）打开关节调整

在“运动学编辑器 -clamp”对话框中单击“打开关节调整”按钮，这时会弹出“关节调整 -clamp”对话框，如图 2-4-38 所示。

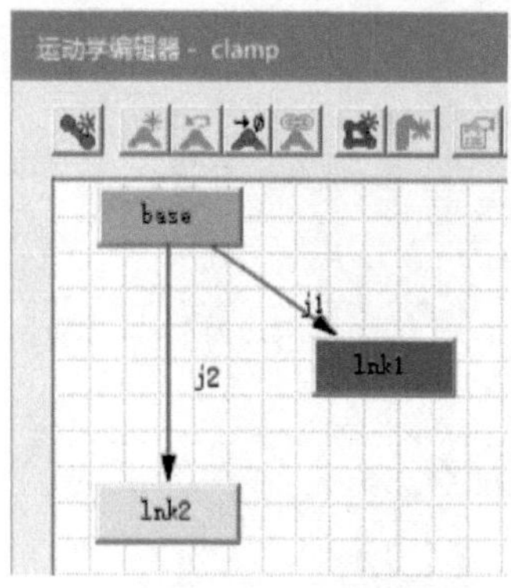

图 2-4-37　已确定 j2 的运动关系

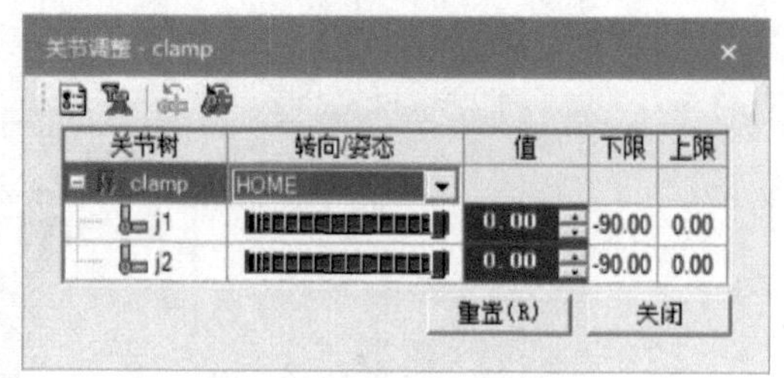

图 2-4-38　“关节调整 -clamp”对话框

这里面有 j1、j2 两个关节，通过鼠标拉动“转向 \ 姿态”下的滑条，可以观察它们的运动。如图 2-4-39 所示，这里可以发现两者的运动方式都是旋转，是正确的，但是两者之间没有联动并且旋转方向应该相反才对，应该是仅一个滑条可以控制两者同时旋转并且方向相反，所以需要通过建立关节依赖关系解决以上问题。单击“重置”按钮可以让关节回到初始位置。

2）建立关节依赖关系

依次按照①～②步骤进行操作，在“运动学编辑器 -clamp”对话框中选中 j2 箭头然后单击“关节依赖关系”按钮，如图 2-4-40 所示。

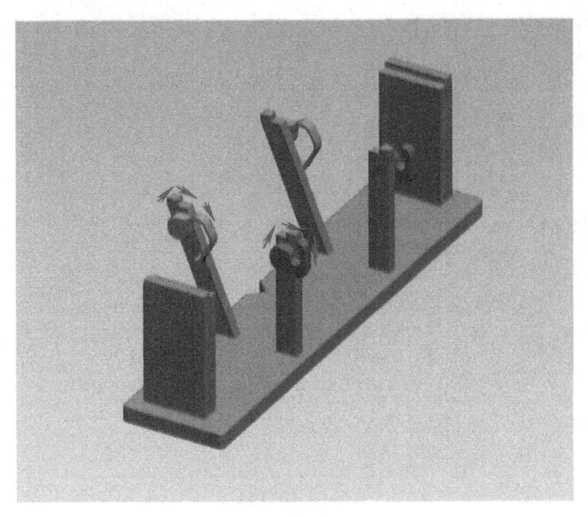
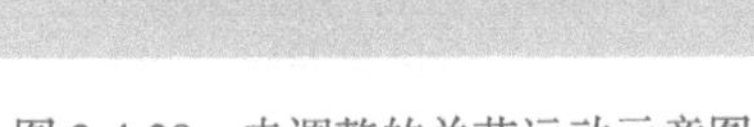

图 2-4-39　未调整的关节运动示意图

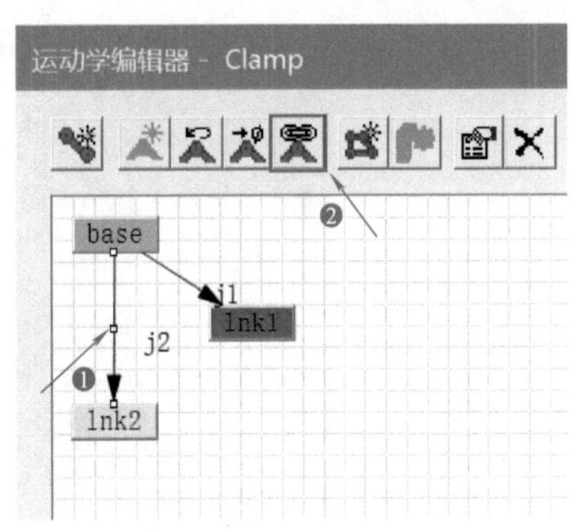

图 2-4-40　“关节依赖关系”按钮

这时会弹出“关节依赖关系 -j2”对话框，依次按照①～④步骤进行操作，点选“关节函数”选项，再单击下方的下三角按钮在其下拉列表中选择 j1 后并单击“j1”按钮，这时在文本框中就生成了和 j1 的关节函数（T（j1））。在关节函数前加一个负号变成（-T（j1）），表示 j2 同 j1 的旋转方向相反。最后单击“应用”按钮完成关节依赖关系的建立，如图 2-4-41 所示。

3）再次打开关节调整检验

在“运动学编辑器 -clamp”对话框中再次单击“打开关节调整”按钮，这时会弹出“关节调整 -clamp”对话框，如图 2-4-42 所示。

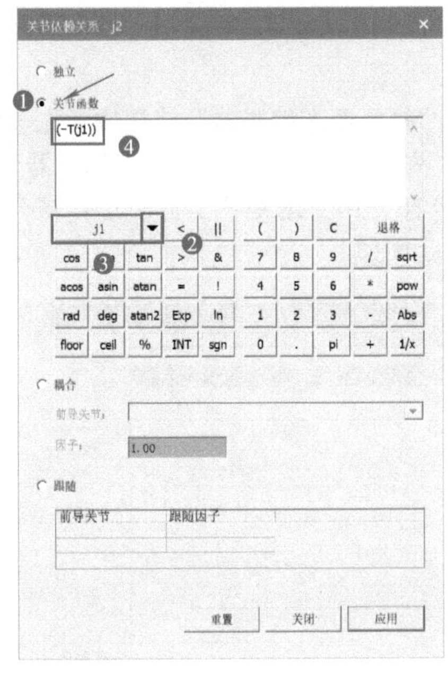

图 2-4-41　“关节依赖关系 -j2”对话框

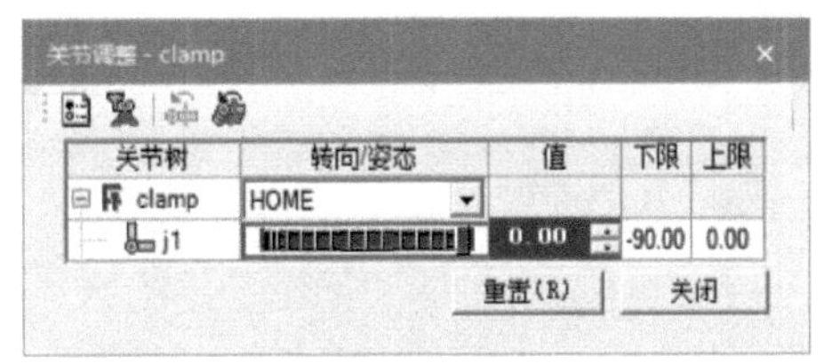

图 2-4-42　建立关节依赖关系后的“关节调整 -clamp”对话框

这时发现里面只有 j1 一个关节，通过鼠标拉动“转向 \ 姿态”下的滑条，如图 2-4-43 所示，可以观察到 j1 和 j2 同时运动且旋转方向相反。

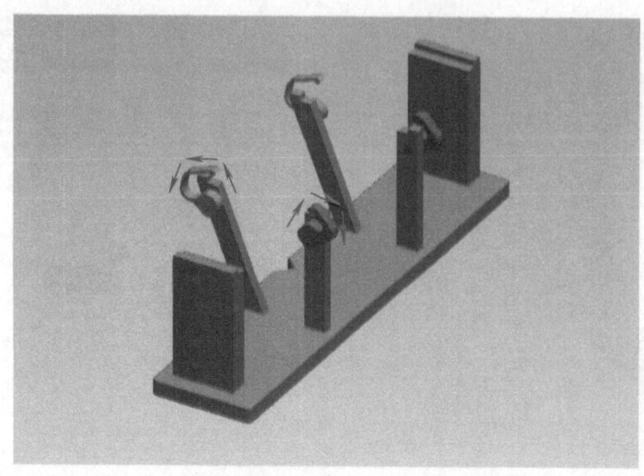

图 2-4-43　调整后的关节运动示意图

至此，工装夹具的运动关系设置完成。

创建旋转转台和工装夹具工作姿态

（四）创建旋转转台和工装夹具工作姿态

确定好旋转转台和工装夹具的运动关系后，还需要创建它们所需的工作姿态。

旋转转台需要两个姿态：分别为 HOME 和 Half-Turn，HOME 姿态指的是旋转转台的初始位置，Half-Turn 姿态指的是旋转转台转到 180° 时的位置。

工装夹具需要 3 个姿态：分别为 HOME、OPEN、CLOSE，HOME 姿态指的是工装夹具的初始位置，OPEN 姿态指的是工装夹具的夹钳完全打开时的位置，CLOSE 姿态指的是工装夹具的夹钳完全闭合时的位置。

1. 打开姿态编辑器

在“运动学编辑器 -turn_table”对话框中单击“打开姿态编辑器”按钮或者先选中模型再在菜单栏“建模”选项下单击“姿态编辑器”按钮。这时会弹出“姿态编辑器 -turn_table”对话框，如图 2-4-44 所示。默认情况下已经有了 HOME 姿态。此时旋转转台的姿态编辑器就打开了。工装夹具的姿态编辑器打开方式同理。

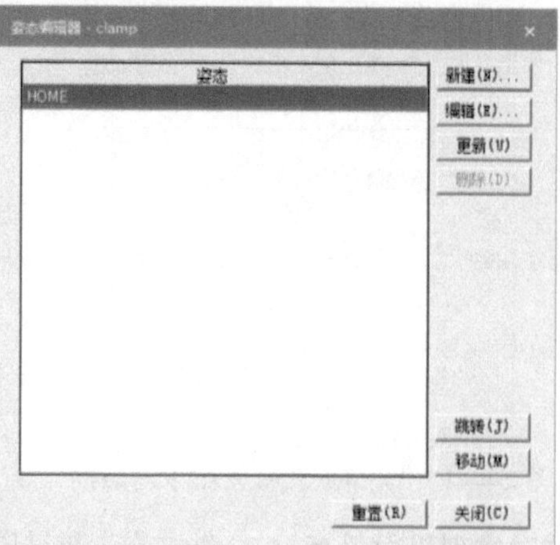

图 2-4-44　“姿态编辑器”对话框

2. 创建旋转转台工作姿态

（1）设置 HOME 姿态

1）选择 HOME 姿态

在“姿态编辑器 -turn_table”对话框中，选中“姿态”列表下的 HOME，单击右边的“编辑”按钮。这时会弹出“编辑姿态 -turn_table”对话框。

2）编辑姿态参数

在“编辑姿态 -turn_table”对话框中的“姿态名称”一栏中输入“HOME”，然后在关节 j1 的“值”的那一栏输入“0”，再单击“确定”按钮完成 HOME 姿态的设置，如图 2-4-45 所示。

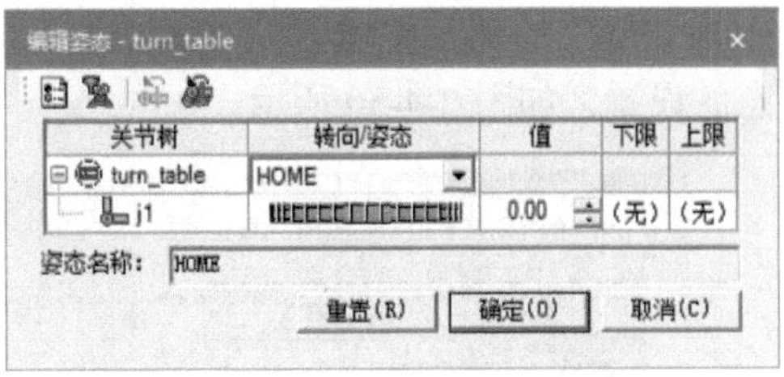

图 2-4-45　编辑姿态 -HOME 姿态

（2）设置 Half-Turn 姿态

1）新建 Half-Turn 姿态

选中“姿态”列表下的 HOME，单击右边的“新建”按钮。这时会弹出“编辑姿态 -turn_table”对话框。

2）编辑姿态参数

在“编辑姿态 -turn_table”对话框中的“姿态名称”一栏中输入“Half-Turn”，然后在关节 j1 的“值”的那一栏输入“180”，如图 2-4-46 所示。再单击“确定”按钮完成 Half-Turn 姿态的设置，如图 2-4-47 所示。至此，旋转转台所需的两个姿态全部创建完毕。

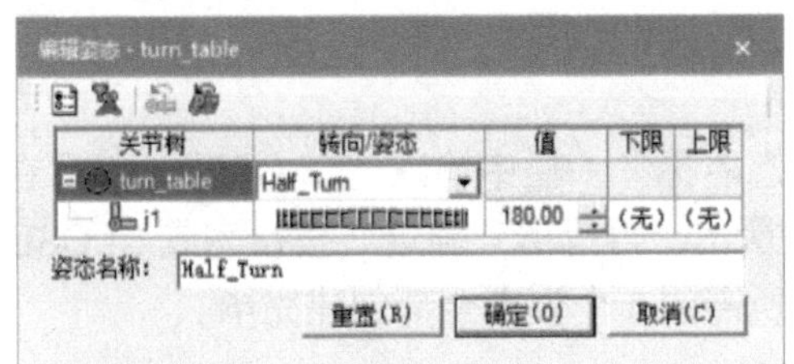

图 2-4-46　编辑姿态 -Half-Turn 姿态

图 2-4-47　Half-Turn 姿态

3. 创建工装夹具工作姿态

（1）设置 HOME 姿态

1）选择 HOME 姿态

在“姿态编辑器 -clamp”对话框中，选中“姿态”列表下的 HOME，单击右边的“编辑”按钮。这时会弹出“编辑姿态 -clamp”对话框。

2）编辑姿态参数

在“编辑姿态 -clamp”对话框中的“姿态名称”一栏中输入“HOME”，然后在关节 j1 的“值”的那一栏输入“0”，再单击“确定”按钮完成 HOME 姿态的设置，如图 2-4-48 所示。

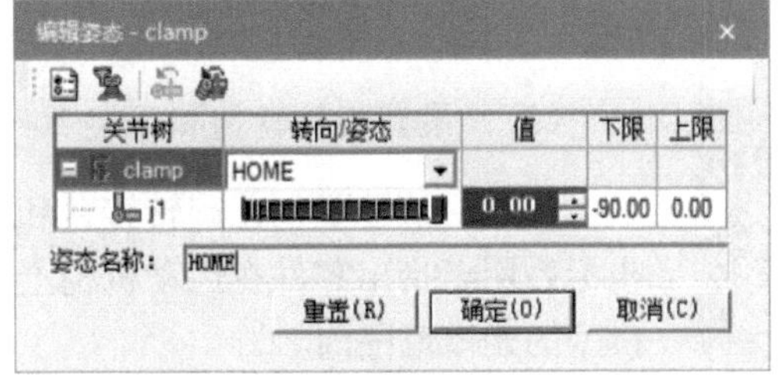

图 2-4-48　编辑姿态 -HOME 姿态

（2）设置 OPEN 姿态

1）新建 OPEN 姿态

选中“姿态”列表下的 HOME，单击右边的“新建”按钮。这时会弹出“编辑姿态 -clamp”对话框。

2）编辑姿态参数

在“编辑姿态 -clamp”对话框中的“姿态名称”一栏中输入“OPEN”，然后在关节 j1 的“值”的那一栏输入“−90”，如图 2-4-49 所示。再单击“确定”按钮完成 OPEN 姿态的设置，如图 2-4-50 所示。

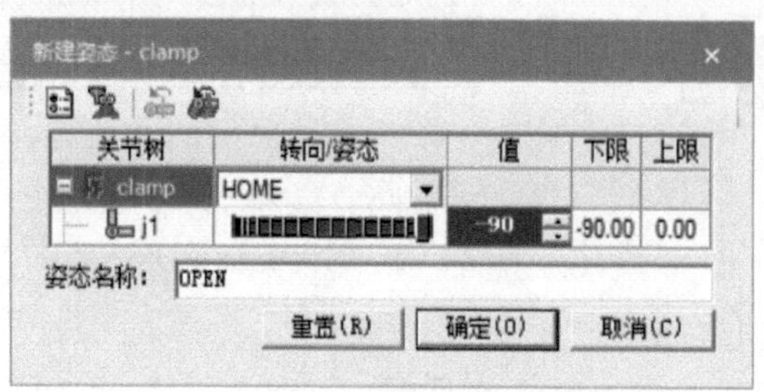

图 2-4-49　编辑姿态 -OPEN 姿态

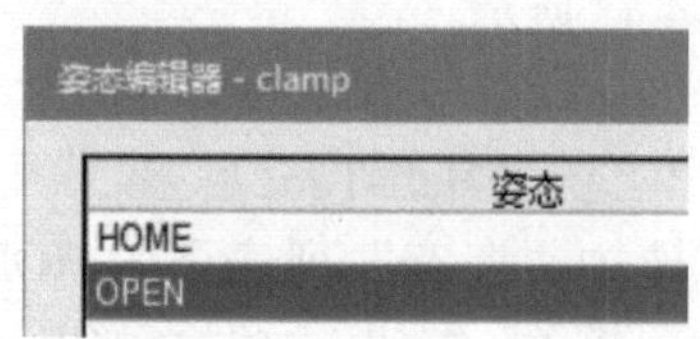

图 2-4-50　OPEN 姿态

（3）设置 CLOSE 姿态

1）新建 CLOSE 姿态

选中“姿态”列表下的任意姿态，单击右边的“新建”按钮。这时会弹出“编辑姿态 -clamp”对话框。

2）编辑姿态参数

在“编辑姿态 -clamp”对话框中的“姿态名称”一栏中输入“CLOSE”，然后在关节 j1 的“值”的那一栏输入“0”，如图 2-4-51 所示。再单击“确定”按钮完成 CLOSE 姿态的设置，如图 2-4-52 所示。至此，工装夹具所需的 3 个姿态全部创建完毕。

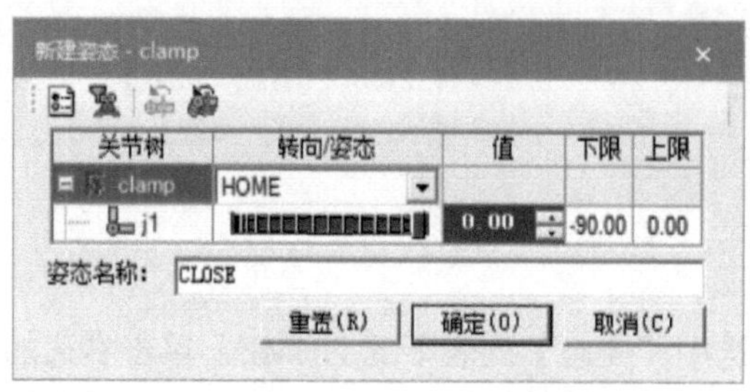

图 2-4-51　编辑姿态 -CLOSE 姿态

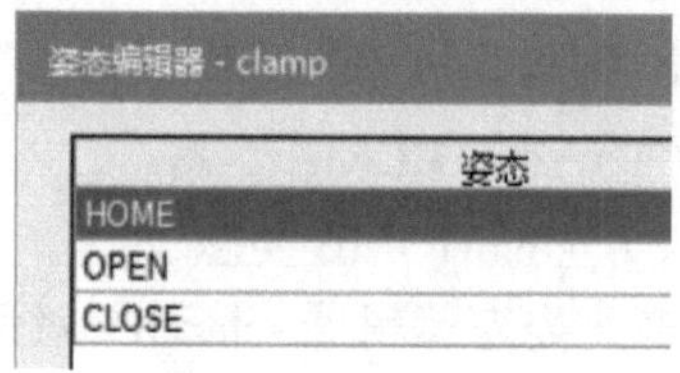

图 2-4-52　CLOSE 姿态

（五）设置旋转转台和工装夹具的特殊点属性

在这一节需要创建旋转转台和工装夹具必要的基准坐标系和零件坐标系。零件坐标系用于指出零件在运动机构上的放置位置。注意创建坐标系时一定要保证在该模型的建模范围内。

1. 设置旋转转台的特殊点属性

（1）创建基准坐标系

1）设置基准坐标系

在菜单栏中选择“建模”选项，依次单击“创建坐标系”→“通过 6 个值创建坐标系”命令。这时会弹出“6 值创建坐标系”对话框，如图 2-4-53 所示。

选中并单击旋转转台的零件“TurnTable1”的底面中心点，这时会在中心位置创建一个坐标系，如图 2-4-54 所示。最后单击“确定”按钮，完成基准坐标系的创建，如图 2-4-55 所示。这时的坐标系的方向还需要进一步调整。

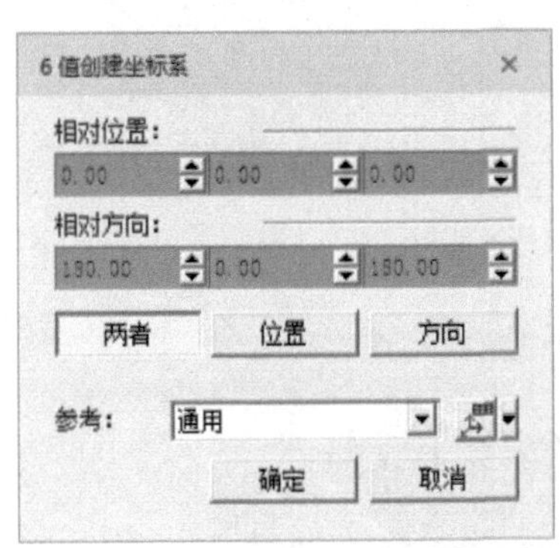

图 2-4-53 “6 值创建坐标系”的位置选取

图 2-4-54 零件“approx_2787”的中心点

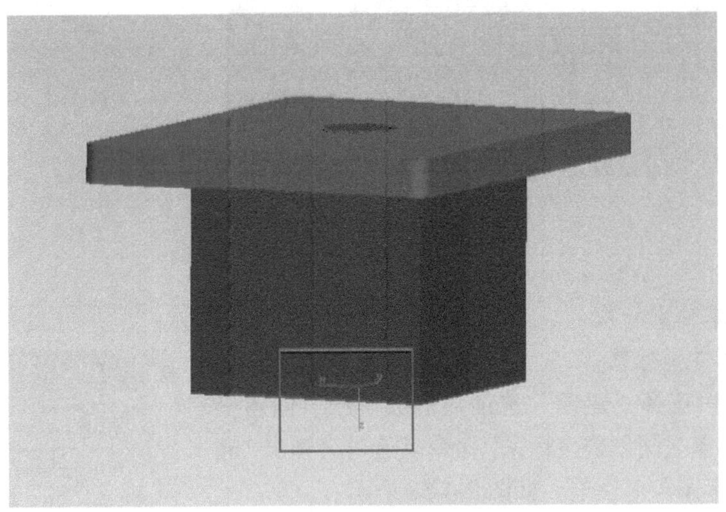

图 2-4-55 未调整的基准坐标系

2）调整基准坐标系

在对象树中选中新建的基准坐标系或者用实体选取级别在工作区手动选取该坐标系，再单击工具栏中的“放置操控器”按钮，这时会弹出“放置操控器”对话框。

这里要将基准坐标系的 Z 轴调整到垂直零件向内。单击“旋转”下的“Ry”按钮，在右边文本框输入“180”，意为绕 Y 轴转 180°，如图 2-4-56 所示。此时基准坐标系的方向就调整完成了，如图 2-4-57 所示。

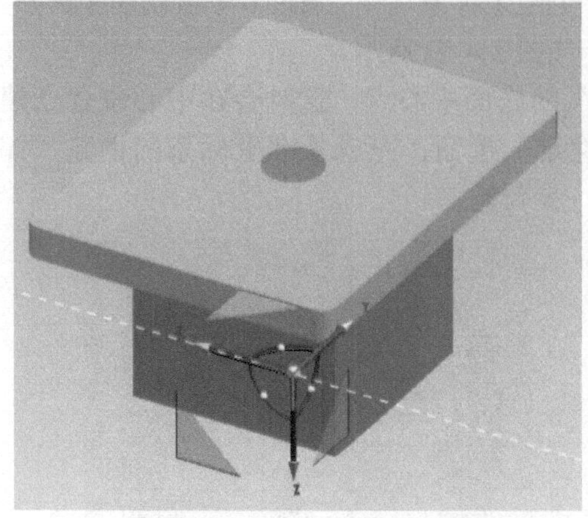

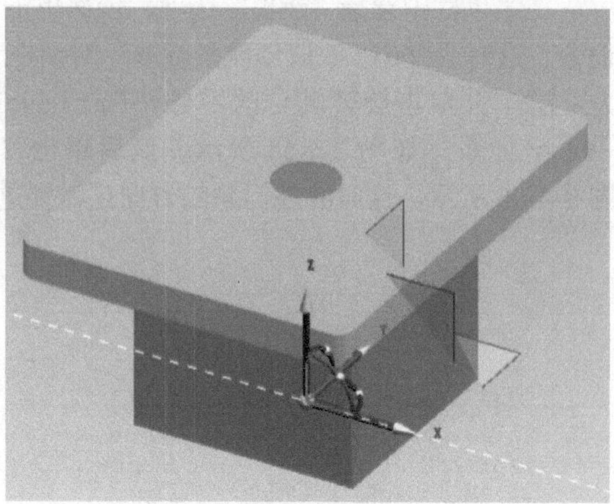

图 2-4-56　调整基准坐标系

图 2-4-57　最终的基准坐标系

（2）创建零件坐标系

1）设置零件坐标系

在菜单栏中选择“建模”选项，依次单击“创建坐标系”→“在 2 点之间创建坐标系”命令。这时会弹出“通过 2 点创建坐标系”对话框，如图 2-4-58 所示。

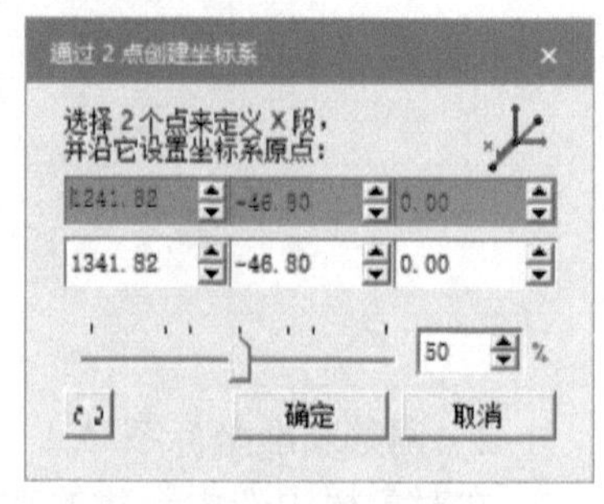

图 2-4-58　通过 2 点创建坐标系的位置选取

分别选中并单击旋转转台的零件“TurnTableTop”的端面如图 2-4-59 所示的两个中心点，这时会在两个点的中心位置创建一个坐标系，如图 2-4-60 所示。最后单击“确定”按钮，完成零件坐标系的创建。但是该坐标系的方向和位置不对，需要进一步调整。

图 2-4-59　零件“TurnTableTop”上的两个中心点

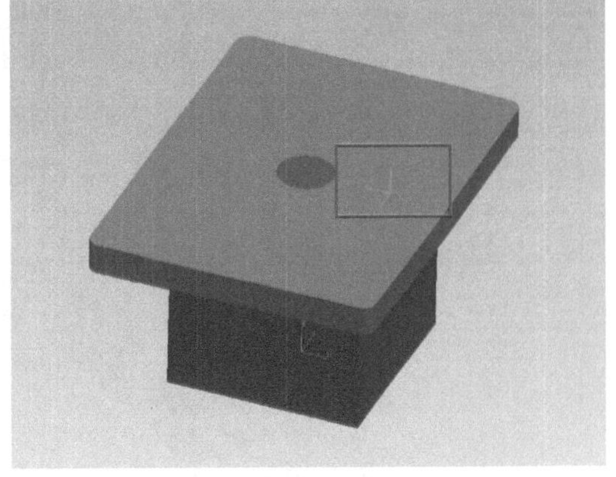

图 2-4-60　未调整的零件坐标系

2）调整零件坐标系

在对象树中选中新建的零件坐标系或者用实体选取级别在工作区手动选取该坐标系，再单击工具栏中的“放置操控器”按钮，这时会弹出“放置操控器”对话框。

这个零件坐标系是用来放置工装夹具的，所以需要调整到合适的位置以及和工装夹具的基准坐标系相同的方向。单击“旋转”下的“Rz”按钮，在右边文本框输入“90”，意为绕 Z 轴转 90°。再单击“平移”下的“Y”按钮，在文本框输入“−240”，意为朝 Y 的反方向平移 240mm。如图 2-4-61 所示。此时零件坐标系的方向就调整完成了，如图 2-4-62 所示。

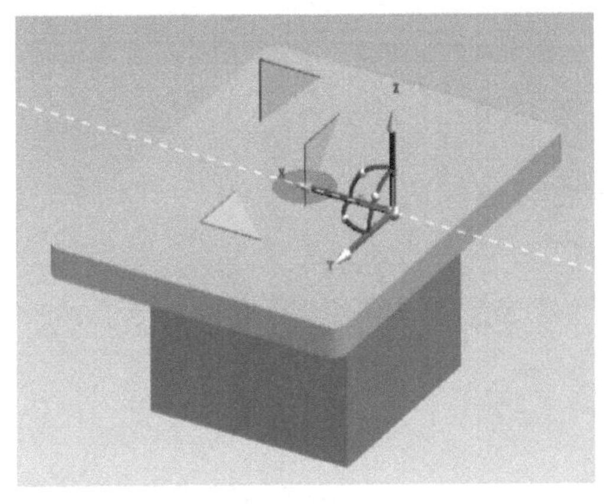

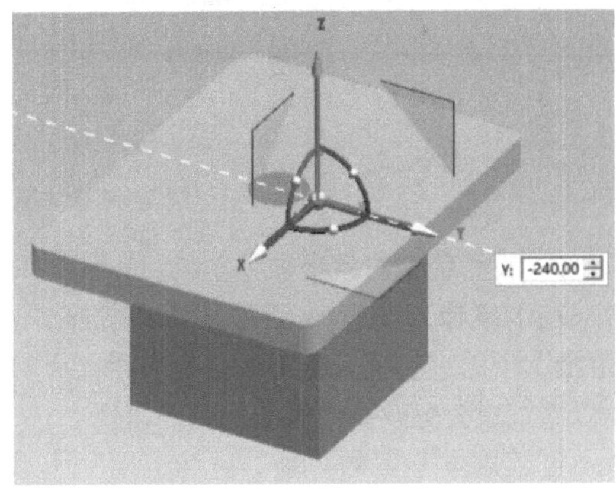

图 2-4-61　调整零件坐标系

（3）镜像零件坐标系

1）选择命令

在旋转转台的左侧还需要创建一个零件坐标系，其位置与之前的零件坐标系呈中心对称，可以采用“镜像对象”命令来快速创建。

在对象树中选中新建的零件坐标系或者用实体选取级别在工作区手动选取该坐标系，在菜单栏中选择“建模”选项，单击“镜像对象”命令，如图 2-4-63 所示。这时会弹出“镜像对象”对话框，如图 2-4-64 所示。

图 2-4-62　最终的零件坐标系

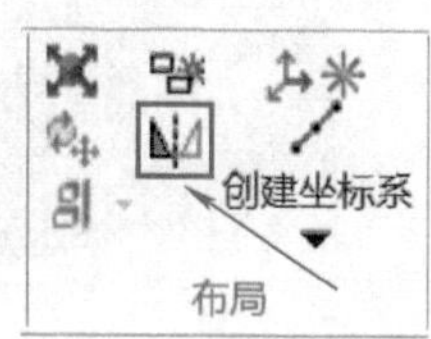

图 2-4-63　“镜像对象”命令

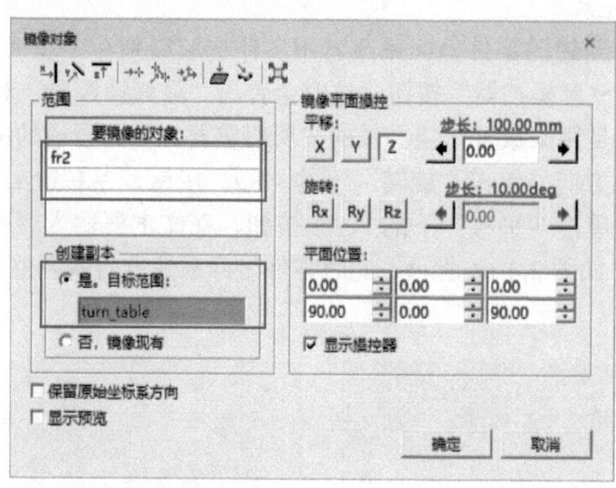

图 2-4-64　“镜像对象”对话框

2）设置镜像对象参数

在“镜像对象”对话框内，单击“范围”下的“要镜像的对象”列表栏，可以添加或者更改要镜像的对象。再选择“创建副本”下的“是，目标范围”选项，单击旋转转台（turn_table），确保镜像的坐标系在旋转转台的范围下。可以通过操控“镜像平面操控”面板来更改镜像平面的位置从而调整镜像对象的位置，如图 2-4-65 所示，这里保持默认。

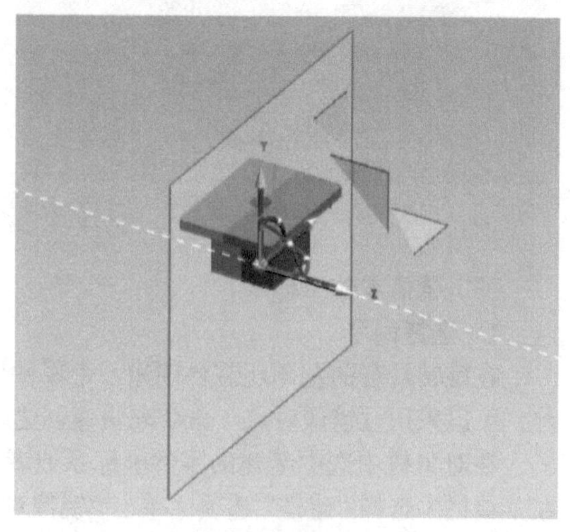

图 2-4-65　调整镜像平面

最后单击“确定”按钮，完成对零件坐标系的镜像，结果如图 2-4-66 所示。

图 2-4-66　镜像的零件坐标系

2. 设置工装夹具的特殊点属性

（1）创建基准坐标系

1）设置基准坐标系

在菜单栏中选择“建模”选项，依次单击“创建坐标系”→“通过 6 个值创建坐标系”命令。这时会弹出“6 值创建坐标系”对话框，如图 2-4-67 所示。

选中并单击工装夹具的零件“fixture_A”的底面侧边中心点，这时会在侧边创建一个坐标系，如图 2-4-68 所示。最后单击“确定”按钮，完成基准坐标系的创建，如图 2-4-69 所示。这时的坐标系的方向还需要进一步调整。

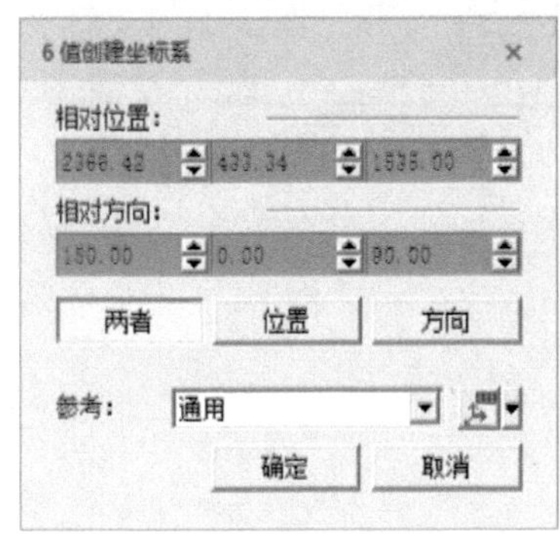

图 2-4-67　“6 值创建坐标系”的位置选取

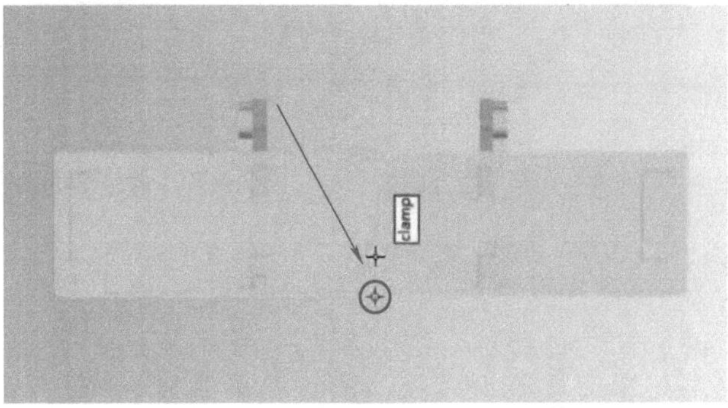

图 2-4-68　零件“fixture_A”的底面侧边中心点

2）调整基准坐标系

在对象树中选中新建的基准坐标系或者用实体选取级别在工作区手动选取该坐标系，再单击工具栏中的“放置操控器”按钮，这时会弹出“放置操控器”对话框。

这里要将基准坐标系的 Z 轴调整到朝上。单击“旋转”下的“Ry”按钮，在右边文本框输入“180”，意为绕 Y 轴转 180°，如图 2-4-70 所示。此时基准坐标系的方向就调整完成了，如图 2-4-71 所示。

（2）创建零件坐标系

在菜单栏中选择“建模”选项，依次单击“创建坐标系”→“在 2 点之间创建坐标系”命令。这时会弹出“通过 2 点创建坐标系”对话框，如图 2-4-72 所示。

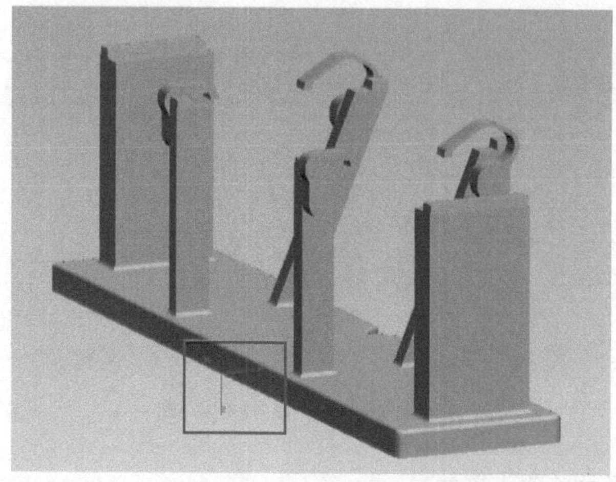

图 2-4-69　未调整的基准坐标系

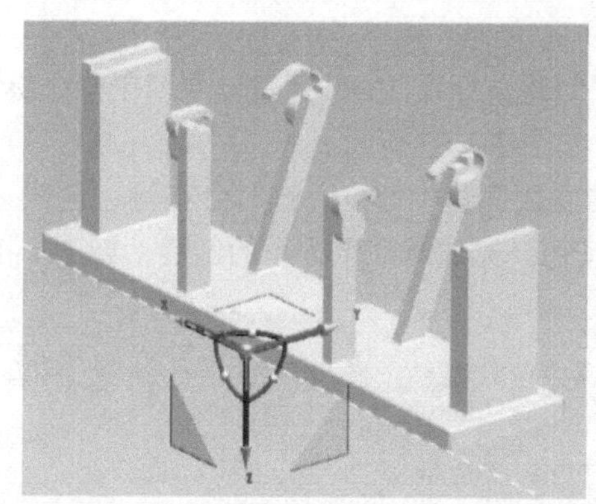

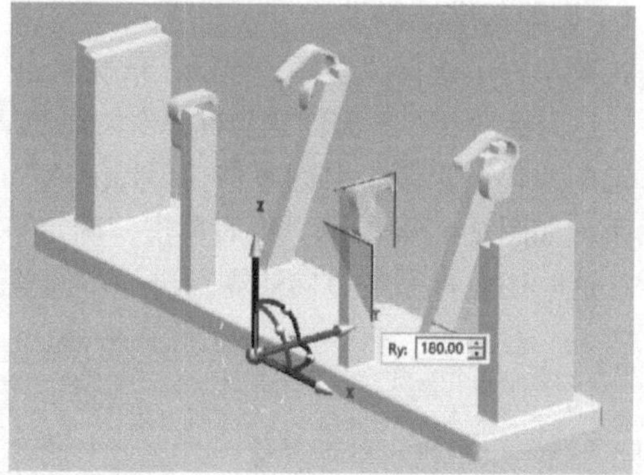

图 2-4-70　调整基准坐标系

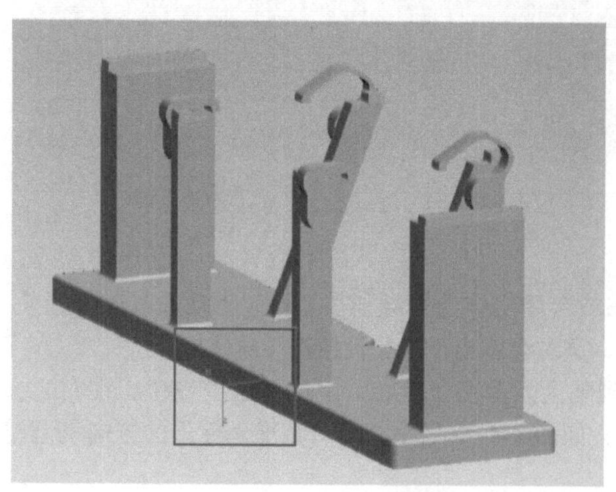

图 2-4-71　最终的基准坐标系

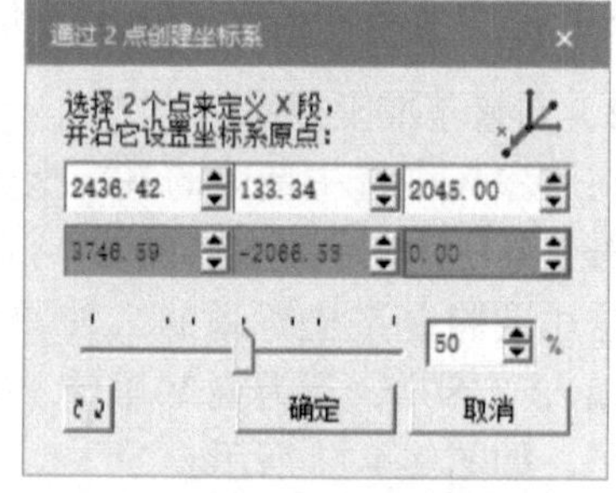

图 2-4-72　“通过 2 点创建坐标系”的位置选取

零件坐标系选取的位置如图 2-4-73 所示。分别选中并单击工装夹具零件“Clamp_small_1”及“Clamp_small”所在的立柱如图 2-4-74 和图 2-4-75 所示的两个中心点，这时会在两个点的中心位置创建一个坐标系，如图 2-4-76 所示。最后单击“确定”按钮，完成零件坐标系的创建。该坐标系的方向和位置都正确，不需要再调整。

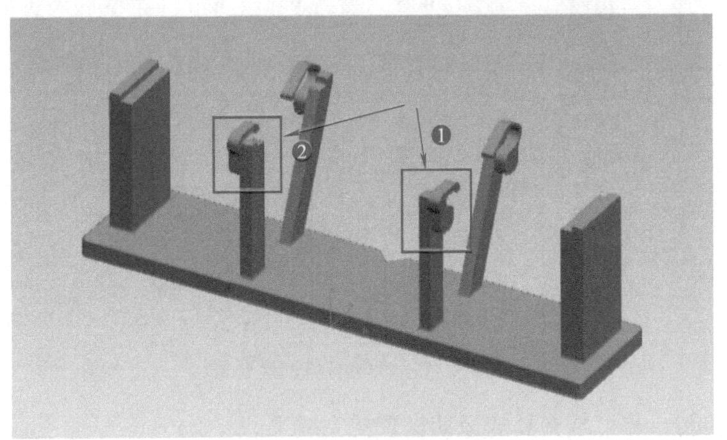

图 2-4-73　零件坐标系位置

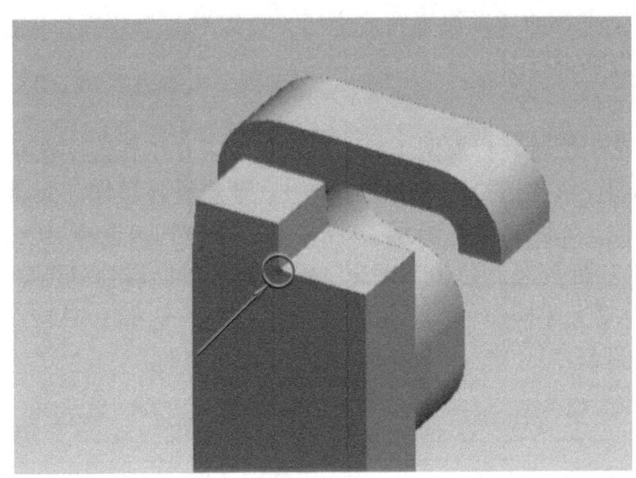

图 2-4-74　2 点定坐标系的第一个点

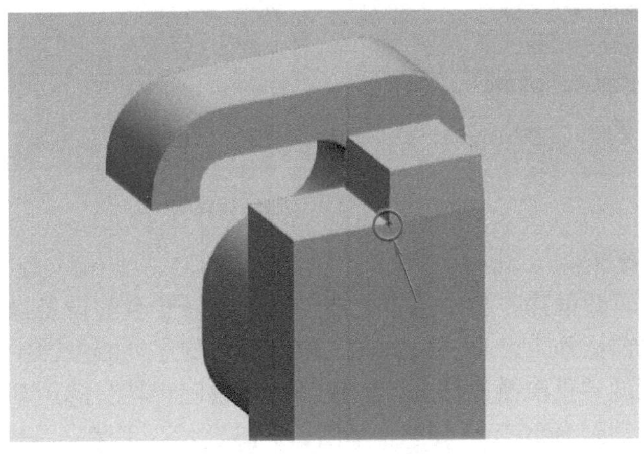

图 2-4-75　2 点定坐标系的第二个点

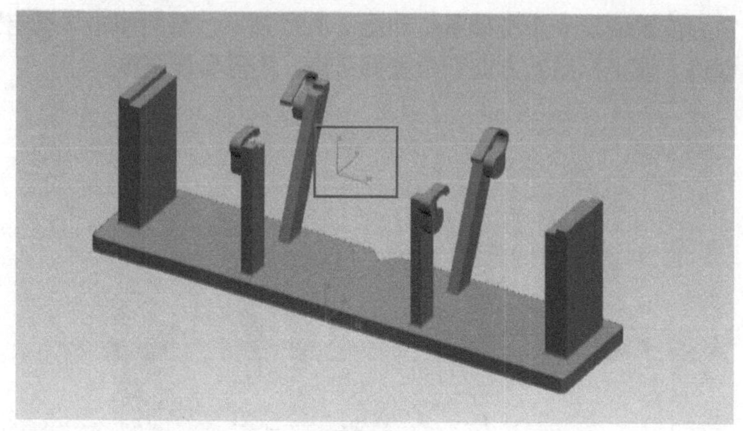

图 2-4-76　最终的零件坐标系

至此，旋转转台和工装夹具的运动设置就完成了。

3. 旋转转台和工装夹具的运动仿真模拟

旋转转台和工装夹具的运动设置完成之后，可以对其新建操作来进行运动仿真模拟，从而验证前面的设置是否有误。

（1）创建设备操作

先在对象树中选中旋转转台模型（turn_table）或者在工作区中选中该模型，选择菜单栏中的“操作”选项，依次选择“新建操作”→“新建设备操作”命令。这时会弹出“新建设备操作”对话框，如图 2-4-77 所示。“从姿态”下拉列表选择 HOME 姿态，“到姿态”下拉列表选择 Half-Turn 姿态。单击“确定”按钮完成旋转转台的新建设备操作。工装夹具模型（clamp）重复上述操作，其“从姿态”下拉列表选择 HOME 姿态，“到姿态”下拉列表选择 OPEN 姿态。

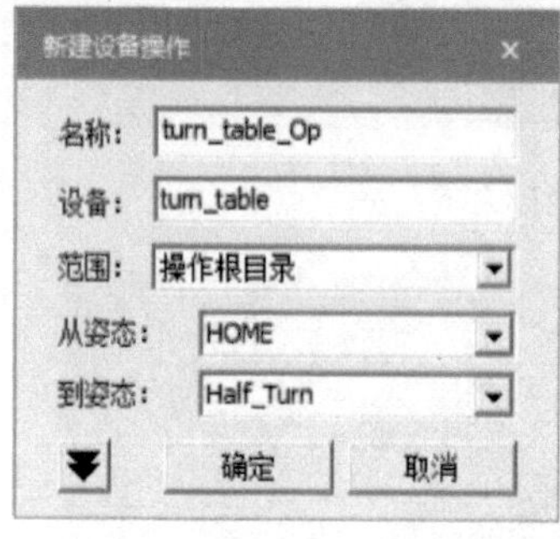

图 2-4-77　新建设备操作设置

（2）进行运动仿真

在整个界面左下角的操作树中选中之前创建的旋转转台的设备操作，用鼠标右键单击再单击“设置当前操作”命令。这时在工作区下方的序列编辑器中就有了该操作，单击序列编辑器里面的“正向播放仿真”按钮开始播放旋转转台的运动仿真，旋转转台从 HOME 姿态慢慢运动到 Half-Turn 姿态，如图 2-4-78 所示。工装夹具重复上述操作，结果如图 2-4-79 所示。

图 2-4-78　旋转转台的运动仿真模拟

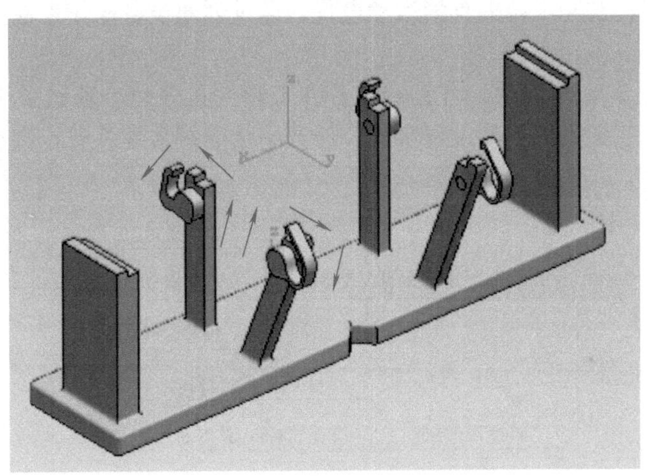

图 2-4-79　工装夹具的运动模拟仿真

检查与评估

对本任务的学习情况进行检查，并将相关内容填写在表 2-4-1 中。

表 2-4-1　检查评估表

检查项目	检查对象	检查结果	结果点评
旋转转台和工装夹具的相关知识点	① 旋转转台的作用 ② 工装夹具的作用 ③ Clamp 与 Fixture 的区别	是□ 否□ 是□ 否□ 是□ 否□	
旋转转台和工装夹具的父子连杆的创建	① base 与 lnk1 ② base 与 lnk2	是□ 否□ 是□ 否□	
旋转转台和工装夹具工作姿态的创建	① HOME 姿态 ② OPEN 姿态 ③ CLOSE 姿态 ④ Half-Turn 姿态	是□ 否□ 是□ 否□ 是□ 否□ 是□ 否□	

（续）

检查项目	检查对象	检查结果	结果点评
零件坐标系和基准坐标系的创建与选取	① 零件坐标系 ② 基准坐标系	是□ 否□ 是□ 否□	
旋转转台和工装夹具的运动仿真操作	① 新建设备操作 ② 设置成当前操作 ③ 播放仿真	是□ 否□ 是□ 否□ 是□ 否□	

任务总结

本任务通过对旋转转台和工装夹具进行模型导入、创建父子连杆、设置各连杆之间连接的运动关系、创建旋转转台和工装夹具所需工作姿态、设置特殊点的属性等步骤操作，从而完成了对旋转转台和工装夹具的运动设置。通过创建设备操作来检验旋转转台和工装夹具的运动设置。

任务小结如图 2-4-80 所示，将旋转转台和工装夹具分别单独做了小结。读者可以按照对旋转转台和工装夹具的运动设置步骤和任务小结熟练掌握旋转转台和工装夹具的运动设置。

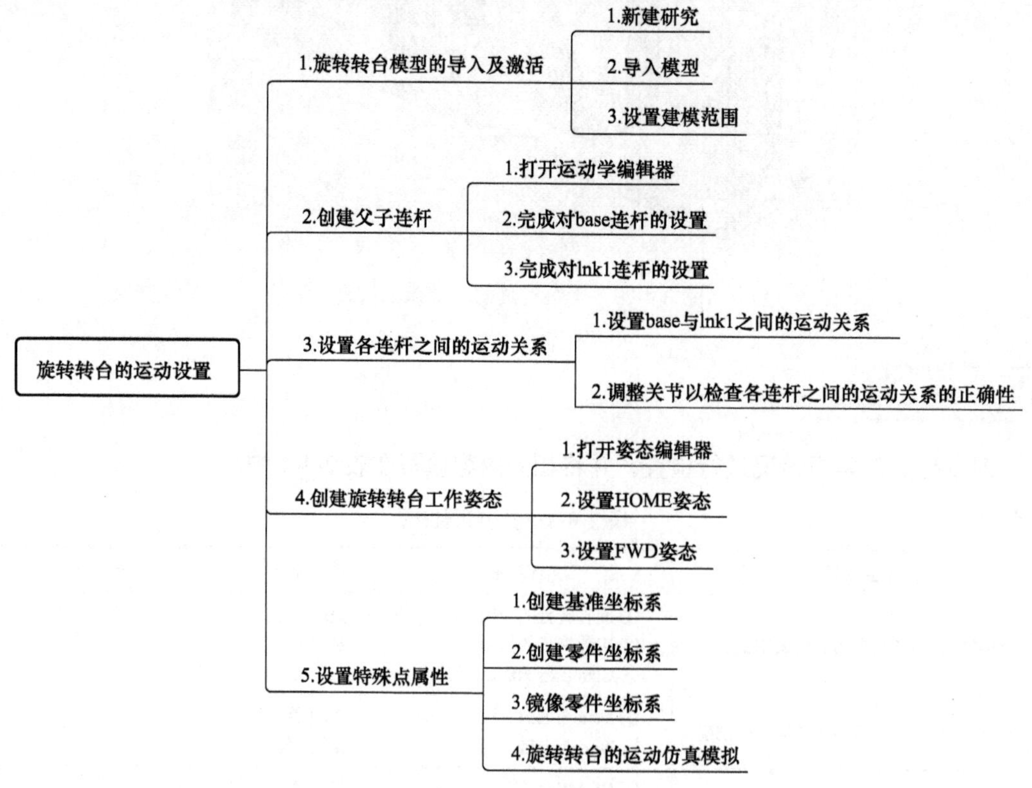

图 2-4-80　旋转转台和工装夹具的运动设置小结

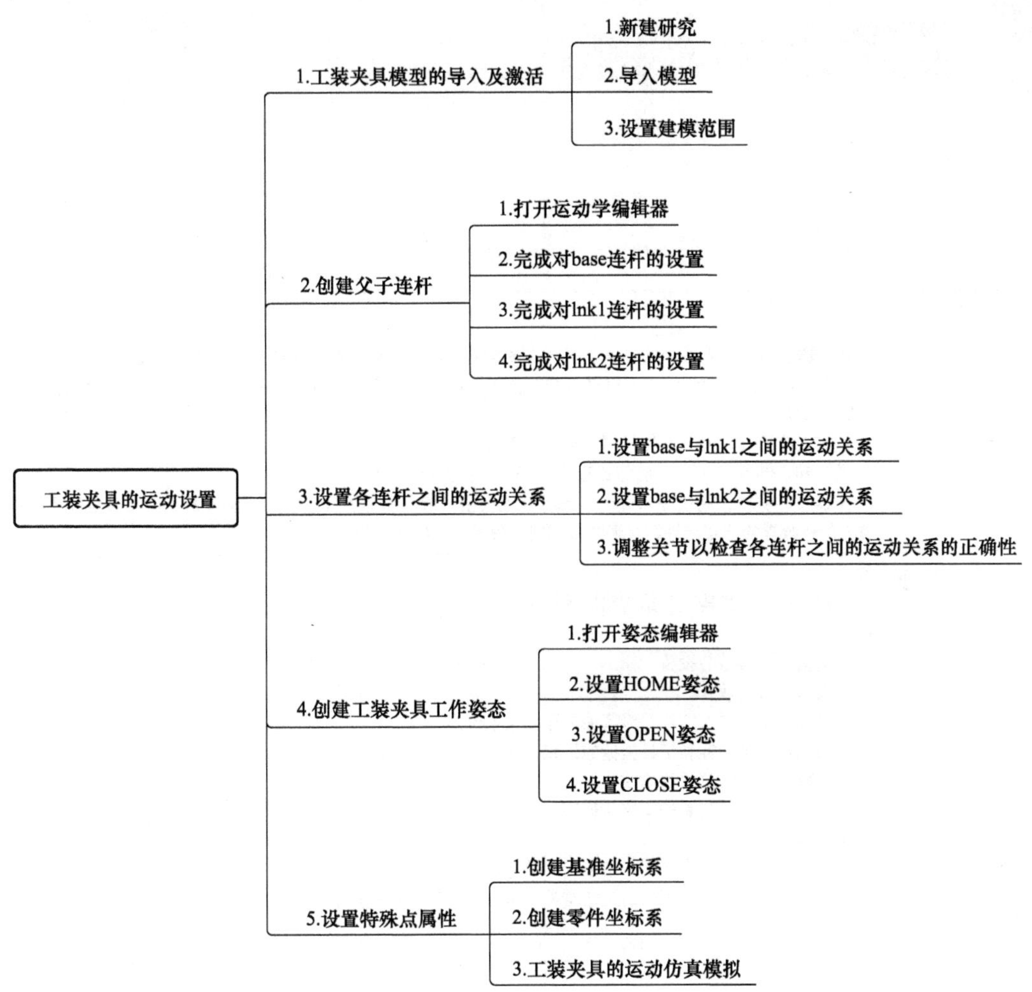

图 2-4-80 旋转转台和工装夹具的运动设置小结（续）

任务拓展

按照随书附赠的旋转转台模型以及工装夹具模型，见图 2-1-1 “Expand” → “Table” → “Turn_Table_2.cojt” → “turn_table_2.jt” 及 “Expand” → “Clamp” → “Clamp_2.cojt” → “clamp_2.jt”，完成旋转转台和工装夹具运动设置的任务拓展，并按表 2-4-1 对它们的各个参数设置进行检查。

文件在资源库中的所在位置：

（1）旋转转台：My_Project/Library/Expand/Table/Turn_Table_2.cojt/ turn_table_2.jt

（2）工装夹具：My_Project/Library/Expand/Clamp/Clamp_2.cojt/ clamp_2.jt

任务五 六轴机器人设置

任务工单

<table>
<tr><td>任务名称</td><td colspan="3"></td><td>姓名</td><td></td></tr>
<tr><td>班级</td><td></td><td>组号</td><td></td><td>成绩</td><td></td></tr>
<tr><td>工作任务</td><td colspan="5">本任务通过对机器人类型的设置、机器人的插入、创建六轴机器人连杆并对其关节运动关系绑定、机器人基准坐标和工具坐标的设置、机器人初始位置的修改、机器人外接装置的安装与拆卸，从而完成六轴机器人所有设置
• 扫描二维码，观看“六轴机器人设置”微视频
• 阅读知识储备，认识工业六轴机器人各轴的作用和运动方式
• 阅读技能实操，通过导入一个六轴机器人模型，依次添加连杆、绑定运动关系、机器人坐标系设置、机器人外接装置的安装与拆卸，来学习如何实现机器人的所有设置</td></tr>
<tr><td>任务目标</td><td colspan="5">知识目标
• 理解工业六轴机器人的结构和运动原理
能力目标
• 学会机器人类型的设置
• 学会机器人的插入
• 能创建六轴机器人连杆并对其关节运动关系绑定
• 学会机器人基坐标和工具坐标的设置
• 学会机器人初始位置的修改
• 学会机器人外接装置的安装与拆卸
素质目标
• 培养认真细致的工作态度，塑造爱岗敬业的主人翁精神
• 培养严谨细致和一丝不苟的工匠精神，勇于探索和创新的科学态度</td></tr>
<tr><td rowspan="4">任务分配</td><td>职务</td><td>姓名</td><td colspan="3">工作内容</td></tr>
<tr><td>组长</td><td></td><td colspan="3"></td></tr>
<tr><td>组员</td><td></td><td colspan="3"></td></tr>
<tr><td>组员</td><td></td><td colspan="3"></td></tr>
</table>

知识储备

1. 六轴工业机器人各轴的作用

六轴工业机器人的 6 个轴具体分布如图 2-5-1 所示，其中 6 个轴的名称和各自作用分别为：

一轴（承重轴）：连接底座的部位，主要起到承载其余轴的重量与底座的左右旋转作用。

二轴（主臂）：控制机器人主臂的前后摆动、使整个具有主臂上下运动的功能。

三轴（摆臂）：控制机器人前后摆动功能，比第二轴的摆臂范围要小。

四轴（小臂）：使得机器人前端的圆形管部分可自由旋转，活动范围相当于人的小臂，因为有电线的原因，一般不能实现 360° 旋转。

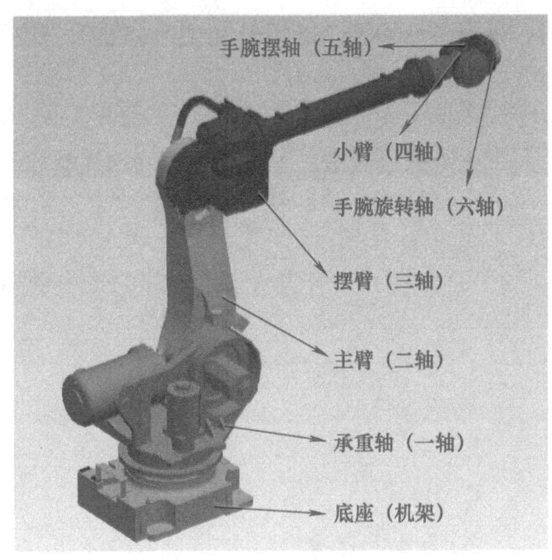

图 2-5-1　六轴机器人各轴图解

五轴（手腕摆轴）：控制微调的上下翻转动作，通常用于机器人抓取物料时调整机器人末端执行器与物料的接触方向。

六轴：（手腕旋转轴）起到末端法兰部分的旋转功能作用，可以 360° 旋转。

2. 机器人资源包（Robot.rar）文件

随书附赠的任务五配套机器人资源包（Robot.rar）文件中，包含项目 Fanuc.psz、项目 GripRobot.psz 和资源 Robot 文件夹 3 部分。设备资源文件夹 Robot 中含有机器人“r2000ia125l.cojt”、机械抓手“Gripper.cojt”和伺服焊枪“Gun.cojt”3 个设备。配套机器人资源包（Robot.rar）如图 2-5-2 所示。

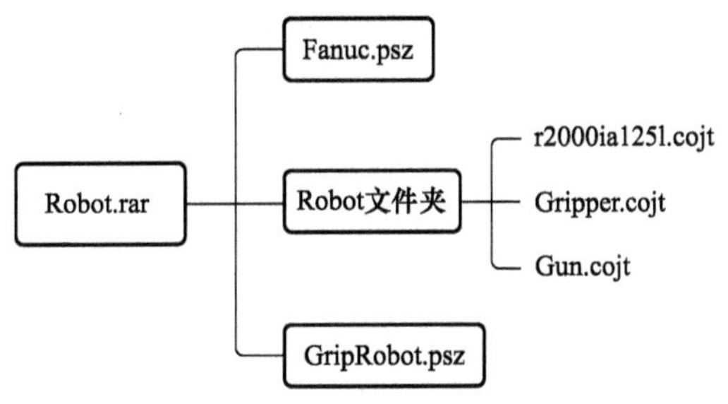

图 2-5-2　配套资源包 Robot.rar

技能实操

（一）机器人的类型设置与插入

1. 机器人类型的设置

将机器人资源包（Robot.rar）解压至 C:\temp 目录下，再将客户端系统根目录修改为 C:\temp\Robot。打开机器人资源包（Robot.rar）中的项目 Fanuc.psz，选择资源目录文件夹的定义组件类型（①处），展开“r2000ia125l”的类型（②处），选择类型“Robot”（③处），如图 2-5-3 所示。

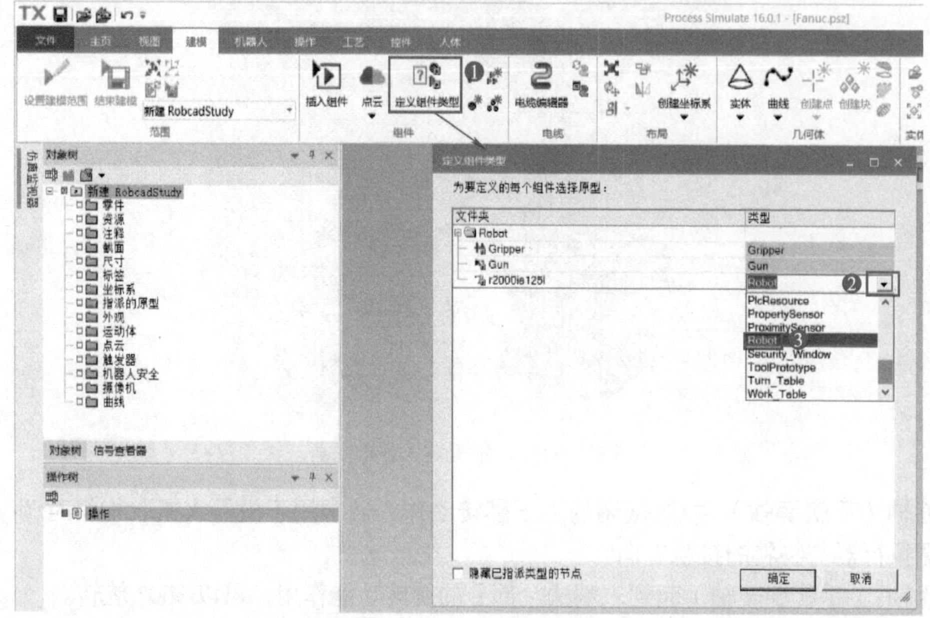

图 2-5-3　定义 Robot 组件类型

完成后单击确定保存，保存成功会弹出“组件定义成功”，如图 5-2-4 所示。

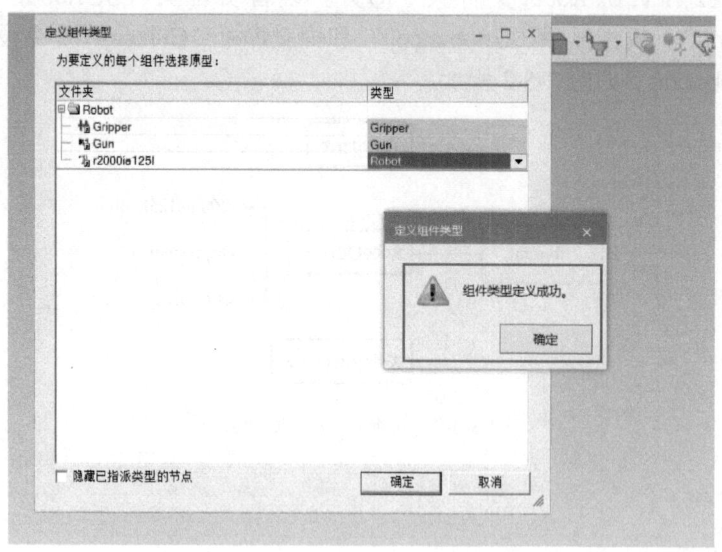

图 2-5-4　定义 Robot 类型成功

2. 机器人的插入

使用“插入组件”命令，选择设备名为“r2000ia125l.cojt”的设备，单击打开，如图2-5-5 所示，插入完成后工作区显示机器人如图 2-5-6 所示。

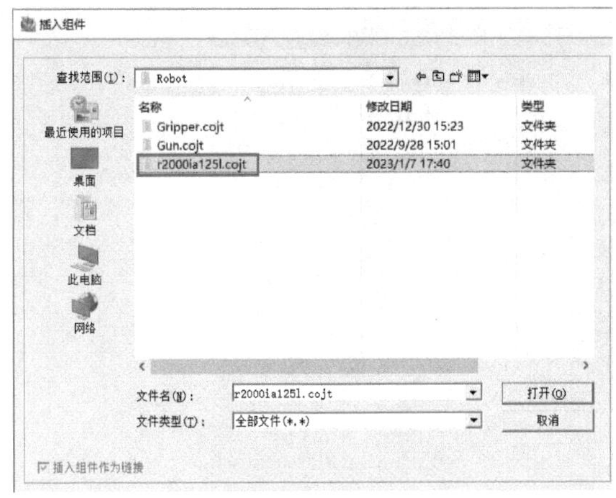

图 2-5-5　插入机器人

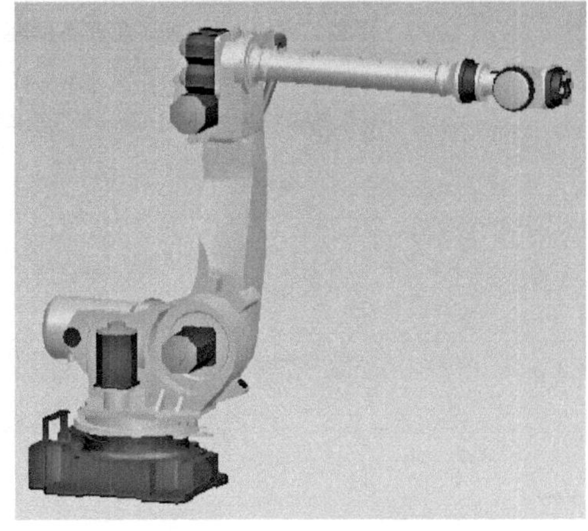

图 2-5-6　工作区显示机器人

（二）创建六轴机器人连杆并对其关节运动关系绑定

创建六轴机器人连杆并对其关节运动关系绑定（上）

创建六轴机器人连杆并对其关节运动关系绑定（下）

1. 机器人设置建模范围

选中“对象树”→“资源”中的“r2000ia125l”，单击“设置建模范围”，如图2-5-7 所示。

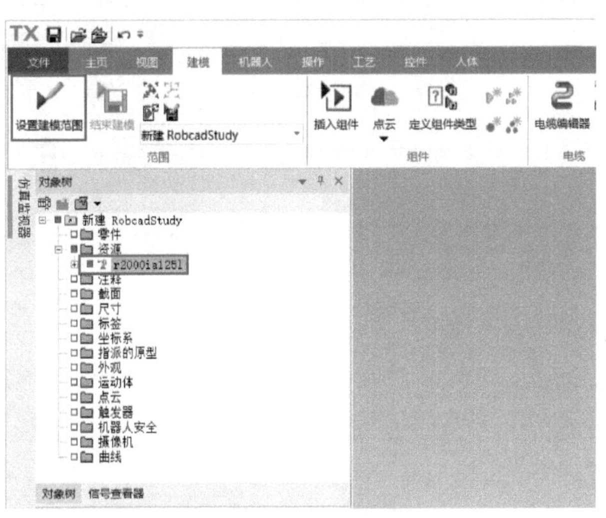

图 2-5-7　设置建模范围

2. 机器人连杆设置

设置建模范围完成后，当前编辑设备由“新建 RobcadStudy”更新为机器人名称时，选中机器人后打开“运动学编辑器”，如图 2-5-8 所示。

在运动学编辑器中创建连杆，首先添加机器人的机架，如图 2-5-9 所示，将机器人固定不动的地方都添加为 lnk1。

添加连杆 lnk2（一轴），将承重轴以及绕机架转动的元素添加为 lnk2，如图 2-5-10 所示。

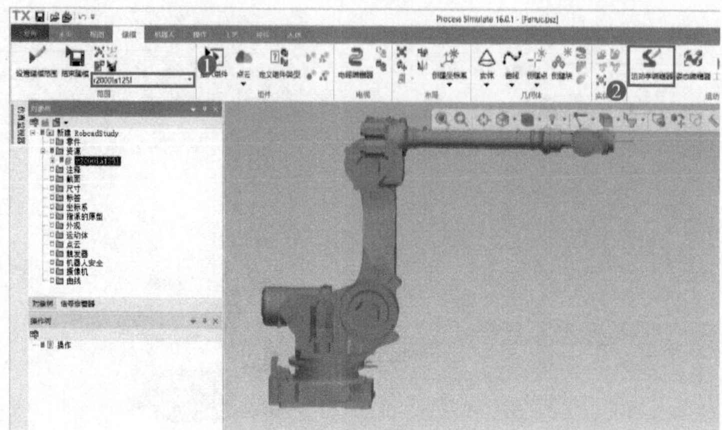

图 2-5-8　打开“运动学编辑器”

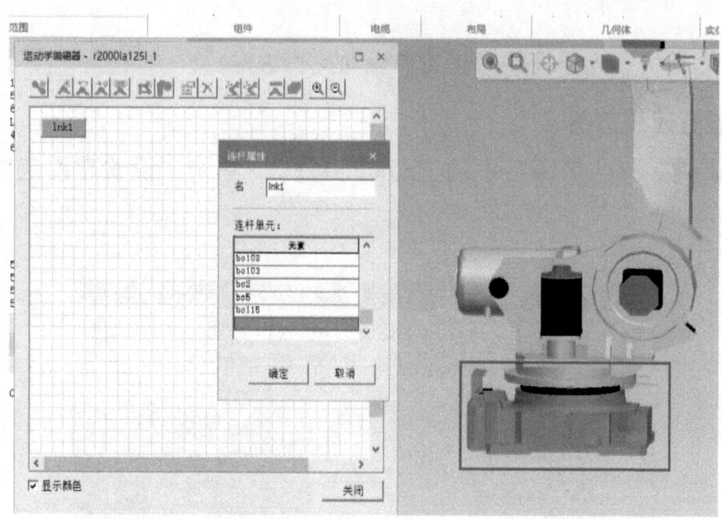

图 2-5-9　添加机架 lnk1

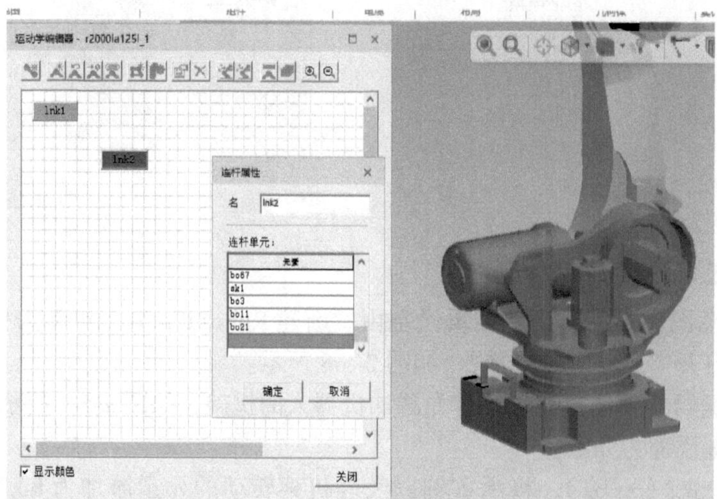

图 2-5-10　添加连杆 lnk2

添加连杆 lnk3（二轴），将机器人主臂部分的元素添加为 lnk3，如图 2-5-11 所示。

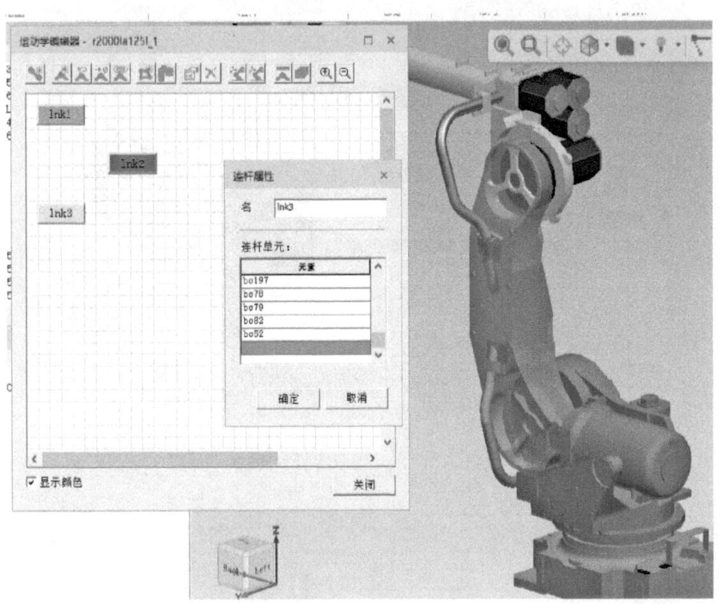

图 2-5-11　添加连杆 lnk3

添加连杆 lnk4（三轴），将机器人摆臂部分的元素添加为 lnk4，如图 2-5-12 所示。

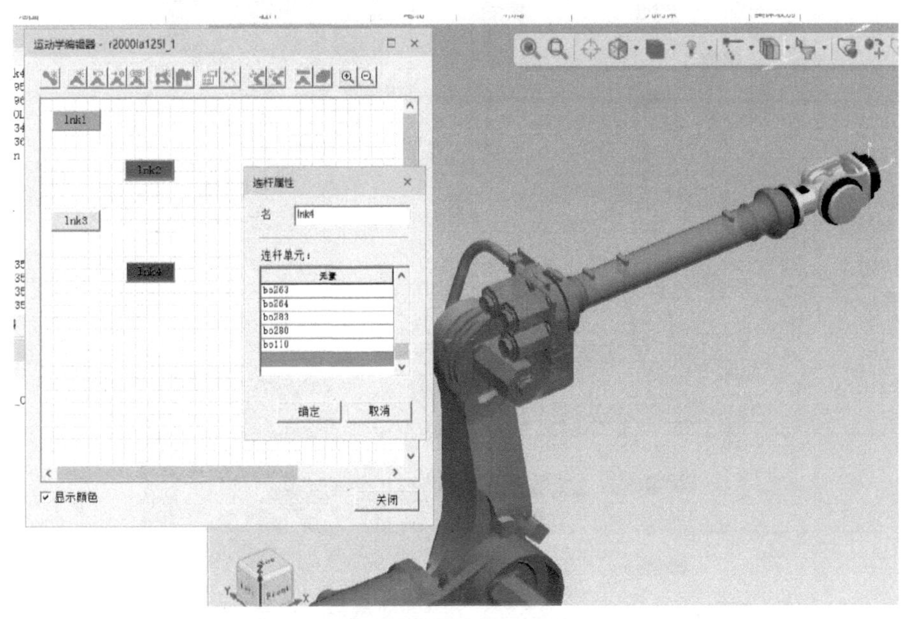

图 2-5-12　添加连杆 lnk4

添加连杆 lnk5（四轴），将机器人小臂部分的元素添加为 lnk5，如图 2-5-13 所示。

添加连杆 lnk6（五轴），将机器人手腕摆轴的元素添加为 lnk6，如图 2-5-14 所示。

添加连杆 lnk7（六轴），将机器人手腕旋转轴末端法兰盘的元素添加为 lnk7，如图 2-5-15 所示。

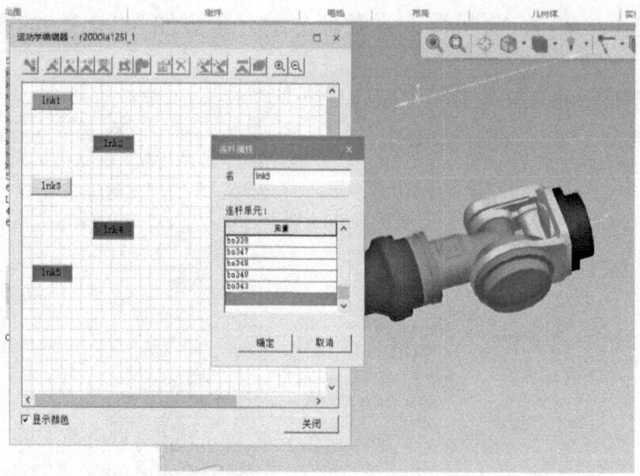

图 2-5-13　添加连杆 lnk5

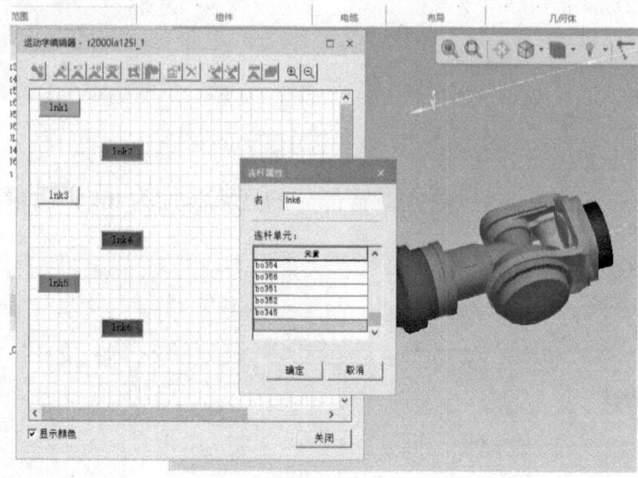

图 2-5-14　添加连杆 lnk6

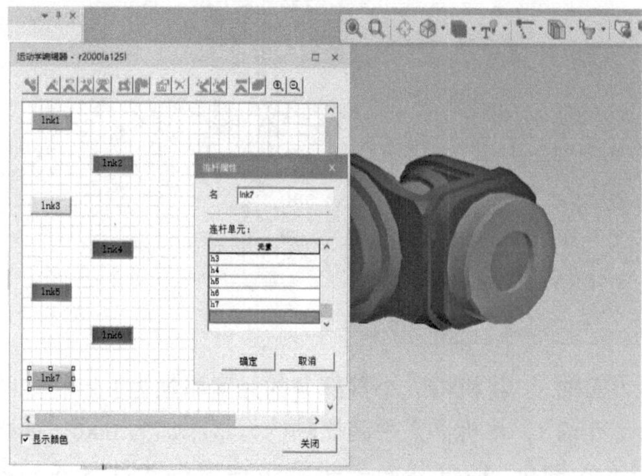

图 2-5-15　添加连杆 lnk7

3. 关节运动关系绑定

在运动学编辑器中连接 lnk1 与 lnk2，如图 2-5-16 所示。

从机器人模型中可以看出，lnk2 与 lnk1 保持相对转动关系，且轴线是 lnk2 底盘圆柱的轴线，所以需要先选中基座上方的柱体，再单击“仅显示”命令，如图 2-5-17 所示。

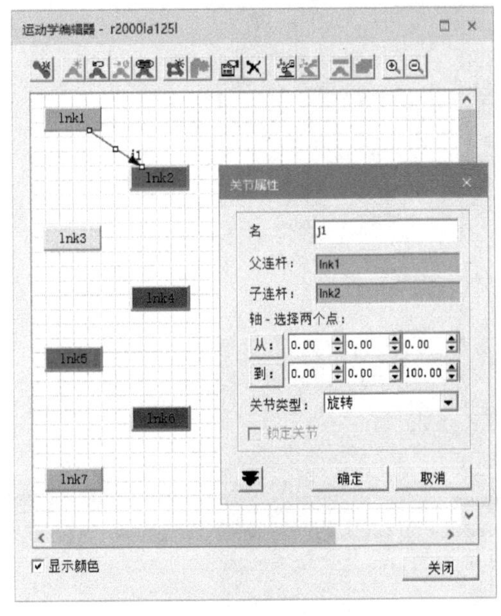

图 2-5-16　连接 lnk1 与 lnk2

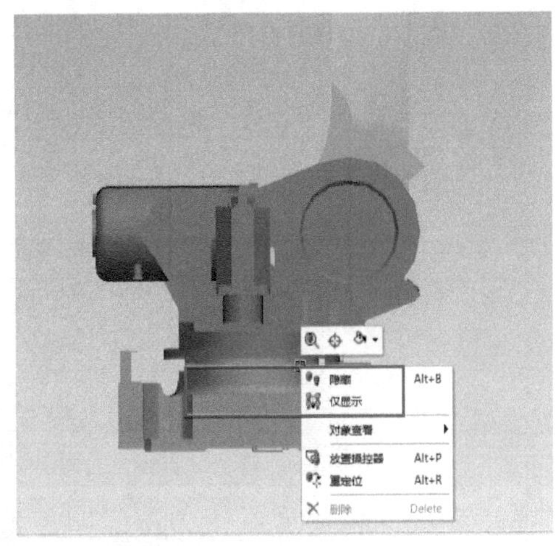

图 2-5-17　仅显示

继续选择关节属性中的“从”命令，并选取圆柱底面的圆心，如图 2-5-18 所示。

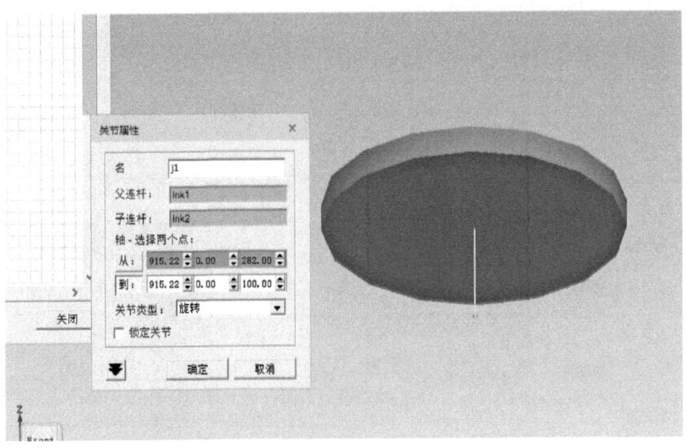

图 2-5-18　选择关节属性“从”坐标

继续选择关节属性中的“到”命令，并选取圆柱上顶面的圆心，关节类型默认旋转即可，如图 2-5-19 所示，单击“确定”保存设置。

鼠标右键工作区，单击“全部显示”，将机器人全部显示在工作区，如图 2-5-20 所示。

单击运动学编辑器中的“打开关节调整”，转动 j1，观察机器人转动的动作和轴线是否正确，如图 2-5-21 所示，单击“重置”恢复初始姿态。

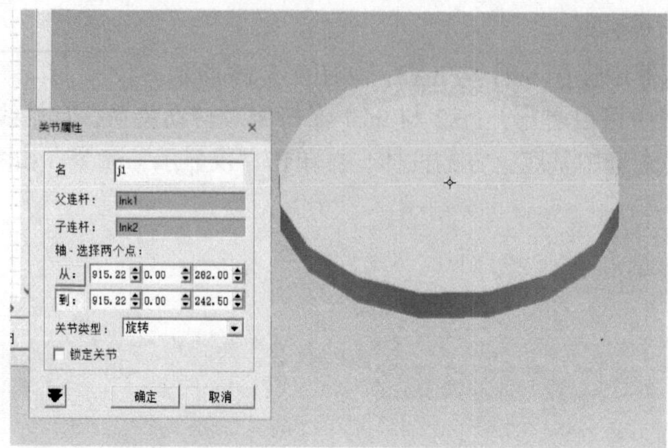

图 2-5-19　选择关节属性“到”坐标

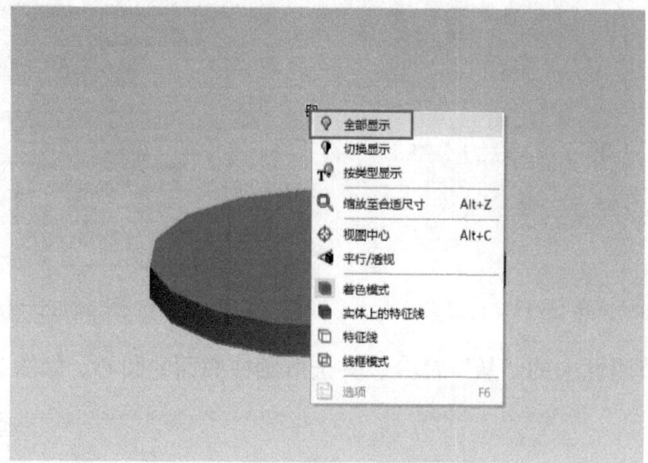

图 2-5-20　机器人“全部显示”

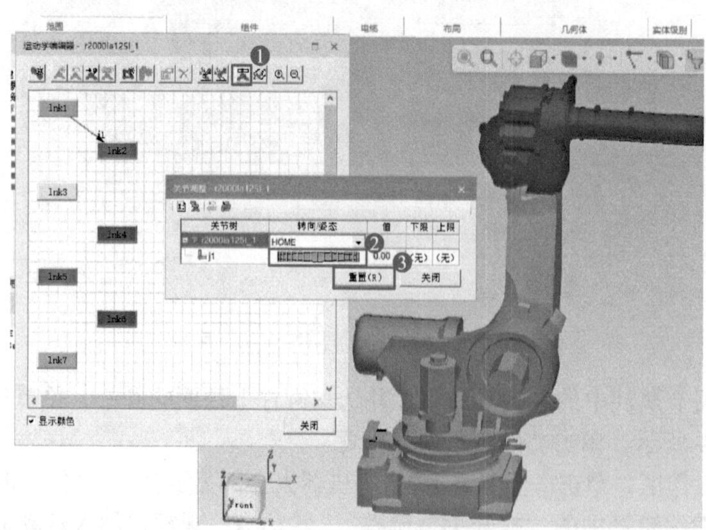

图 2-5-21　机器人“关节调整”

4. 案例实操

参考上述运动学编辑器设置，按照图 2-5-22 ~ 图 2-5-26 所示旋转轴选取的参考物，依次将 lnk1 ~ lnk7 关节关系绑定。绑定完成后使用“关节调整”命令，测试各关节运动关系是否绑定正确。

图 2-5-22　lnk2 与 lnk3 旋转轴参考物

图 2-5-23　lnk3 与 lnk4 旋转轴参考物

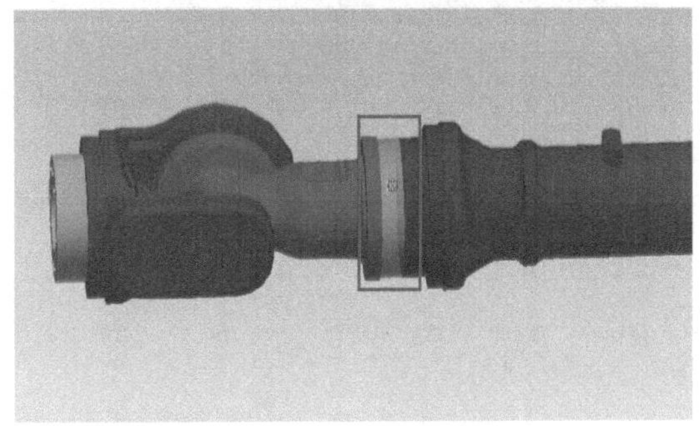

图 2-5-24　lnk4 与 lnk5 旋转轴参考物

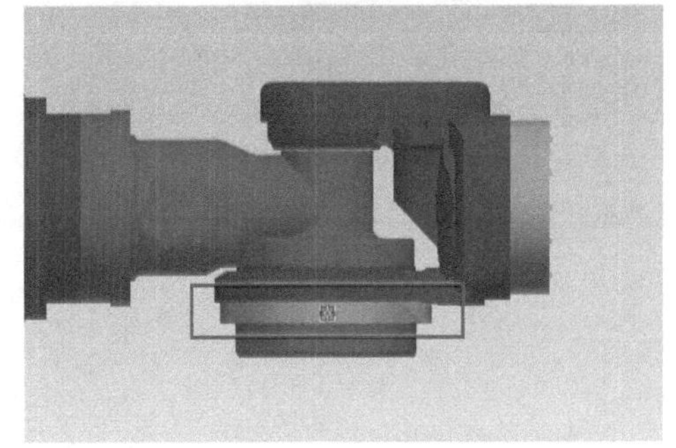

图 2-5-25　lnk5 与 lnk6 旋转轴参考物

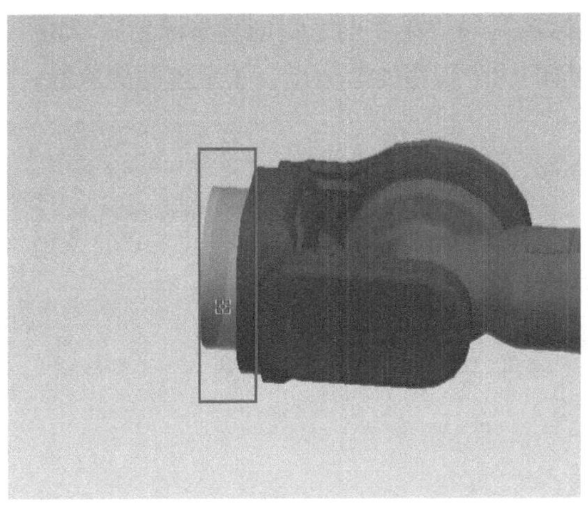

图 2-5-26　lnk6 与 lnk7 旋转轴参考物

（三）机器人基准坐标系和工具坐标系的设置

机器人基准坐标系和工具坐标系的设置

1. 创建机器人坐标系

检查功能区里的“建模范围”是否为机器人模型，如不是则需要单击下拉箭头切换至机器人“r2000ia125l”模型，此时创建的机器人坐标系应该在设备资源内，如图 2-5-27 所示。

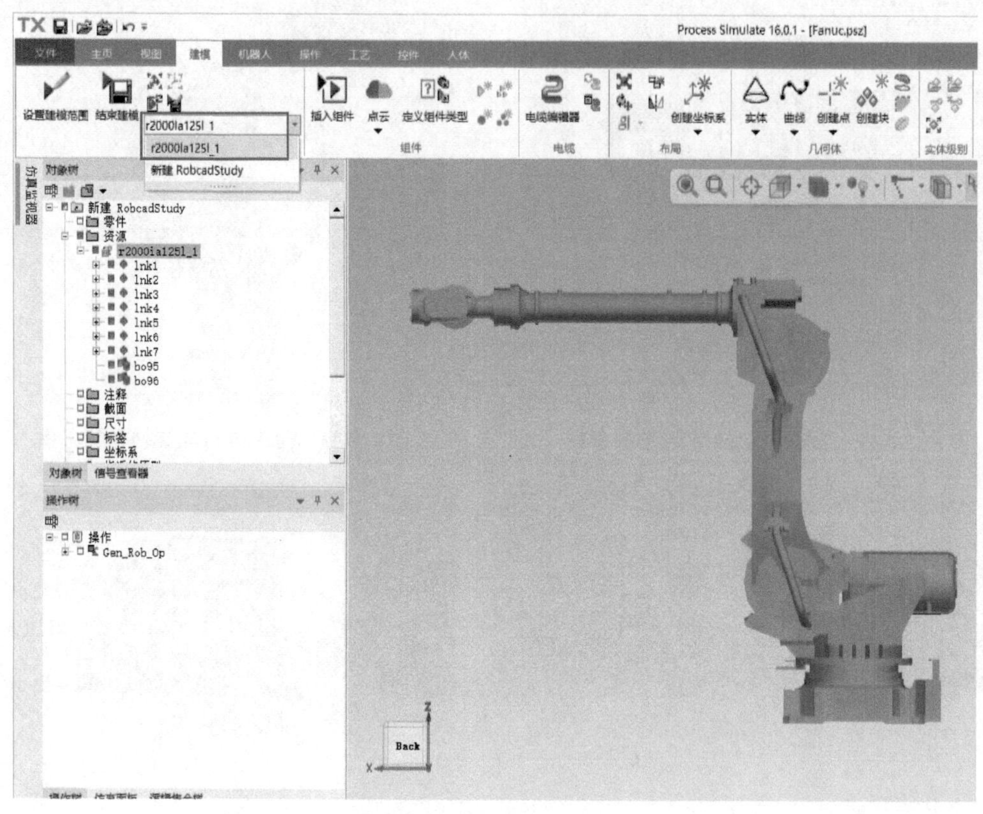

图 2-5-27　检查编辑范围

依次单击“创建坐标系”→“在 2 点之间创建坐标系”，如图 2-5-28 所示。旋转视角至机器人底座，选择对角的两个脚座的边角点，锁定坐标的位置，如图 2-5-29 所示。

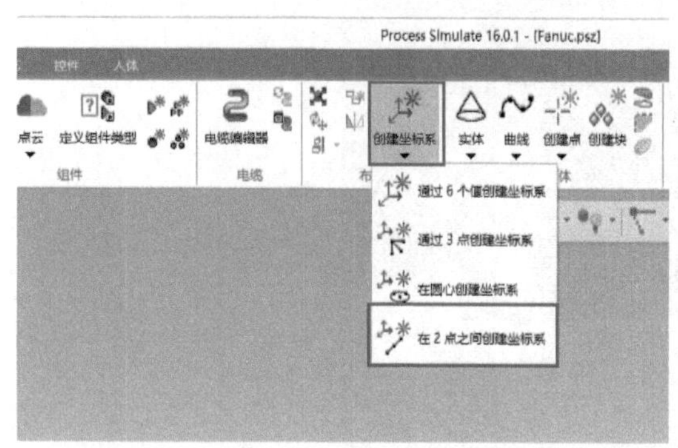

图 2-5-28　创建坐标系类型

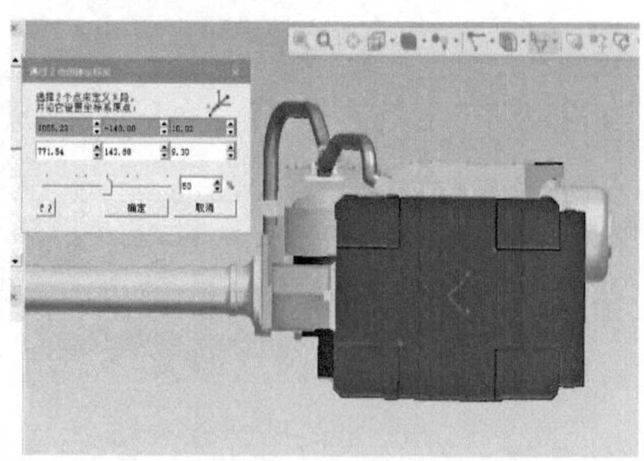

图 2-5-29　选择两对角点

此时 fr1 坐标的位置设置完成，方向还需要调整，切换“实体选取级别”，如图 2-5-30 所示。继续选中坐标，单击“重定位”，如图 2-5-31 所示。

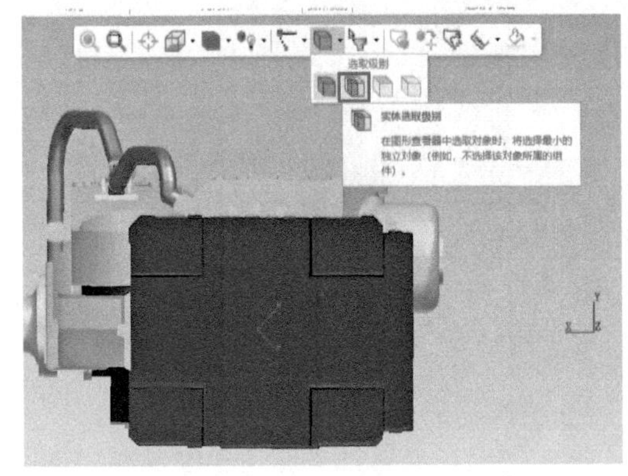
图 2-5-30　切换“实体选取级别”

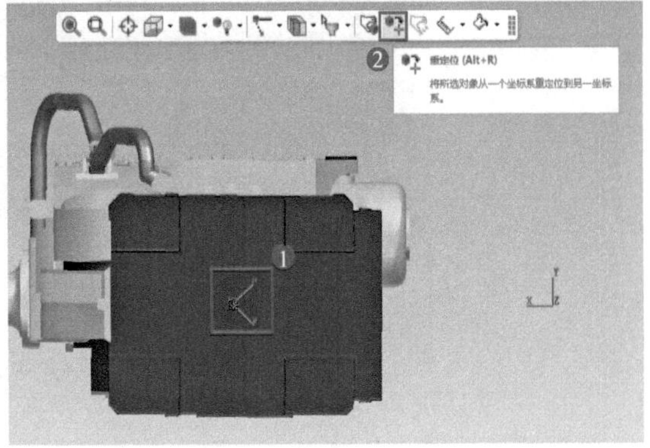
图 2-5-31　“重定位”坐标

在“重定位”中，勾选“平行仅针对”，将“到坐标系”切换为“工作坐标系”，如图 2-5-32 所示。单击“应用”，此时“fr1”坐标的方向与工作坐标系保持一致。

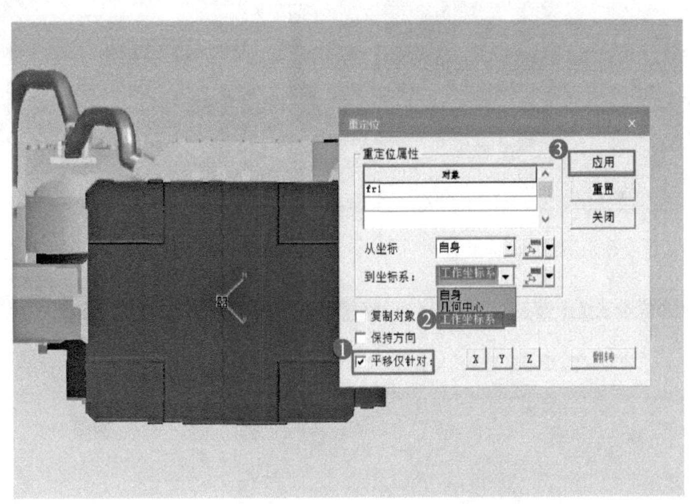

图 2-5-32　“重定位”属性

继续创建坐标系 fr2，将工作区视角调整至机器人末端工具连接处，使用“创建坐标”→“在圆心创建坐标”，如图 2-5-33 所示。

选择端面圆边线上的任意 3 个点，锁定 fr2 的位置，如图 2-5-34 所示。继续使用“重定位”将 fr2 坐标的方向调整为工作坐标系同方向，如图 2-5-35 所示。

2. 机器人基准坐标和工具坐标的设置

此时 fr1、fr2 坐标都已创建完成，将选取级别切换至“组件选取级别”，选中机器人后继续打开运动学编辑器，如图 2-5-36 所示。运动学编辑器上方有两个坐标需要设置，如图 2-5-37 所示。

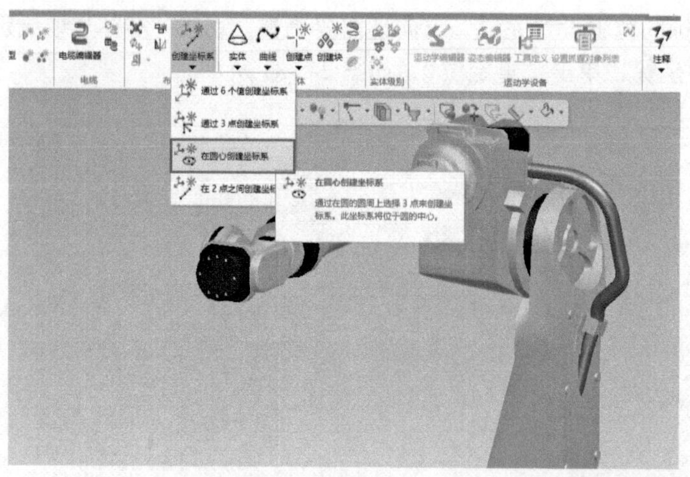

图 2-5-33　在圆心创建坐标

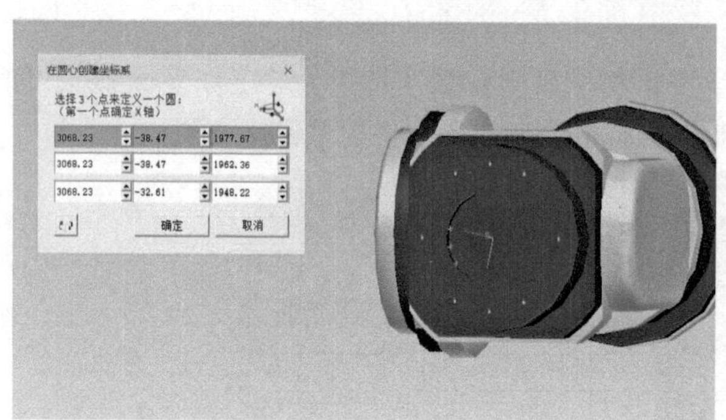

图 2-5-34　3 点确定 fr2 坐标位置

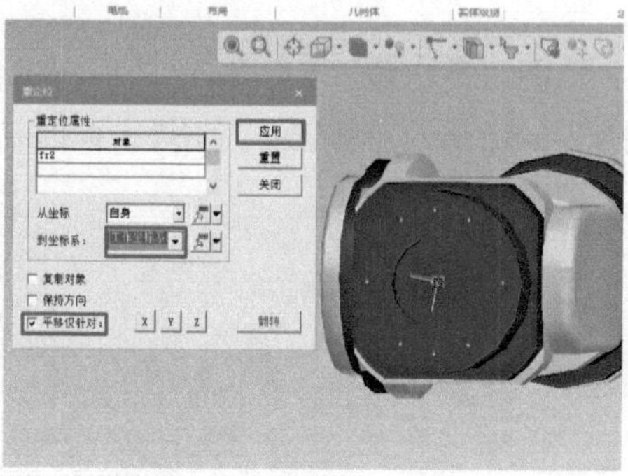

图 2-5-35　修改 fr2 坐标方向

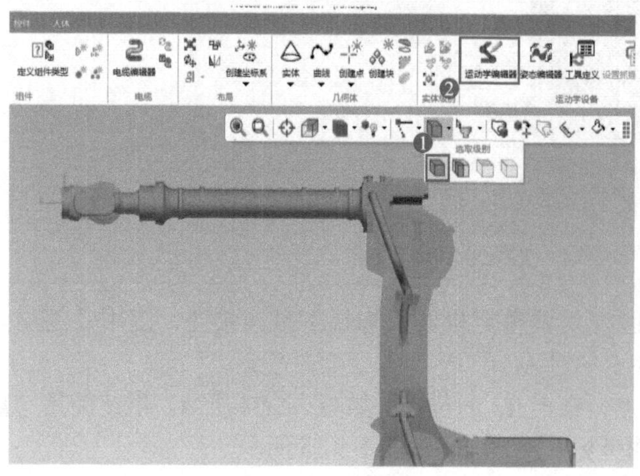

图 2-5-36　修改“组件选取级别”

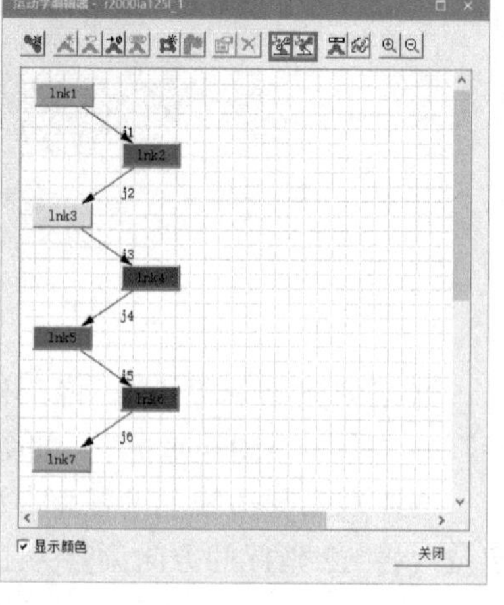

图 2-5-37　基准坐标与工具坐标设置

单击“设置基准坐标”，将坐标“fr1”添加至“设置基准坐标系”，单击“确定”保存，如图 2-5-38 所示。继续单击“创建工具坐标”，将坐标“fr2”添加至“位置”，将“lnk7”添加至“附加至链接”，单击“确定”保存，如图 2-5-39 所示。

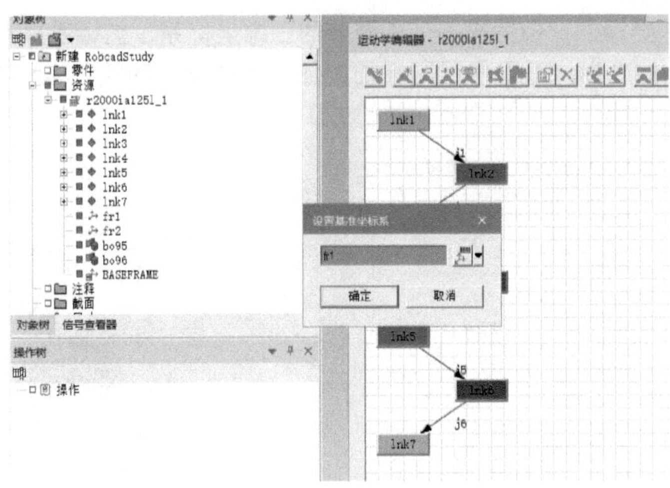

图 2-5-38　设置基准坐标系

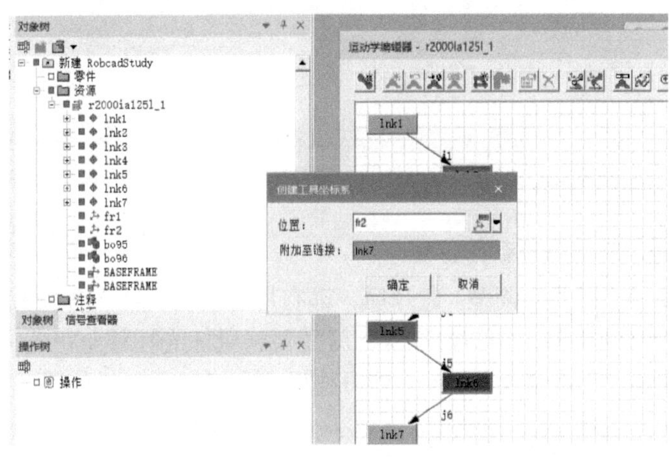

图 2-5-39　设置工具坐标系

3. 机器人姿态调整

完成上述机器人坐标系设置后，此时选中机器人，可以在功能区打开菜单“机器人”，使用“机器人调整”命令，如图 2-5-40 所示。或在工作区单击机器人，选择“机器人调整”快捷功能，如图 2-5-41 所示。

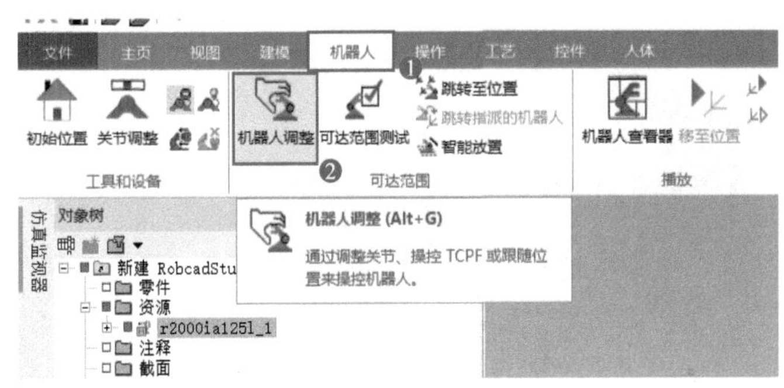

图 2-5-40　功能区打开“机器人调整”

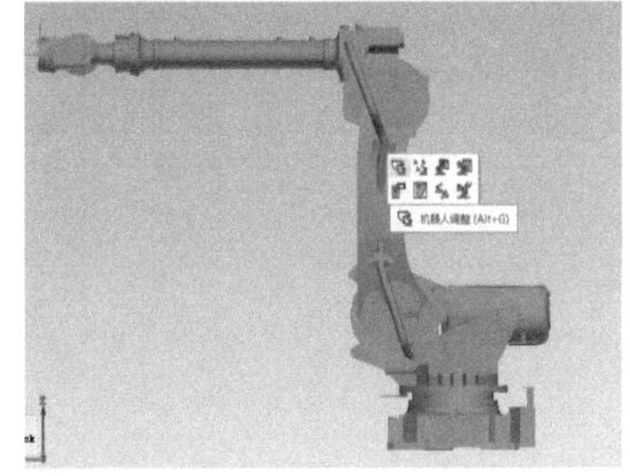

图 2-5-41　工作区打开“机器人调整”

在机器人 fr2 坐标处，会生成一个可调节的三维坐标系，坐标系里有 X、Y、Z、Rx、Ry、Rz 等 6 个轴的坐标。可以使用鼠标长按任意轴的拖拽功能，实现工作坐标的位移，如图 2-5-42 所示。

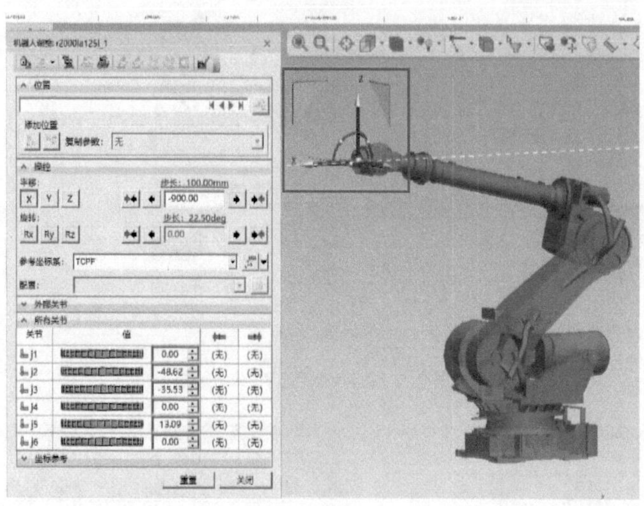

图 2-5-42　调整机器人工作坐标系

机器人初始位置的修改

（四）机器人初始位置的修改

1. 机器人关节恢复初始位置

每次使用“机器人调整”命令后，都有可能会使机器人各关节的位置发生改变。如果需要恢复到机器人的初始位置，就需要将鼠标光标移至机器人处，鼠标右键打开设置，单击“初始位置”命令，即可将机器人恢复至初始位置，如图 2-5-43 所示。

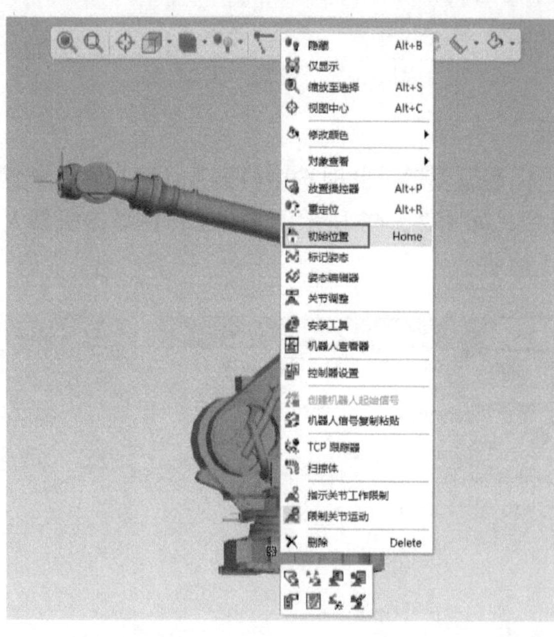

图 2-5-43　机器人恢复“初始位置”

2. 修改机器人的初始位置 HOME

再次选择“机器人调整”命令，将机器人 j1 关节旋转 90°，如图 2-5-44 所示。关闭“机器人属性”窗口，打开“姿态编辑器”，单击“更新”，即将机器人当前的关节值保存在“HOME”姿态中，如图 2-5-45 所示。单击更新时，弹出窗口确认是否更新关节值，单击“是”即可。

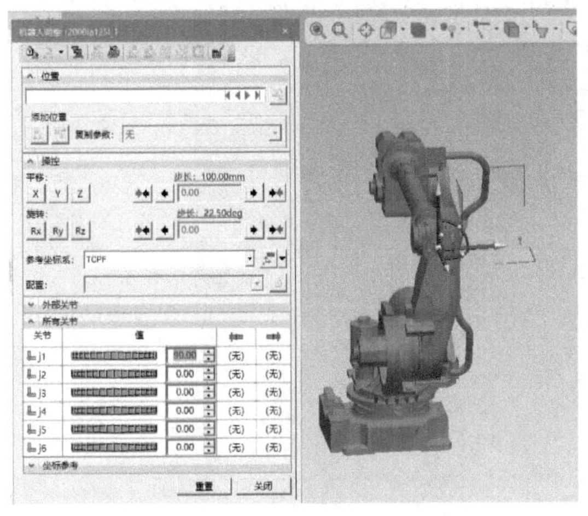

图 2-5-44　调整机器人关节

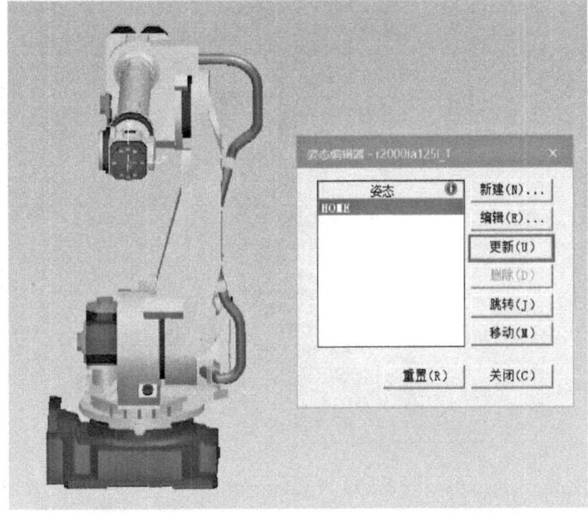

图 2-5-45　更新“HOME”姿态关节值

（五）机器人外接装置的安装与拆卸

机器人外接装置的安装与拆卸

1. 插入机器人工具 Gun 文件

插入机器人末端工具“Gun.cojt”文件，如图 2-5-46 所示。

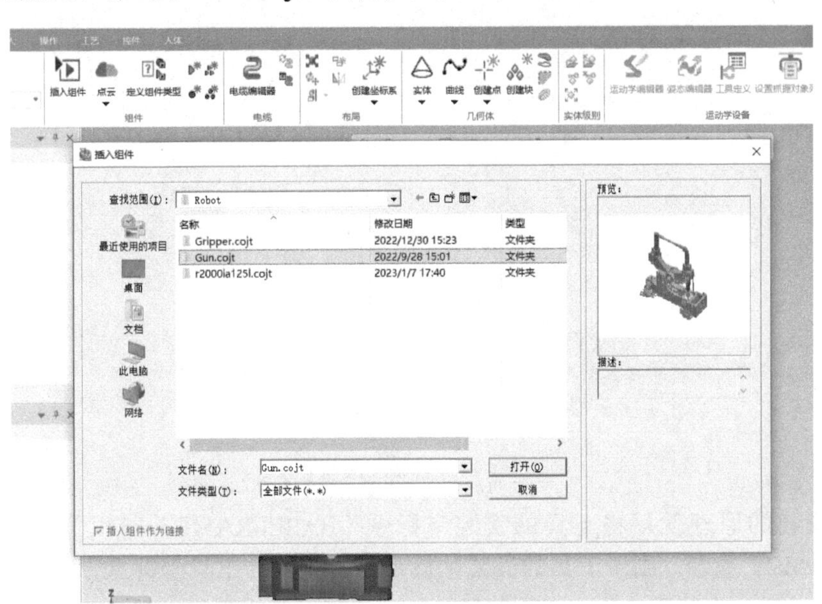

图 2-5-46　插入组件 Gun

2. 机器人安装工具

选中机器人后，将功能区菜单栏打开“机器人”，单击“安装工具”，如图 2-5-47 所示。

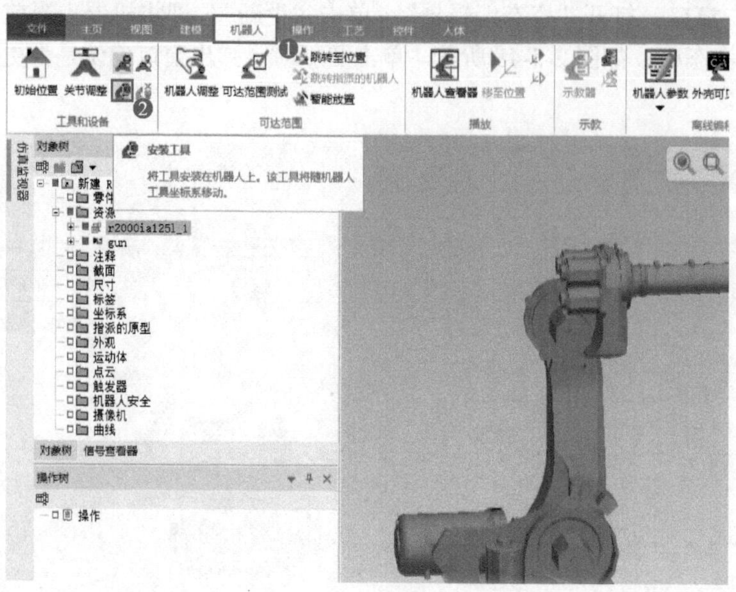

图 2-5-47　机器人安装工具

在安装工具窗口，选择安装的工具中“gun”，并将工具的坐标系修改为此前创建的安装坐标 BASEFRAME。安装位置自动生成到机器人的 TOOLFRAME 无需修改，单击“应用”，如图 2-5-48 所示。

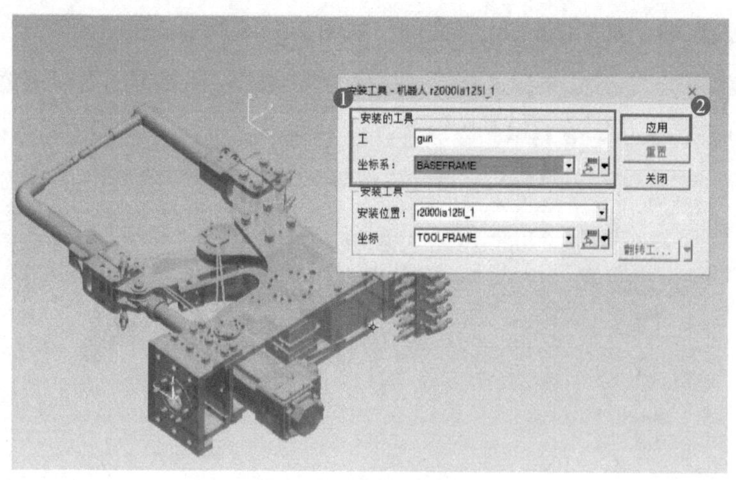

图 2-5-48　机器人安装 gun

工具安装的原理就是将工具的安装坐标系（BASEFRAME）与机器人工具坐标系（TOOLFRAME）重合，由于工具的安装坐标系与机器人的工具坐标系方向不一定刚好吻合，此时需要使用安装工具中的“翻转工具”来调整工具的角度，如图 2-5-49 所示。

翻转工具是将工具绕机器人工具坐标（TOOLFRAME）进行 X、Y、Z 轴旋转调整，每次使用即旋转 90°。需要将焊枪绕 Y 轴旋转 90°，X 轴旋转 180° 即可，正确的安装方向如图 2-5-50 所示。

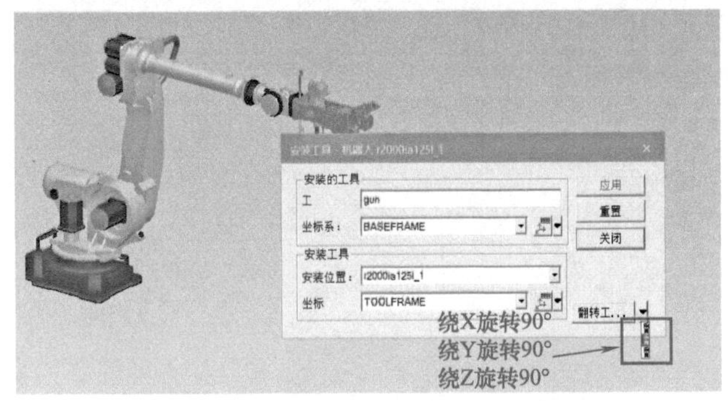

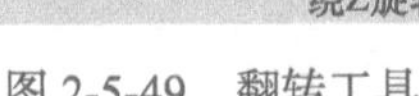

图 2-5-49　翻转工具

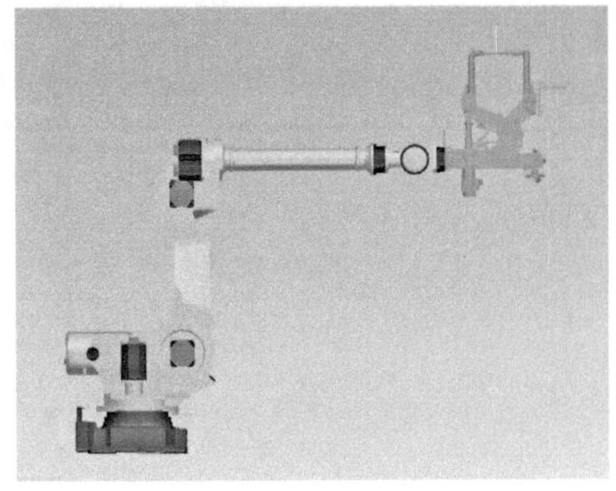

图 2-5-50　Gun 的正确安装位置

安装完成后，选中机器人，从功能区找到“机器人”→“机器人属性”，如图 2-5-51 所示，打开机器人属性，将机器人 TCP 坐标更新为“gun TCPF”，如图 2-5-52 所示，如 TCP 坐标自动更新则忽略此步。

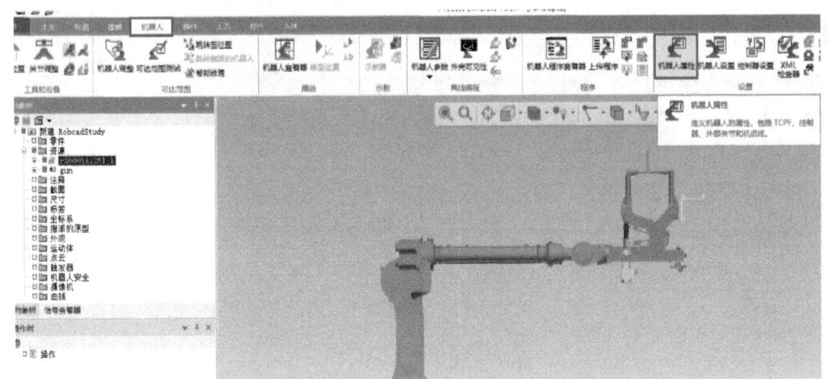

图 2-5-51　打开机器人属性

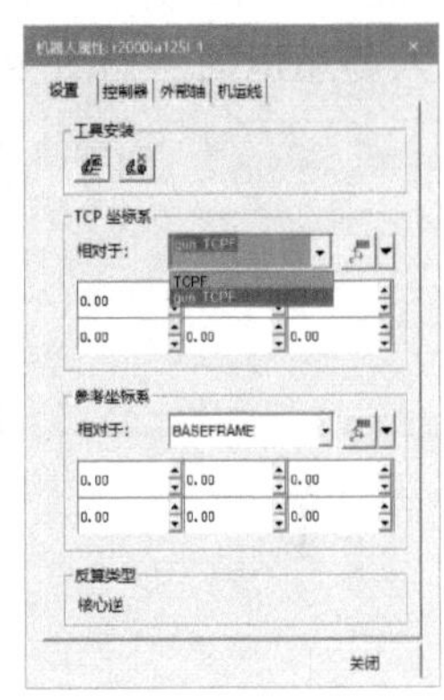

图 2-5-52　修改 TCP

关闭安装工具窗口，使用“机器人调整”命令，如图 2-5-53 所示。将机器人关节姿态修改后，工具 Gun 也和机器人同步运动，即机器人工具安装成功，如图 2-5-54 所示。

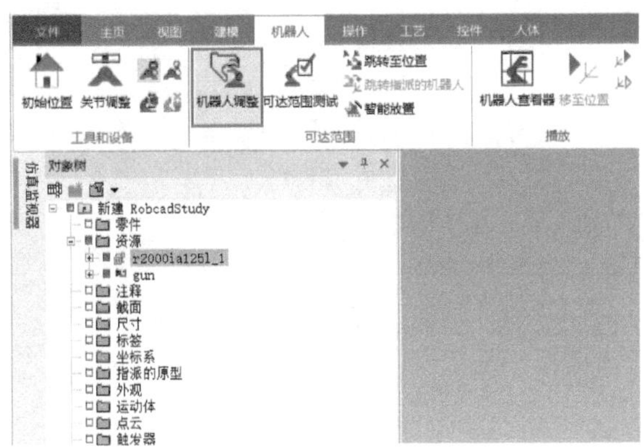

图 2-5-53　使用“机器人调整”

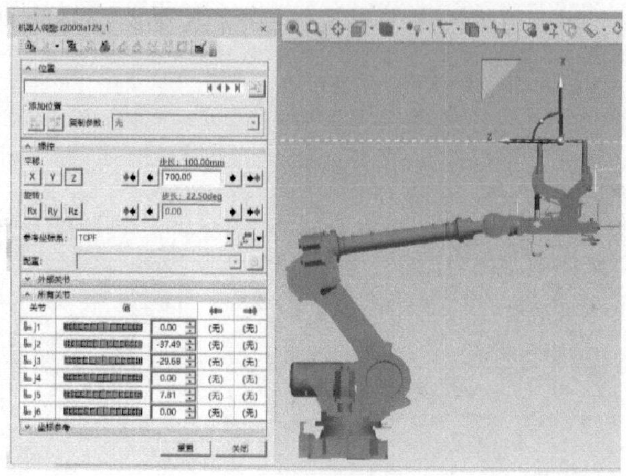

图 2-5-54　工具随机器人姿态同步运动

3. 机器人拆卸工具

选中已安装在机器人上的工具，单击功能区“安装工具”右侧的命令“拆卸工具”，如图 2-5-55 所示。拆除完成后，再次使用“机器人调整”命令，此时工具 Gun 不随机器人姿态运动，如图 2-5-56 所示。

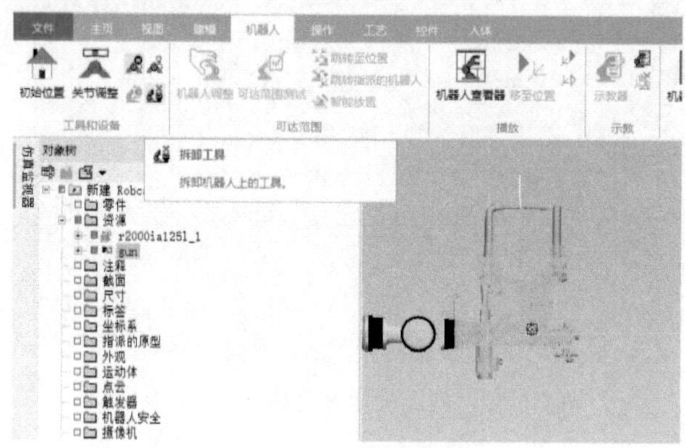

图 2-5-55　机器人拆卸工具

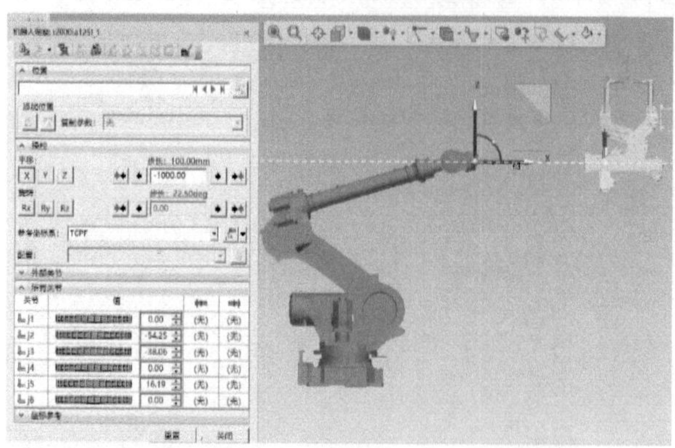

图 2-5-56　机器人调整姿态工具仍在原处

检查与评估

对本任务的学习情况进行检查，并将相关内容填写在表 2-5-1 中。

表 2-5-1　检查评估表

检查项目	检查对象	检查结果	结果点评
机器人的类型设置与插入	① 机器人类型的设置 ② 机器人的插入	是□ 否□ 是□ 否□	
创建六轴机器人连杆并对其关节运动关系绑定	① 机器人设置建模范围 ② 机器人连杆设置 ③ 关节运动关系绑定	是□ 否□ 是□ 否□ 是□ 否□	
机器人基坐标和工具坐标的设置	① 创建机器人坐标 ② 设置机器人坐标 ③ 调整机器人姿态	是□ 否□ 是□ 否□ 是□ 否□	
机器人初始位置的修改	① 机器人关节恢复初始位置 ② 修改机器人的初始位置 HOME	是□ 否□ 是□ 否□	
机器人外接装置的安装与拆卸	① 插入机器人工具 Gun ② 机器人安装工具	是□ 否□ 是□ 否□	

任务总结

本任务学习了机器人仿真中较为常见的操作，包括机器人的关节设置、基坐标（BASEFRAME）与工具坐标（TOOLFRAME）的设置、机器人关节姿态调整、修改初始姿态 HOME 和拆装工具等内容，任务小结如图 2-5-57 所示。

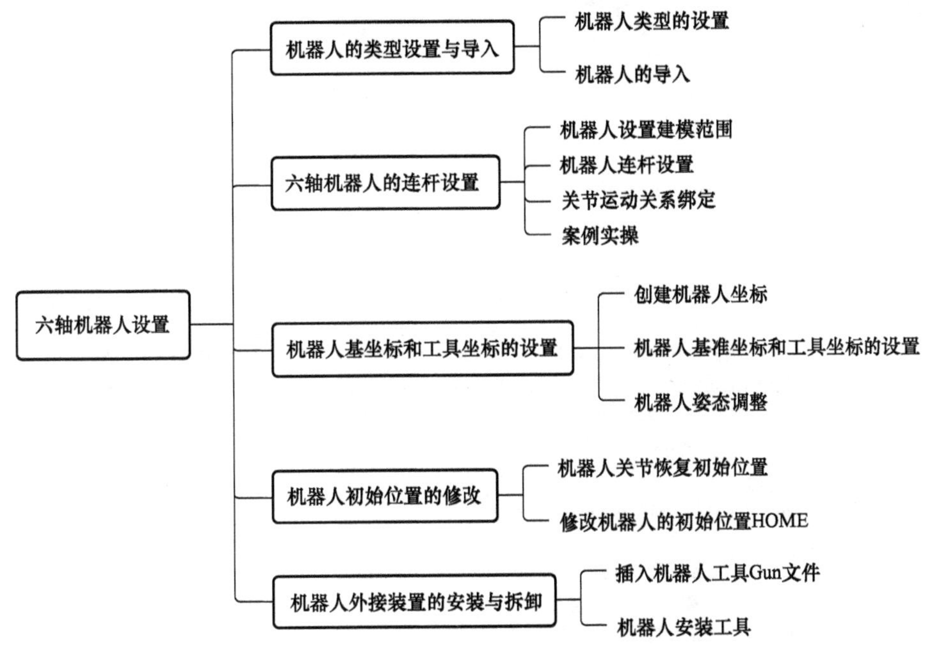

图 2-5-57　六轴机器人设置小结

任务拓展

参考本任务过程，将图 2-5-2 配套资源包 Robot.rar 的资源文件夹 Robot 中的机械抓手“Gripper.cojt”设备安装至机器人上，如图 2-5-58 所示。完成机械抓手运动设置的任务拓展，并按表 2-5-1 对其各个参数设置进行检查。

文件在资源库中的所在位置：Robot.rar\Robot 文件夹 \Gripper.cojt

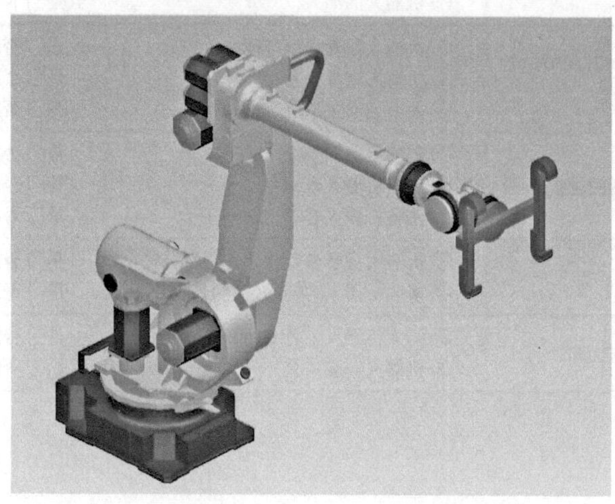

图 2-5-58　机器人安装工具“Gripper”

任务六　机器人仿真操作

任务工单

<table>
<tr><td>任务名称</td><td colspan="3"></td><td>姓名</td><td></td></tr>
<tr><td>班级</td><td></td><td>组号</td><td></td><td>成绩</td><td></td></tr>
<tr><td>工作任务</td><td colspan="5">本任务通过机器人的创建与设置、机器人运动路径过渡点的设置、机器人离线编程命令、创建机器人程序、创建机器人默认信号和仿真面板测试信号，从而完成机器人仿真操作
• 打开本项目任务五完成的机器人项目，扫描二维码观看“机器人仿真操作”微视频
• 阅读知识储备，认识工业六轴机器人各轴的作用和运动方式
• 阅读技能实操，通过创建六轴机器人操作、添加机器人运动路径过渡点学习机器人仿真操作，还原机器人拾放操作理解机器人离线编程命令</td></tr>
<tr><td>任务目标</td><td colspan="5">知识目标
• 理解工业机器人离线编程命令的原理
能力目标
• 学会机器人操作的创建与设置
• 学会在路径编辑器中添加定制列
• 学会添加机器人离线编程命令
• 学会创建机器人程序
• 学会机器人信号设置</td></tr>
</table>

（续）

<table>
<tr><td>任务目标</td><td colspan="3">素质目标
• 加强实践技能的培养，掌握相关项目的实际开发和实施过程
• 注重把握细节，精益求精，耐心打磨，力求卓越</td></tr>
<tr><td rowspan="4">任务分配</td><td>职务</td><td>姓名</td><td>工作内容</td></tr>
<tr><td>组长</td><td></td><td></td></tr>
<tr><td>组员</td><td></td><td></td></tr>
<tr><td>组员</td><td></td><td></td></tr>
</table>

知识储备

机器人仿真操作是机器人信号驱动的重要操作步骤：

1. 在 Process Simulate 仿真软件中，如要通过外部信号来控制机器人执行机器人运动轨迹，则需要将预先示教好的机器人运动程序添加进机器人程序并设置程序编号。

2. 使用外部信号（如 PLC 信号）控制时，只需向机器人发送程序编号以及机器人程序运行的开始信号即可完成机器人轨迹运动。

技能实操

（一）通用机器人操作的创建与设置

1. 新建通用机器人操作

打开本项目任务五中图 2-5-2 配套资源包 Robot.rar 中的项目 Fanuc.psz 项目文件，如图 2-6-1 所示，依次按照步骤①～③操作，从功能区单击“操作”→“新建操作”→“新建通用机器人操作”。单击“新建通用机器人操作”弹出窗口，在窗口可以通过“名称”修改操作名，单击“确定”完成创建，如图 2-6-2 所示。

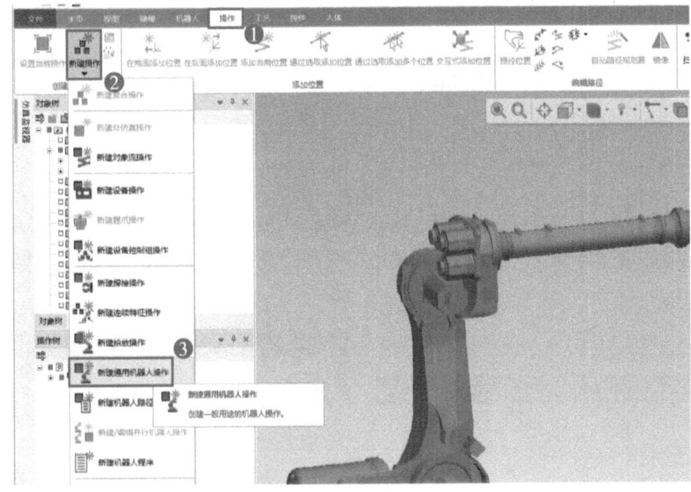

图 2-6-1 新建通用机器人操作

图 2-6-2 新建机器人操作窗口

新建操作时若机器人已经安装工具，窗口的“工具”会自动找到工具名。此时可以在“操作树”里找到创建的机器人操作，并且该操作添加进“序列编辑器”，如图 2-6-3 所示。

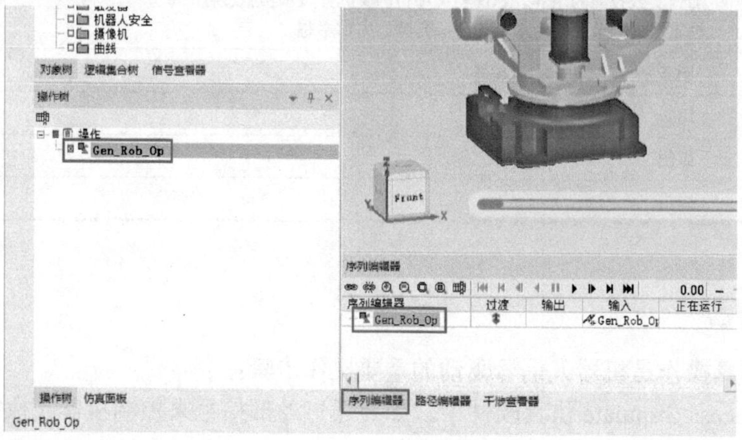

图 2-6-3 “操作树”和“序列编辑器”

2. 机器人运动路径过渡点的设置

打开“路径编辑器”，将“Gen_Rob_Op”操作添加进路径编辑器之中。在“操作树”中，选中操作“Gen_Rob_Op”后鼠标左键长按拖拽至路径编辑器，如图 2-6-4 所示。

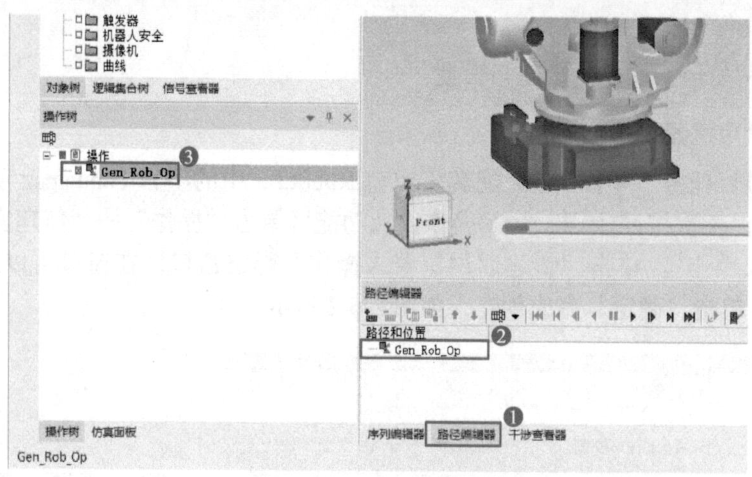

图 2-6-4 路径编辑器添加操作

在“功能区”使用“添加当前位置”，在操作“Gen_Rob_Op”中记录操作的起始位置，如图 2-6-5 所示。此时路径编辑器里的操作“Gen_Rob_Op”有了第一个点位“via”，如图2-6-6 所示。

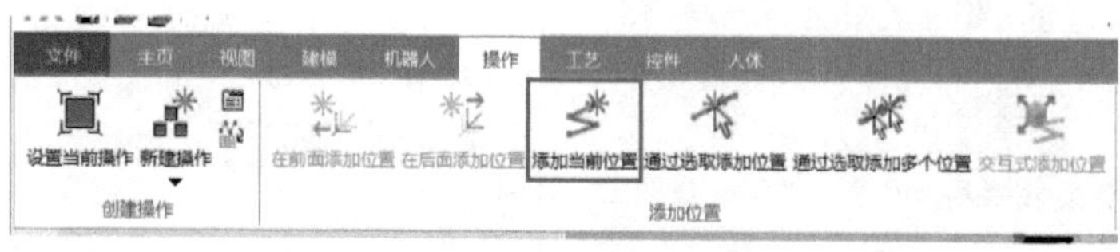

图 2-6-5 添加当前位置

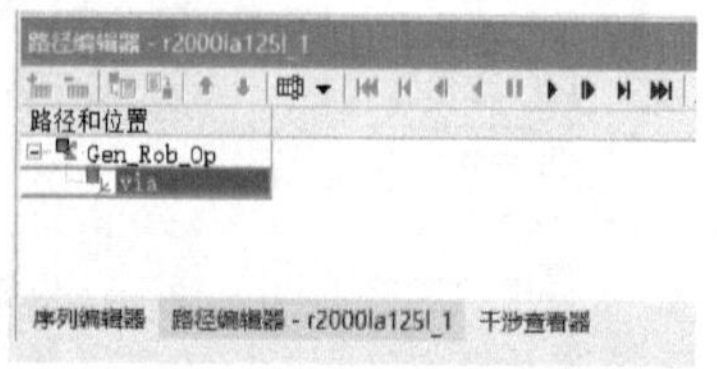

图 2-6-6 路径编辑器点位

使用“机器人调整”命令修改机器人姿态参数，选中“via”后单击“添加当前位置”，此时“路径编辑器”生成第二个点位“via1”，如图 2-6-7 所示。Process Simulate 软件自动生成两个点位之间的运动路径，并显示出白色线连接两个点位，单击“正向播放仿真”，可以看到机器人的工具坐标系沿着白色虚线从“via”点位移到“via1”点的位置。

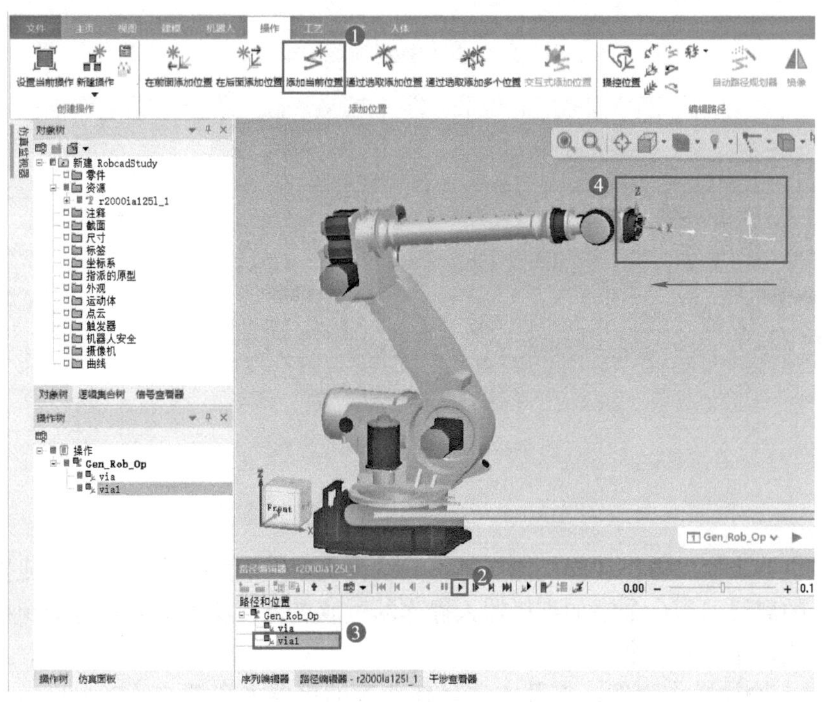

图 2-6-7 路径编辑器添加示教点位

（二）路径编辑器定制列

Process Simulate 软件安装后，路径编辑器里面的定制列处于隐藏状态，需要用户手动添加常用命令至路径编辑器中。

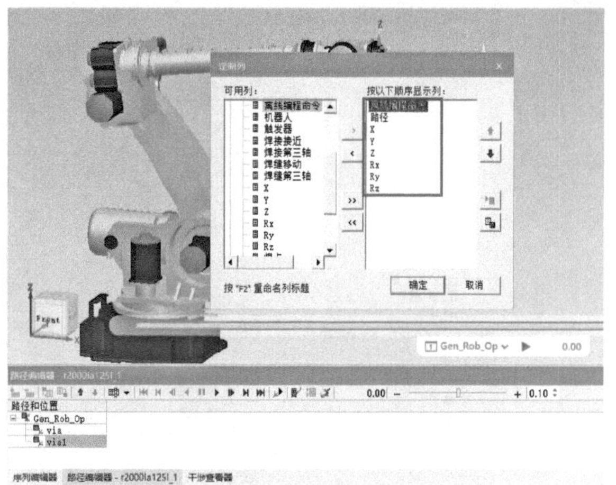

图 2-6-8 添加路径编辑器定制列

单击路径编辑器中的“定制列”，可以添加更多参数显示在路径编辑器中。例如：添加“离线编程命令”“路径”“X”“Y”“Z”“Rx”“Ry”和“Rz”等常用参数至右侧方框内，具体如图2-6-8 所示。添加“X”“Y”“Z”“Rx”“Ry”和“Rz”等命令后，可以在图 2-6-9 中看见机器人示教操作的各点位坐标和各点位角度。

鼠标单击“via”点位的离线编程命令，也可以手动添加离线编程命令，如图 2-6-10 所示。在机器人操作中，机器人焊接操作和拾放操作等都属于机器人离线编程的封装快捷指令。

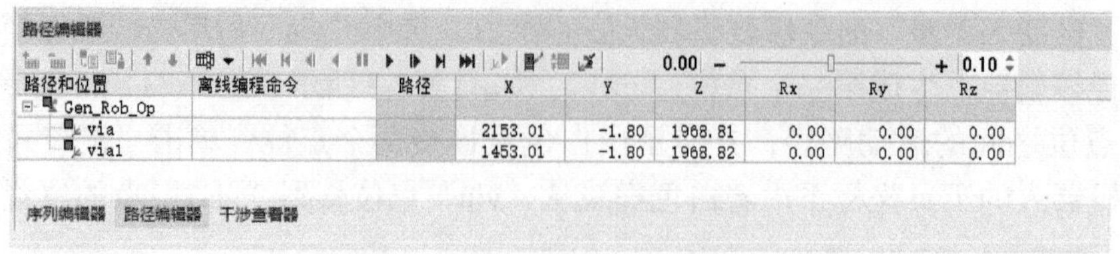

图 2-6-9　路径编辑器显示参数

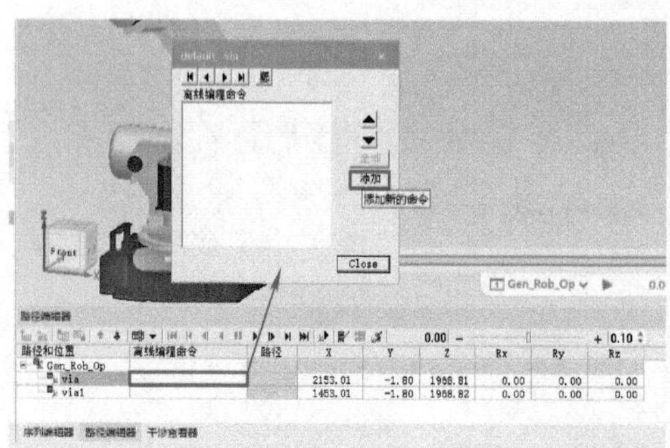

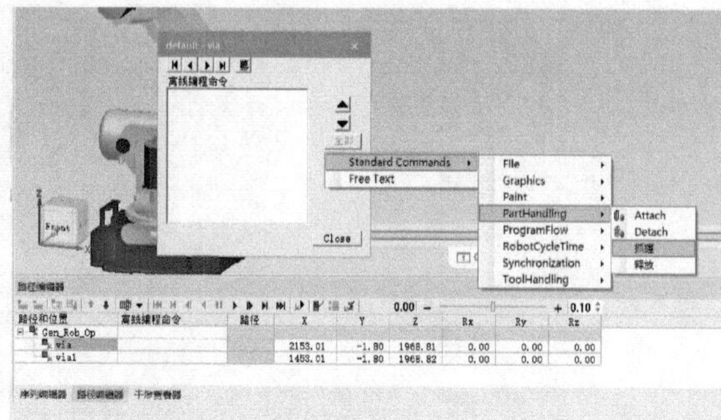

图 2-6-10　添加离线编程命令

机器人离线编程命令

（三）机器人离线编程命令

机器人拾放操作和焊接操作都可归纳为机器人通用操作的封装快捷操作，将机器人的离线编程命令添加到机器人操作的过渡点上，使机器人在运动到指定位置时能够执行相应的指令。

以机器人拾放操作为例，打开本项目任务五的机器人资源包（Robot.zip）中的项目“GripRobot.psz”。在全局坐标系中，创建两个机器人 tcp 工具坐标系可达到的坐标系，坐标自动命名“fr1”和“fr1_1”，如图 2-6-11 所示。

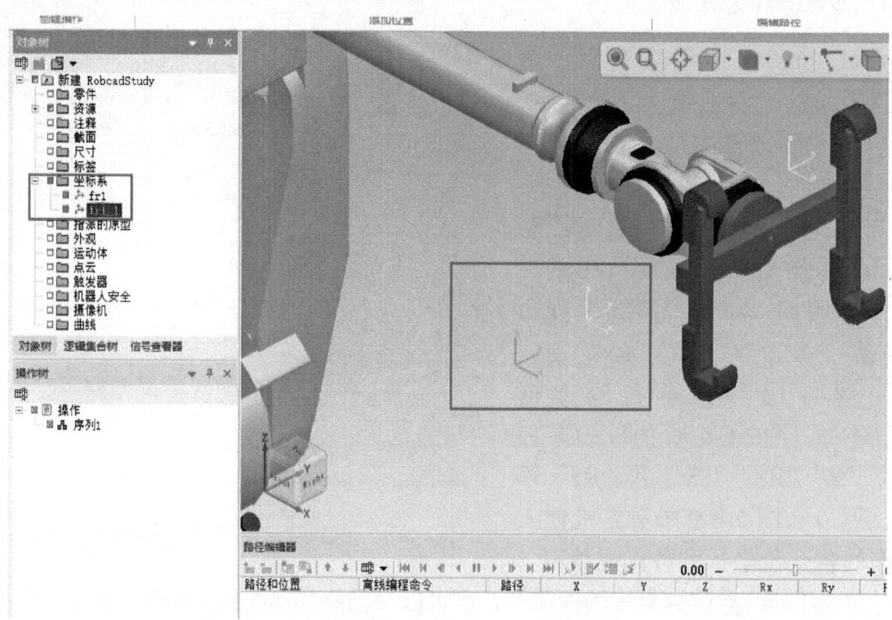

图 2-6-11　创建 2 个全局坐标系

选中机器人，依次按照步骤①~③，从功能区找到“操作”→“新建操作”→“新建拾放操作”，如图 2-6-12 所示。在弹出窗口中修改操作名称为“Grip_Release”，添加拾取点 fr1 和放置点 fr1_1，单击“确定”完成创建，如图 2-6-13 所示。

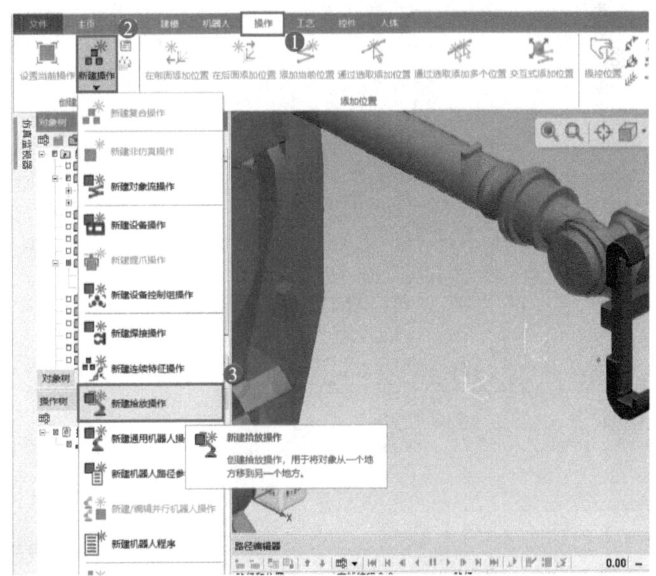

图 2-6-12 新建拾放操作

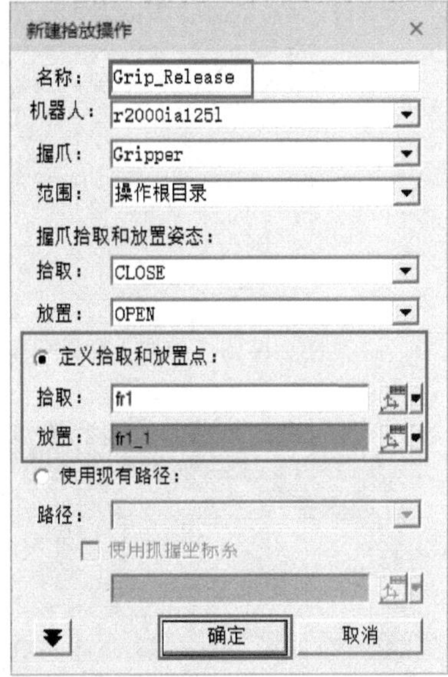

图 2-6-13 选择拾取、放置点

此时操作树新生成操作“Grip_Release”，且已经有了两个点位“拾取”和“放置”，将该操作添加进路径编辑器，可看到“拾取”和“放置”点位的离线编程命令都已经附有内容，如图 2-6-14 所示。单击路径编辑器播放仿真，可以看到机器人在沿轨迹运动视会执行“Gripper”打开和“Gripper”关闭的姿态动作。

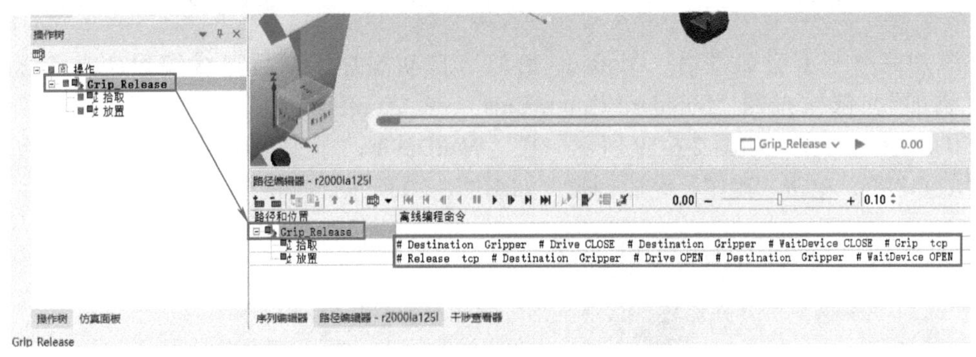

图 2-6-14 机器人拾放操作默认离线编程命令

单击“拾取”的离线编程指令，弹出窗口“default- 拾取”，如图 2-6-15 所示。单击“全部清”，把点位的离线编程命令全部清除，如图 2-6-16 所示。

此时单击路径编辑器播放仿真，机器人运动时不会执行“Gripper”打开和“Gripper”关闭的姿态动作了。单击“添加”，依次按照“Standard Commands”→“ToolHanding”→“DriveDevice”使用“DriveDevice”命令，如图 2-6-17 所示。在“DriveDevice”窗口选择设备 Gripper，目标姿态“CLOSE”，单击“确定”完成创建，如图 2-6-18 所示。

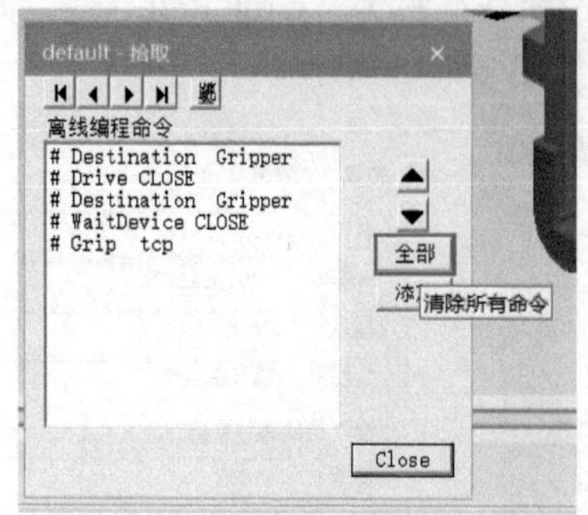

图 2-6-15　拾取 / 放置的离线编程命令

图 2-6-16　清空命令

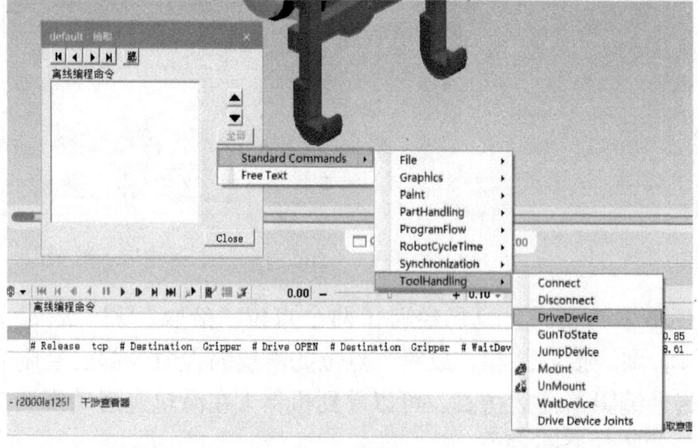

图 2-6-17　打开“DriveDevice”命令

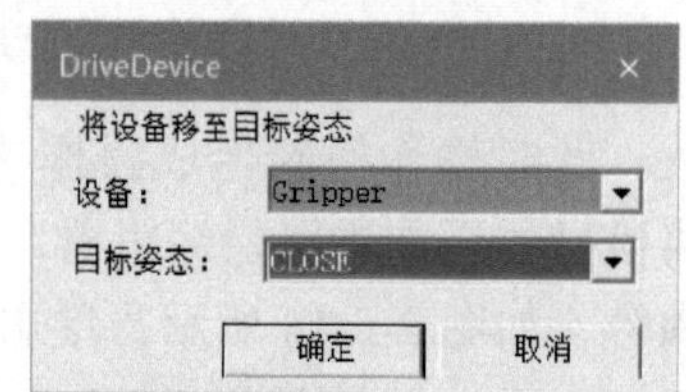

图 2-6-18　DriveDevice 命令

添加完移至姿态命令后，“default- 拾取”自动添加了两行离线编程命令。继续单击“添加”，依次按照“Standard Commands”→“ToolHanding”→“WaitDevice”使用“WaitDevice”命令，如图 2-6-19 所示。在“WaitDevice”窗口选择设备 Gripper，目标姿态“CLOSE”，单击“确定”完成创建，如图 2-6-20 所示。

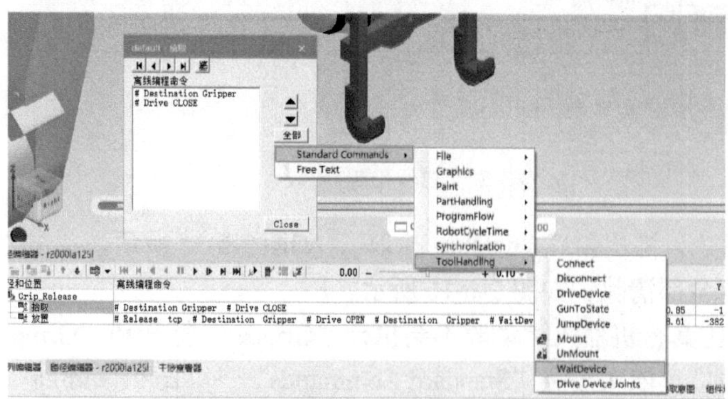

图 2-6-19　打开“WaitDevice”命令

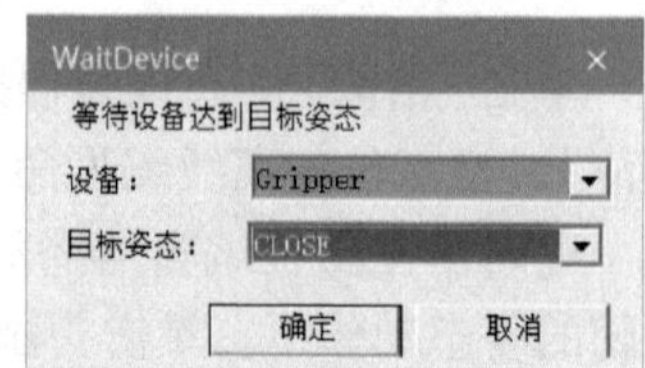

图 2-6-20　WaitDevice 命令

此时单击路径编辑器“播放仿真”，机器人会在到达抓取点的时候完成 Gripper 闭合动作。和默认的拾取命令相比，离线编程命令缺少一行指令“Grip tcp”，即此时机器人只能完成设备 Gripper 的姿态动作，但无法实现物料抓取。

完成物料抓取需要使用离线编程命令中的“抓握”命令。再次单击“全部清”清空命令，点击“添加”，依次按照“Standard Commands”→“PartHanding”→“抓握”使用“抓握”命令，如图 2-6-21 所示。在“抓握”窗口修改“向坐标系附加对象”为“tcp”，并修改驱动抓握姿态为“CLOSE”，单击“确定”完成创建，如图 2-6-22 所示。

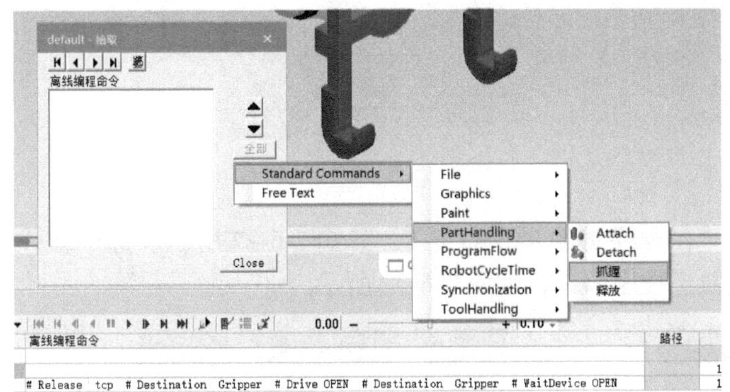

图 2-6-21　打开“抓握”命令

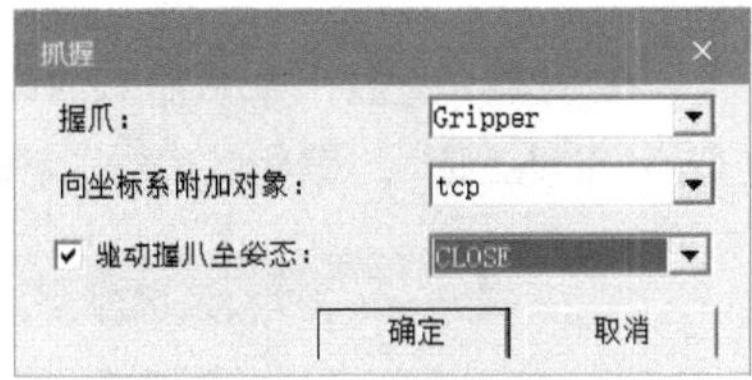

图 2-6-22　抓握命令

单击“播放仿真”，可以看到“拾取”离线编程命令的功能与封装编程命令的功能相一致。由此可得出结论：机器人拾放操作就是将机器人通用操作与离线编程命令“抓握”“释放”封装而成的操作。

（四）创建机器人程序

机器人内部可以存储许多的机器人运动轨迹的程序，每条程序都需要有一个唯一的编号，才能在执行机器人操作时方便查找和使用。

创建机器人程序

选中机器人，选择功能区“机器人”→“机器人程序清单”，打开机器人程序清单，如图 2-6-23 所示。单击机器人程序清单窗口的“新建程序”，如图 2-6-24 所示。

图 2-6-23　打开机器人程序清单

单击已编制好的机器人程序，如图 2-6-25 所示。在机器人清单中选中已编制好的程序名，单击“设为默认程序”，如图 2-6-26 所示。

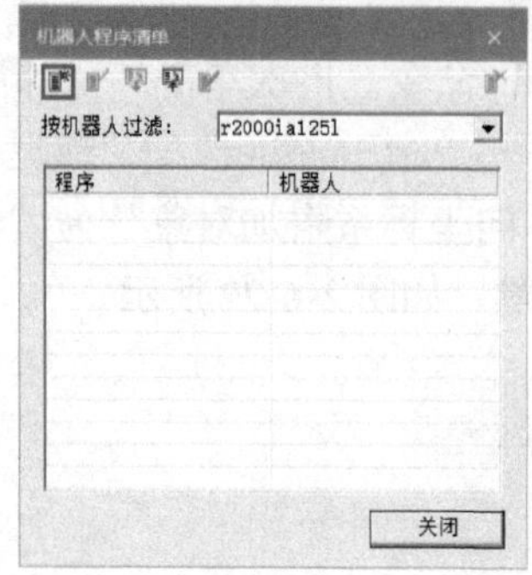

图 2-6-24 “机器人程序清单”

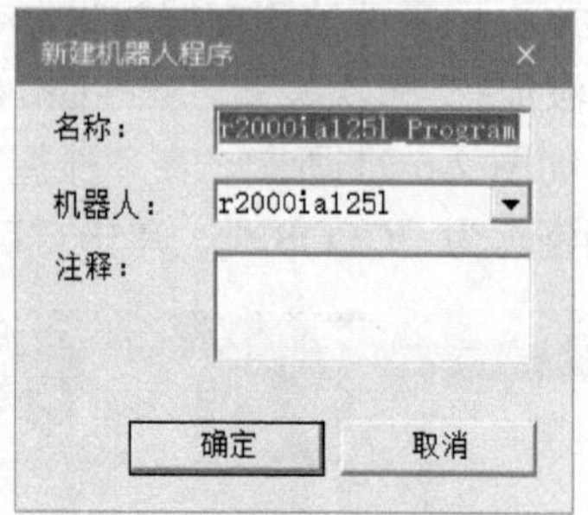

图 2-6-25 “新建机器人程序”

在机器人程序清单窗口单击“在程序编辑器中打开”，如图 2-6-27 所示。选中操作“Grip_Release”，鼠标左键长按拖拽至程序清单，如图 2-6-28 所示。

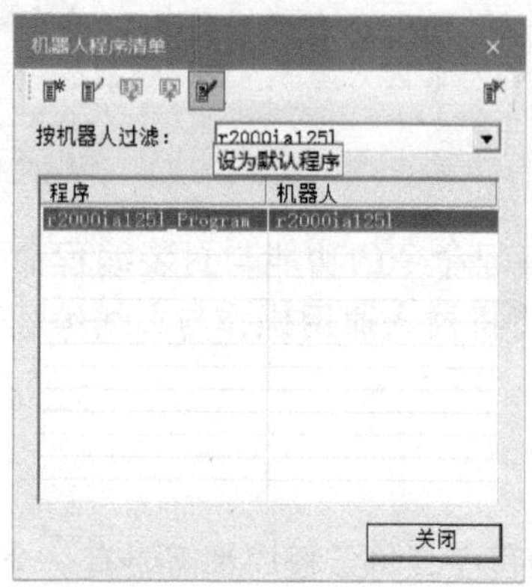

图 2-6-26 “设为默认程序”

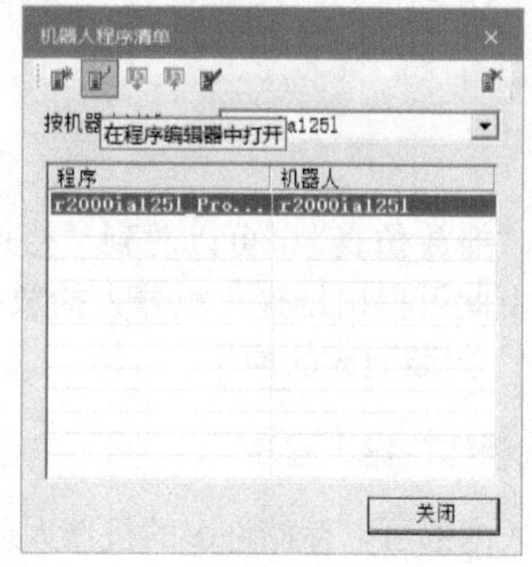

图 2-6-27 “在程序编辑器中打开”

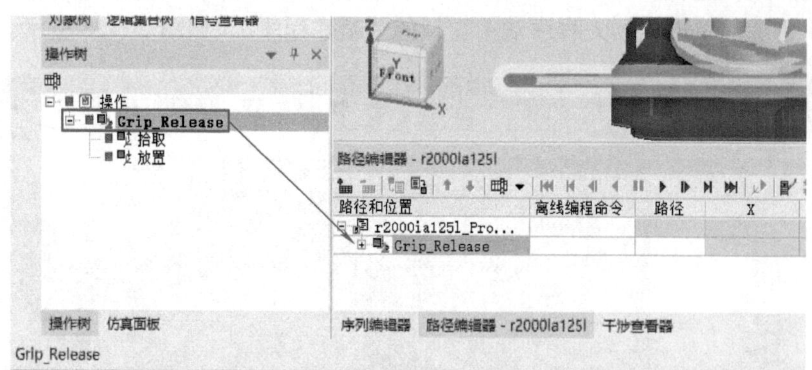

图 2-6-28 添加操作至程序

单击路径编辑器中的“路径”，添加程序编号为“1”，将机器人操作“Grip_Release”设置为机器人 1 号程序。

（五）机器人信号设置

1. 创建机器人默认信号

选中机器人，在工作区弹窗中单击“机器人信号”，如图 2-6-29 所示。打开机器人信号窗口，单击“创建默认信号”，如图 2-6-30 所示。创建完成后单击“应用”保存操作，如图 2-6-31 所示。

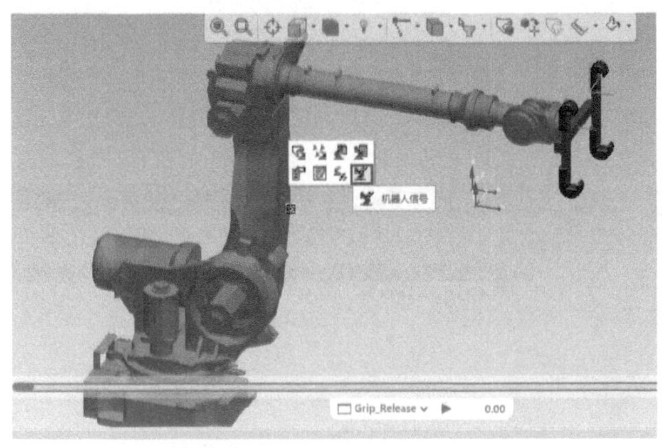

图 2-6-29　打开“机器人信号”

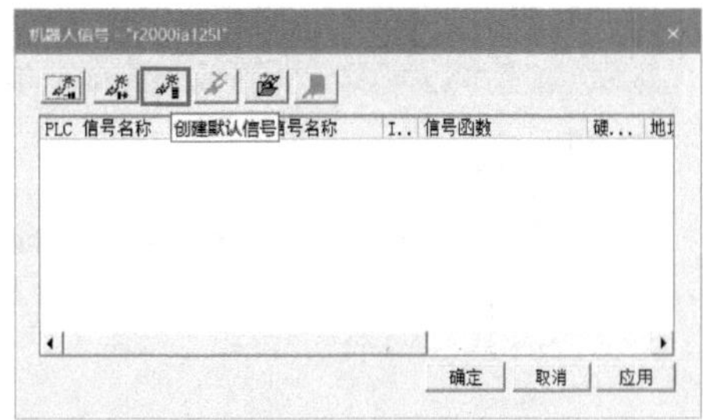

图 2-6-30　创建机器人默认信号

找到功能区“视图”→“查看器”→“信号查看器”，打开信号查看器，如图 2-6-32 所示。打开信号查看器，可以看到机器人信号已经添加至信号查看器，如图 2-6-33 所示。

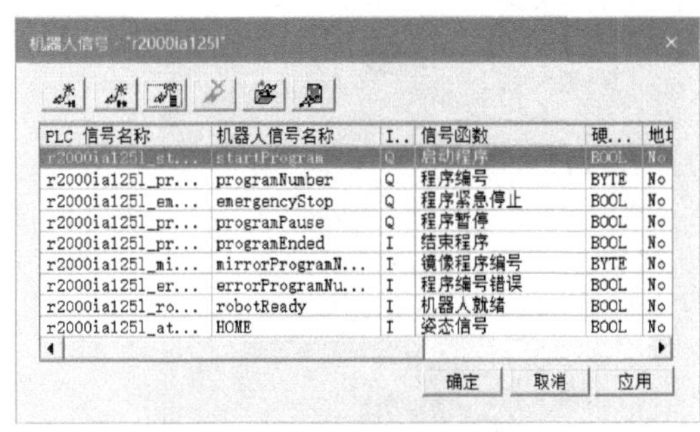

图 2-6-31　机器人默认信号

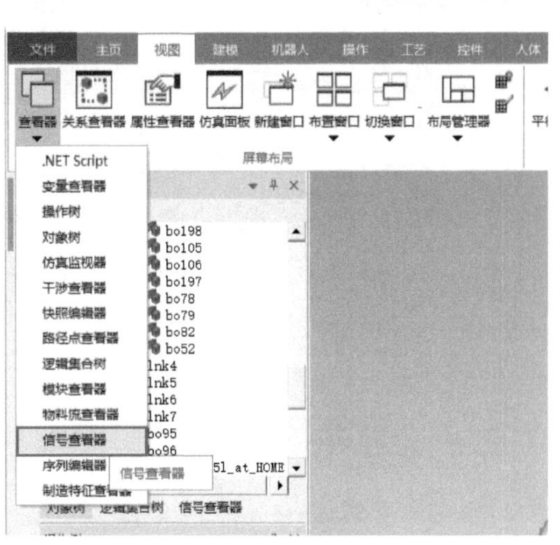

图 2-6-32　打开信号查看器

2. 仿真面板测试机器人信号

Process Simulate 软件在标准模式下无法对信号进行操作，所以需要将模式切换为“生产线仿真模式”。

在切换为“生产线仿真模式”前，首先需要将操作树合并在一个复合操作里，否则 Process Simulate 软件会提示报错，如图 2-6-34 所示。将“Grip_Release”操作添加到“CompOp”符合操作里，如图 2-6-35 所示。

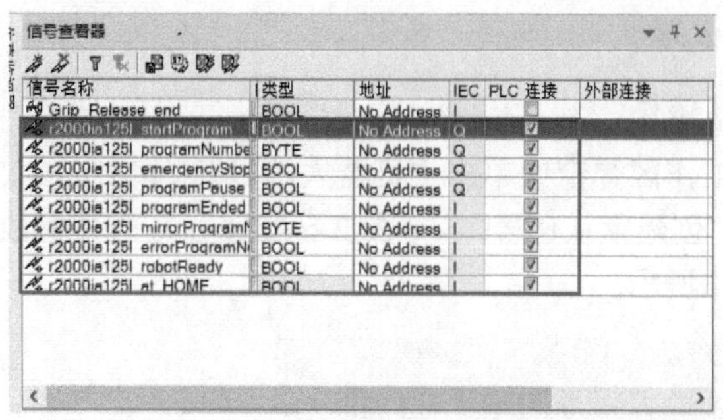

图 2-6-33 机器人默认信号

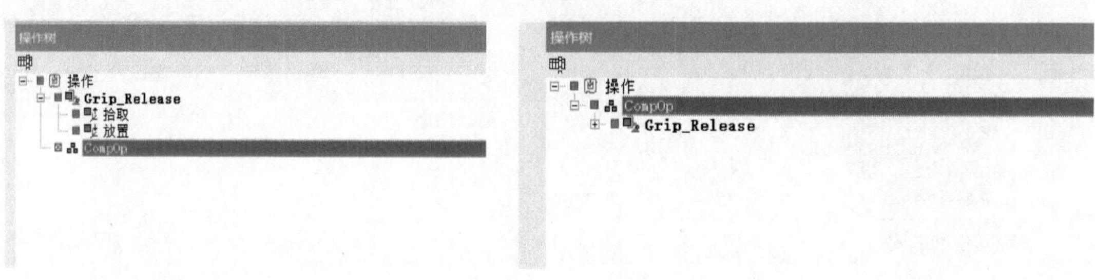

图 2-6-34 操作树有多个并列操作　　　　图 2-6-35 操作树只有单个复合操作

回到功能区“主页”，先单击“生产线仿真模式”切换模式，再打开仿真面板，如图2-6-36 所示。

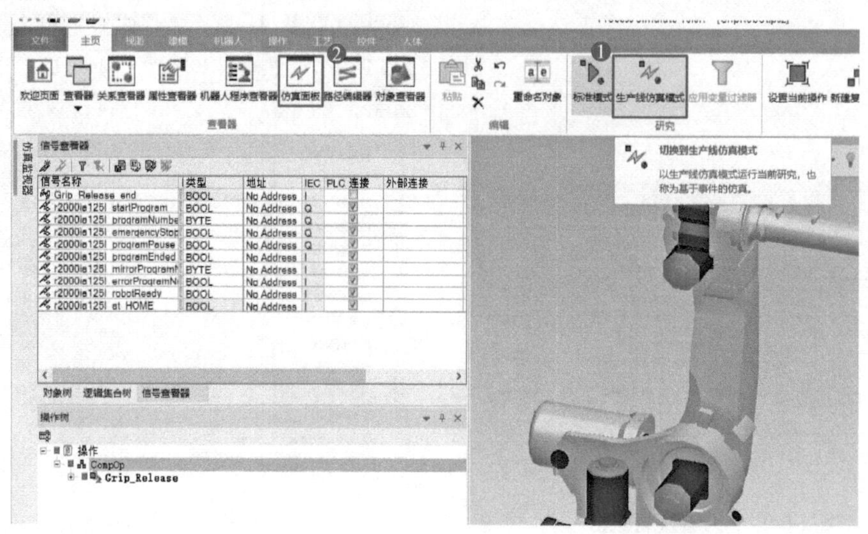

图 2-6-36 “生产线仿真模式”打开仿真面板

选中“信号查看器”里的机器人默认信号，添加至仿真面板，如图 2-6-37 所示。将所有机器人地址栏中为“Q”的信号均按“强制！”勾选，如图 2-6-38 所示。

修改“r2000ia125l_programNumber”的强制值为“1”，即修改机器人程序编号为 1，单击序列编辑器“播放仿真”。再修改“r2000ia125l_startProgram”的强制值为“真”，机器人完成“Grip_Release”的操作，至此完成了使用仿真面板对机器人信号触发的控制。

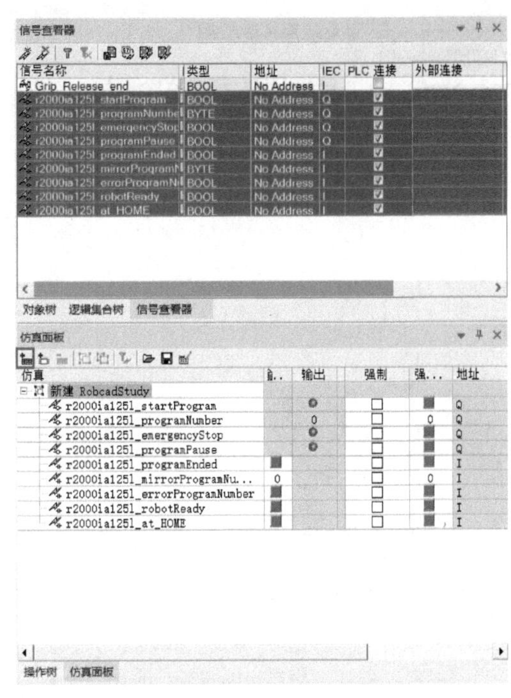

图 2-6-37　添加信号至仿真面板

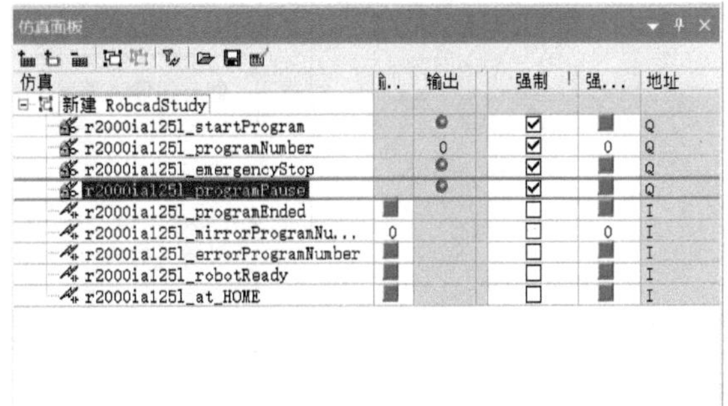

图 2-6-38　勾选强制

检查与评估

对本任务的学习情况进行检查，并将相关内容填写在表 2-6-1 中。

表 2-6-1　检查评估表

检查项目	检查对象	检查结果	结果点评
通用机器人操作的创建与设置	① 新建通用机器人操作 ② 机器人运动路径过渡点的设置	是□ 否□ 是□ 否□	
路径编辑器定制列	① 添加机器人坐标参数至定制列 ② 添加离线编程命令至定制列	是□ 否□ 是□ 否□	
机器人离线编程命令	① 理解拾放操作离线编程命令 ② 实现拾放操作离线编程命令的编写	是□ 否□ 是□ 否□	
创建机器人程序	① 新建机器人程序清单 ② 添加操作至默认程序	是□ 否□ 是□ 否□	
机器人信号设置	① 创建机器人默认信号 ② 仿真面板测试机器人信号	是□ 否□ 是□ 否□	

任务总结

本任务学习了 Process Simulate 软件设置机器人的重要操作，包括拾放机器人操作的原理、路径编辑器的使用、离线编程命令的创建、机器人程序和信号的创建与使用，任务小结如图 2-6-39 所示。

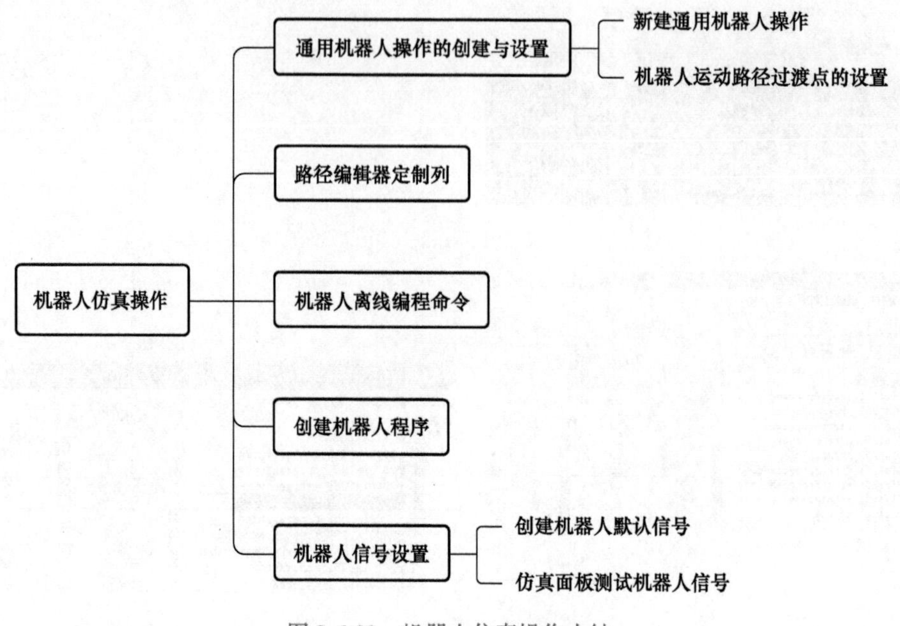

图 2-6-39　机器人仿真操作小结

任务拓展

1．参考通用机器人操作的创建与设置，在路径编辑器中添加机器人过渡点，使机器人在完成位移动作后能直接回到初始位置姿态 HOME。

2．参考机器人离线编程命令，删除并手动创建机器人拾放操作“放置”点的离线编程命令。

3．参考机器人信号操作，新建一个机器人操作，添加进程序清单，并设置程序编号为 2，使用仿真面板控制机器人执行 2 号程序。

项目三

机器人焊接流水线仿真

机器人焊接流水线仿真

现代生产制造企业新建生产线需要按照工业 4.0 理念对生产过程进行精细和广泛的控制，先进生产线一般情况下需要将生产任务进行合理规划、拆分，并通过使用相应自动化柔性制造设备进行建设和实施，同时需要实现对生产数据的采集和处理。

机器人焊接流水线仿真项目选取汽车焊接生产线中的一部分，主要由机电设备、机器人设备、工作台、夹具、工装等设备组成。本项目通过使用 Process Simulate 软件的建模和仿真功能：首先根据机器人焊接流水线的场地位置要求完成模型创建，其次根据机器人焊接流水线各设备的参数要求完成工艺参数设置，之后根据机器人焊接流水线各设备的运动关系和工艺过程要求完成时间序列的工艺仿真及事件信号序列的工艺仿真，如图 3-1-1 所示。

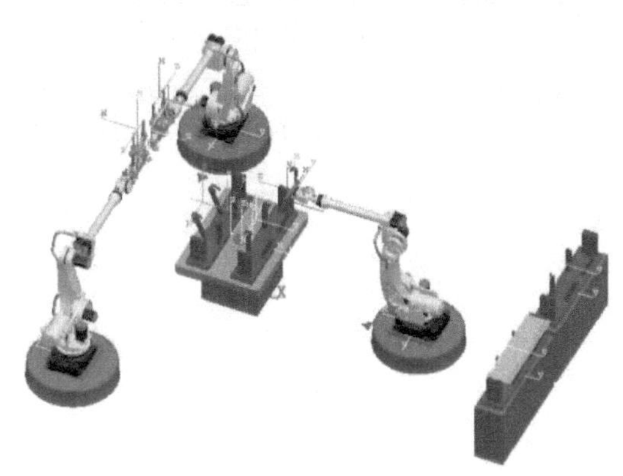

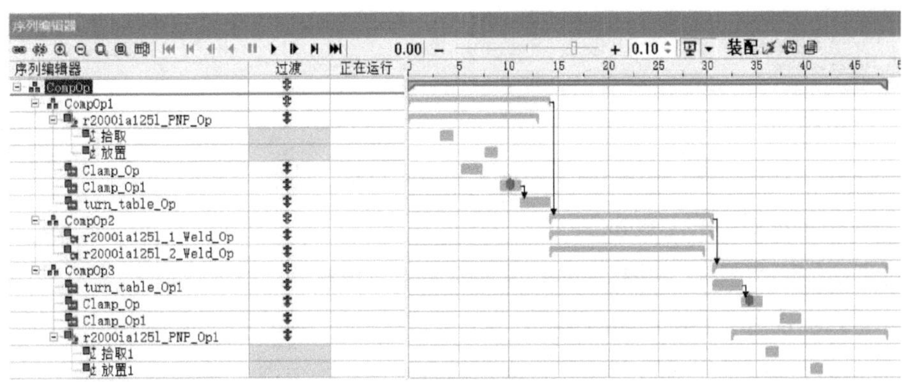

图 3-1-1　机器人焊接流水线仿真

任务一 创建机器人焊接流水线模型

任务工单

<table>
<tr><td>任务名称</td><td colspan="3"></td><td>姓名</td><td></td></tr>
<tr><td>班级</td><td></td><td>组号</td><td></td><td>成绩</td><td></td></tr>
<tr><td>工作任务</td><td colspan="5">在进行生产线数字仿真时，首先需要根据生产线上所有设备的位置关系创建生产线的位置，布置数字化模型，然后再进行下一步的参数设置与仿真。本任务是通过 Process Simulate 软件项目中构建布置图（Layout）功能，将机电设备、机器人设备、工作台、夹具等组件导入项目，完成机器人焊接流水线模型的创建
• 扫描二维码，观看“创建机器人焊接流水线模型”微视频
• 阅读任务知识储备，理解产线布局、坐标系、模型导入、模型布置、模型编辑定义的操作
• 阅读任务技能实操，完成产线布局、机电设备及机器人放置、工具安装等操作</td></tr>
<tr><td>任务目标</td><td colspan="5">知识目标
• 掌握布局规划、工件基准坐标系（Base Point）和工具坐标系（Tool Center Point）的应用
• 掌握项目布局图的创建及调整方法
• 掌握生产线所需的设备、工件模型，工业机器人及其机器人安装基座导入和装载在布置图上的方法
• 掌握工件基准坐标系（Base Point）和工具坐标系（Tool Center Point）设置的方法与步骤
能力目标
• 学会设置机电设备、工件夹具及机器人等组件常用状态
• 学会使用软件的项目布置图、模型导入与装载、工件基准坐标系（Base Point）和工具坐标系（Tool Center Point）等功能
素质目标
• 良好的协调沟通能力、团队合作及敬业精神
• 专业的职业素养，遵守实践操作中的安全要求和规范操作注意事项</td></tr>
<tr><td rowspan="4">任务分配</td><td>职务</td><td>姓名</td><td colspan="3">工作内容</td></tr>
<tr><td>组长</td><td></td><td colspan="3"></td></tr>
<tr><td>组员</td><td></td><td colspan="3"></td></tr>
<tr><td>组员</td><td></td><td colspan="3"></td></tr>
</table>

知识储备

1. 产线布局

结合生产工艺流程，对设备的安装位置和运行范围进行合理布局。

2. 基准坐标系（Base Point）

模型中的公共基准，用来精确定位参照和放置位置。

3. 工具坐标系（Tool Center Point）

设备执行操作末端中心位置，一般 Z 轴与末端轴线重合，指向末端朝向。

4. 工具定义

从设备定义工具，如焊枪或握爪。工具可以附加到机器人以执行任务。

5. 机器人可达范围测试

检查机器人是否可以到达所选位置，通过测试结果，进一步优化机器人的布局。

（一）布局规划

将本项目的资源包（My_Project.rar）解压至客户端系统根目录，资源包内详细信息参见项目二的任务一（见图 2-1-1）。

1. 项目布局的第一种方式

（1）导入已有的布置图

首先“定义组件类型”，将“布置图”（Layout）类型定义为“ToolPrototype”。在完成布置图的类型定义后，使用“插入组件”方式完成布置图导入，如图 3-1-2 所示。

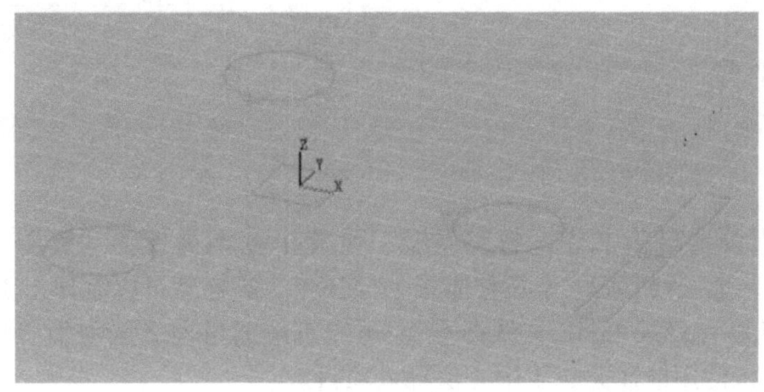

图 3-1-2　布置图导入

（2）布置图位置调整

打开地板显示观察布置图放置是否合适，如果发现布置图位置不理想，可以通过“放置操控器（Alt+P）”将布置图移动到合适的位置。通过旋转模型调整视角，方便调整，如图 3-1-3 所示（备注：按住鼠标滚轮，拖动鼠标即可进行视角调整）。

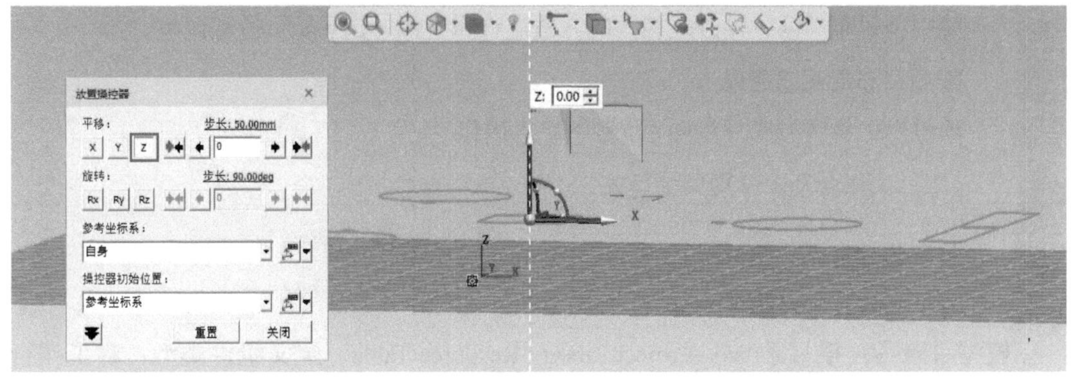

图 3-1-3　调整视角查看布置图位置

2. 项目布局的第二种方式

（1）导入 CAD 软件绘制的布置图

通过 CAD 软件绘制的二维布置图，需要通过“转换并插入 CAD 文件”方式，将绘制的 CAD 文件转化为 Process Simulate 软件可以使用的 *.jt 格式文件。通过：“转换并插入 CAD 文件”→“添加”→选取绘制的 CAD 文件→“打开”（见图 3-1-4）→导入设置对话框（见图 3-1-5）。

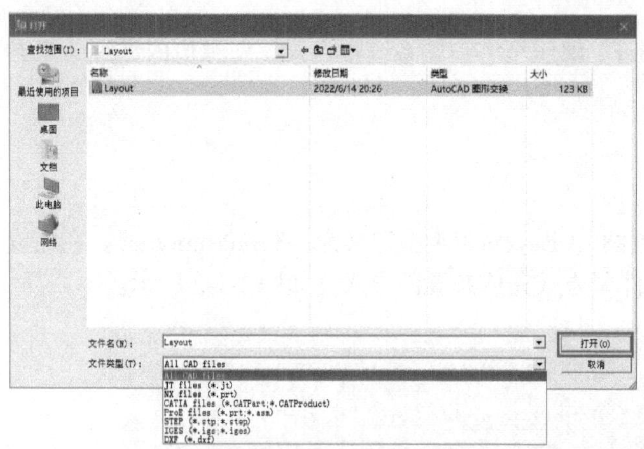

图 3-1-4　可以识别的 CAD 文件格式

图 3-1-5　“文件导入设置”对话框

在文件导入设置对话框中，将“类型”设置中基本类选为“资源”，原型类选为“ToolPrototype”，选项处勾选“创建整体式 JT 文件”，这样就可以制作出 JT 格式文件（文件会保存至系统设置目录 *.cojt 文件夹下）。可以直接通过勾选选项中“插入组件”方式导入项目，也可以使用前述方式 1 中方法导入项目。

值得注意的是：通过“插入组件”的方式，必须事先定义组件，同时只能将路径在系统设置目录的 *.cojt 格式文件插入项目。使用“转换并插入 CAD 文件”方式可以将任意目录下可识别 CAD 格式文件插入，同时可以在系统设置目录中生成 *.cojt 格式文件（可以识别的转换文件包含市面上大多主流 CAD 软件格式，如 JT、NX、CATIA、ProE、SolidWorks 等，本任务采用 AutoCAD 绘制布局图，需要保存为 *.dxf 格式）。

（2）布置图位置调整

使用项目布局第一种方式相同的方法进行布置图（Layout）位置调整。

3. 项目布局规划完成

通过以上步骤完成将布局 / 布置图导入操作。

工作台及工作夹具的导入（上）

（二）工作台及工件夹具的导入

工作台及工件夹具的导入（下）

1. 工作台导入

（1）工作台导入软件项目

模型目录为：根目录 \My_Project\Library\Resource\Table。定义组件类型：将工作台（Table）组件定义为“Work_Table”。在视图窗口可以看到导入项目的工作台组件，如图 3-1-6 所示。

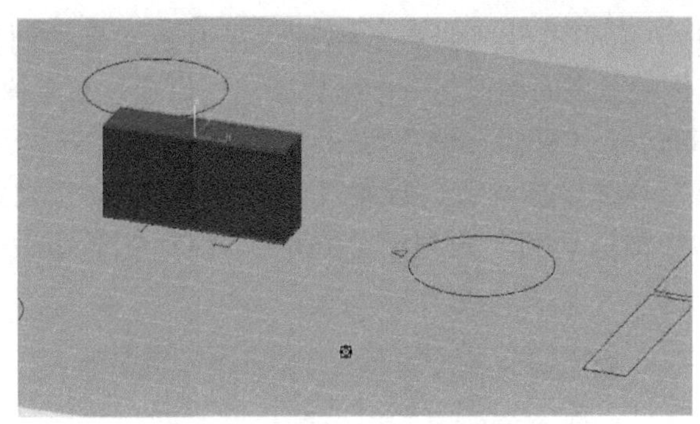

图 3-1-6　工作台建模

（2）工作台移至布置图相应位置

选择工作台（Table）→“重定位”，如图 3-1-7 所示；然后通过“放置操控器”，如图 3-1-8 所示，将工作台进一步围绕选定坐标系 Z 轴旋转，最终完成工作台放置。

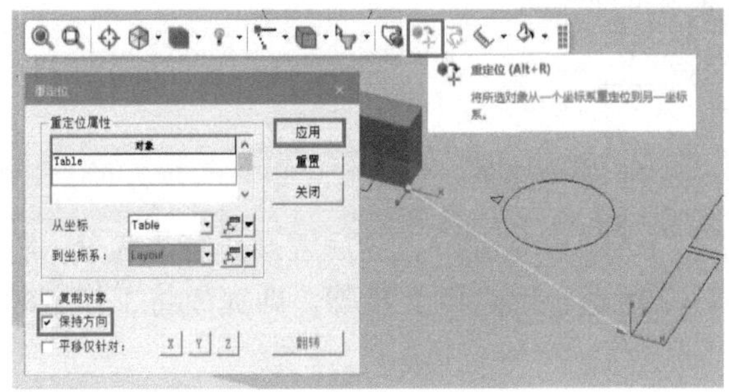

图 3-1-7　工作台“重定位”

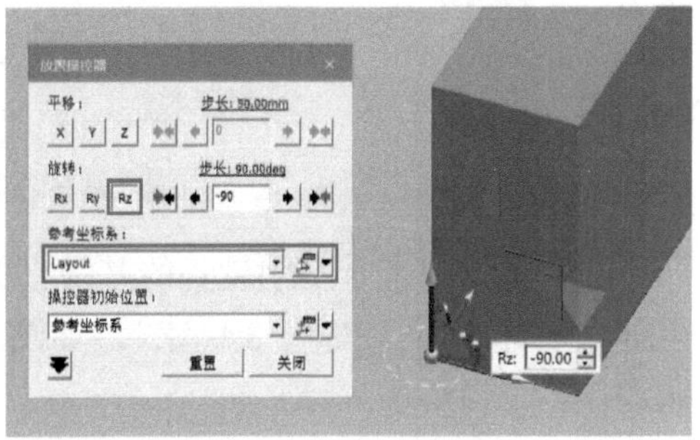

图 3-1-8　工作台放置

（3）工作台设置安装坐标系

选择工作台（Table）→点选“建模”→“设置建模范围”，这时，在对象树中“Table”前会出现红色“M”标志，同时范围选框中内容也变为“Table”，如图 3-1-9 所示。

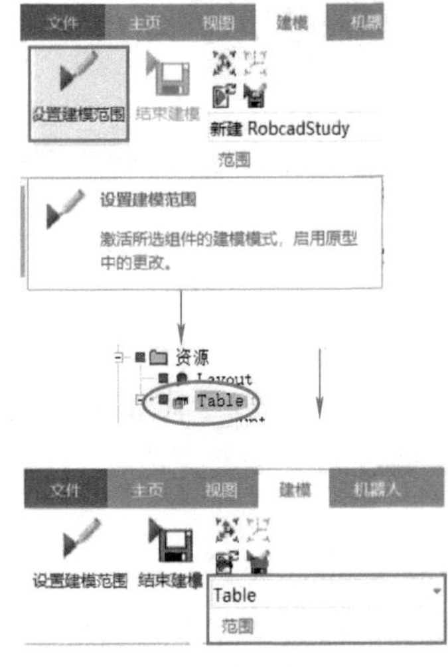

图 3-1-9　“设置建模范围”

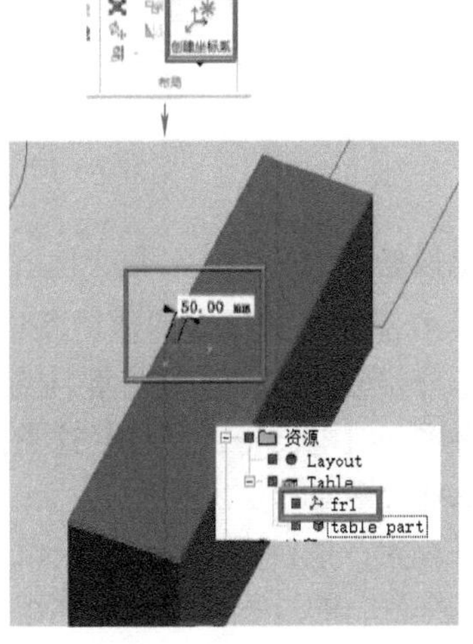

图 3-1-10　坐标系确定

在工作台（Table）顶部通过“创建坐标系”在安装夹具处制作坐标系“fr1”。如图3-1-10所示，在工作台上表面制作出一个坐标系，可以通过对象树进行查看。

选择工作台（Table）→“建模”选项卡→“运动学设备”→“运动学编辑器”，在弹出的“运动学编辑器”对话框中单击“设置基准坐标系”，在“设置基准坐标系”对话框中选取刚刚制作的坐标系“fr1”后单击“确定”，这样就制作出一个基准坐标系，如图3-1-11所示。

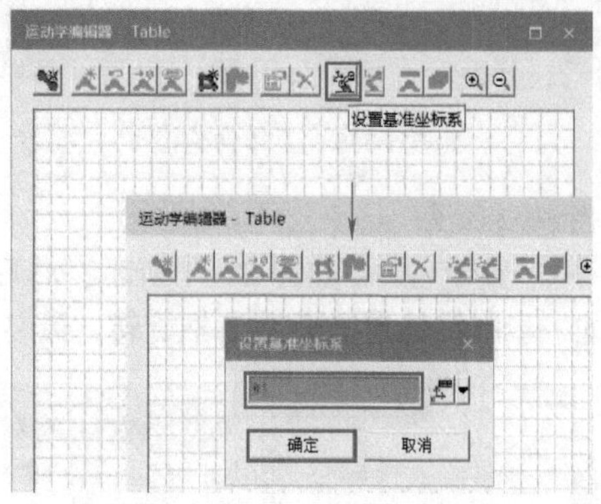

图3-1-11　工作台安装坐标系设定

在对象树中查看刚刚设置的基准坐标系“BASEFRAME”，为后续操作容易区分，将坐标系名称改为“PlaceFRAME”，如图3-1-12所示。通过以上步骤，即完成将工作台装载操作。

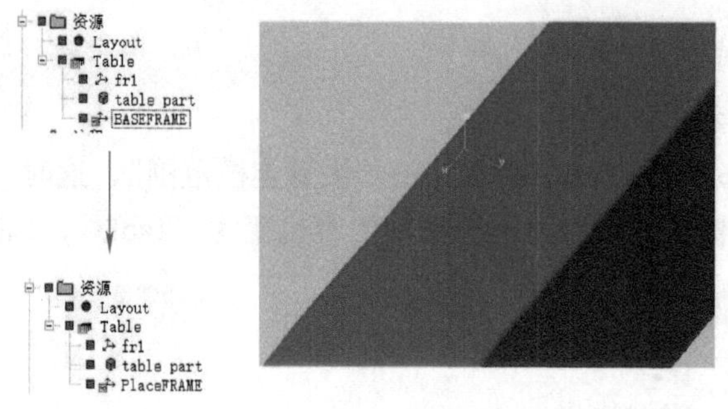

图3-1-12　查看工作台安装坐标系

2. 机电设备导入

生产线中还会用到很多其他设备组件，在装载这些组件时，会重复使用装载“工作台”中的部分步骤，但是还是需要注意其中细微差别。在本任务中需要用到旋转工作台，这类工作台属于机电设备，在装载这类机电设备时，通过以下步骤完成：

（1）机电设备导入

模型目录为：根目录\My_Project\Library\Resource\Table。装载“旋转工作台”的方式和装载“工作台”的过程很相似。在组件定义时需要将组件类型选为“Turn_Table”。完成组件定义后，就可以通过“插入组件”完成“旋转工作台”的装载。

（2）机电设备新建和查看工作状态

机电设备与普通工作台的最大区别是：机电设备有各种不同的工作状态，需要对不同状态进行定义和编辑以满足设备的运动要求。在旋转工作台被选中的状态下，通过“姿态编辑器”，如图 3-1-13 所示，查看旋转工作台暂时只有“HOME”一种工作状态。在“姿态编辑器”对话框中通过“新建”方式完成“Half_Turn”状态的定义。

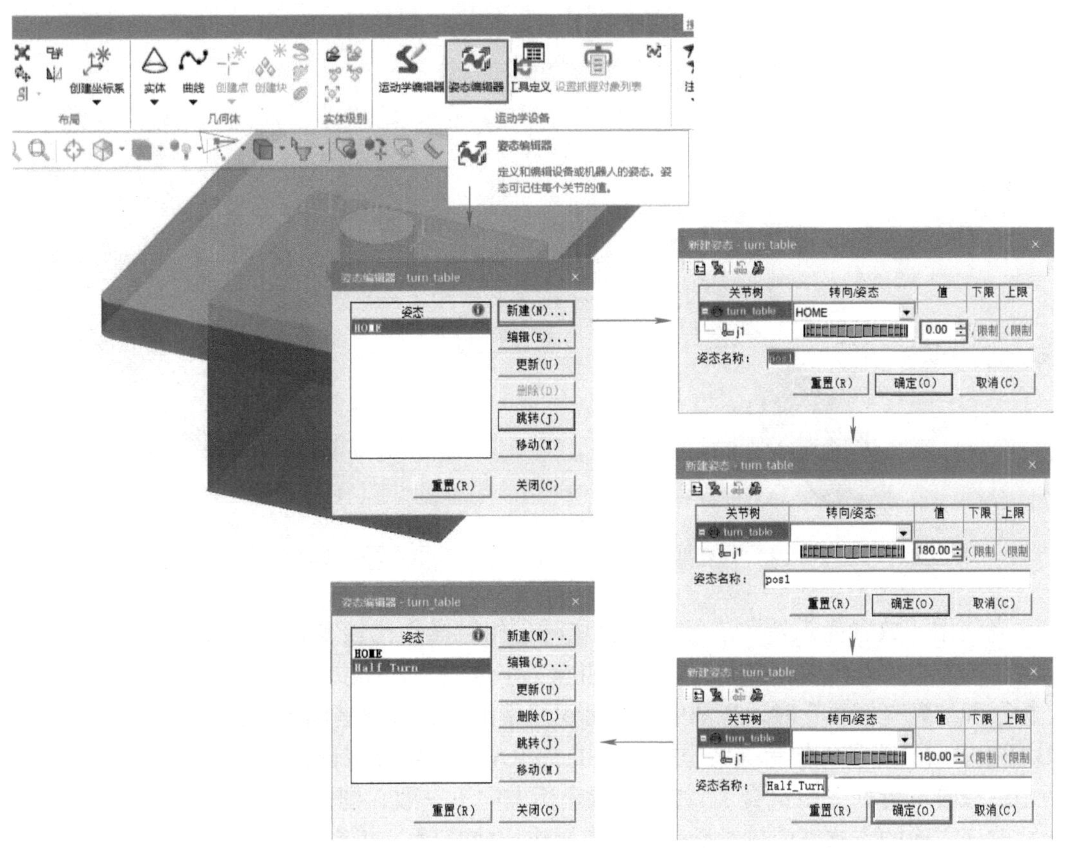

图 3-1-13　新建旋转工作台工作状态

将姿态名称更改为较容易识别的名字，姿态名称“HOME”（大写字母）是默认的初始姿态，为初始导入模型相应姿态，一般不建议更改。软件识别姿态名称为“OPEN”/“CLOSE”（大写字母）为设备“打开”/“闭合”姿态。

（3）机电设备设置安装坐标系

使用“工作台”安装坐标系设置的相似方式，完成旋转工作台安装坐标系的设置。

3. 工装导入

（1）支架导入

1）支架导入

模型目录为：根目录 \My_Project\Library\Resource\fixture。将支架组件定义为“fixture”，然后使用“工作台”组件相似的操作，载入支架组件。

2）支架放置

选中支架（fixture）→“重定位”，在“重定位”对话框中，如图 3-1-14 所示，“从坐标”选取支架（fixture）的基坐标系“BASEFRAME”，“到坐标系”选取工作台（Table）的安装坐标系“PlaceFRAME”。下方不勾选“复制对象”和“保持方向”，单击“应用”，即完成支架放置，如图 3-1-15 所示。

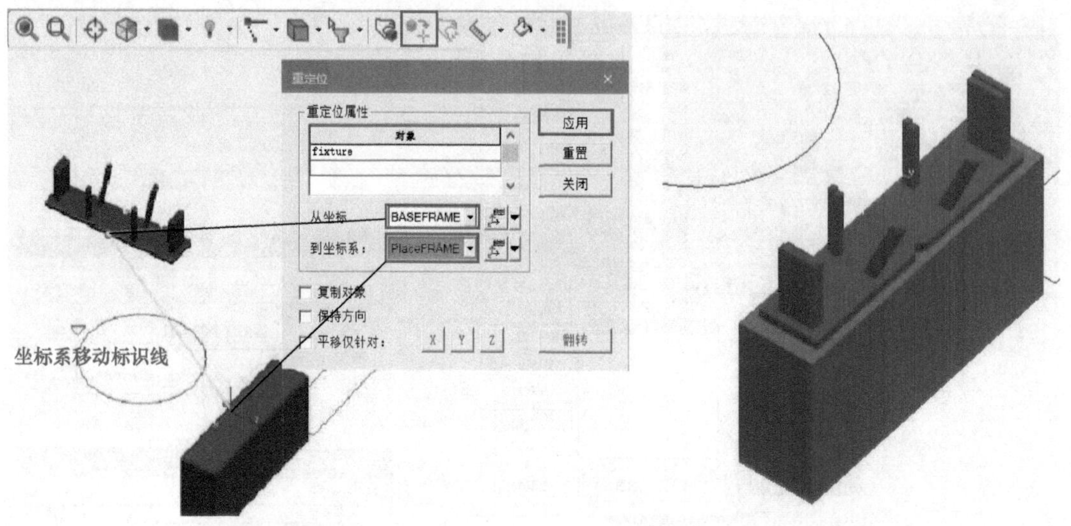

图 3-1-14　支架快速放置　　图 3-1-15　支架放置完成

当使用“放置操纵器”进行支架放置时，相对操作比较复杂且不够精确。这里使用重定位的方式，既可以将夹具快速移至相应工作台上，放置位置也非常准确。在选取“从坐标”和“到坐标系”时，视图中会有标识线帮助查看所选坐标系是否正确。支架坐标系“BASEFRAME”和工作台安装坐标系“PlaceFRAME”需要保证方向相同（即放置完成后，两坐标位置和方向完全重合）。如果两者坐标方向不一致，则需要使用组件翻转或者将坐标系改变方向的方式完成放置操作，这类操作比较繁琐，建议在装配前先将坐标系方向调整到位。

完成一组工作台和支架装载和放置后，可以使用“重定位”的方式快速放置相同的另外一组组件。具体操作为：同时选中工作台（Table）和支架（fixture）→“重定位”，在“重定位”对话框中，如图 3-1-16 所示，“从坐标”选取布置图（Layout）上一点（图中 1 圈中选中坐标系位置），“到坐标系”选取布置图（Layout）另一点（图中 2 圈中选中坐标系位置）。下方勾选“复制对象”和“保持方向”，单击“应用”，即可以完成另外一组工作台和支架的快速装载和放置操作，如图 3-1-17 所示，同时可以在对象树中出现“Table_1”和“fixture_1”两个新组件。

（2）夹具导入

1）夹具导入

模型目录为：根目录\My_Project\Library\Resource\Clamp。将夹具组件定义为“Clamp”，然后使用“工作台”组件相似的操作，载入夹具组件。

2）夹具工作状态检查

除了使用“姿态编辑器”检查组件工作状态外，还可以使用“关节调整”的方法进行夹具工作状态检查。

如图 3-1-18 所示，选中夹具（Clamp）→“机器人”选项卡→“工具和设备”→“关节调整”，在“关节调整”对话框中可以查看夹具（Clamp）有 3 种状态，分别对“OPEN”和“CLOSE”两种工作状态进行检查。

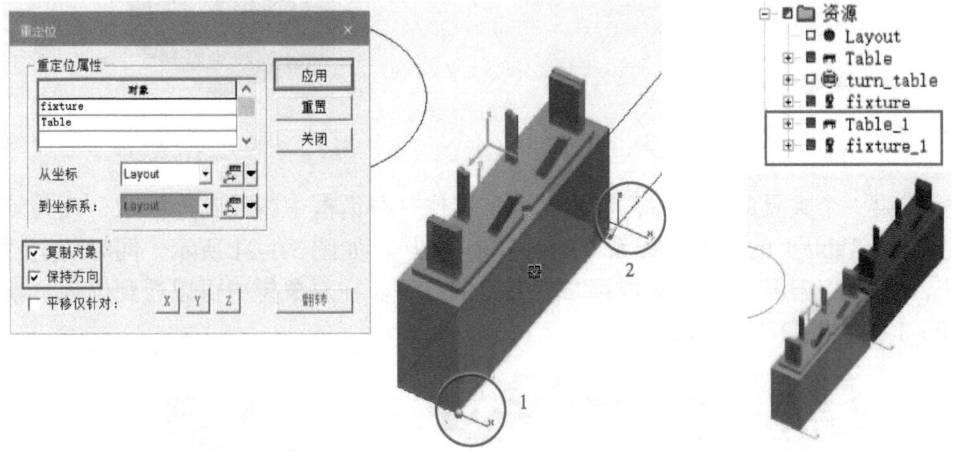

图 3-1-16　相同组件快速装载　　图 3-1-17　完成装载

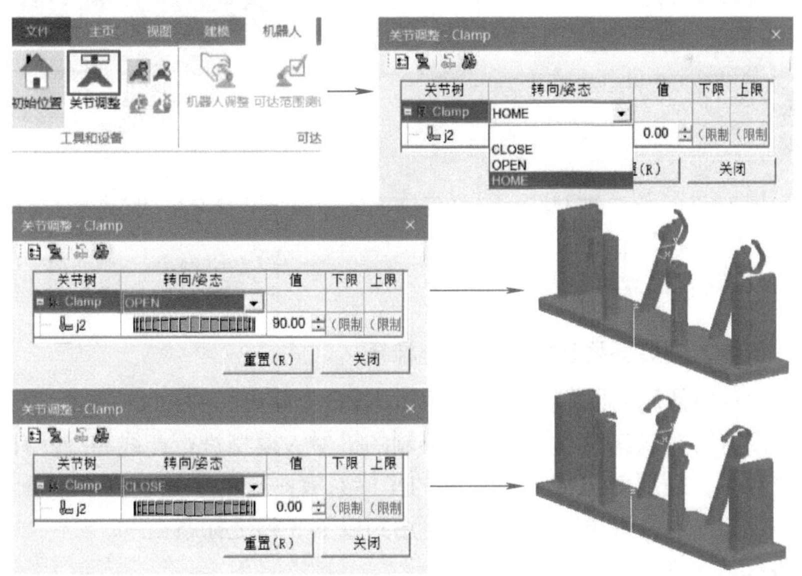

图 3-1-18　夹具工作状态检查

3）夹具放置

使用“重定位”快速放置夹具。如图 3-1-19 所示，在“重定位”对话框中“从坐标”选取夹具（Clamp）的基坐标系“BASEFRAME”，“到坐标系”选取旋转工作台（Turn_Table）的安装坐标系“Place1FRAME”。下方不勾选“复制对象”和“保持方向”，单击“应用”，即完成第一个夹具的放置，如图 3-1-20 所示。

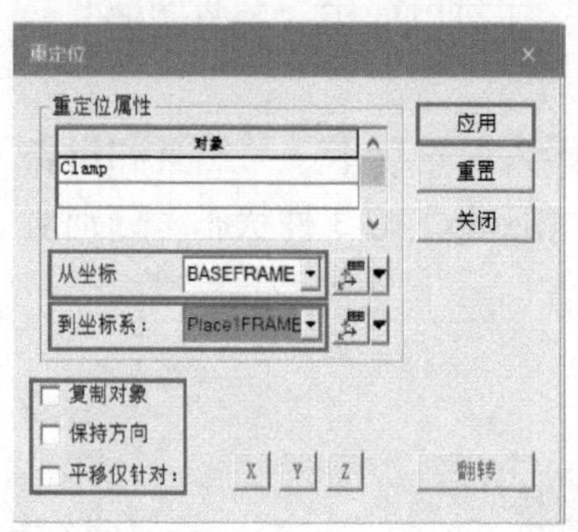

图 3-1-19　夹具“重定位”

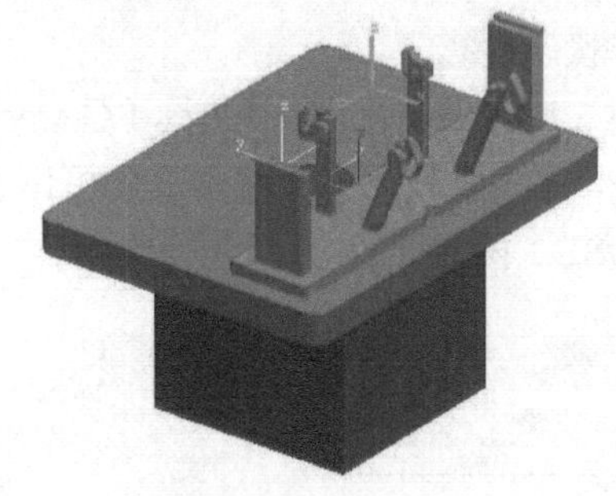

图 3-1-20　夹具放置结果

完成第一个夹具的放置后，直接在“重定位”对话框中将“到坐标系”改为旋转工作台（Turn_Table）的安装坐标系“Place2FRAME”，如图 3-1-21 所示，同时勾选“复制对象”，单击“应用”，快速完成第二个夹具的放置。在对象树中可以看到出现了新组件“Clamp_1”，如图 3-1-22 所示。

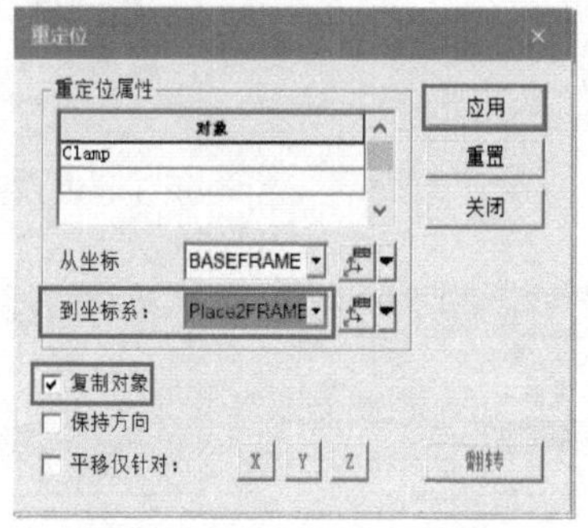

图 3-1-21　第二夹具快速导入和定位

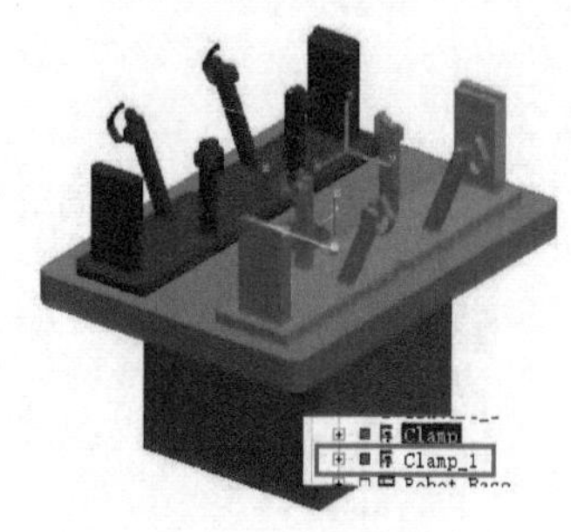

图 3-1-22　完成全部夹具放置

（三）三个机器人设备的导入

1. 机器人安装需要注意的相关坐标系

本项目中使用的机器人模型采用FANUC公司出品的r2000ia125l型工业机器人，也可以按需要选取其他型号或自己绘制的机器人模型进行产线布局。针对此类六轴工业机器人，需要对机器人所用到的坐标系有一定的了解。在 Process Simulate 软件中机器人使用的一般为直角坐标系，主要用到以下 3 种坐标系：

（1）机器人基准坐标系

机器人的基准坐标系是机器人最基本的坐标系，是一个相对机器人本体的固定坐标系，是其余机器人所用坐标系确定的基础。机器人的基准坐标系是以机器人安装位置为基准，用来描述机器人本体运动的直角坐标系。

该坐标系有两大特点：

1）基准坐标系的位置（原点）固定位于机器人 1 轴旋转轴线和机器人底面的交点；

2）基准坐标系的轴线方向定义为：当机器人本体正装时，前后为 X 轴（前为正），左右为Y轴（左为正），上下为Z轴（上为正），满足直角坐标系右手定则，如图3-1-23所示。

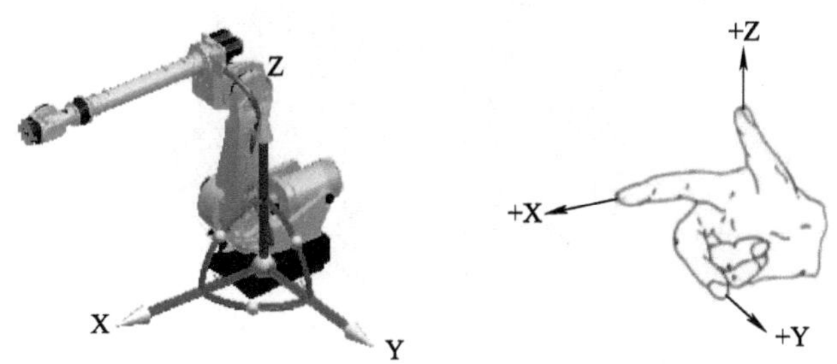

图3-1-23　机器人基准坐标系

（2）机器人安装基座坐标系

为了方便机器人放置到机器人安装基座上，在基座数模制作时，将装配面上相应的安装位置中心作为坐标系原点位置，同时按要求方向设定坐标方向（参考机器人基准坐标系）。

（3）机器人工具坐标系（TCP）

机器人本体的工具坐标系原点位置在机器人腕部法兰盘中心，有效方向（可以安装工具的方向）作为Z轴正方向，使右手定则确定坐标系X轴、Y轴的正方向。

当安装好末端执行器后，新的工具坐标系（TCP）位置转至在执行器的工作端处。

2. 机器人安装基座的导入

（1）机器人安装基座导入

模型目录为：根目录\My_Project\Library\Resource\Device。将机器人安装基座组件定义为“device”，然后使用“插入组件”的方式，导入第一个机器人安装基座组件，同时将基座移至布置图上相应位置。

（2）机器人安装基座查看相关坐标

1）机器人安装基座检查相关坐标设置

机器人安装基座的主要用处是安装机器人，并为机器人提供相应接口。基座上的主要坐标系有两个：一是基准坐标系（BASEFRAME）用来确定底座安装位置；二是安装坐标系，主要就是为机器人装配提供服务。在设置这两个坐标系时（尤其是安装坐标系），要优先按照机器人基准坐标系确定坐标系各轴方向。

如图3-1-24所示，机器人安装基座顶部中心即为安装坐标系原点位置，基座正前方为X轴正方向，基座正上方为Z轴正方向。基座安装坐标直接对应机器人基准坐标，位置和方向完全一致。

2）机器人安装基座设置安装坐标系

如果缺少相应坐标系，可以使用新建坐标系的方式进行添加。具体方式可以参考“设置工作台安装坐标系”。

（3）其余机器人安装基座快速导入

使用“重定位”的方式，快速导入另外两个基座，如图3-1-25和图3-1-26所示。

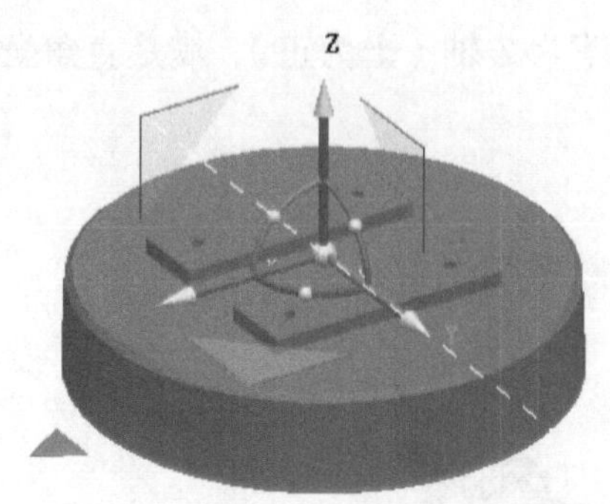

图 3-1-24　机器人安装基座安装坐标系设置

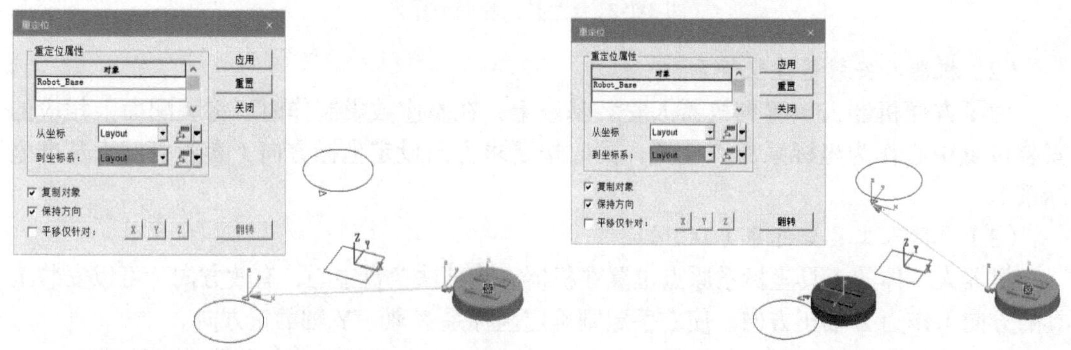

图 3-1-25　导入第二个基座　　　　图 3-1-26　导入第三个基座

可以在对象树中看到另外两个基座："Robot_Base_1" 和 "Robot_Base_2"，此时新导入的基座位置并没有完全到位，如图 3-1-27 所示。以"Robot_Base_1"为例，使用"放置操控器"调整基座位置。在"放置操控器"对话框中选取适合的"参考坐标系"（本例为底座方向箭头尖点底部），通过围绕 Z 轴旋转将基座放置到位，如图 3-1-28 所示。

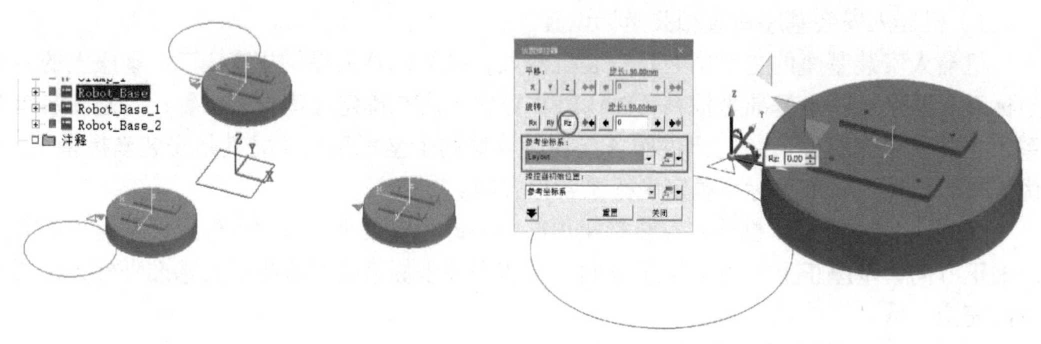

图 3-1-27　"重定位"基座的初始位置　　　　图 3-1-28　调整基座放置

3. 机器人本体的导入

（1）机器人本体导入

模型目录为：根目录 \My_Project\Library\Resource\Robot，将所选用的机器人组件类型定义为“Robot”，通过“插入组件”的方式导入第一个机器人本体。

（2）机器人本体放置

选中机器人→“重定位”→“重定位”对话框“从坐标”为机器人的基准坐标系“BASEFRAME”，“到坐标系”为第一个机器人基座（Robot_Base）安装坐标系“MountFRAME”，不勾选下方的“复制对象”→“应用”，完成机器人的放置，如图 3-1-29 所示。

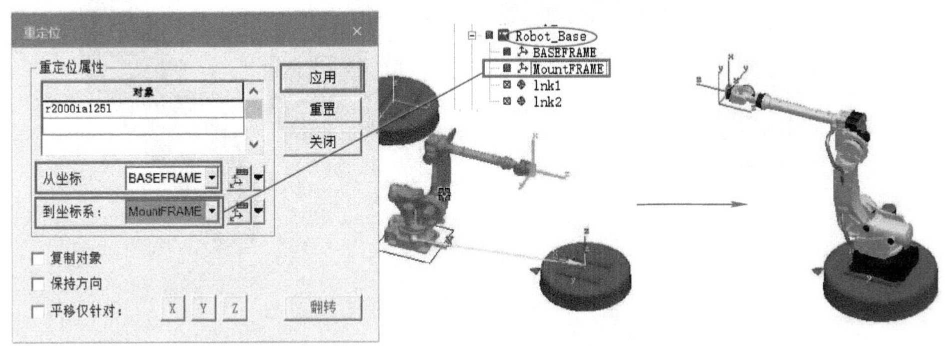

图 3-1-29　机器人快速放置

（3）同型号机器人快速导入

使用“重定位”的方式放置第一个机器人组件后，在前述“重定位”对话框中将“到坐标系”改为第二个机器人基座（Robot_Base_1）安装坐标系“MountFRAME”（可以在对象树中选择对应坐标系），同时需要勾选下方的“复制对象”，单击“应用”，如图 3-1-30 所示。重复以上操作，把“到坐标系”改为第三个机器人基座（Robot_Base_2）安装坐标系“MountFRAME”，勾选下方的“复制对象”，单击“应用”，完成第三个机器人的放置，如图 3-1-31 所示。以上就完成了全部机器人的导入和放置操作。

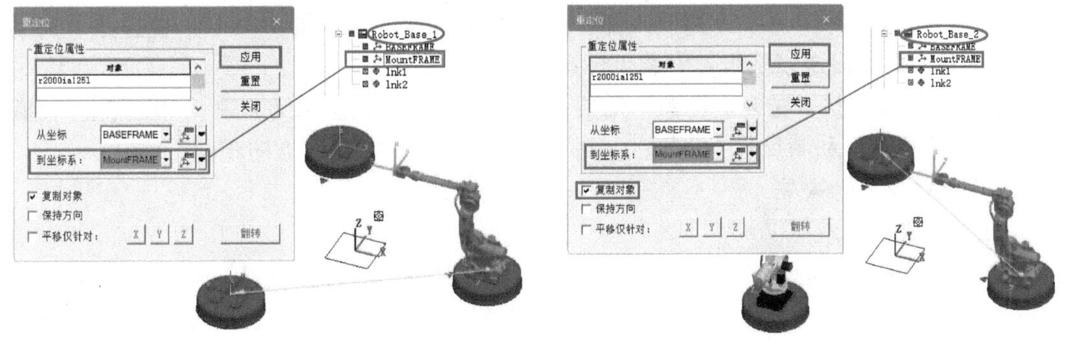

图 3-1-30　导入第二个机器人　　图 3-1-31　导入第三个机器人

通过以上步骤，一个简单的生产线工位就已经布置完毕，如图 3-1-32 所示。从工位布置图中可以看出，机器人工具坐标系（TCP）在六轴（腕部）法兰盘中心位置，Z 轴正方向即为可以安装工具的有效方向。

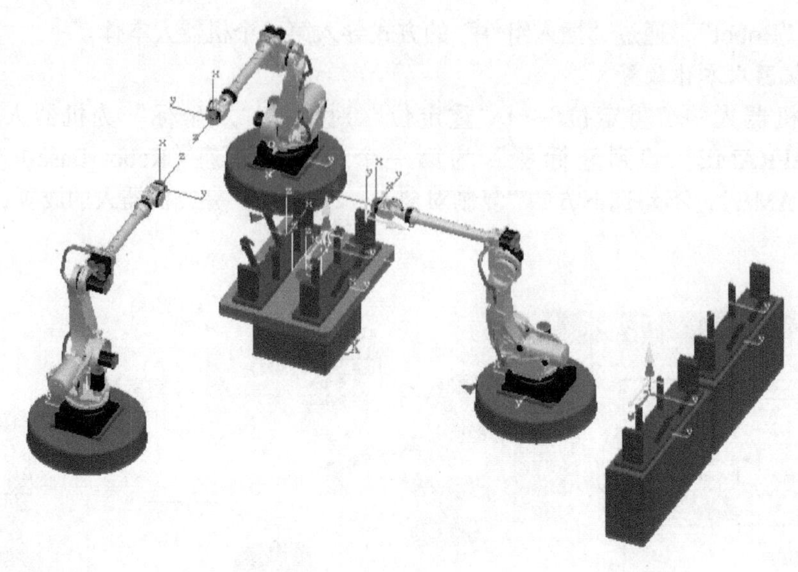

图 3-1-32　生产线工位布置

4. 末端执行器的安装

完成生产线设备布置后，接下来需要为机器人安装相应的末端执行器。

（1）末端执行器组件定义

1）末端执行器组件定义

项目中需使用到两种末端执行器：抓手夹具和焊枪，模型目录为：根目录 \My_Project\Library\Resource\Gripper（或 Gun）。定义其组件类型，其中，抓手夹具（Gripper）选用类型为“Gripper”，焊枪（Gun）选用类型为“Gun”。在项目组件载入前，可以一次性将所有需用组件完成类型定义。

2）末端执行器导入

使用“插入组件”命令分别插入抓手夹具（Gripper）和焊枪（Gun）。检查抓手夹具和焊枪的各种姿态设定以及组件安装坐标系、工作坐标系。

注：末端执行器“安装坐标系”需要与机器人“工具坐标系（TCP）”相匹配。在满足“0”点位置重合和满足右手定则的基础上，还需满足“Z 轴”方向相同。

（2）抓手夹具的安装

1）抓手夹具安装

选中机器人（r2000ia125l）→“机器人”选项卡→“工具和设备”→“安装工具”，如图 3-1-33 所示。在“安装工具”对话框中“安装工具”的安装位置已经默认选择为机器人（r2000ia125l）的工具坐标系“TOOLFRAME”（也可以按需要选择）。选择“安装的工具”为抓手夹具（Gripper），坐标系选择抓手夹具的安装坐标系“MountFrame”，单击“应用”完成抓手夹具安装。

下一步检查是否安装成功，选中机器人（r2000ia125l）→“机器人”选项卡→“工具和设备”→“关节调整”，在“关节调整”对话框中调整各个关节位置，观察抓手夹具是否和机器人同时运动，如图 3-1-34 所示。

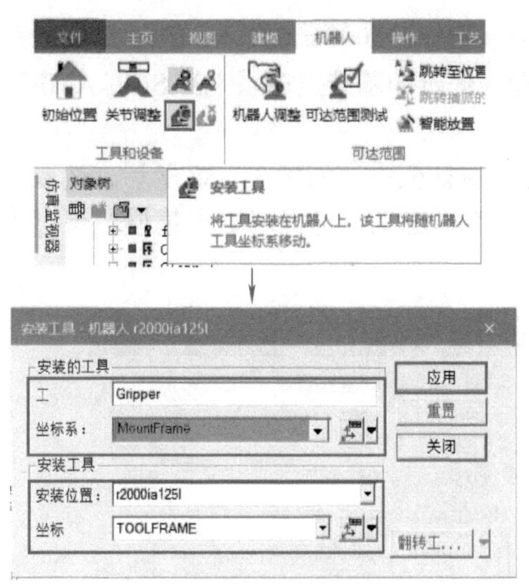

图 3-1-33　安装抓手夹具

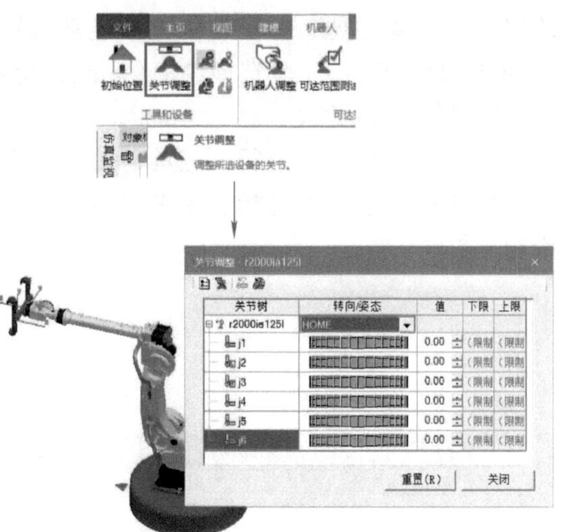

图 3-1-34　抓手夹具安装检查

2）抓手夹具工具定义

将“建模范围”选为抓手夹具（Gripper）后，进行工具定义。在工具定义对话框中，如图 3-1-35 所示，选取抓手夹具“tcp”为 TCP 坐标。单击“确定”完成抓手夹具工具定义。

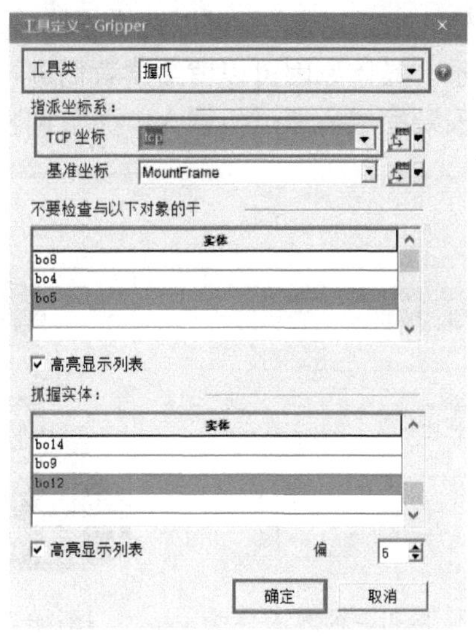

图 3-1-35　工具定义对话框

“工具定义”可以在末端执行器安装前完成，按需要对基准坐标、干涉检查对象和抓握实体进行定义。定义完成后，退出“建模”，保存对抓手夹具（Gripper）的相关设置。

完成“末端执行器”工具定义且安装完成后，机器人的工具坐标系（TCP）即为“末端执行器”的“TCP 坐标”。

（3）焊枪的安装

1）焊枪安装

选中机器人（r2000ia125l_1）→“安装工具”，如图 3-1-36 所示。在“安装工具”对话框→“安装工具”的安装位置已经默认选择为机器人（r2000ia125l_1）的工具坐标系“TOOLFRAME”→工具选择焊枪（gun），坐标系选为焊枪的基准坐标系“BASEFRAME”。

2）焊枪工具定义

选中焊枪（gun）进行“工具定义”。在工具定义对话框中，如图 3-1-37 所示，选取焊枪“TCP_G”为 TCP 坐标。单击“确定”完成焊枪工具定义，选择“结束建模”保存焊枪相关数据。

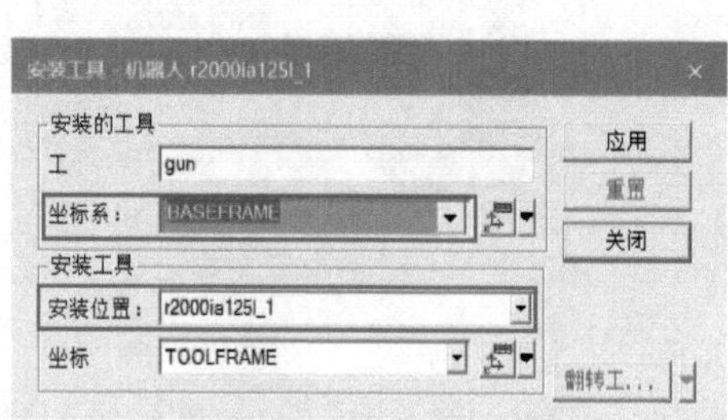

图 3-1-36　安装焊枪

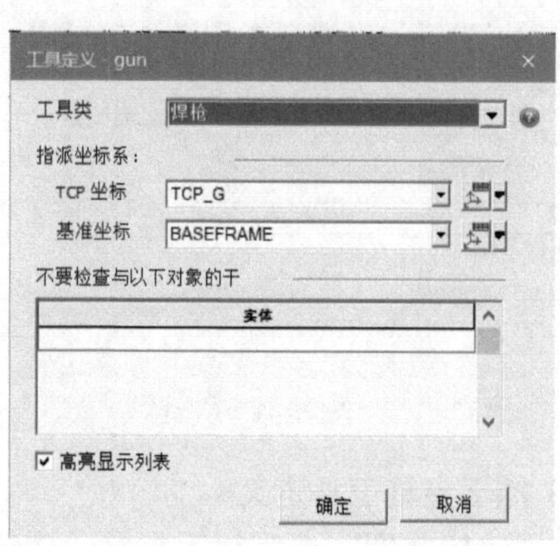

图 3-1-37　焊枪工具定义

如在安装前已经完成焊枪“工具定义”，可以选择焊枪（gun）的“基准坐标系”作为安装坐标系，如图 3-1-38 所示。具体原因可以留给读者们进行思考。完成焊枪安装后，如图 3-1-39 所示，机器人焊枪安装完成后通过机器人“关节调整”检查焊枪是否安装成功。

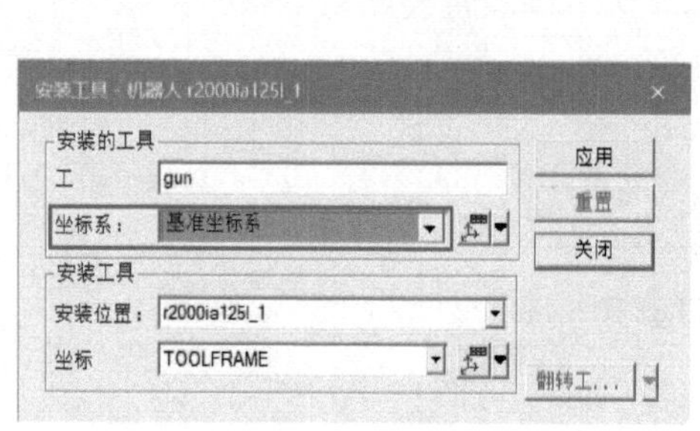

图 3-1-38　焊枪工具坐标系的另一种选择

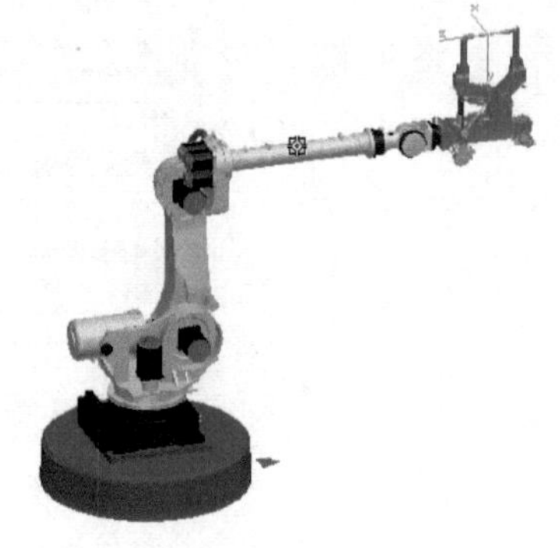

图 3-1-39　焊枪安装完成

3）同型号焊枪快速安装

选中焊枪（gun），使用重定位（勾选“复制对象”，“到坐标系”位置可以任意选定）或者使用“复制（Ctrl+C）”、“粘贴（Ctrl+V）”命令快速完成第二个焊枪组件导入。通过对象树可以查看，出现了“gun_1”组件，与“gun”组件的设置完全相同，如图 3-1-40 所示。

选中机器人（r2000ia125l_2）→“安装工具”，如图 3-1-41 所示。“安装工具”对话框中“安装工具”的安装位置已经默认选择为机器人（r2000ia125l_2）的工具坐标系“TOOLFRAME”→工具选择焊枪（gun_1），坐标系选为焊枪的“基准坐标系”（也可以选择焊枪中“BASEFRAME”坐标系）→单击“应用”，完成第二把焊枪安装。

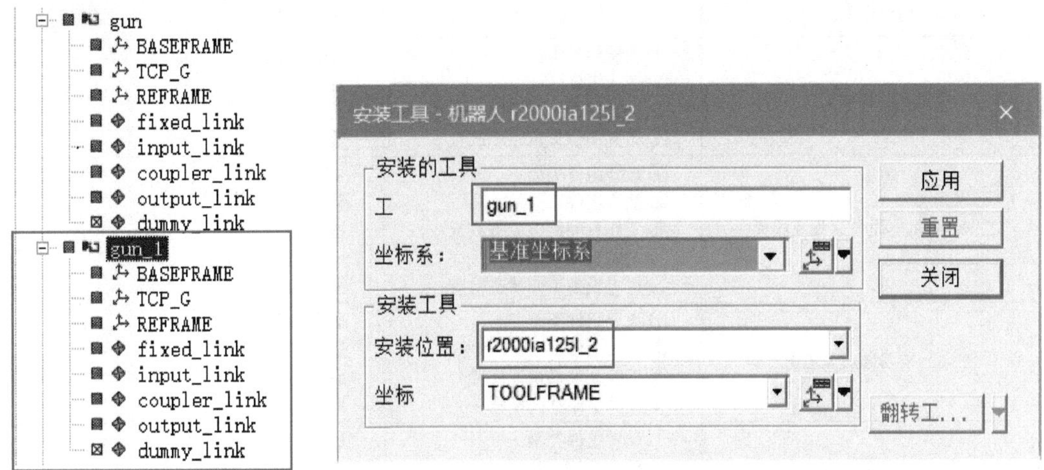

图 3-1-40　导入第二把焊枪　　图 3-1-41　安装第二把焊枪

在需要使用多个相同设定的组件时，先导入一个组件，并完成对该组件进行设定。然后使用“复制”的方式快速导入其他相同组件，这样新导入的组件无需设置可以直接使用。

（四）布局完成

通过以上步骤即可完成生产线相应工位布局，如图 3-1-42 所示。

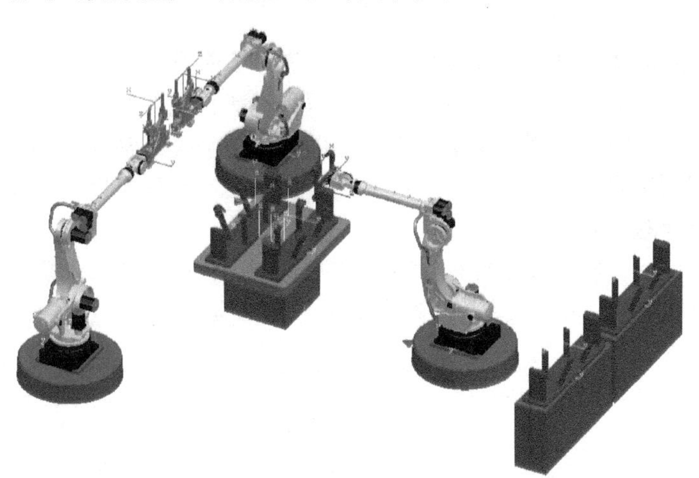

图 3-1-42　布局完成图

在完成上述任务后，下一步的任务会导入零件，并通过设定机器人拾放 / 装配操作，完成对零部件在该工位生产加工的模拟操作。

检查与评估

对本任务的学习情况进行检查，并将相关内容填写在表 3-1-1 中。

表 3-1-1　检查评估表

检查项目	检查对象	检查结果	结果点评
将布置图导入项目	① 设置组件类型 ② 插入组件 ③ 转换并插入布置图 CAD 文件 ④ 布置图位置调整和放置	是□ 否□ 是□ 否□ 是□ 否□ 是□ 否□	
工作台和机电设备装载及放置	① 设置组件类型 ② 插入组件 ③ 工作台和机电设备放置 ④ 设置组件坐标系 ⑤ 机电设备工作状态检查	是□ 否□ 是□ 否□ 是□ 否□ 是□ 否□ 是□ 否□	
工装、夹具装载及放置	① 设置组件类型 ② 插入组件 ③ 工装、夹具快速放置 ④ 夹具工作状态检查	是□ 否□ 是□ 否□ 是□ 否□ 是□ 否□	
机器人及底座导入	① 设置组件类型 ② 插入组件 ③ 底座放置 ④ 机器人快速导入及放置	是□ 否□ 是□ 否□ 是□ 否□ 是□ 否□	
末端执行器安装	① 设置组件类型 ② 插入组件 ③ 抓手夹具安装 ④ 焊枪安装 ⑤ 同型号焊枪快速安装	是□ 否□ 是□ 否□ 是□ 否□ 是□ 否□ 是□ 否□	

任务总结

通过设备导入的实际操作，让操作人员可以进一步熟悉软件界面以及基本操作。同时借用该任务，使用户能够对坐标系有深刻的认识和理解，能够明确“基准坐标系”和“工具坐标系”的区别，能够熟练设定坐标系位置以及调整坐标系轴向。同时还可以让软件使用者切身体会到项目启动阶段对设备、产品进行统一设计的重要性，培养设计人员从项目顶层进行思考设计的能力。

如图 3-1-43 所示，整个设备导入过程按照“先布局，后放置”的思路进行，体现出先进行总体设计的重要性，可以对实际生产布局进行仿真演示，指导真实产线的安装与调试。

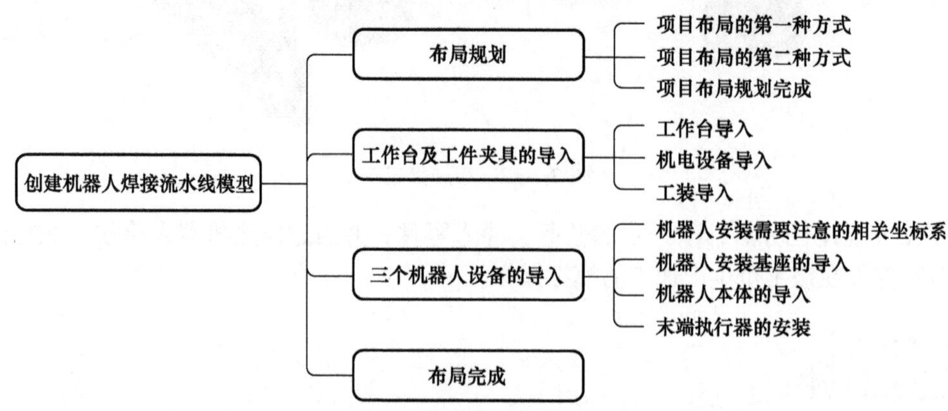

图 3-1-43　创建机器人焊接流水线模型任务小结

任务拓展

使用随书附赠的两指机械抓手夹具模型，见项目二任务一中的图 2-1-1“Expand”→“Gripper”→“Gripper_2.cojt”→“gripper_2.jt”，完成模型基准坐标系和放置 / 安装坐标系设置以及机器人末端执行器安装的任务拓展，并按表 3-1-1 对其各个参数设置进行检查。

文件在资源库中的所在位置：My_Project/Library/Expand/Gripper/Gripper_2.cojt/gripper_2.jt

拾放机器人工业参数设置（上）

任务二 设备工艺参数设置

拾放机器人工业参数设置（下）

<table>
<tr><td>任务名称</td><td colspan="4"></td><td>姓名</td><td></td></tr>
<tr><td>班级</td><td></td><td>组号</td><td colspan="2"></td><td>成绩</td><td></td></tr>
<tr><td>工作任务</td><td colspan="6">完成生产线设备布置后，在对生产线上的各类设备模拟仿真之前，应该需要对生产线上的各种不同设备进行工艺参数的设置，使其实现生产线的仿真模拟功能
本任务通过对拾放机器人、机电设备、焊接机器人等设备的工艺参数设置操作，完成生产线设备的动画仿真
• 扫描二维码，观看“设备工艺参数设置”微视频
• 阅读任务知识储备，能够创建拾放操作、设备操作、焊接操作，会使用干涉检查器
• 阅读任务技能实操，完成相关设备工艺参数设置</td></tr>
<tr><td>任务目标</td><td colspan="6">知识目标
• 掌握创建机器人拾放操作的方法
• 掌握创建机电设备操作的方法
• 掌握创建焊点及焊接机器人焊接操作的方法
• 掌握工件基准坐标系（Base Point）和工具坐标系（Tool Center Point）设置的方法和步骤
能力目标
• 学会使用干涉查看器，并能够对干涉问题产生的原因进行分析，并且能够针对简单干涉问题提出解决方案
• 学会对相关路径的编辑，解决部分简单的干涉问题
素质目标
• 勤于思考、善于探索的良好学习作风
• 勤于查阅资料、善于自学、善于归纳分析</td></tr>
<tr><td rowspan="4">任务分配</td><td>职务</td><td colspan="2">姓名</td><td colspan="3">工作内容</td></tr>
<tr><td>组长</td><td colspan="2"></td><td colspan="3"></td></tr>
<tr><td>组员</td><td colspan="2"></td><td colspan="3"></td></tr>
<tr><td>组员</td><td colspan="2"></td><td colspan="3"></td></tr>
</table>

知识储备

1. 拾放操作

用于将对象从一个地方搬运到另一个地方的拾取和放置操作。

2. 干涉检查

在“干涉查看器”中定义参与干涉的对象，在图形查看器中会突显产生干涉的对象。

3. 焊接操作

由各个焊接位置组成焊接路径，通过移动安装有焊枪或工件的机器人完成操作。

4. 焊点“饼图”

一种颜色编码饼形图，显示每个旋转步骤中焊枪的可达性和干涉状态；通过旋转可为焊枪找到可达、无干涉的方向矢量。

技能实操

（一）拾放机器人工艺参数设置

1. 零件导入

导入需加工零件，定义组件类型为“PartPrototype”→插入组件“Part1”和“Part2”。

如图 3-2-1 所示，同时选中零件“Part1”和“Part2”，依次按照①~③进行“重定位”操作（从坐标：Part1 零件本体，到坐标：fixture 放置坐标系 PlaceFRAME）。

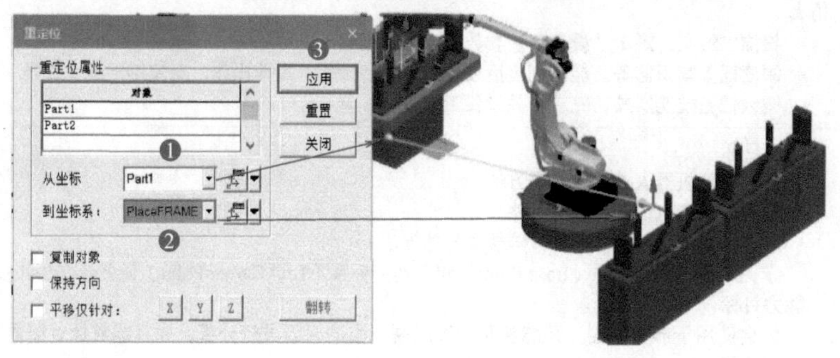

图 3-2-1　零件放置

2. 新建第一次拾放操作

（1）新建拾放操作

如图 3-2-2 所示，选取机器人（r2000ia125l）→“操作”选项卡→新建操作→新建拾放操作→“新建拾放操作”对话框，①处“拾取”选择“Part1”，②处“放置”选择夹具（Clamp）放置坐标系（PlaceFRAME）→“确定”。

完成机器人拾放操作后，在操作树中出现刚刚建立的 r2000ia125l_PNP_Op 操作（为便于识别可以进行重命名），如图 3-2-3 所示，①处鼠标单击右键→设置当前操作，在序列编辑器中可以查看；在路径编辑器中，选中该操作，单击“”，将“r2000ia125l_PNP_Op 操作”加入到路径编辑器。

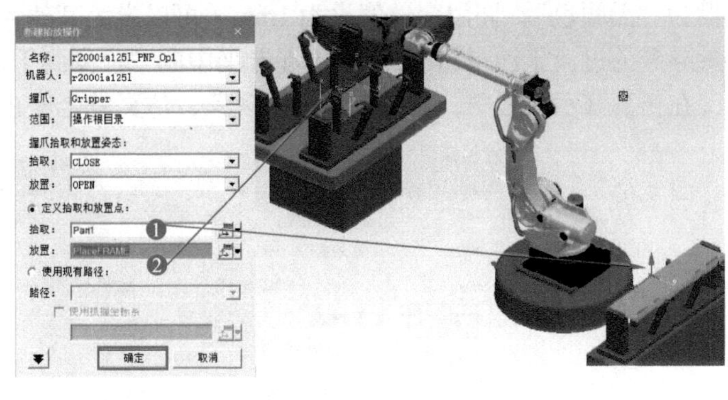

图 3-2-2　新建机器人拾放操作

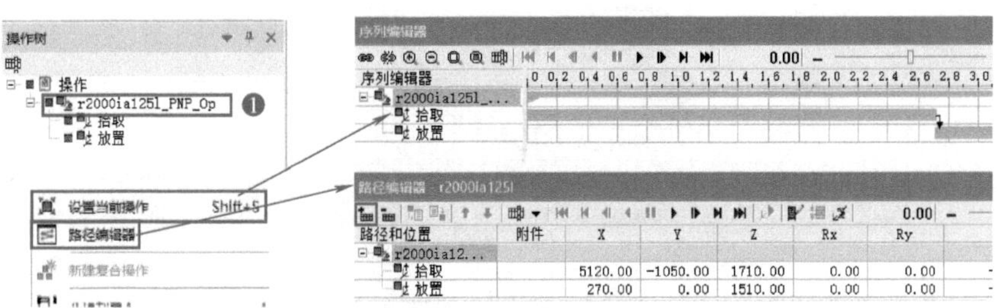

图 3-2-3　机器人拾放操作设置

（2）干涉检查

如图 3-2-4 所示，打开干涉查看器："主页"选项卡→"查看器"→"干涉查看器"。

新建干涉："干涉查看器"→新建干涉集→将零件（Part1、Part2）设为检查对象→将支架（fixture）、夹具（Clamp）和机械抓手（Gripper）设为检查干涉对象。

打开干涉按钮 ，可以通过方式一："干涉查看器"→单击图 3-2-4 中①处；方式二："主页"选项卡→工具→干涉模式，见图 3-2-4 中②处。

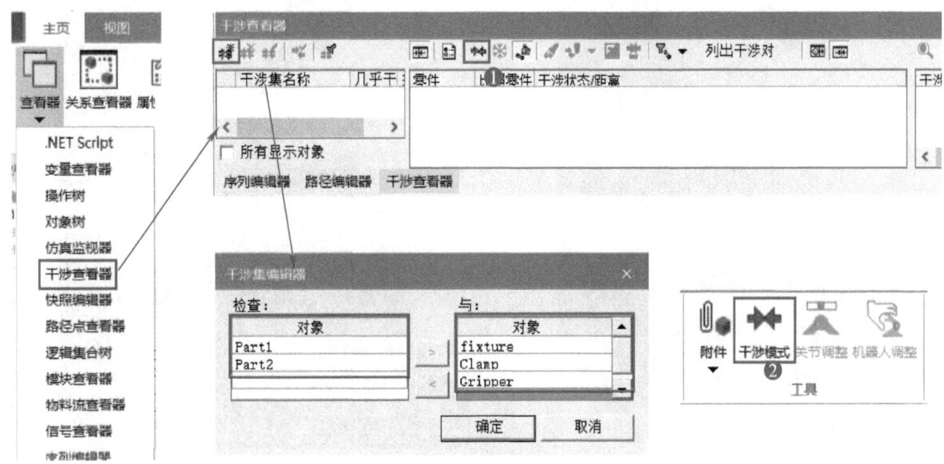

图 3-2-4　新建干涉集

按 F6 打开选项设置页面，如图 3-2-5 所示。选取“干涉”选项，将干涉接触对象颜色设为“无颜色”，许用穿透值设为 1mm（可以设为其他大于 0 的较小值，避免仅仅由于接触导致的过渡干涉报错），勾选干涉选项中的“检测到干涉时停止仿真”。完成上述设置后，在仿真演示过程中，如果出现干涉现象，仿真就会停止。

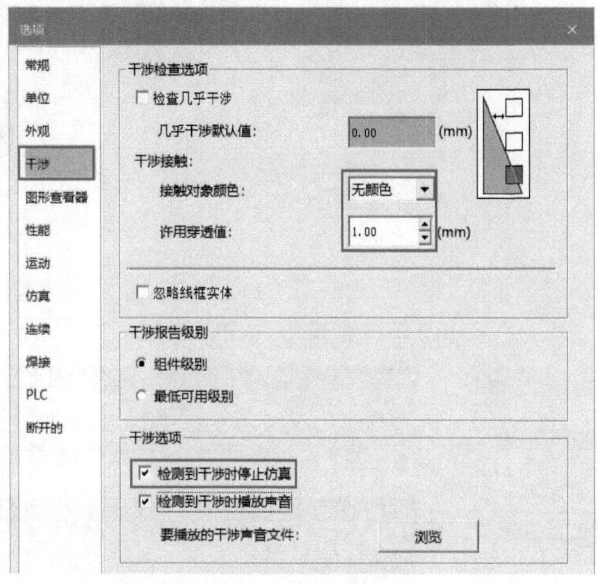

图 3-2-5　干涉设置

（3）拾放路径编辑

加入干涉检查后，会发现在机器人拾取仿真过程中，有干涉发生。下面通过对拾放路径进行修改，尝试消除这些干涉问题。

1）拾取路径编辑

由于当前的设备设置和运动轨迹不合理，机械抓手抓取零件时（见图 3-2-6）以及移动零件时（见图 3-2-7）都产生了干涉。

图 3-2-6　零件抓取时干涉分析

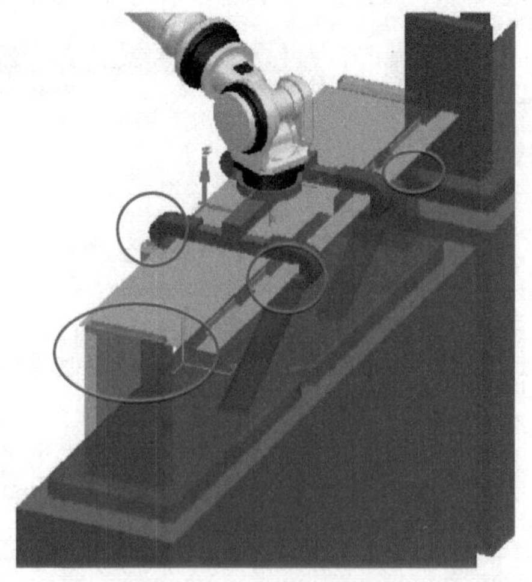

图 3-2-7　零件移动时干涉分析

结合仿真过程动画，对出现干涉情况进行分析：①在机械抓手抓取前仍然是处于闭合状态，导致机械抓手与零件之间发生干涉；②移动过程中，机器人抓取零件后直接水平移动，导致零件与支架产生干涉。

针对以上两种情况拾取路线调整：①设定命令使得机械抓手在抓取前处于打开（OPEN）状态；②调整机器人抓取零件的运行路径，避开可能产生干涉的路径。

如图 3-2-8 所示，在拾取前增加一个途径点位，在路径编辑器中，选中“拾取”（①处），单击鼠标右键→“在前面添加位置”→“机器人调整”对话框→调整 Z 方向，平移 +200mm →“关闭”（②处），可以在路径编辑器中发现多了一个“via”点位。双击“via”离线编程命令区域（③处），弹出离线编程命令对话框，如图 3-2-9 所示。

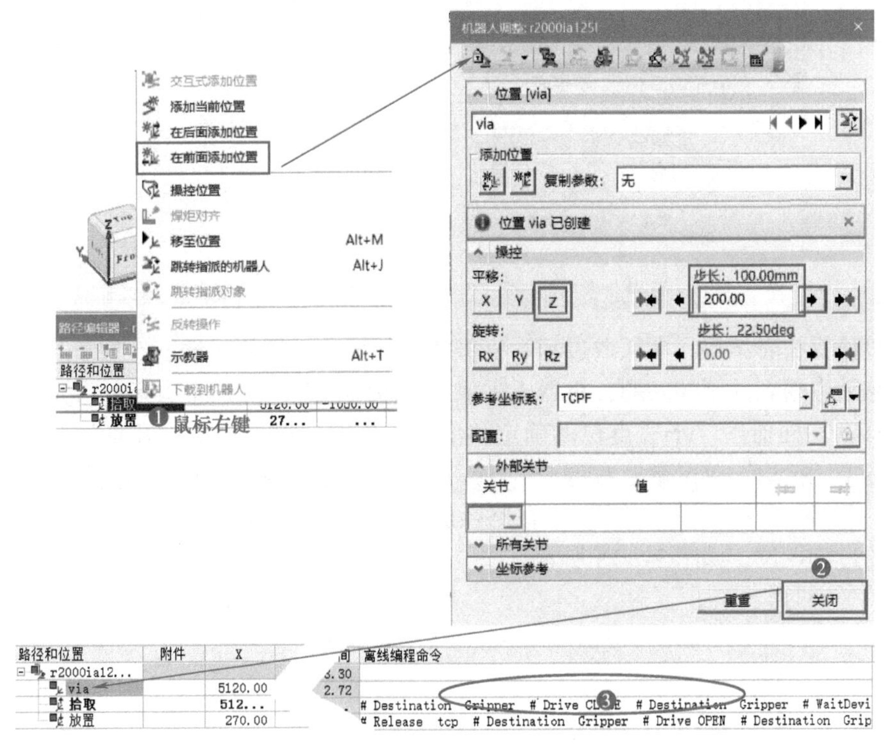

图 3-2-8　抓取前增加途径点位

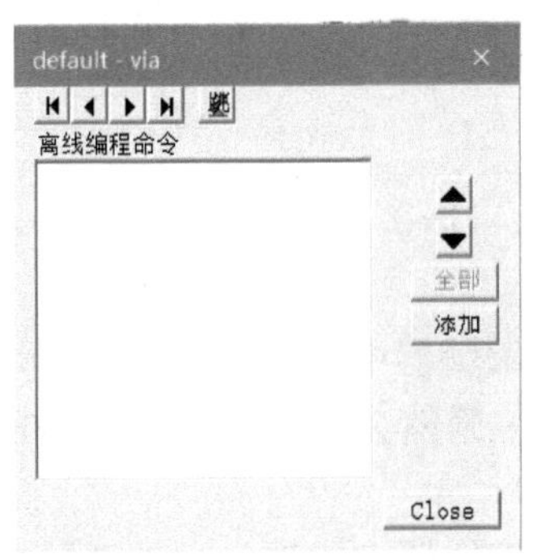

图 3-2-9　离线编程命令对话框

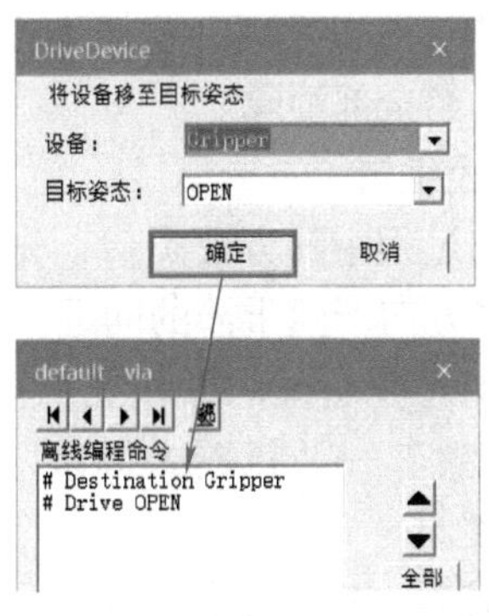

图 3-2-10　增加机械抓手打开命令

依次选择“添加”→“Standard Commands”→“ToolHandling”→“DriveDevice”，在“DriveDevice”对话框选取设备和目标姿态，即可完成编程命令，机械抓手在该位置需要将姿态变为打开（OPEN），如图 3-2-10 所示。

为了保证在抓取零件时，机械抓手已经完全打开，在“via”处增加一个等待程序，选择“添加”→“Standard Commands”→“ToolHandling”→“WaitDevice”，在“WaitDevice”对话框选取设备和目标姿态，如图 3-2-11 所示。单击“确定”完成编程，得到图 3-2-12 所示结果，单击“Close”退出编程。

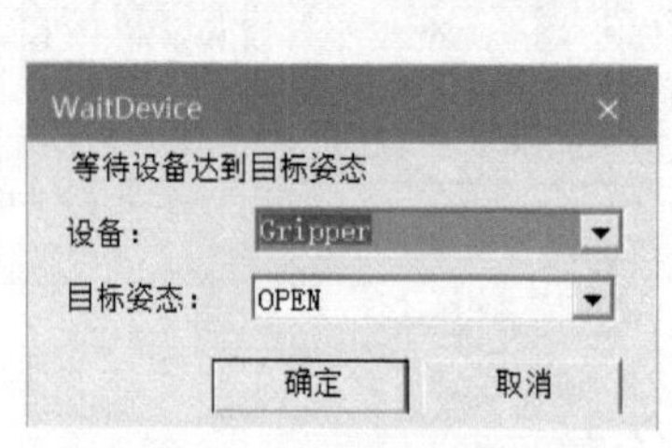

图 3-2-11　等待命令对话框

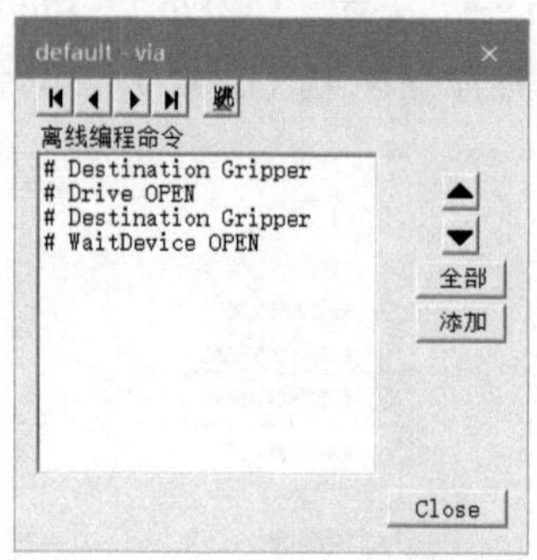

图 3-2-12　via 位置离线命令

通过仿真查看结果，在抓取过程中机械抓手和零件之间的干涉已经被清除。下一步为了解决移动中遇到的干涉问题，机器人需要在抓取零件后，先向上方运行一定距离后再进行水平移动。同前述“via”点位的确定类似，在拾取后增加一个途径点位，在路径编辑器中，选中“拾取”单击鼠标右键→“在后面添加位置”→“机器人调整”对话框→调整 Z 方向，平移 +200mm →“关闭”，在路径编辑器中可以查看“via1”即为在拾取操作完成增加的过渡点位，如图 3-2-13 所示。

路径编辑器 - r2000ia125l

路径和位置	附件	X	Y	Z	Rx	Ry	Rz	焊点	持续时间
r2000ia12...									7.00
via		5120.00	-1050.00	1710.00	0.00	0.00	-90.00		3.32
拾取		5120.00	-1050.00	1510.00	0.00	0.00	-90.00		1.15
via1		5120.00	-1050.00	1710.00	0.00	0.00	-90.00		0.55
放置		270.00	0.00	1510.00	0.00	0.00	-90.00		1.97

图 3-2-13　在路径编辑器中查看 via1 点位

通过动画仿真可以发现：机器人在从支架（fixture）上拾取零件以及在支架附近移动过程中的干涉已经全部消除。

2）放置路径编辑

与处理拾取过程中的方法类似，先将零件水平运送到放置夹具上方，然后再放置零件就可以解决水平方向产生干涉的问题。

同之前增加过渡点位的操作类似：在路径编辑器中，选中“放置”单击鼠标右键→“在前面添加位置”→“机器人调整”对话框→调整 Z 方向，平移 +200mm →“关闭”。增加点位“via2”。

在放置完成后，机器人需要撤出：在路径编辑器中，选中“放置”单击鼠标右键→“在后面添加位置”→“机器人调整”对话框→调整 Z 方向，平移 +200mm →“关闭”。

增加点位“via3”。同时设定命令，在“via3”处将机械抓手闭合，如图 3-2-14 所示。

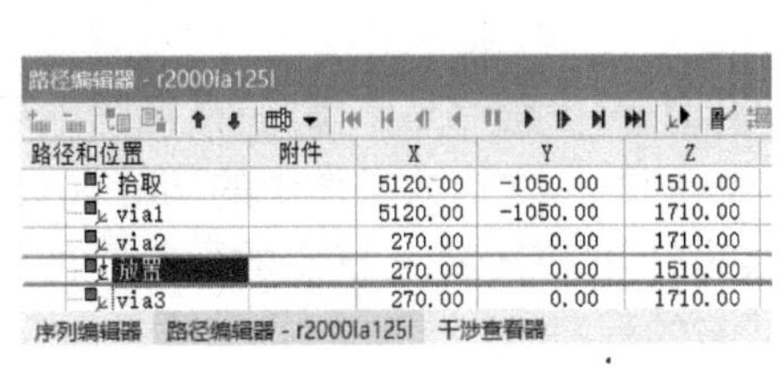

路径和位置	附件	X	Y	Z
拾取		5120.00	-1050.00	1510.00
via1		5120.00	-1050.00	1710.00
via2		270.00	0.00	1710.00
放置		270.00	0.00	1510.00
via3		270.00	0.00	1710.00

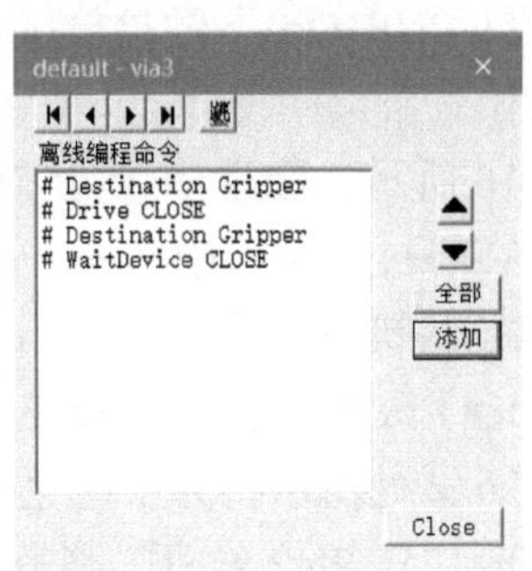

图 3-2-14　放置过程过渡点位设定

为了后续机器人任务可以顺利完成，最后需要将机器人复位，选择拾取机器人（r2000ia125l）单击鼠标右键→“初始位置 HOME”。如图 3-2-15 所示，选中①处“via3”单击鼠标右键→“添加当前位置”，增加点位“via4”，机器人从“via3”到“via4”的运动过程即为机器人的复位过程。

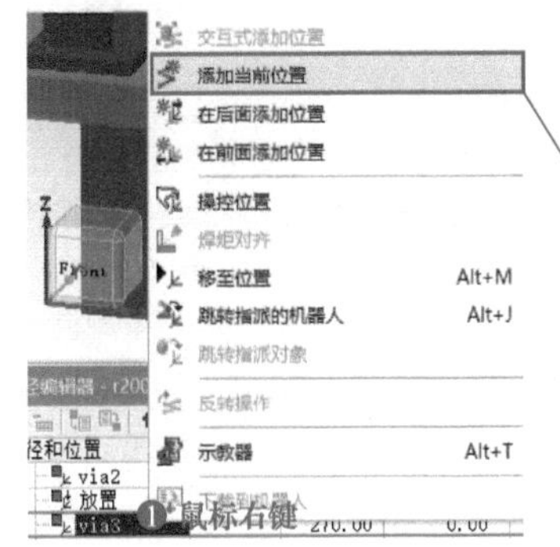

路径和位置	附件	X	Y	Z	Rx	Ry	Rz
r2000ia12...							
via		5120.00	-1050.00	1710.00	0.00	0.00	-90.00
拾取		5120.00	-1050.00	1510.00	0.00	0.00	-90.00
via1		5120.00	-1050.00	1710.00	0.00	0.00	-90.00
via2		270.00	0.00	1710.00	0.00	0.00	-90.00
放置		270.00	0.00	1510.00	0.00	0.00	-90.00
via3		270.00	0.00	1710.00	0.00	0.00	-90.00
via4		802.96	0.61	2111.42	90.07	0.10	89.92

图 3-2-15　完善机器人拾放过程

3）放置过程的遗留问题

通过动画仿真演示，拾放过程可以完成将零件从支架（fixture）转移到夹具（Clamp）的过程，整个轨迹也比较合理，同时通过对机器人路径的规划也消除了很多干涉问题，但在放置过程中零件和夹具（Clamp）卡爪仍然会产生干涉，而且单纯通过机器人轨迹的修正并不能够处理这种问题。

经过对干涉情况进行分析，可以得出：为了解决这种干涉问题，当在零件放置过程中，夹具（Clamp）必须处于打开（OPEN）状态。

3. 创建第二次拾放操作

当零件完成焊接过程后，机器人会将零件从旋转平台上夹具（Clamp）转至支架（fixture_1）上。

首先将零件（Part1、Part2）通过“重定位”的方法移至夹具（Clamp）上。然后通过和第一次放置类似操作：选取机器人（r2000ia125l）→“操作”选项卡→新建操作→新建拾放操作→“新建拾放操作”对话框，“拾取”选择夹具（Clamp）放置坐标系（PlaceFRAME），

“放置”选择夹具支架（fixture_1）放置坐标系（PlaceFRAME）→“确定”，创建一个名为“r2000ia125l_PNP_Op1”的拾放操作。将“r2000ia125l_PNP_Op1”加入“路径编辑器”增加相应过渡位置。

如图 3-2-16 所示，在选中①处“r2000ia125l_PNP_Op1”时，在视图中可以看到该操作的轨迹线。在各过渡位置中，via5 ~ via9 和第一次拾放操作中的 via1 ~ via4 功用类似，在 via5 处添加了将机械抓手（Gripper）改为打开（OPEN）状态的程序，在 via8 处添加机械抓手（Gripper）改为闭合（CLOSE）状态的程序。

如图 3-2-16 ②处所示，为了避免机器人回到初始姿态（HOME）发生机器人翻转的情况，在“r2000ia125l_PNP_Op1”路径编辑时增加了 via10 的位置。

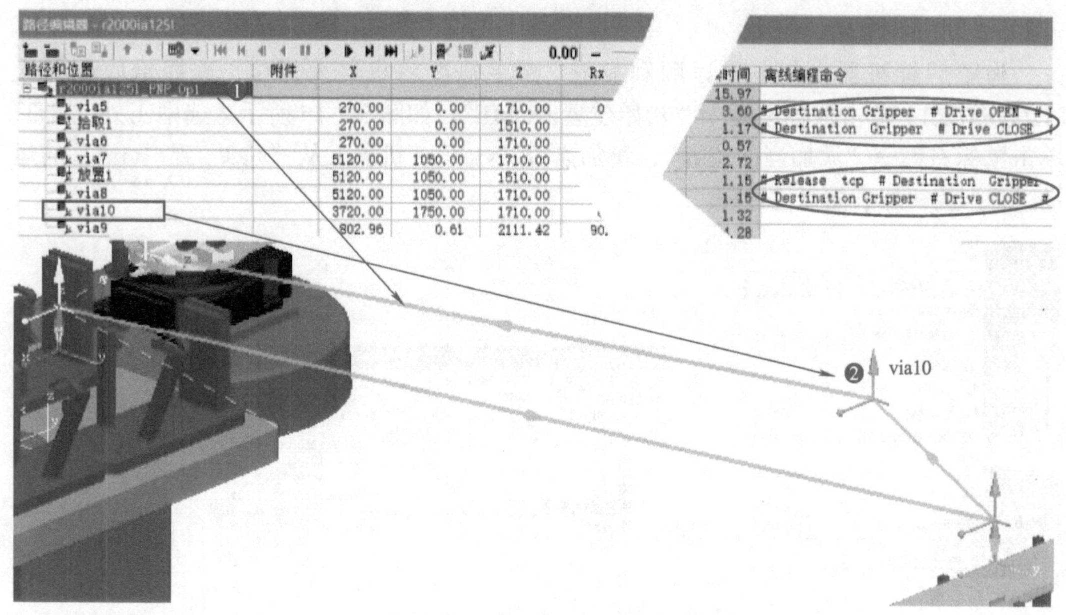

图 3-2-16　第二次拾放过程

机器人路径指的是：工具坐标系（TCP）原点所经过世界坐标系下的空间位置，不同 TCP 坐标系所在位置对应的机器人姿态是通过一系列坐标逆变换计算得出的。坐标逆变换所得出的结果不是唯一值，所以机器人姿态可能会出现不合理的情况（见图 3-2-17），适当增加路径过渡位置可以避免机器人出现这类现象。

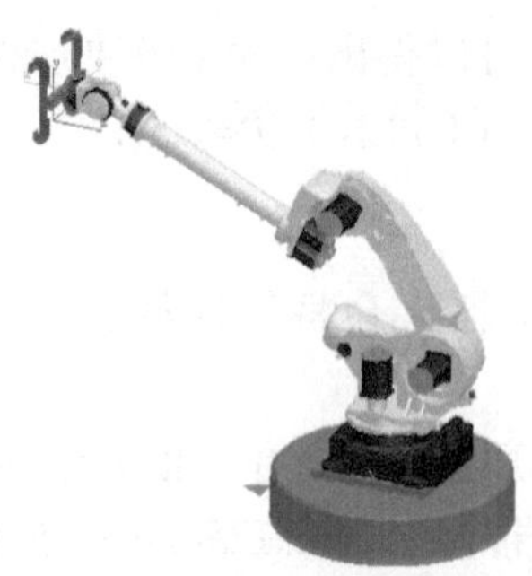

图 3-2-17　机器人回 HOME 时出现翻转现象

机电设备工艺参数设置

（二）机电设备工艺参数设置

项目中使用了两种机电设备：旋转工作台（turn_table）和夹具（Clamp）。

1. 创建旋转工作台操作

选取旋转工作台（turn_table）→“操作”选项卡→新建操作→新建设备操作→“新建设备操作”对话框，如图 3-2-18 所示。创建完成工作台面从“HOME”姿态旋转半圈到“Half_Turn”姿态的操作“turn_table_Op”，见图 3-2-18 中①处。按同样的方式继续创建工作台面从“Half_Turn”姿态旋转半圈到“HOME”姿态的操作“turn_table_Op1”，见图 3-2-18 中②处。在操作树中可以查看新创建的相关操作，见图 3-2-18 中③处。

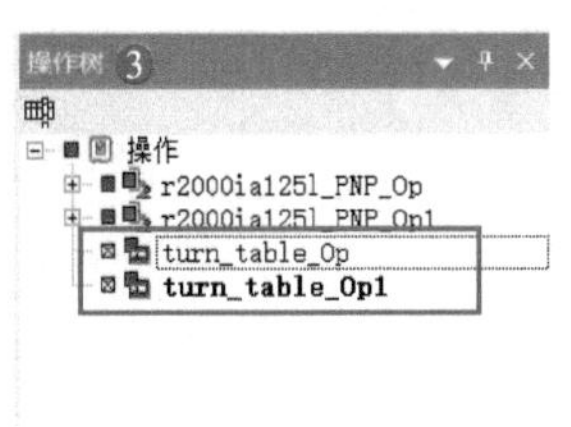

图 3-2-18 创建旋转工作台操作

2. 创建夹具操作

选取夹具（Clamp）→“操作”选项卡→新建操作→新建设备操作→“新建设备操作”对话框，如图 3-2-19 所示。创建完成工作台面从“CLOSE”姿态到“OPEN”姿态的操作“Clamp_Op”，见图 3-2-19 中①处。按同样的方式继续创建工作台面从“OPEN”姿态旋转半圈到“CLOSE”姿态的操作“Clamp_Op1”，见图 3-2-19 中②处。在操作树中可以查看新创建的相关操作，见图 3-2-19 中③处。

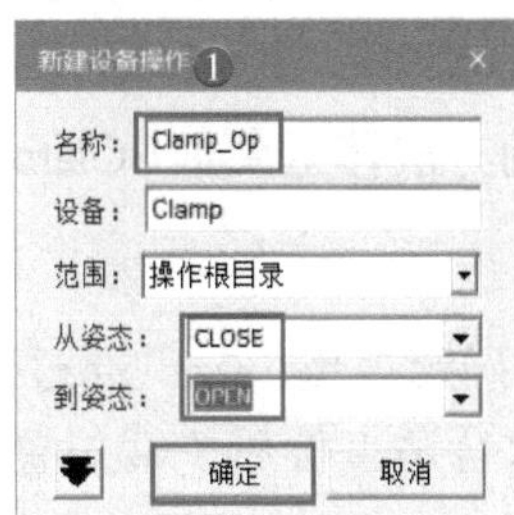

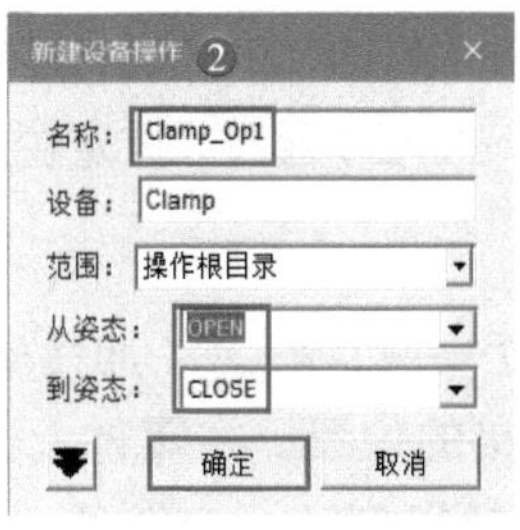

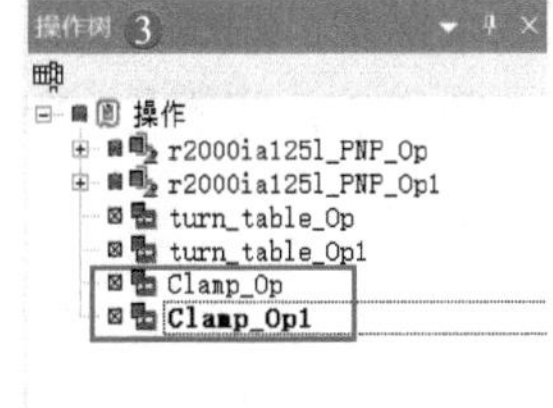

图 3-2-19 创建夹具操作

焊接机器人工艺参数设置（上）

（三）焊接机器人工艺参数设置

项目中使用两台机器人安装焊枪进行点焊操作。F6→焊接，进入焊接设置界面，如图 3-2-20 所示。

焊接机器人工艺参数设置（下）

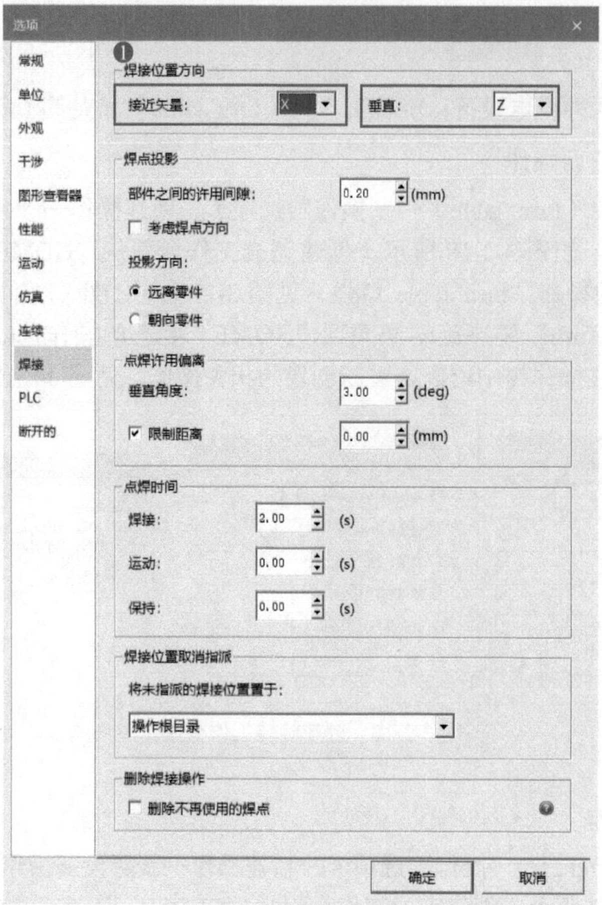

图 3-2-20　焊接设置

焊接位置方向（图中①处）中：“接近矢量”指的是“焊枪”接近“焊点”的方向，这里的默认设置是“X 轴”方向。“垂直”是指焊点坐标系必须有一个轴向垂直于焊接件表面，默认设置是“Z 轴”。

在焊点制作前，将零件（Part1、Part2）通过“重定位”的方法移至夹具（Clamp_1）上。

1. 焊点制作

如图 3-2-21 所示，“工艺”选项卡→①处（通过坐标确定焊点）→“通过坐标确定焊点”对话框，在零件表面选取焊接的位置。在零件上选取合适点位后（②位置），单击“确认”。这样在操作树中可以看到就得到了一个③处“wp”点，对应视图上的点形状也发生了改变。

使用同样的方法，完成另外两个点“wp1”和“wp2”的位置选取，如图 3-2-22 所示。在操作树中可以看到另外两个点“wp1”和“wp2”。这时操作树中 3 个点前方的图标是“淡粉色”，目前它们还不是真的焊点。

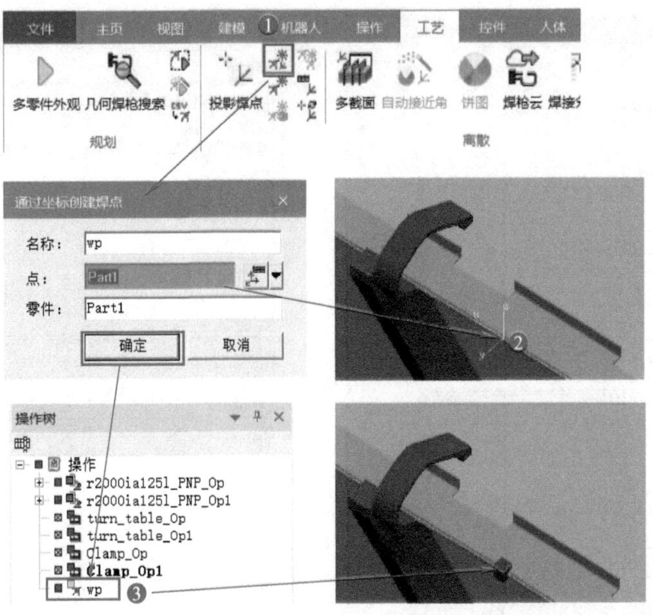

图 3-2-21　选取焊点位置

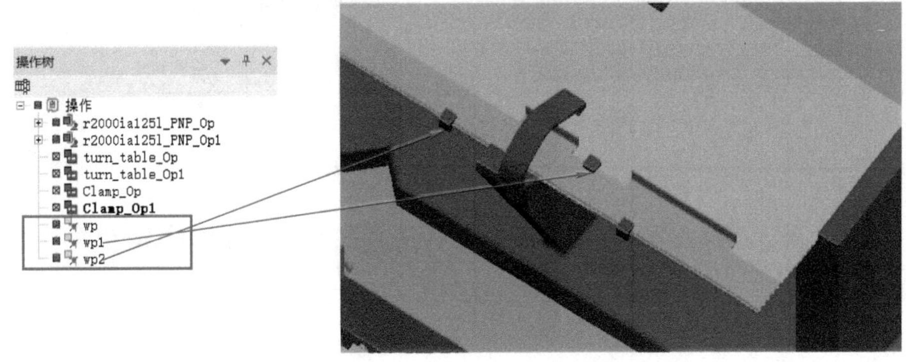

图 3-2-22　完成焊点位置选取

如图 3-2-23 所示，“工艺”选项卡→①处投影焊点→“投影焊点”对话框，焊点②中选择前面制作的 3 个点位→项目。这时可以在操作树中发现 3 个点前方的图标时“深粉色”，说明表面焊点投射成功，焊点制作完成。为保证 Z 轴方向一致，检查③焊点可看出 Z 轴向上。查看其余焊点，确定所有焊点 Z 轴方向相同。

2. 创建焊接操作

如图 3-2-24 所示，选取机器人（r2000ia125l_1）→“操作选项卡”→新建操作→新建焊接操作（①处）→“新建焊接操作”对话框，在焊接列表填入刚才创建的焊点（②处），单击“确定”。再返回到操作树界面，可以看到新创建的机器人焊接操作“r2000ia125l_1_Weld_Op”。

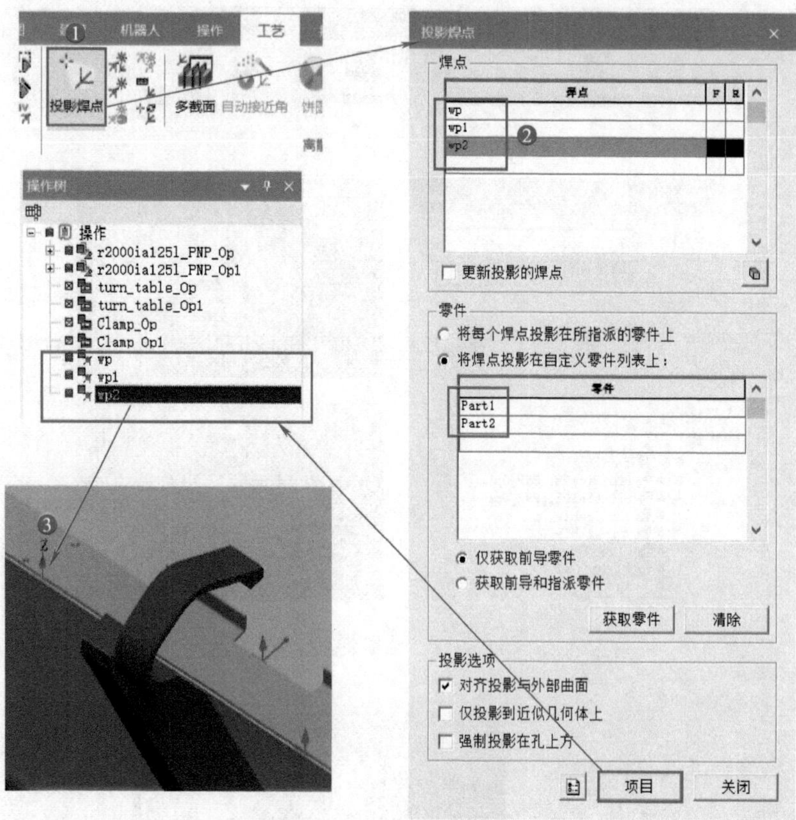

图 3-2-23　投影焊点

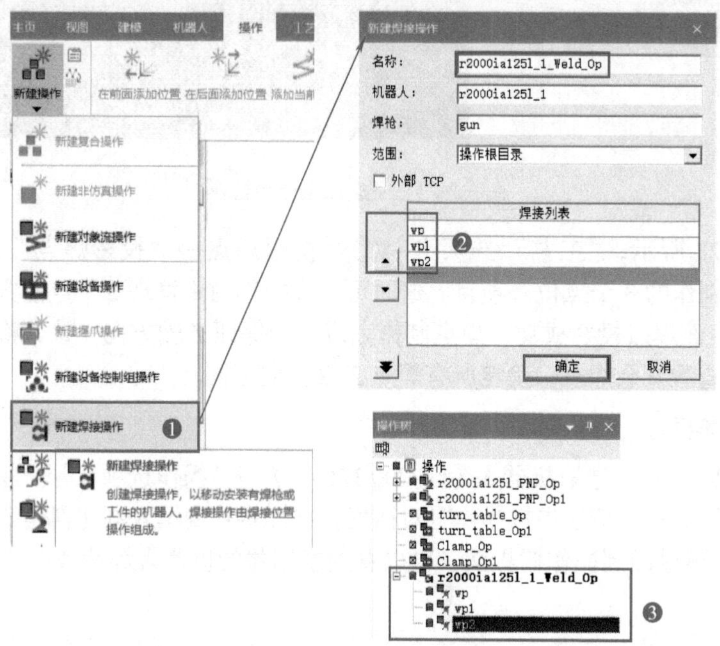

图 3-2-24　创建焊接操作

对焊接操作进行动画仿真。如图 3-2-25 所示，如果不能顺利焊接或者焊接时焊枪位置不佳，需要对焊点的可焊性进行分析，并修改焊点属性。

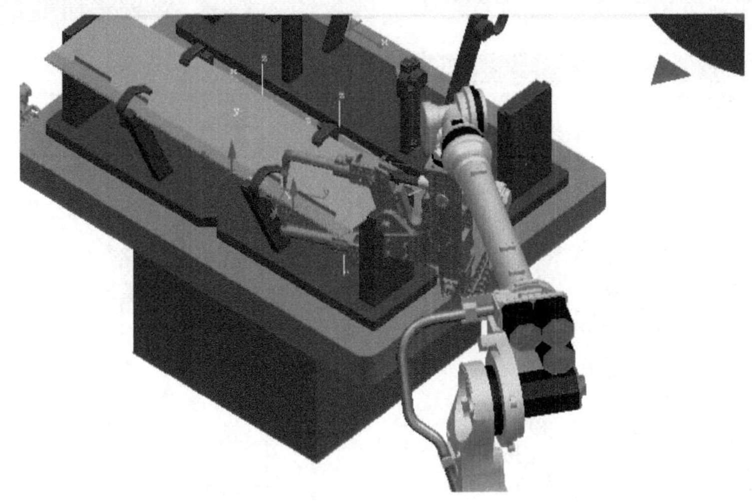

图 3-2-25　焊接不佳示例

3. 焊点分析

如图 3-2-26 所示，在操作树中选取“r2000ia125l_1_Weld_Op”（焊接操作）→“工艺”选项卡→焊接分布中心（①处）→“焊接分布中心”对话框，单击（设置，②处，按默认选择）→（计算焊接性能，③处）→在焊点后得出相应结果（④处为焊接操作自动创建干涉集）。

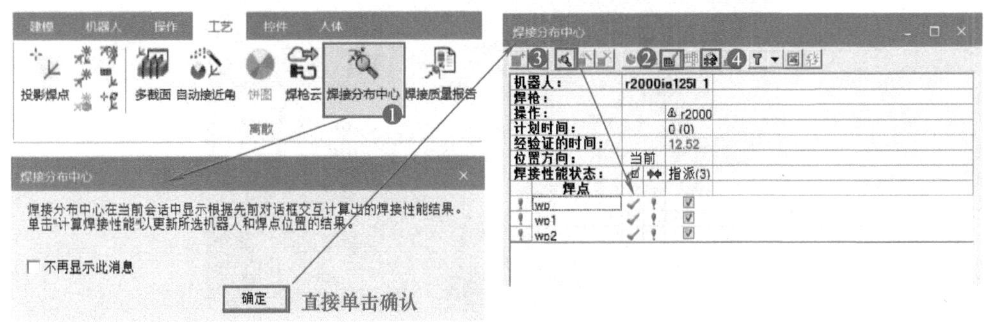

图 3-2-26　焊点分析示例

4. 焊接编辑

按动画仿真和焊点分析结果，对焊点及焊接路径进行修改和调整。

（1）焊点位置饼图

如图 3-2-25 所示，以“wp1”焊接时，焊枪的位置不佳。如图 3-2-27 所示，以焊点“wp1”为例，选取“wp1”按照图示①～③操作。调整②处滑块位置时，将较长轴（X 轴）置于蓝色区域。经过调整后，“wp1”焊接时状态如图 3-2-28 所示。

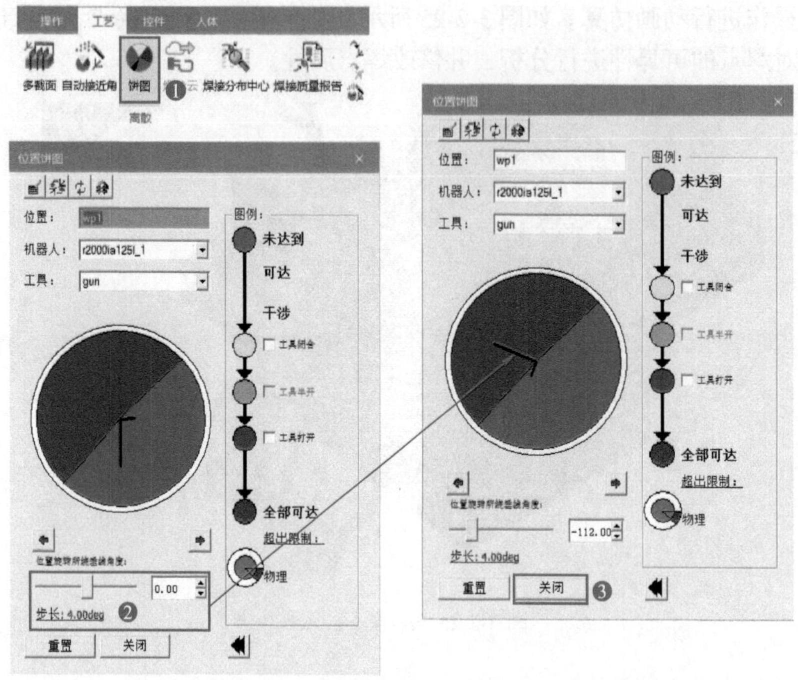

图 3-2-27　焊点位置饼图

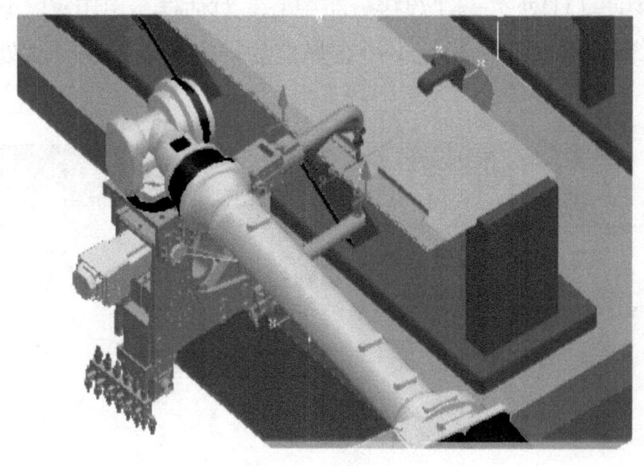

图 3-2-28　更改后结果

（2）焊接路径编辑

针对焊点分析中的干涉结果，对焊接路径进行编辑，同时增加焊枪在不同位置时的焊枪状态离线编程命令，路径编辑操作和前述“拾放路径编辑”类似。如图 3-2-29 所示，在焊接点（wp、wp1、wp2）前后都增添了现有的点位，“via17”点位为机器人回初始位置，为了避免两个焊接机器人间产生碰撞，在“via17”点位前增加“via18”点位进行过渡，并在焊接开始前通过命令将焊枪状态变为“打开”(OPEN)。

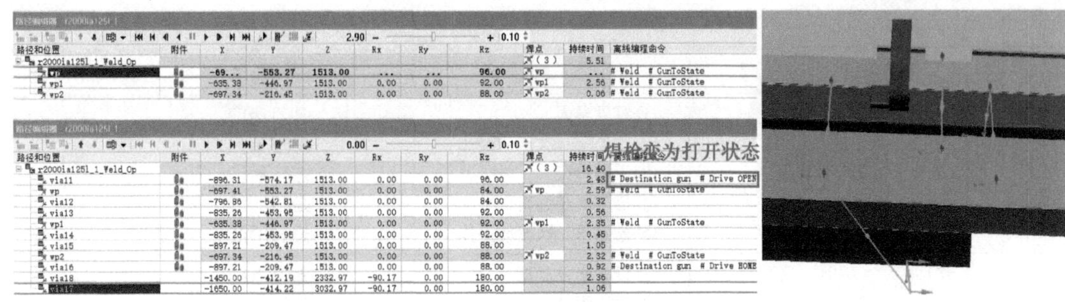

图 3-2-29　焊接路径编辑

经过动画仿真，确认“r2000ia125l_1_Weld_Op”（焊接操作）创建完成。

5. 创建另一个焊接操作

通过相同的方式创建出“r2000ia125l_2_Weld_Op”（焊接操作），如图 3-2-30 所示。

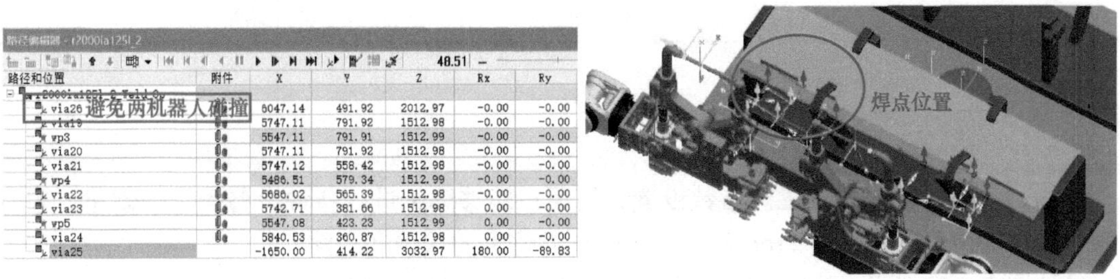

图 3-2-30　第二个焊接机器人的焊接操作

（四）设备操作检查

设备操作检查

项目中使用了两种机电设备：旋转工作台（turn_table）以及夹具（Clamp）；3 台机器人，其中一台用于拾取放置操作，另外两台用于焊接操作。从操作树上可以看出创建的所有操作，如图 3-2-31 所示。使用①处或②处的播放控制键，通过动画仿真的方式对各个操作进行验证。

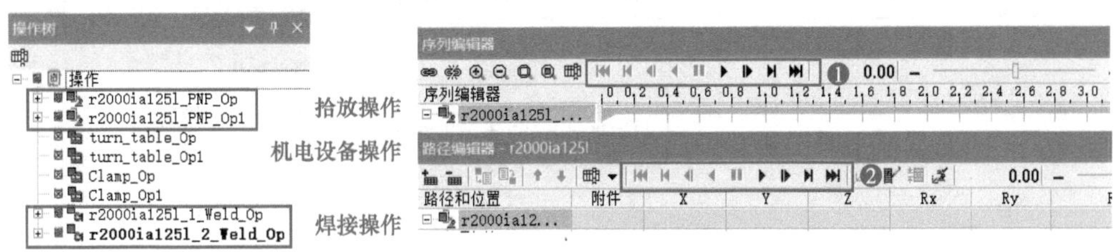

图 3-2-31　项目中需要用到的全部操作

检查与评估

对本任务的学习情况进行检查和评估，并将相关内容填写在表 3-2-1 中。

表 3-2-1　检查评估表

检查项目	检查对象	检查结果	结果点评
拾放机器人工艺参数设置	① 零件导入 ② 创建第一次拾放操作 ③ 干涉检查 ④ 拾放路径编辑 ⑤ 创建第二次拾放操作	是□ 否□ 是□ 否□ 是□ 否□ 是□ 否□ 是□ 否□	
机电设备工艺参数设置	① 设置组件类型 ② 插入组件 ③ 工作台和机电设备放置 ④ 设置组件坐标系 ⑤ 机电设备工作状态检查	是□ 否□ 是□ 否□ 是□ 否□ 是□ 否□ 是□ 否□	
焊接机器人工艺参数设置	① 焊点位置确定 ② 焊点制作 ③ 焊点可达性检查 ④ 创建焊接操作 ⑤ 编辑焊接路径	是□ 否□ 是□ 否□ 是□ 否□ 是□ 否□ 是□ 否□	

任务总结

通过设备各种操作的工艺参数设置，使用户能够熟练进行各种设备操作的创建。通过各种操作的仿真，加深对 Process Simulate 软件仿真的认识和理解。

如图 3-2-32 所示，整个项目分为 3 类操作：即机器人拾放操作、设备操作和机器人焊接操作，这 3 类操作也是非常典型、使用频次很高的操作类型。熟练掌握这几个操作的创建后，软件的其他操作学起来就相对容易多了。

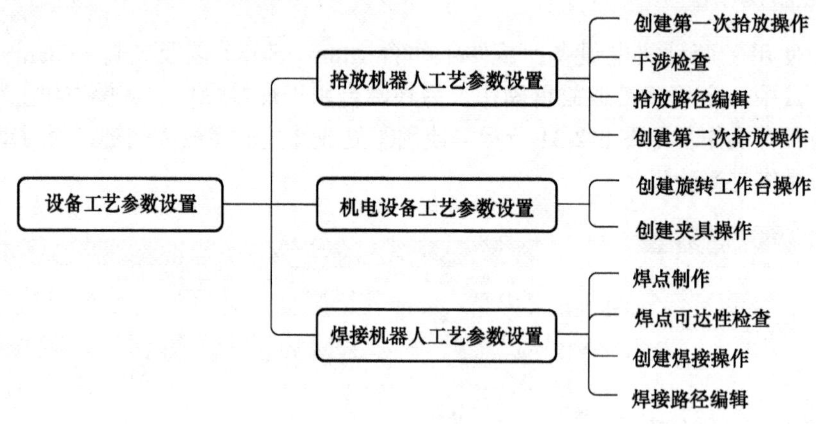

图 3-2-32　设备工艺参数设置任务小结

任务拓展

使用随书附赠的另一个旋转工作台模型，见项目二任务一中的图 2-1-1“Expand”→“Table”→“Turn_Table_2.cojt”→“turn_table_2.jt”，完成创建设备操作的任务拓展，并按表 3-2-1 对其各个参数设置进行检查。

文件在资源库中的所在位置：My_Project/Library/Expand/Table/Turn_Table_2.cojt/turn_table_2.jt

设备时间序列排序（上）

任务三 时间序列工艺仿真

设备时间序列排序（下）

<table>
<tr><td>任务名称</td><td colspan="3"></td><td>姓名</td><td></td></tr>
<tr><td>班级</td><td></td><td>组号</td><td></td><td>成绩</td><td></td></tr>
<tr><td>工作任务</td><td colspan="5">按照焊接生产工艺流程，创建一个时间序列的焊接流水线排序，模拟机器人焊接流水线的生产全过程
• 扫描二维码，观看“时间序列工艺仿真”微视频
• 阅读任务知识储备，理解生产工序、生产节拍
• 阅读任务技能实操，完成时间序列工艺仿真</td></tr>
<tr><td>任务目标</td><td colspan="5">知识目标
• 掌握生产工序原则，可以按工艺要求完成各个设备操作
• 掌握生产节拍设置方法，协调设置各个设备 / 机器人间的运动
• 掌握精确关联设备间操作的方法
• 掌握使用各个操作间配合解决干涉问题的方法
能力目标
• 学会使用时间序列编辑器
• 学会附加事件的设置和拆除
素质目标
• 良好的协调沟通能力、团队合作及敬业精神
• 专业的职业素养，遵守实践操作中的安全要求和规范操作注意事项</td></tr>
<tr><td rowspan="4">任务分配</td><td>职务</td><td>姓名</td><td colspan="3">工作内容</td></tr>
<tr><td>组长</td><td></td><td colspan="3"></td></tr>
<tr><td>组员</td><td></td><td colspan="3"></td></tr>
<tr><td>组员</td><td></td><td colspan="3"></td></tr>
</table>

知识储备

1. 工艺

利用各类生产工具对原材料进行加工或处理，最终使之成为成品的方法与过程。

2. 工序

制造、生产某种产品的特定步骤，组成整个生产过程的各个加工段，也指各加工段的先后次序。它是组成生产过程的最小单元，若干工序组成一个工艺阶段。

3. 工位

生产过程中最基本的生产单元，在工位上安排人员、设备、原料工具进行生产装配。

4. 生产节拍

又称生产周期、产距时间，是指在一定时间长度内，有效生产时间与需求数量的比值。

5. 时间序列排序

指将各个生产工序按其发生的时间先后顺序排列而成的序列，在仿真中整个生产过程按照该排序依次进行。

（一）设备时间序列排序

按已制定的工艺流程，从时间序列入手将保障整个焊接生产线生产的要素分为 3 部分：机器人（从产线外）拾取零件、焊接零件、放置零件（到产线外）。仿真开始前，将零件（Part1、Part2）通过“重定位”的方法移至支架（fixture）上。

1. 机器人拾取零件

（1）新建复合操作

如图 3-3-1 所示，“操作”选项卡→新建操作→新建复合操作→“新建复合操作”对话框（①处），在操作根目录下新建了一个复合操作“CompOp”。重复以上操作在“CompOp”目录下新建一个复合操作“CompOp1”（②处）。将“r2000ia125l_PNP_Op”“turn_table_Op”“Clamp_Op”“Clamp_Op1”4 个操作移入复合操作“CompOp1”中（“Clamp_Op”和“Clamp_Op1”两个操作在后续过程中还要使用，可以采取复制方式移入）。

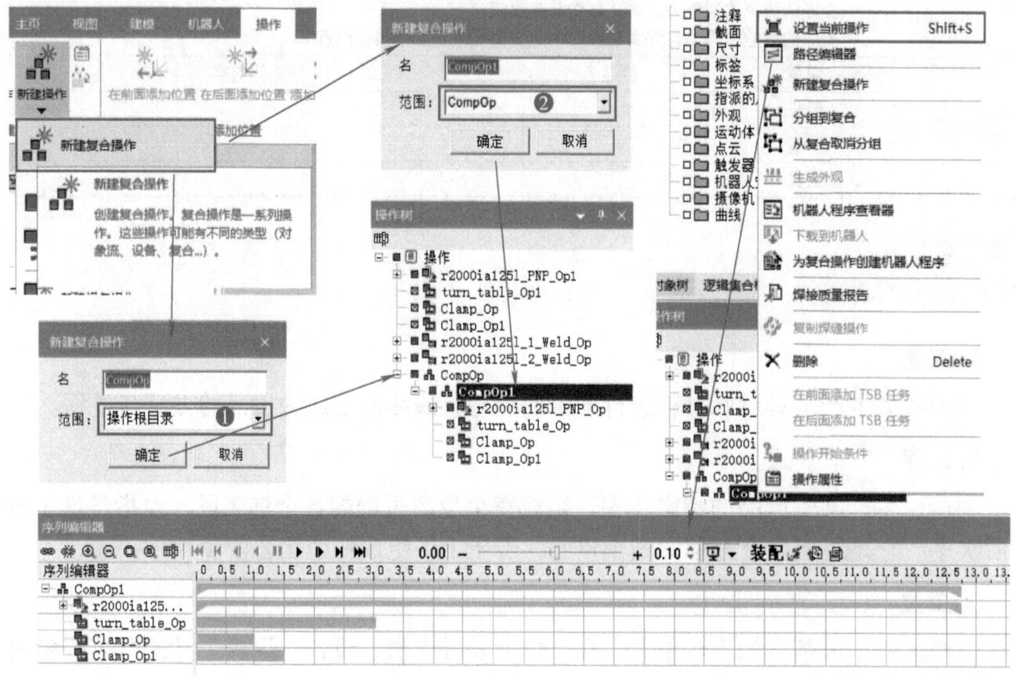

图 3-3-1　新建机器人拾取零件复合操作

在操作树中选中“CompOp1”后单击右键→设置当前操作，在序列编辑器中出现“CompOp1”。

（2）复合操作排序

选中序列编辑器中相应操作的甘特图图块，当出现“✥”时，就可以拖动图块，按照工艺要求对各个操作进行排序，如图 3-3-2 所示。将“CompOp1”复合操作按①→④顺序排列（按照夹具打开→机器人放置→夹具闭合→旋转工作台旋转运行）。

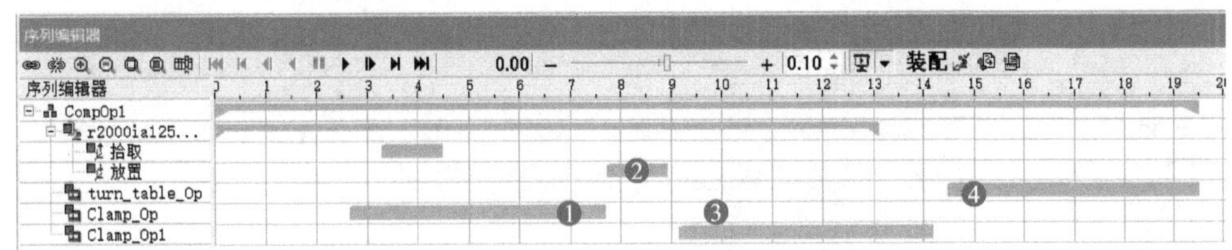

图 3-3-2　新建机器人拾取零件操作排序

2. 机器人焊接零件

重复新建的复合操作步骤，在“CompOp”目录下新建另一个复合操作“CompOp2”，将“r2000ia125l_1_Weld_Op”和“r2000ia125l_2_Weld_Op”两个焊接操作放入其中。两个机器人可以同时操作，使用现有时间序列即可完成焊接操作，如图 3-3-3 所示。

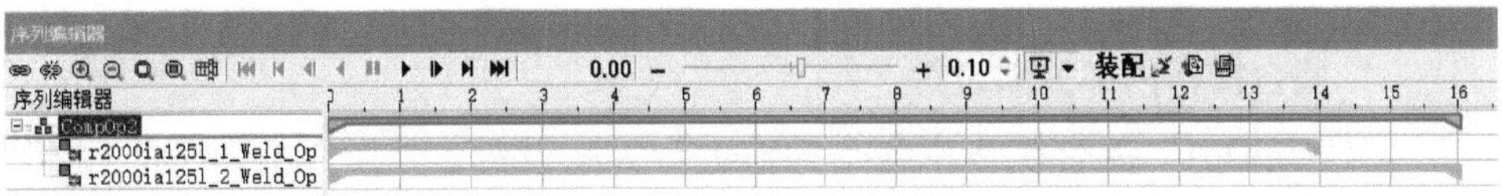

图 3-3-3　机器人焊接复合操作

3. 机器人放置零件

重复新建的复合操作步骤，在“CompOp”目录下新建另一个复合操作“CompOp3”。将“r2000ia125l_PNP_Op1”“turn_table_Op1”“Clamp_Op”“Clamp_Op1”4 个操作移入复合操作“CompOp3”中，再将“CompOp3”复合操作按①→④顺序排列（按照旋转工作台旋转→夹具打开→机器人拾取→夹具闭合运行），如图 3-3-4 所示。

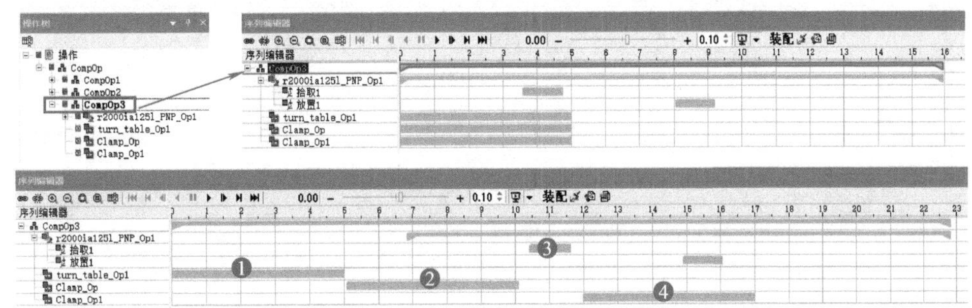

图 3-3-4　机器人放置零件复合操作

操作生产节拍设置

（二）操作生产节拍设置

通过以上排序，整个操作过程完全按照已制定的工艺流程运行，但是部分操作时间过长，需要按照实际情况对相关操作的时长进行调整。

以夹具打开操作“Clamp_Op”为例：将鼠标移至序列编辑器中甘特图时间条最右侧出现“⊢”图标时，就可以按住鼠标左键调整操作时长。如图3-3-5所示，打开夹具操作“Clamp_Op”，再将时间节拍从5s调整为2s。

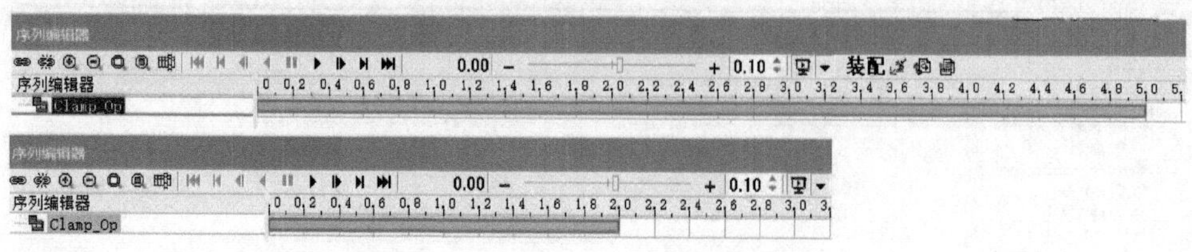

图3-3-5　夹具打开操作节拍调整

通过相同方式按照实际情况调节相关操作所用时长，设置各工序生产节拍。Process Simulate软件对操作用时的最小值是有限制的，如果设置时间低于最小值，仿真会按照软件限制的最小值进行重新设置。

操作间的关联设置

（三）操作间的关联设置

1. 复合操作内部关联设置

“CompOp1”复合操作中各个操作进行关联设置，如图3-3-6所示。依次选择“Clamp_Op1”（①处）“turn_table_Op”（②处）后，单击“⚭”（链接，③处）。“Clamp_Op1”和“turn_table_Op”之间关联设置完成。为了更加直观，将“turn_table_Op”拖至“Clamp_Op1”之后，如图中④处所示。

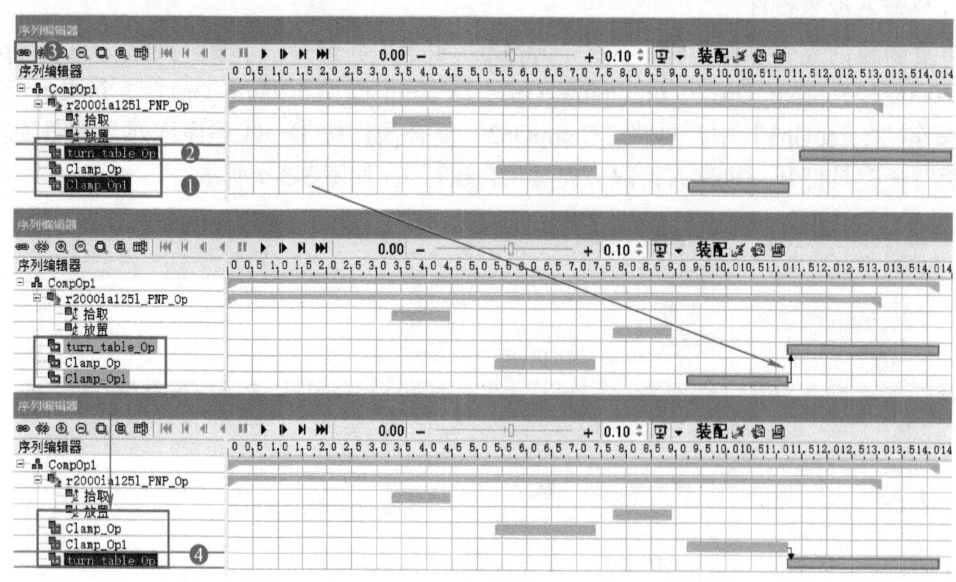

图3-3-6　“CompOp1”复合操作关联设置

按类似的方式对“CompOp3”复合操作进行关联设置，得到如图 3-3-7 所示结果。

图 3-3-7 “CompOp3”复合操作关联设置

在“链接”操作中，操作选取的先后顺序会作为链接结果的先后顺序。

2. 复合操作之间关联设置

将复合操作“CompOp”设置为当前操作。如图 3-3-8 所示，选中 3 个复合操作（①处），单击“[链接图标]”（链接，②处），即将“CompOp”下 3 个复合操作按顺序关联完成（③处）。

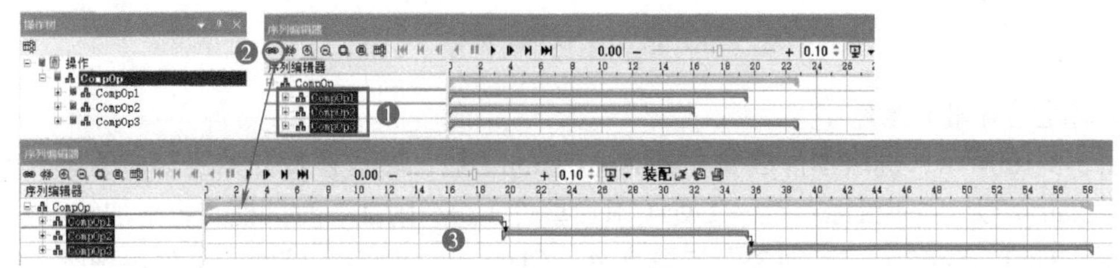

图 3-3-8 焊接流水线关联设置

（四）附加事件设置

通过以上设置，已经将机器人焊接流水线按照时间序列设置完毕。在动画仿真中，旋转工作台旋转时（“turn_table_Op”操作），夹具没有随工作台运动。针对这类问题需要设置相应附加事件。

1. 全局附加事件设置

如图 3-3-9 所示，“主页”选项卡→附件→“附加”对话框，“附加对象”选取夹具“Clamp”和“Clamp_1”，“到对象”选择旋转工作台的转盘“lnk2”→“确定”。在当前项目中，两个夹具都将附加在旋转工作台的转盘之上。

通过仿真演示，在旋转工作台（Turn_Table）转动时，台面上的两个夹具也随之旋转。

2. 局部附加事件设置

设置好全局附加事件后，当整个仿真过程运行到旋转工作台时，夹具可以跟随旋转工作台转动，但是放置在夹具（Clamp）上的零件并没有跟随工作台运动。这种情况并不适合设置全局附加事件，此时需要采取设置局部附加事件的方式来解决此类问题。

整个附加段范围为：从机器人将零件放置在夹具（Clamp）上之后，到机器人将零件从夹具（Clamp）上取走之前。

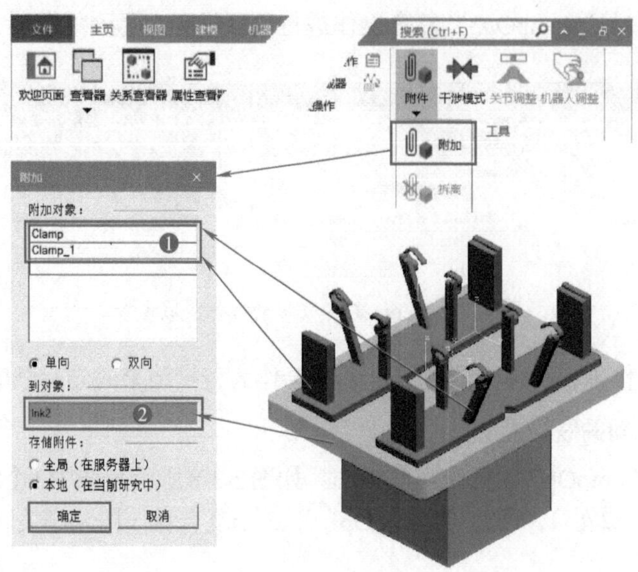

图 3-3-9　全局附加事件设置

（1）新建局部附加事件

如图 3-3-10 所示，选取零件放置在夹具（Clamp）后，转盘还没开始旋转前的夹具闭合操作“Clamp_Op1”→鼠标右键→①处（附加事件）→“附加”对话框，“要附加的对象”选取零件（Part1、Part2），“到对象”选取夹具（Clamp）→确定。这时，②处出现红色标记点，从该点开始，两个零件（Part1、Part2）会一直附加在夹具（Clamp）上。双击该红色标记点可以调出“附加”对话框修改相关设置。

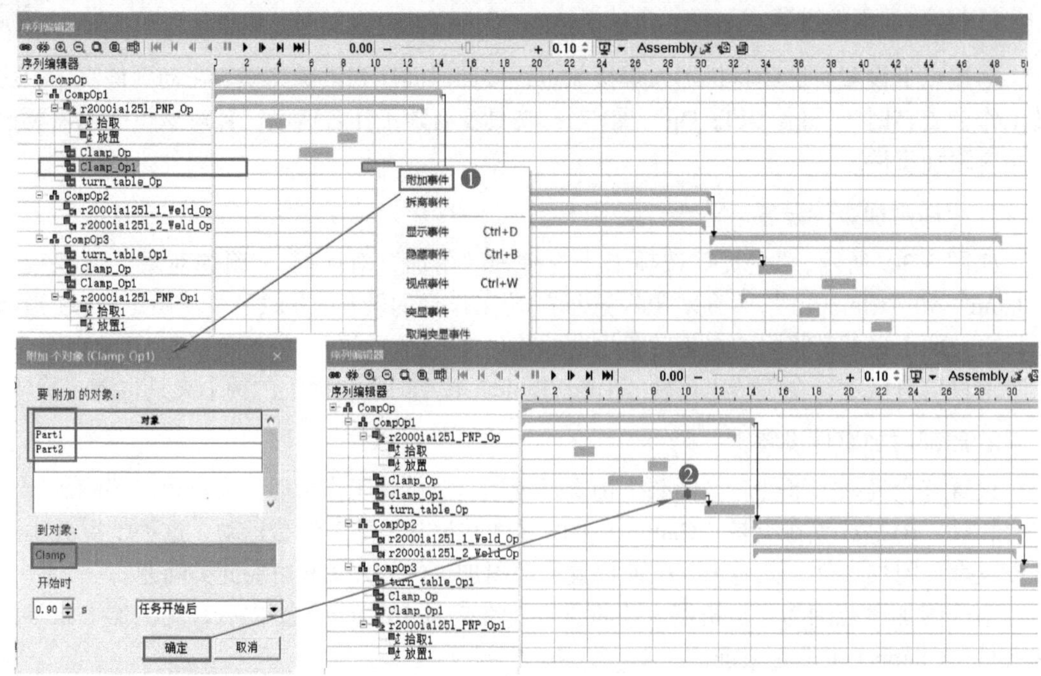

图 3-3-10　局部附加事件设置

（2）拆离局部附加事件

如图 3-3-11 所示，选取已焊接零件旋转到位后，机器人抓取前的夹具打开操作“Clamp_Op”→鼠标右键→①处（拆离事件）→“拆离”对话框，“要拆离的对象”选取零件（Part1、Part2）→确定。当②处出现红色标记点时，两个零件（Part1、Part2）和夹具（Clamp）之间不再有附加关系。

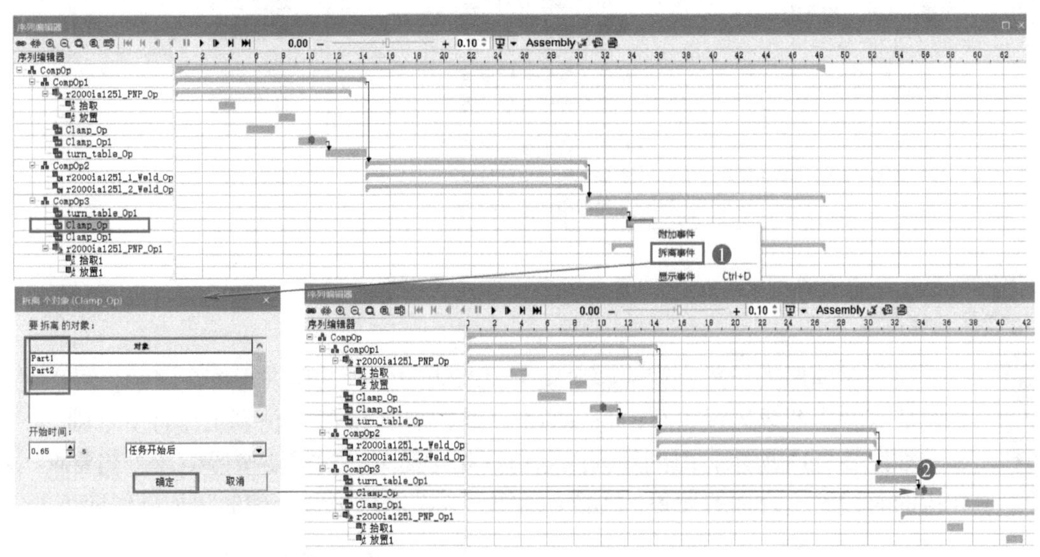

图 3-3-11　拆离局部附加事件

（五）时间序列工艺仿真模拟

时间序列工艺仿真模拟

完成以上设置后，就可以执行机器人焊接流水线的时间序列工艺仿真，完整的仿真序列如图 3-3-12 所示，通过动画仿真能够完整地查看整个焊接流水线生产的工艺过程。

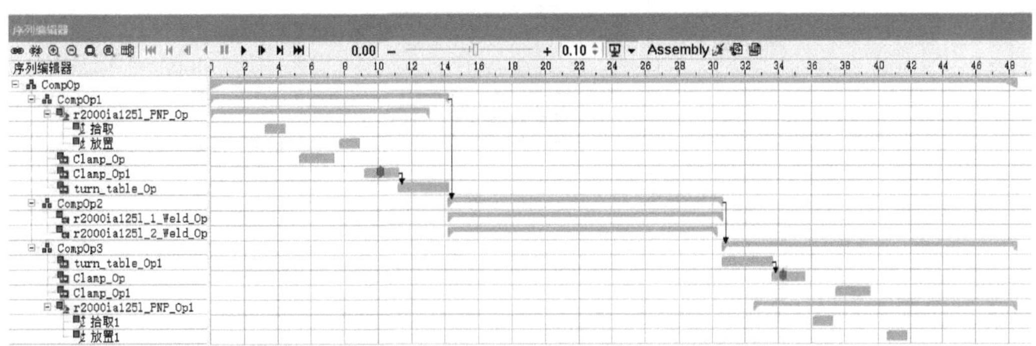

图 3-3-12　机器人焊接流水线时间序列工艺仿真

对本任务的学习情况进行检查和评估，并将相关内容填写在表 3-3-1 中。

表 3-3-1　检查评估表

检查项目	检查对象	检查结果	结果点评
设备时间序列排序	① 拾取零件时序设置 ② 焊接零件时序设置 ③ 放置零件时序设置	是□ 否□ 是□ 否□ 是□ 否□	
操作生产节拍设置	① 单个操作时间设置 ② 复合操作时间设置	是□ 否□ 是□ 否□	
操作关联设置	① 单个操作关联设置 ② 复合操作关联设置	是□ 否□ 是□ 否□	
全局附加时间和局部附加事件设置	① 全局附加事件设置 ② 局部附加事件设置 ③ 局部附加事件拆离	是□ 否□ 是□ 否□ 是□ 否□	

任务总结

通过时间序列设置，就能够对整个流水线的生产过程进行仿真演示，可以更加直观地查看生产线运行状态，为后期生产线的仿真和 PLC 仿真工作打下基础。

如图 3-3-13 所示，时间序列工艺仿真相对简单，只需要按照生产工艺要求，在相应的时段安排合理的设备 / 机器人操作，并按需求设置合理的附加操作即可。

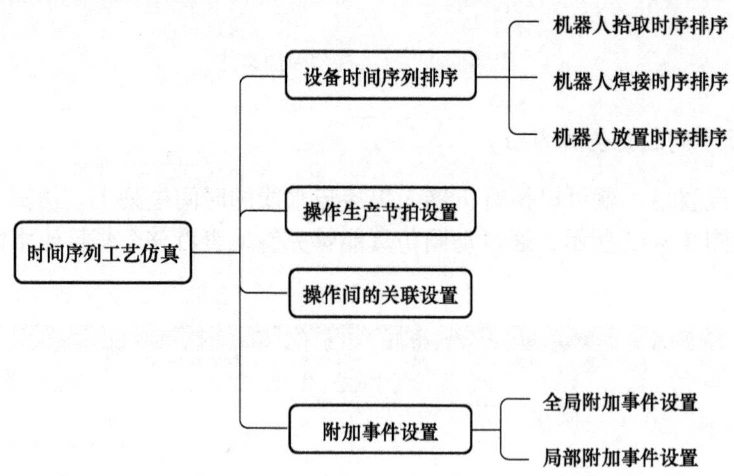

图 3-3-13　时间序列工艺仿真任务小结

任务拓展

调整本项目任务三中各个设备的生产节拍，将夹具打开操作“Clamp_Op”时间设为“3s”，夹具闭合操作“Clamp_Op1”时间设为“4s”，将旋转工作台旋转操作“turn_table_OP”和“turn_table_OP1”时间均设为“5s”。完成各个设备操作时间序列工艺仿真的任务拓展，并按表 3-3-1 对其参数设置进行检查。

任务四 事件信号序列工艺仿真

启动信号的创建

任务工单

<table>
<tr><td>任务名称</td><td colspan="3"></td><td>姓名</td><td></td></tr>
<tr><td>班级</td><td></td><td>组号</td><td></td><td>成绩</td><td></td></tr>
<tr><td>工作任务</td><td colspan="5">Process Simulate 软件有两种工艺仿真的模式：标准仿真模式和生产线仿真模式。标准仿真模式是基于时间序列的工艺仿真，在此模式下只能进行一个生产周期的工艺仿真模拟。生产线仿真模式是基于事件信号的循环仿真模式，可以通过对事件或触发器信号的控制对多个生产周期进行工艺仿真
本任务在生产线仿真模式下，通过事件信号序列的方式进行焊接流水线工艺仿真
• 扫描二维码，观看“事件信号序列工艺仿真”微视频
• 阅读任务知识储备，可以在序列编辑器中增加“过渡”和“正在运行”列，能够打开信号查看器和仿真面板
• 阅读任务技能实操，完成机器人焊接流水线事件信号序列工艺仿真</td></tr>
<tr><td>任务目标</td><td colspan="5">知识目标
• 掌握创建启动信号的方法
• 掌握零件外观生成的方法
• 掌握使用仿真面板产生和控制事件信号的方法
能力目标
• 学会使用物料流表
• 学会使用过渡条件设置事件信号
• 学会设置智能对象
素质目标
• 勤于思考、善于探索的良好学习作风
• 勤于查阅资料、善于自学、善于归纳分析</td></tr>
<tr><td rowspan="4">任务分配</td><td>职务</td><td>姓名</td><td colspan="3">工作内容</td></tr>
<tr><td>组长</td><td></td><td colspan="3"></td></tr>
<tr><td>组员</td><td></td><td colspan="3"></td></tr>
<tr><td>组员</td><td></td><td colspan="3"></td></tr>
</table>

1. 生产周期

指从原材料投入生产开始，经过加工工艺执行，到产品生产完成为止的全部时间。

2. 仿真面板

也称“仿真监视器”，在仿真过程中观察信号值的变化，也能够通过修改信号值模拟真实情况协助仿真运行。

3. 信号序列

由上步工序产生的信号触发下步生产工序的启动，各个工序通过信号触发的先后顺序排列而成的序列，在仿真中整个生产过程按照该触发序列依次进行。

4. 物料流

物料流是物料通过加工和装配等工序，被制造为其他制成品的全过程。

技能实操

在本项目任务三中，机器人焊接流水线可以按照标准仿真模式的时间序列，顺利完成一个生产周期的工艺仿真。但在生产线仿真模式下，直接应用标准仿真模式所建立的时序序列模型时，会出现一些问题。例如：①在支架上并没有出现加工零件；②运行仿真后，零件在显示区出现不规则显示；③操作并没有按照时间序列设置条件运行。

在实际生产中，各种设备的操作不会完全按照理论计算出的时间一步步运行，各工序之间需要通过各自设置的信号来作为触发条件，例如：各种传感器、外部控制器产生的信号等。在生产线仿真模式下，通过创建设备仿真信号，实现生产线事件信号工艺仿真。

（一）启动信号的创建

1. 创建启动操作

在仿真开始之前新建一个操作，作为控制整个操作的开始。如图 3-4-1 所示，依次按照步骤①～③操作，点选“操作”选项卡→①新建操作→②新建非仿真信号→“新建非仿真信号”对话框，更改名称为：“Start”；操作范围为：“CompOp”→③确认。可以在操作树中看到新建操作“Start”，在序列编辑器中将“Start”操作拖至序列开始位置。

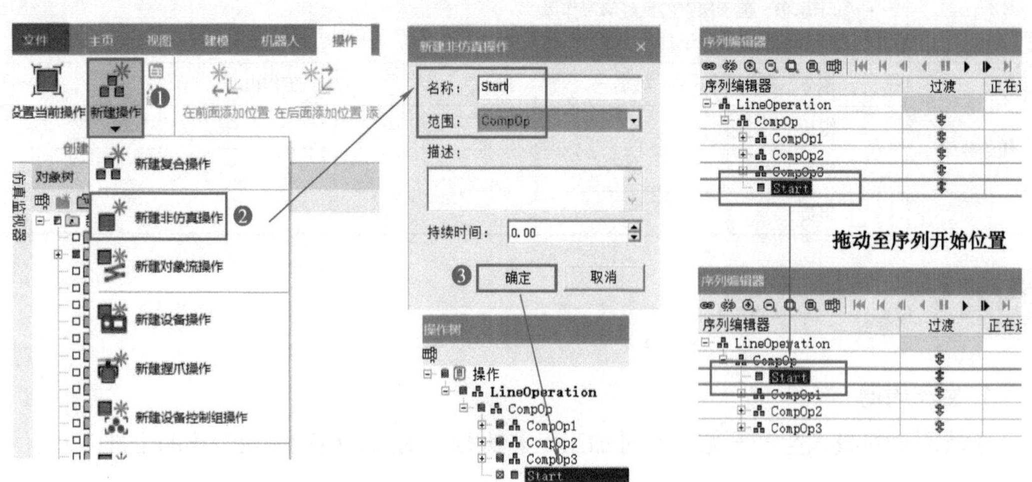

图 3-4-1 创建启动操作

2. 创建启动信号

如图 3-4-2 所示，在信号查看器中已经有很多“*_end”信号，这些信号针对项目之前建立的各个操作流（复合操作没有相应信号）的结束，这些信号均不能任意更改。为了实现启动控制，需要建立一个能够自由操作的启动信号，依次按照步骤①～⑤操作。在信号查看器面板中→①新建信号→选中②“关键信号→③确定，“关键信号”创建成功，双击修改名称为“Start_non_sim”在“仿真面板”中选择④“”将“Start_non_sim”添加到仿真面板中→⑤勾选“强制”。后边通过设置，可以实现通过对“Start_non_sim”信号“强制值”的改变，控制“Start”操作。

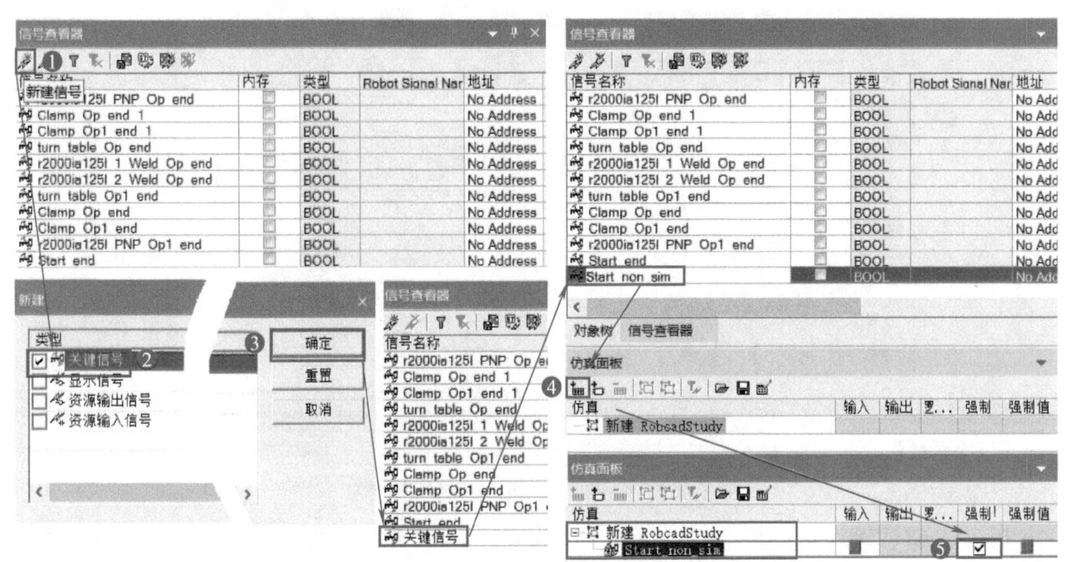

图 3-4-2　创建可控制启动信号

（二）零件外观生成事件的设置

1. 零件外观概念

在生产线仿真模式下，在操作树中看不到零件，在运行仿真过程中，会在“外观”下看到“Part1、Part2”出现，如图 3-4-3 所示。此时“零件”已经被转换为“外观”的概念。

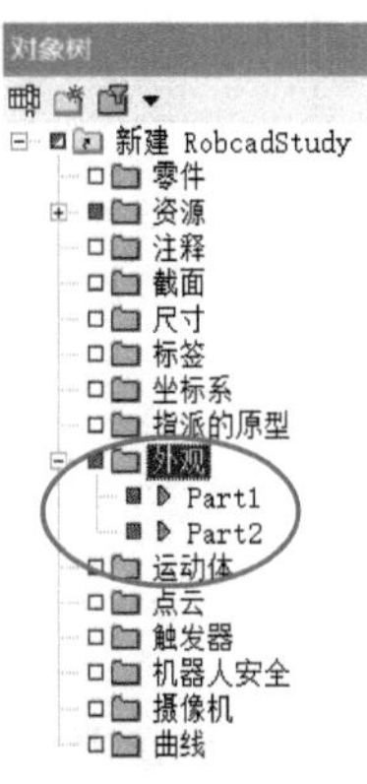

图 3-4-3　外观概念

2. 创建零件外观生成对象流操作

外观的出现需要使用“对象流”进行控制，创建“外观生产操作流”，首先需要返回“标准模式”（此时才能显示零件），如图 3-4-4 所示，依次按照步骤①～⑥操作，采用本项目任务二中方法在“操作根目录”下新建复合操作“零件生成”，然后在“零件生成”操作下创建对象流“Part1_Generate”→①将对象流路径都设为“Part1”→②确定→③在操作树中选择“Part1_Generate”右键“属性操作”→选择“属性”对话框中④工艺→⑤抓握坐标设为“Part1”→⑥确定，完成零件 Part1 的外观生成操作创建。

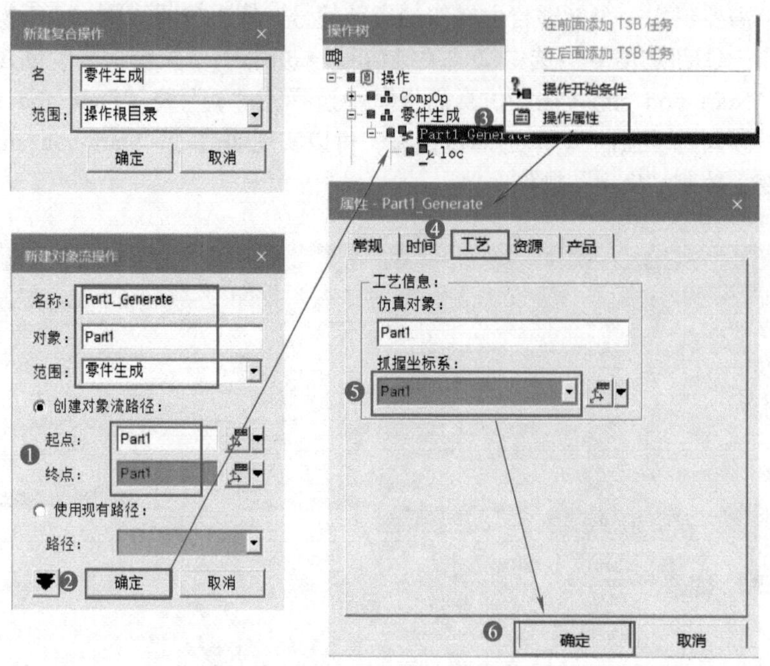

图 3-4-4　创建零件 Part1 外观生成操作

继续按照如图 3-4-5 所示相关设置，通过以上类似方法，创建零件 Part2 的外观生成操作，在操作树中可以看到“零件生成”下的“Part1_Generate”和“Part2_Generate”。

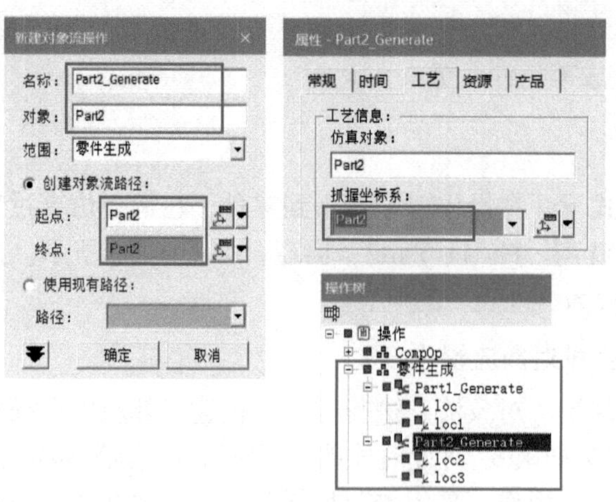

图 3-4-5　零件 Part2 外观生成相关设置

3. 创建零件外观消失非仿真操作

通过非仿真操作的方式实现零件外观的消失，如图 3-4-6 所示，采用本项目任务二中方法在“操作根目录”下新建复合操作“零件消失”，然后在“零件消失”操作下创建①名称为“Part1_Disappear”的非仿真操作→“确定”，完成零件 Part1 外观消失操作创建。按照同样方式创建零件 Part2 外观消失操作。在操作树中可以看到“零件消失”下的“Part1_Disappear”和“Part2_Disappear”。

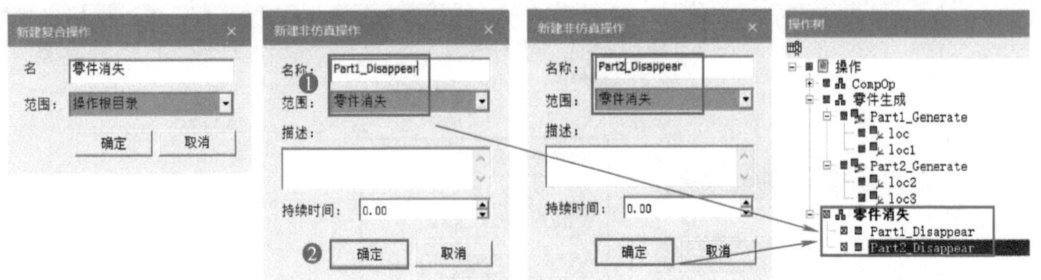

图 3-4-6　创建零件外观消失相关操作

（三）物料流序列参数的设置

1. 打开物料流查看器

重新切换回“生产线仿真模式”打开物料流表，如图 3-4-7 所示，在“主页”或“视图”选项卡中，依次点选①查看器→②物料流查看器，即可打开物料流查看器。

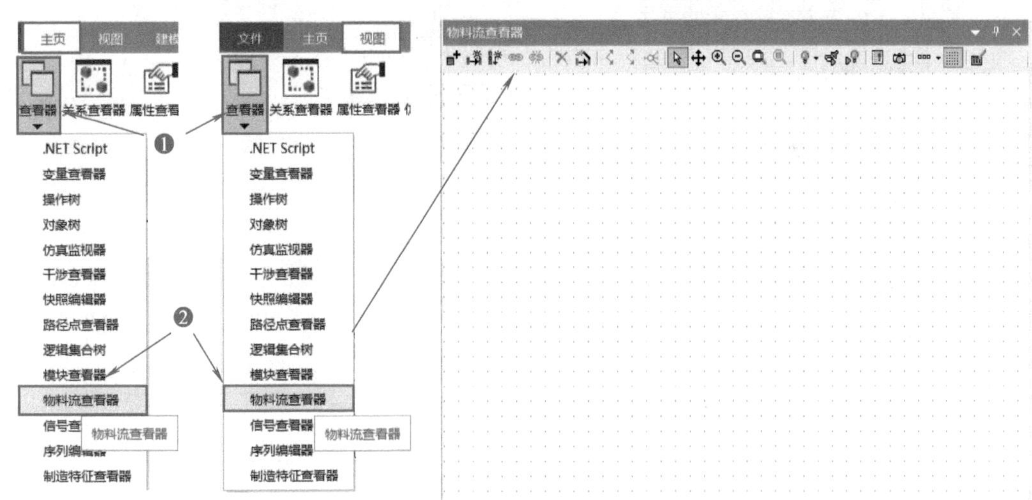

图 3-4-7　打开物料流查看器

2. 创建物料流

在物料流查看器中进行物料流的创建，如图 3-4-8 所示，依次按照：①在操作树中将选中所需的操作→②单击物料流查看器中“■+”添加操作（也可以按需要逐个操作进行添加）。

将操作添加完后，有两种方法可以进行物料流链接的创建：

第一种方法，如图 3-4-9 所示，依次按照步骤①～③操作。在物料流查看器中选择①“ ”新建物料流链接→②鼠标左键选中“Part1_Generate”后不松开→拖向

③“r2000ia125l_1_Weld_Op”，完成一个物料流链接，使用移动命令调整位置方便检查链接关系。其余物料流可以按相同方式依次创建。

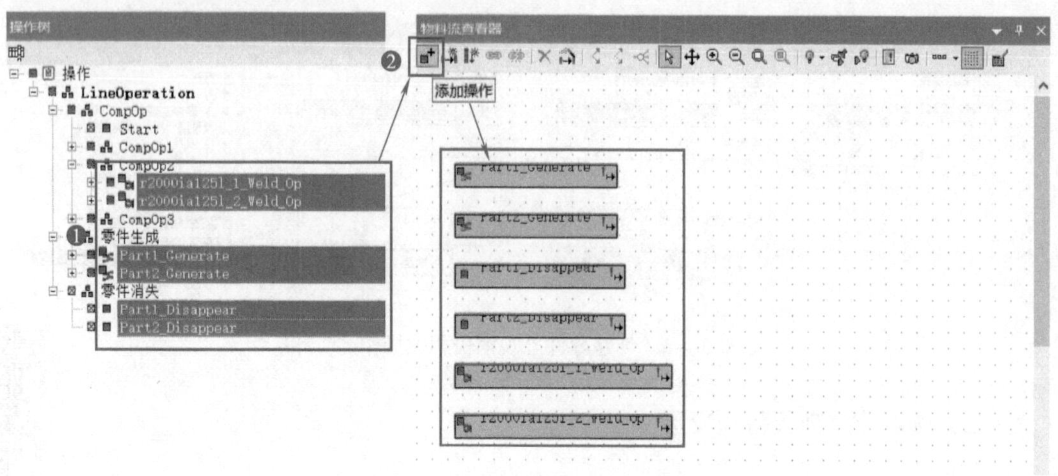

图 3-4-8　添加操作

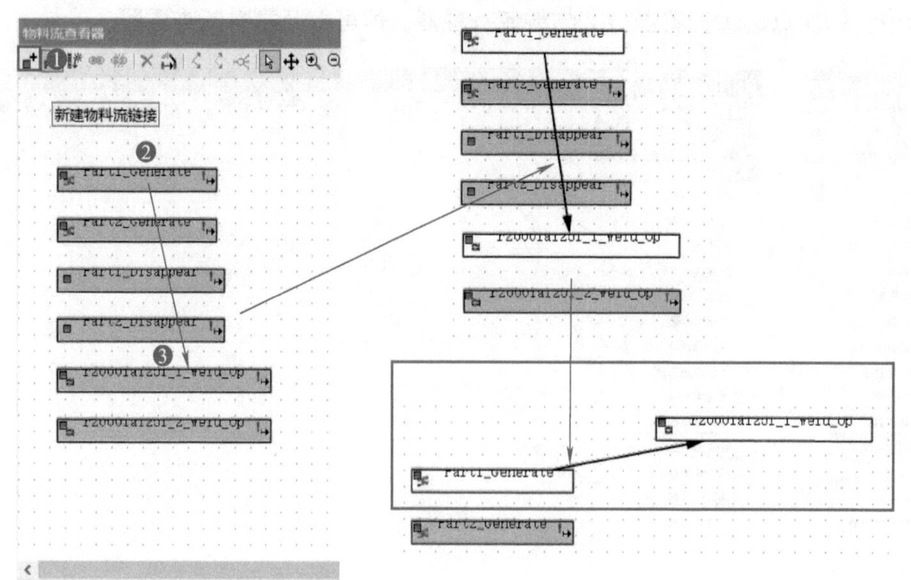

图 3-4-9　拖动方式创建物料流

第二种方法，如图 3-4-10 所示，依次按照步骤①～③操作。在物料流查看器中选择①“ ”生成物料流链接→“生成物料流链接”对话框→②对象依次选中“Part1_Generate”和“r2000ia125l_1_Weld_Op”→③确定，也可以创建出与第一种方法相同的物料流链接。

项目完整物料流表，如图 3-4-11 所示，增加“r2000ia125l_1_Weld_Op”和“r2000ia125l_2_Weld_Op”两个焊接操作的目的是为了在物料上生成所需焊点。

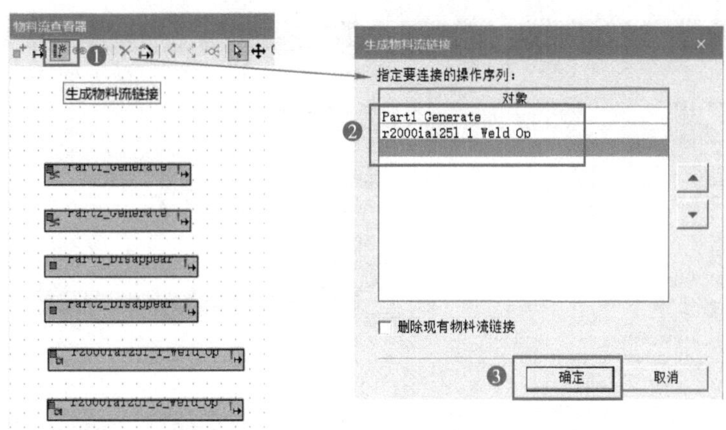

图 3-4-10　菜单方式创建物料流

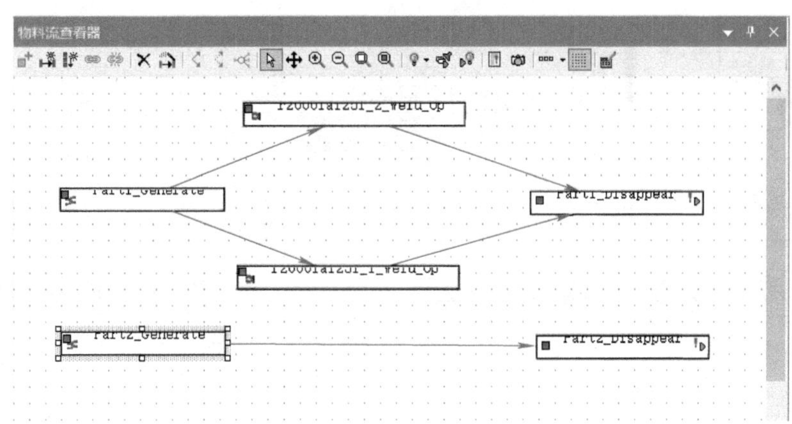

图 3-4-11　物料流创建完成

（四）过渡条件事件信号的设置

“过渡条件”指的是，链接操作间触发所需满足的转换条件。在生产线仿真模式下，操作被执行的前提除了要满足所链接前一个操作执行结束外，还需要满足操作间指定的转换条件，也就是“过渡条件”。

1. 设置零件外观生成过渡条件

利用前边设置的启动信号以及零件外观生成事件，通过设置过渡条件完成通过启动信号零件外观生产操作。如图 3-4-12 所示，依次按照步骤①～⑤操作。在操作树中将① Start 操作→拖至②复合操作“零件生成”目录下→在序列编辑器中将③ Start →拖至④“Part1_Generate”前→⑤链接“零件生成”中 3 个操作。按需要调整“Part1_Generate”和“Part2_Generate”操作节拍，完成启动信号操作和外观生成操作的链接。

完成链接后，设置“Start”过渡条件：如图 3-4-13 所示，依次按照步骤①～⑤操作，鼠标左键双击①“![]”按钮→“过渡编辑器”对话框中②编辑条件→③对话框中内容改为“RE(Start_non_sim)”（RE 为上升“变化”命令）→④确定→⑤确定，完成设置。这样可以通过在仿真面板操作 Start_non_sim 信号，完成零件生成操作。

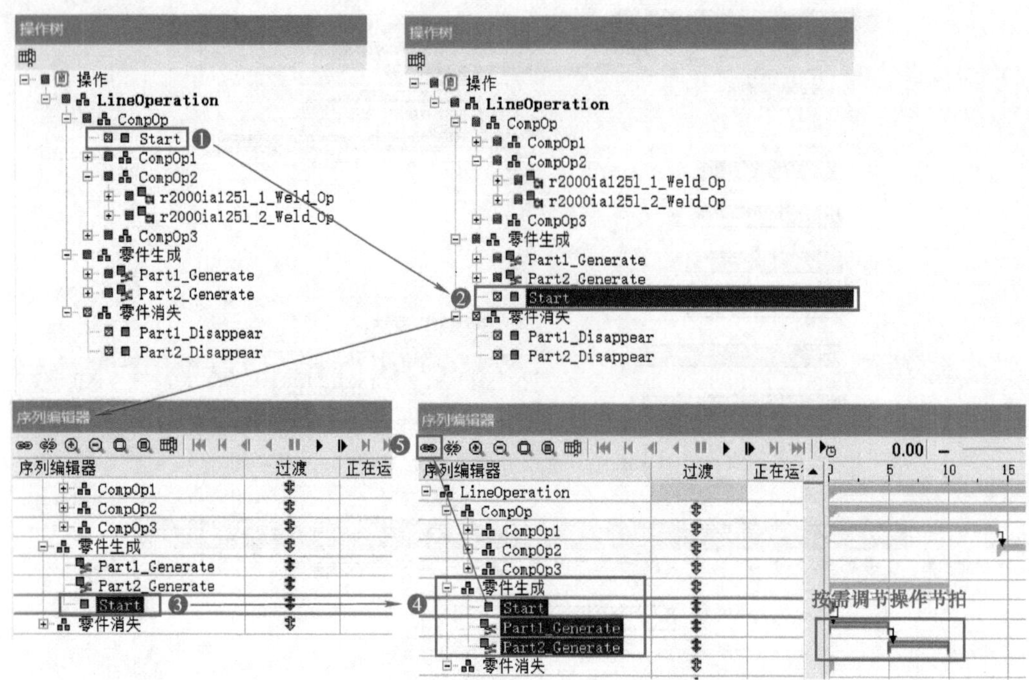

图 3-4-12　链接启动信号操作与外观生成操作

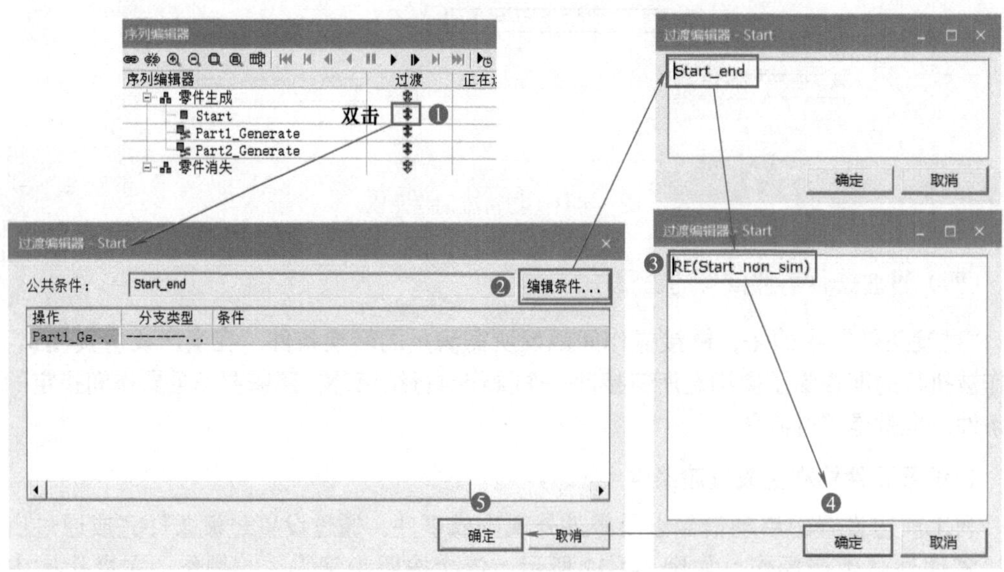

图 3-4-13　设置外观生成过渡条件

2. 设置零件外观消失过渡条件

通过零件外观生成相似的方式为零件外观消失进行相应的设置，如图 3-4-14 所示，依次按照步骤①~⑤操作。①在“Part1_Disappear”前新建一个“Finish”操作→②链接 3 个操作→③设置过渡条件→④设置“r2000ia125l_PNP_Op1_end”为过渡条件→⑤完成零件外观消失操作的设置。

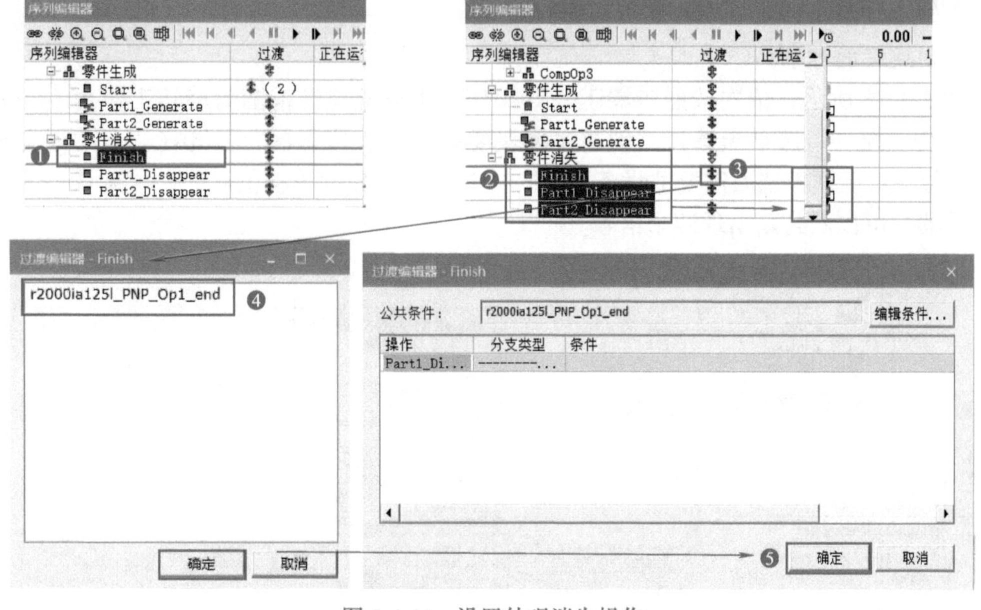

图 3-4-14　设置外观消失操作

（五）机电设备智能对象的设置

设置好过渡信号后运行仿真，发现各个设备并没有按预计进行操作。在仿真运行时，如图 3-4-15 所示，依次按照步骤①～③操作。在序列编辑器①“正在运行”列可以看到有很多操作在同时运行（仿真出现问题，需要重新设置）→②删除本项目任务二中设置的部分操作，留下机器人操作→③为方便理解将复合操作名称改为“机器人控制”。

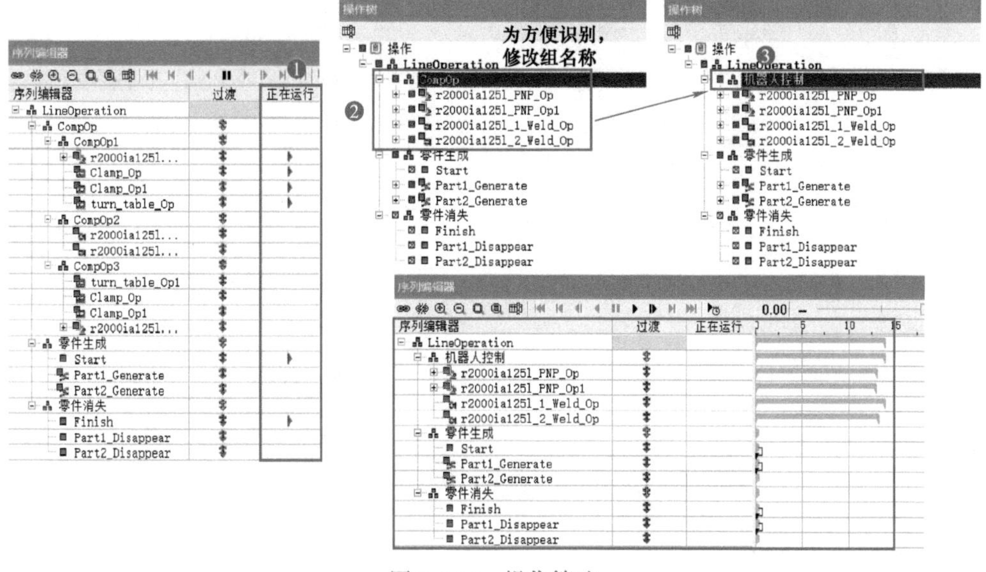

图 3-4-15　操作筛选

完成操作删减后，项目中缺少“旋转工作台（turn_table）”和“夹具（Clamp）”的控制。下面设置智能对象实现两个机电设备基于事件信号的控制。

1. 旋转工作台（turn_table）智能对象设置

（1）创建智能对象

如图 3-4-16 所示，依次按照步骤①～⑤操作，①设置建模范围为旋转工作台（turn_table）→②“控件”选项卡选择“创建逻辑块姿态操作和传感器”→③在“自动姿态操作/传感器”对话框中选取需要的设备姿态，并勾选“创建并连接信号”→④确认→⑤在信号查看器中可以看到新出现四个信号。

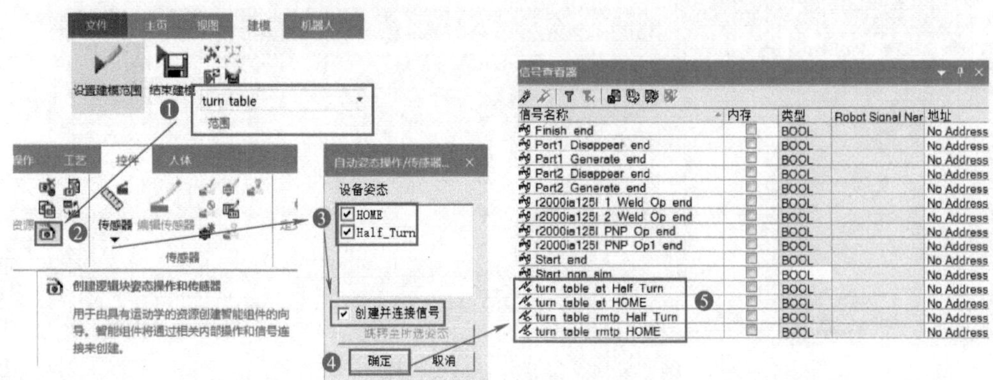

图 3-4-16　创建旋转工作台智能对象

如图 3-4-17 所示，在选中旋转工作台（turn_table）的情况下，选择“控件”选项卡中的“连接信号”。在弹出窗口中可以看出，刚刚新出现的四个信号中，“*_rmtp_*”为两个输入信号和“*_at_*”为两个输出信号。

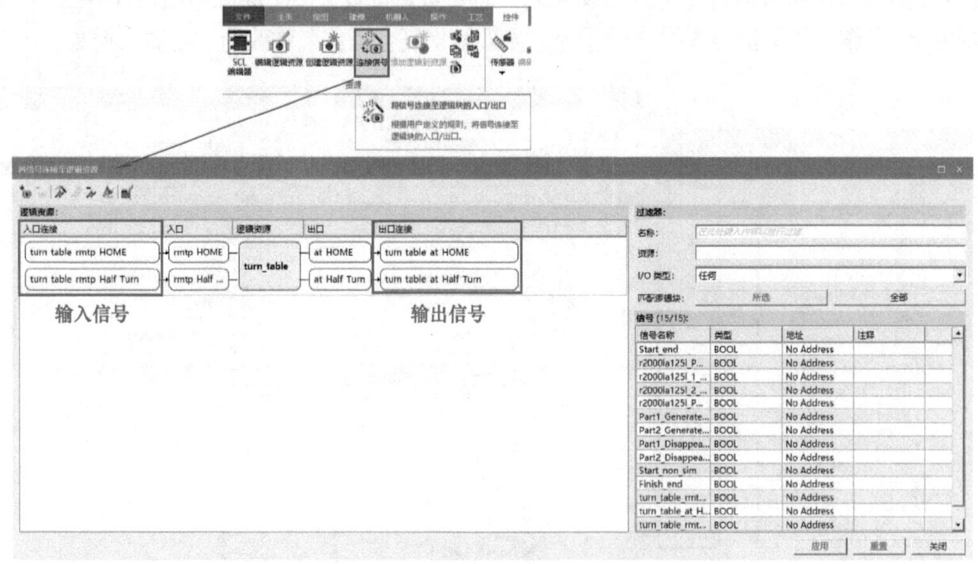

图 3-4-17　查看旋转工作台信号

（2）添加仿真信号

如图 3-4-18 所示，依次按照步骤①～⑥操作，选中①四个信号→②点选“仿真面板”中“”→③信号添加到仿真面板→④点选“”将新添加四个信号进行分组→⑤将组名改为“旋转工作台”→⑥勾选两个输入信号的强制选项，完成旋转工作台智能对象创建。

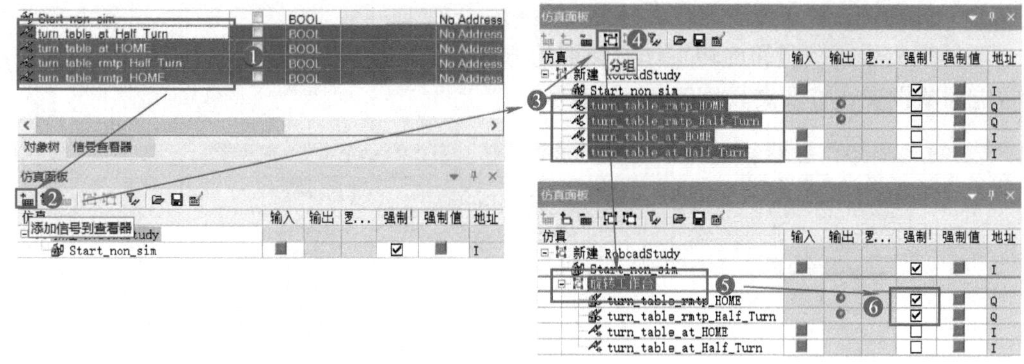

图 3-4-18　将旋转工作台信号添加进仿真面板

如图 3-4-19 所示，在仿真状态下，通过鼠标单击控制两个输入信号，可以实现旋转工作台的工作姿态改变。

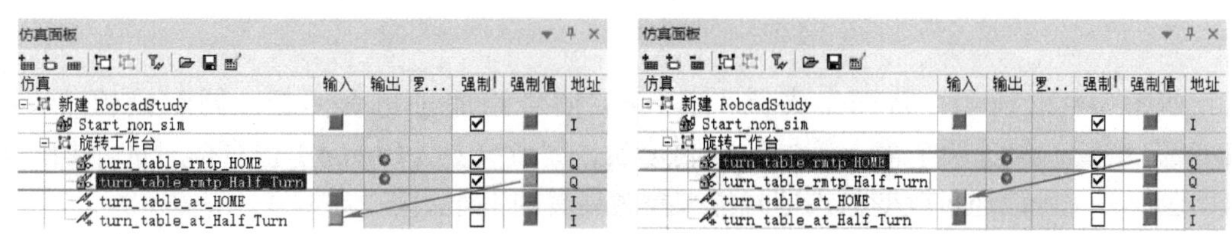

图 3-4-19　通过事件信号控制旋转工作台

2. 夹具（Clamp）智能对象设置

（1）工具定义

前面删去含有旋转工作台和夹具的操作流，导致前面设置的局部附加事件都失效了。为了零件保持随转台旋转同步，需要对夹具（Clamp）工具定义，“工具类”选择“握爪”，“TCP 坐标”选择“fr1”，“抓握实体”选择“fr1、fr2”，如图 3-4-20 所示。

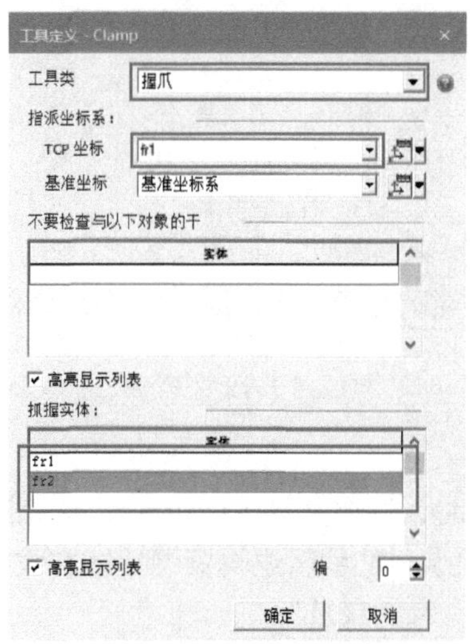

图 3-4-20　夹具（Clamp）工具定义

（2）创建智能对象与添加仿真信号

工具定义后，按照和旋转工作台类似的方式，如图 3-4-21 所示，对夹具（Clamp）进行智能对象设置，查看夹具（Clamp）信号。

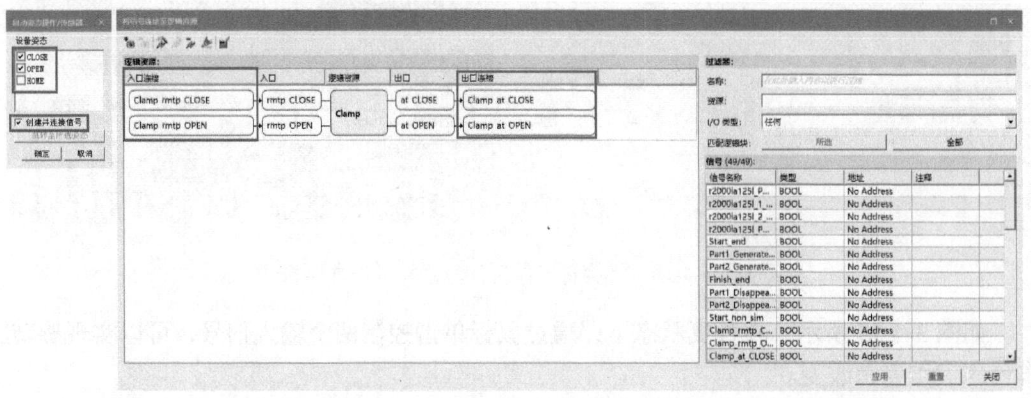

图 3-4-21　创建夹具（Clamp）智能对象

如图 3-4-22 所示，将四个夹具（Clamp）信号添加进仿真面板，同时设置“夹具 Clamp”组别，勾选两个输入信号的强制选项，完成夹具（Clamp）仿真信号的添加。在仿真运行后，可以通过改变输入信号值来控制夹具的工作状态。

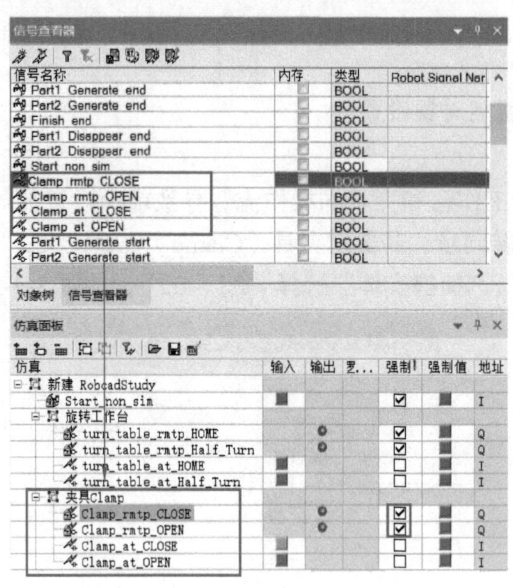

图 3-4-22　通过事件信号控制夹具（Clamp）

（3）编辑逻辑资源

在建模范围为“Clamp”时，选取夹具（Clamp），按如图 3-4-23 所示，依次按照步骤①～⑤操作：①“控件”选项卡→②编辑逻辑资源→③在编辑器中选取“操作”→④单击“添加”→⑤依次添加“抓握”和“释放”。

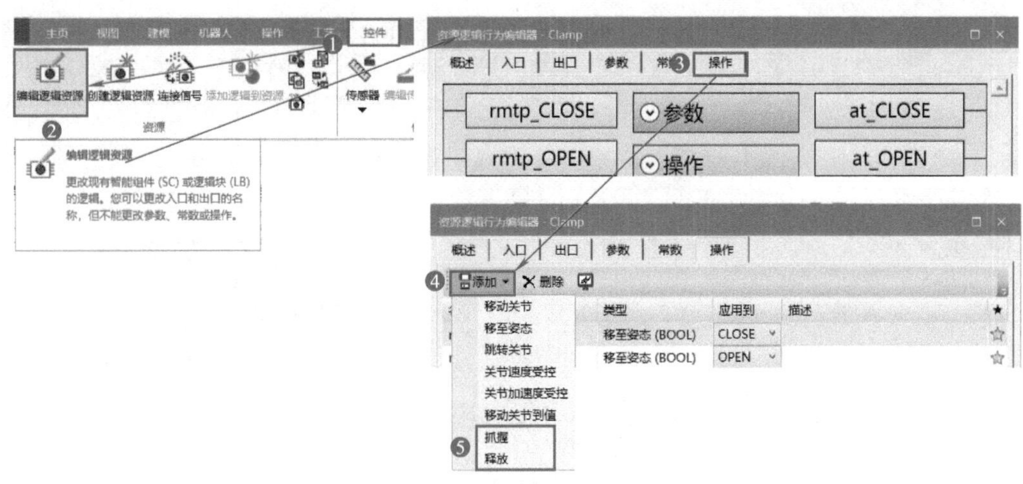

图 3-4-23　打开编辑逻辑资源对话框

如图 3-4-24 所示，依次按照步骤①～④操作，选择①“grip_action”应用选为“fr1”→②选取“”参数→③将“at_CLOSE_sensor”拖入“值表达式”中→完成“release_action”类似设置→④确定。完成夹具（Clamp）智能对象全部设置。

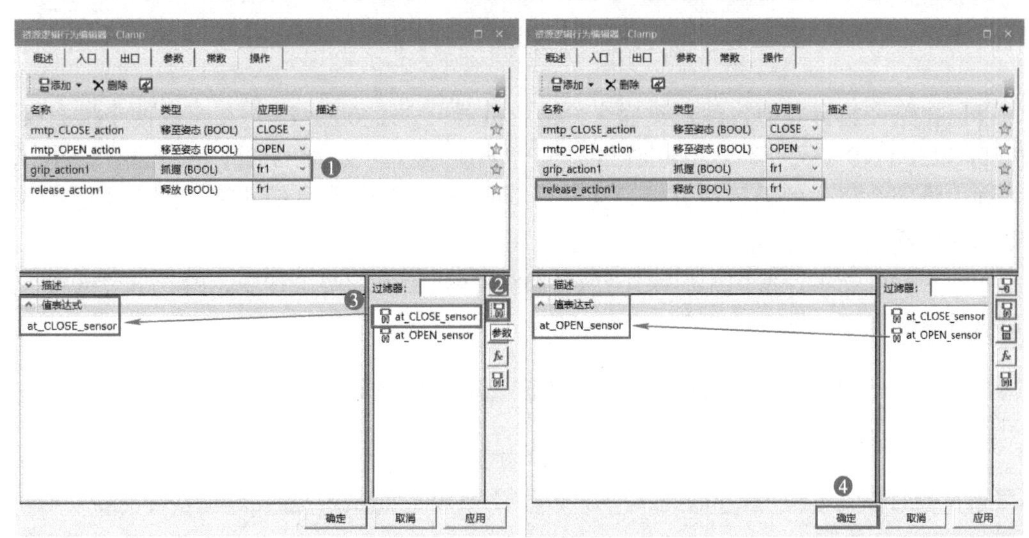

图 3-4-24　设置“抓握”和“释放”操作

（六）机器人信号的创建和应用

机器人信号的创建和应用

1. 创建机器人程序

如图 3-4-25 所示，选中拾取机器人“r2000ia125l”，依次按照步骤①～⑦操作：①“机器人”选项卡→②机器人程序清单→③新建程序→④确定→⑤将新建程序设为默认程序→⑥在程序编辑器中打开→⑦关闭。

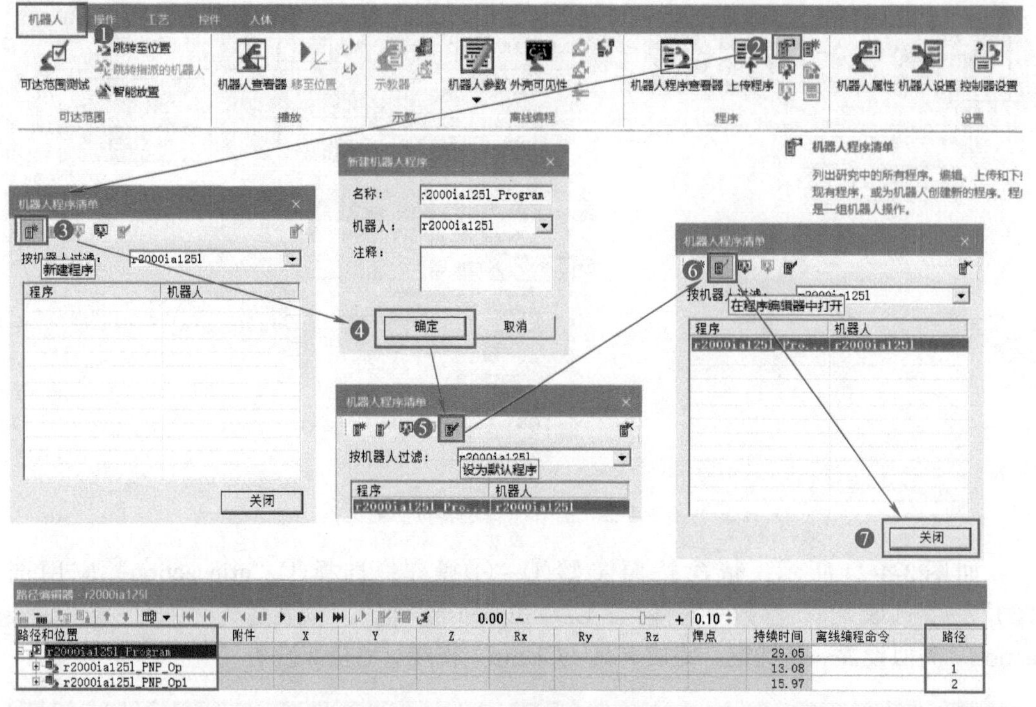

图 3-4-25　创建拾取机器人程序

可以在路径编辑器中找到新建程序，将由机器人“r2000ia125l”负责的两个拾放操作“r2000ia125l_PNP_Op”和“r2000ia125l_PNP_Op1”拖入“r2000ia125l_Program”，在“路径”列中将两个操作的路径值分别设为“1”和“2”。在信号仿真过程中，通过改变路径值来选择机器人的拾放操作。

如图 3-4-26 所示，使用相似操作分别创建焊接机器人的两个程序，由于每台机器人只负责执行一个程序，只需要设定一个路径值。

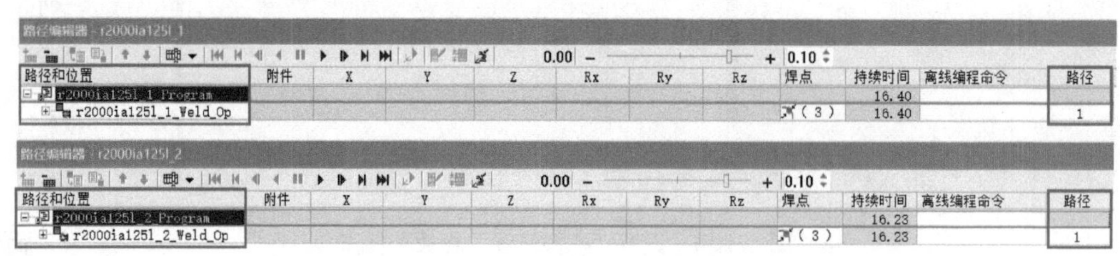

图 3-4-26　创建焊接机器人程序

2. 创建机器人信号

首先选中拾取机器人“r2000ia125l”，如图 3-4-27 所示，依次按照步骤①～⑦操作：①“控件”选项卡→②机器人信号→③创建默认信号→④确定→在信号查看器中能够发现很多新的信号→⑤选中“*_startProgram”和“*_programNumber”添加到仿真面板中→⑥建新组“拾放机器人”→⑦勾选强制选项及设置强制值。

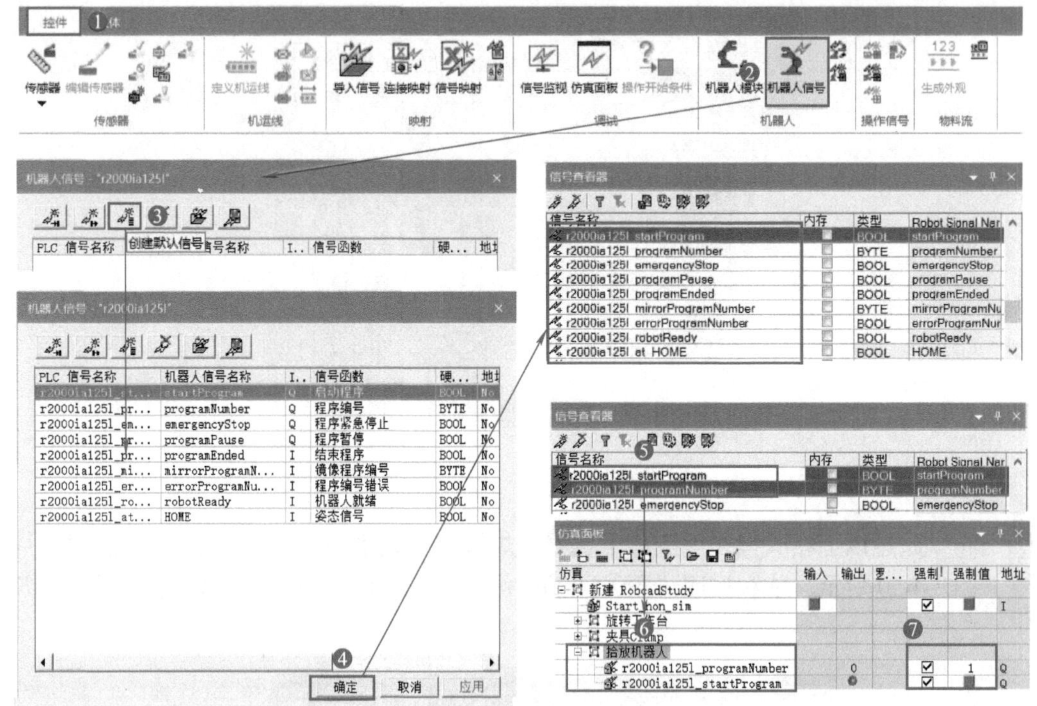

图 3-4-27 创建拾取机器人信号

通过以上设置，就完成了拾取机器人“r2000ia125l”信号的创建，通过改变“r2000ia125l_programNumber”的强制值可以选取不同的拾取程序。使用相同设置方法，完成焊接机器人“r2000ia125l_1”和“r2000ia125l_2”信号的创建，如图 3-4-28 所示。

仿真面板

仿真	输入	输出	逻...	强制	强制值	地址
新建 RobcadStudy						
Start_non_sim				☑		I
旋转工作台						
夹具Clamp						
拾放机器人						
r2000ia125l_programNumber		0		☑	1	Q
r2000ia125l_startProgram				☑		Q
焊接机器人1						
r2000ia125l_1_programN...		0		☑	1	Q
r2000ia125l_1_startPro...				☑		Q
焊接机器人2						
r2000ia125l_2_programN...		0		☑	1	Q
r2000ia125l_2_startPro...				☑		Q

图 3-4-28 创建焊接机器人信号

3. 通过事件信号控制机器人

通过鼠标单击机器人“*_startProgram”强制值的方式模拟外部事件信号，可以操控机器人完成不同的操作，如图 3-4-29 所示，在仿真运行时，通过触发强制值，可以控制机器人运行相应程序。

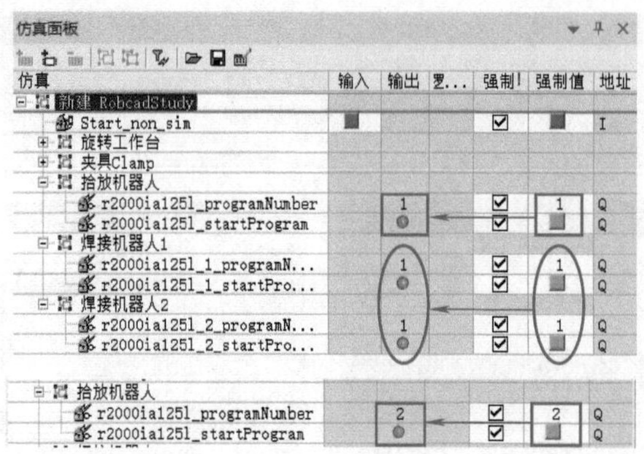

图 3-4-29　模拟事件信号操控机器人

（七）仿真面板事件信号控制

通过以上相关操作就完成了机器人焊接流水线事件信号序列工艺仿真设置。如图 3-4-30 所示，依次按照步骤①～②操作，①启动仿真→②通过改变强制值模拟事件信号。

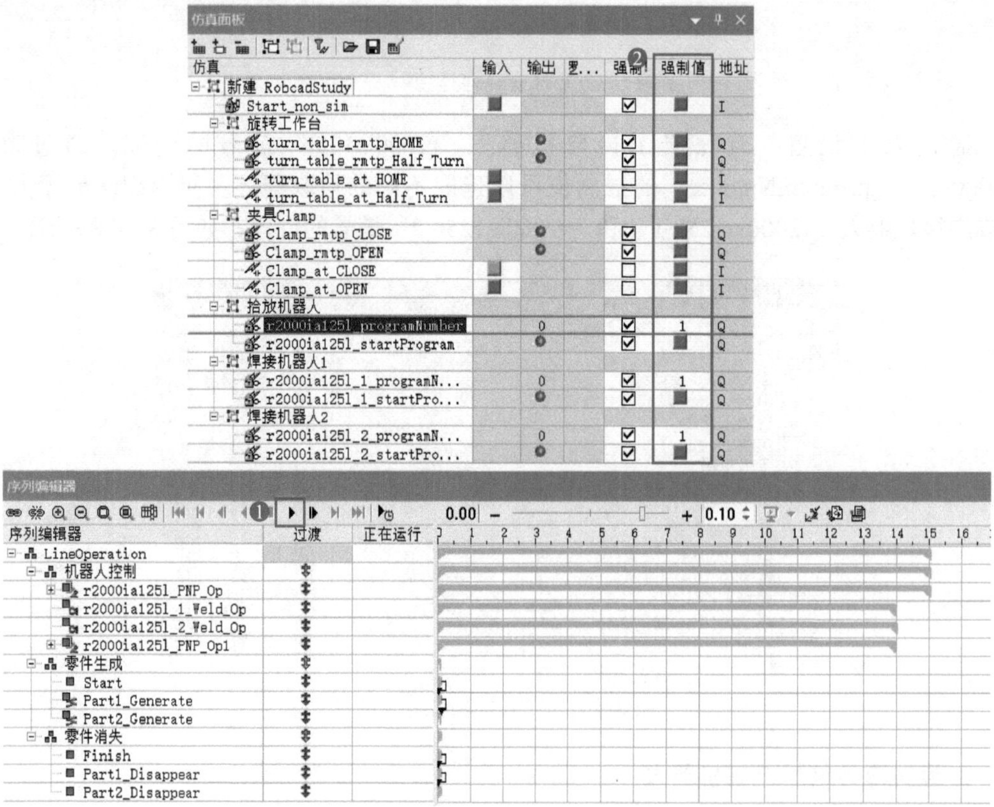

图 3-4-30　机器人焊接流水线事件信号序列工艺仿真

如图 3-4-31 ～图 3-4-39 所示，在仿真开始运行后，通过仿真面板模拟事件信号控制机器人焊接流水线运行。

如图 3-4-31 所示，改变“Start_non_sim”信号强制值（绿色代表值为“1”）产生启动信号，激活外观生产操作流。

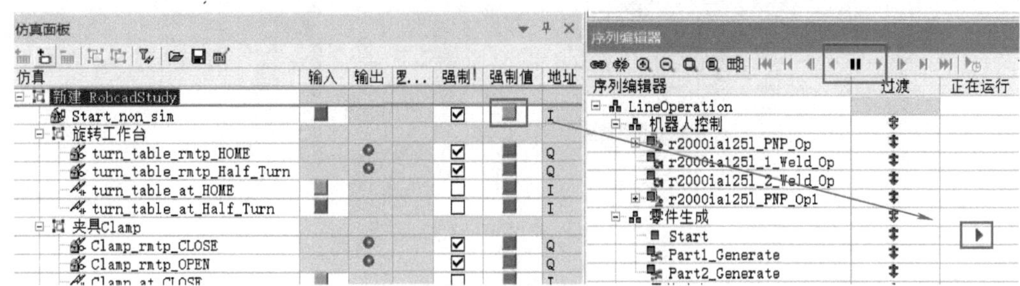

图 3-4-31　零件外观生成

如图 3-4-32 所示，将“r2000ia125l_programNumber”的强制值为设为“1”（选用“路径”为“1”的机器人拾放程序），改变“r2000ia125l_startProgram”的强制值（绿色），拾放机器人开始拾放操作。

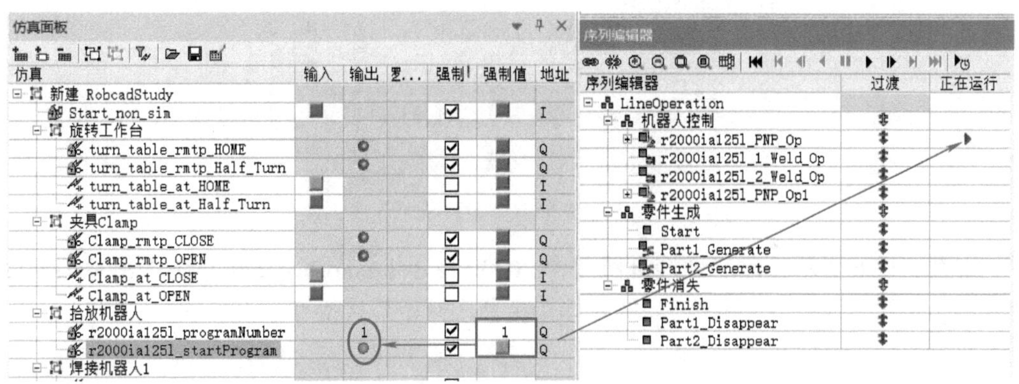

图 3-4-32　拾放机器人运行 1 号程序

如图 3-4-33 所示，在零件放置前，通过改变“Clamp_rmtp _OPEN ”强制值（绿色），触发夹具（Clamp）打开，“Clamp_at_OPEN”输入值发生变化（绿色）。

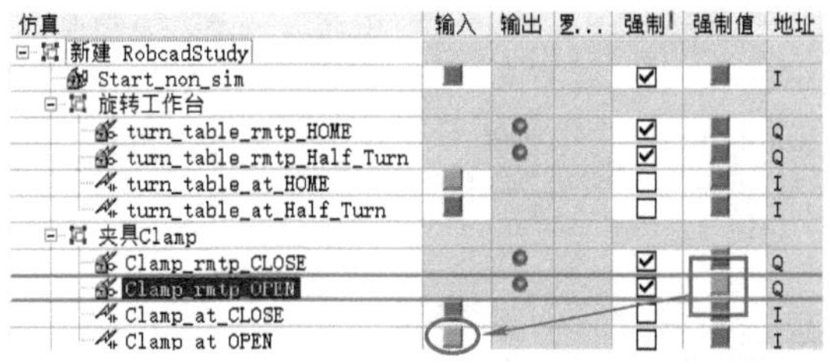

图 3-4-33　零件放置前夹具打开

如图 3-4-34 所示，在零件放置完成后，改变“Clamp_rmtp _CLOSE ”强制值（绿色），触发夹具（Clamp）闭合，“Clamp_at_CLOSE”输入值发生变化（绿色）。

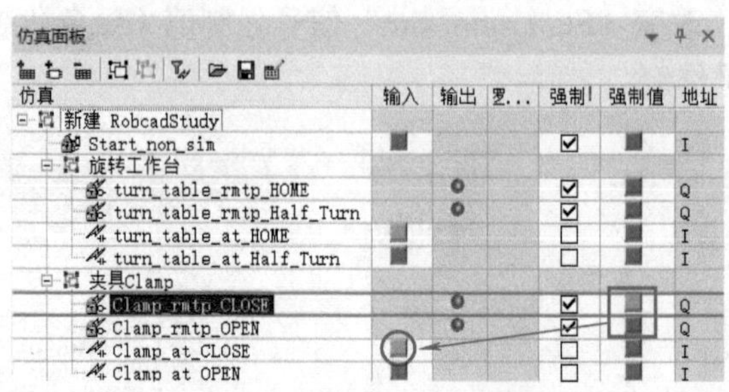

图 3-4-34　放置完成夹具闭合

如图 3-4-35 所示，夹具（Clamp）闭合后，改变“turn_table_rmtp _Half_Turn”强制值（绿色），触发旋转工作台（turn_table）旋转，“turn_table_at_Half_Turn”输入值发生变化（绿色），工件到达焊接位置。

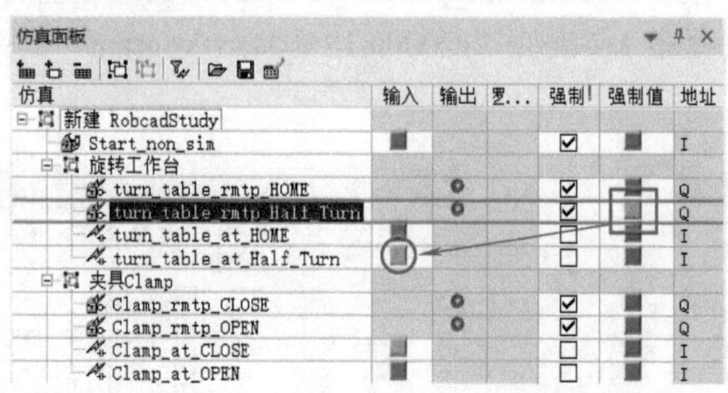

图 3-4-35　放置完成后转台转至焊接工位

如图 3-4-36 所示，改变焊接机器人“r2000ia125l_1_startProgram”和“r2000ia125l_2_startProgram”的强制值（绿色），两台焊接机器人开始焊接操作。

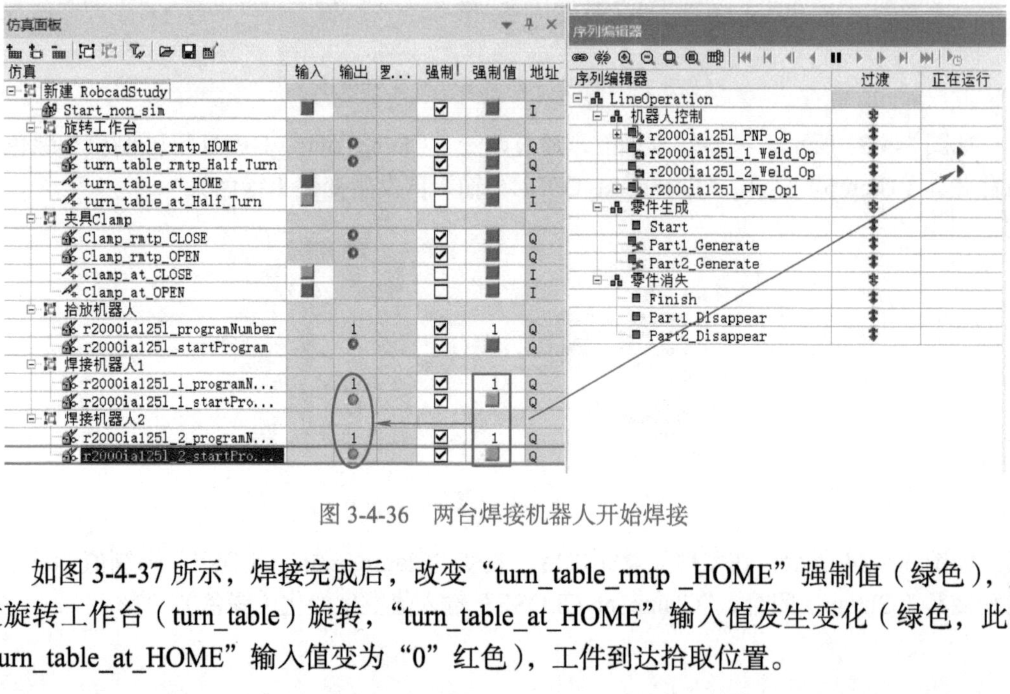

图 3-4-36　两台焊接机器人开始焊接

如图 3-4-37 所示，焊接完成后，改变“turn_table_rmtp _HOME”强制值（绿色），触发旋转工作台（turn_table）旋转，“turn_table_at_HOME”输入值发生变化（绿色，此时“turn_table_at_HOME”输入值变为“0”红色），工件到达拾取位置。

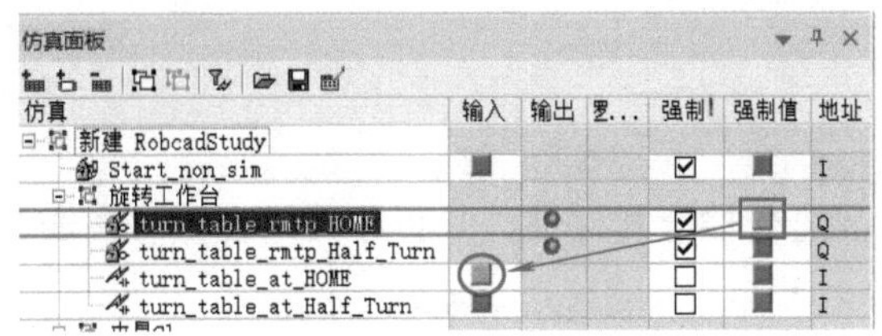

图 3-4-37 焊接完成转台转回

如图 3-4-38 所示，改变“Clamp_rmtp _OPEN ”强制值（绿色），触发夹具（Clamp）打开，“Clamp_at_OPEN”输入值发生变化（绿色），夹具（Clamp）打开。将“r2000ia125l_programNumber”的强制值为设为“2”（选用“路径”为“2”的机器人拾放程序），改变“r2000ia125l_startProgram”的强制值（绿色），拾放机器人开始拾放操作。

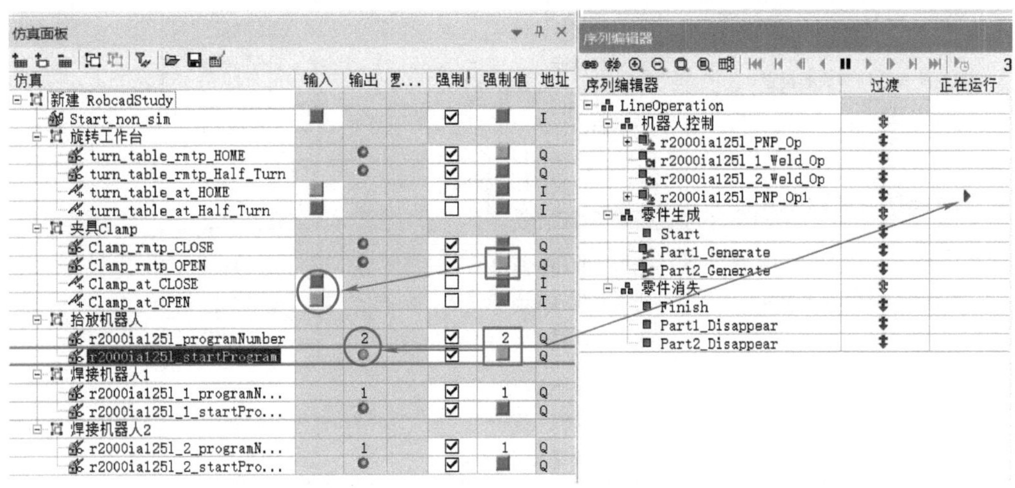

图 3-4-38 夹具打开拾取机器人运行 2 号程序

如图 3-4-39 所示，完成一个生产周期，仿真持续进行，等待“Start_non_sim”信号触发新的生产周期。

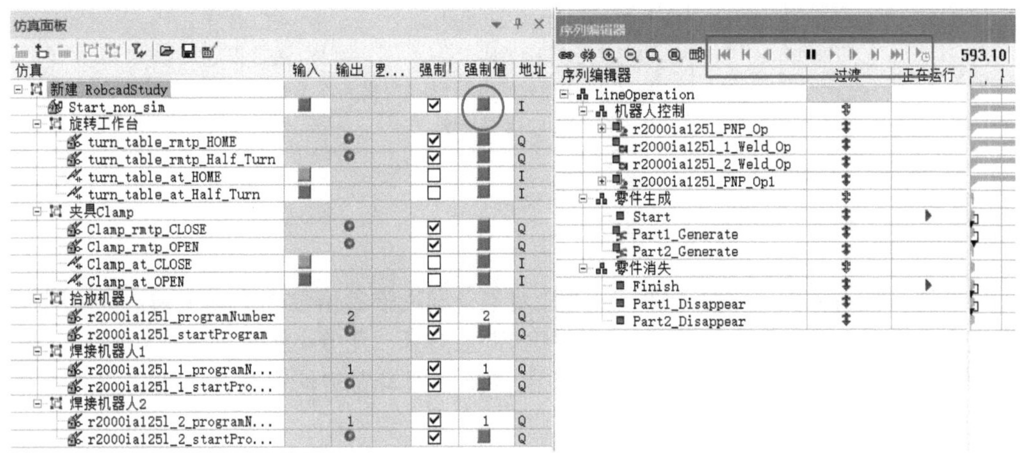

图 3-4-39 等待新的开始事件信号

检查与评估

对本任务的学习情况进行检查和评估，并将相关内容填写在表 3-4-1 中。

表 3-4-1　检查评估表

检查项目	检查对象	检查结果	结果点评
启动信号的创建	① 新建操作 ② 新建信号 ③ 添加信号	是□ 否□ 是□ 否□ 是□ 否□	
零件外观生成的设置	① 外观生成操作设置 ② 外观消失操作设置	是□ 否□ 是□ 否□	
物料流表序列参数的设置	① 打开物料流表 ② 添加操作 ③ 建立物料流链接 ④ 物料流排列	是□ 否□ 是□ 否□ 是□ 否□ 是□ 否□	
过渡条件事件信号的设置	① 打开过渡条件编辑器 ② 编辑过渡条件	是□ 否□ 是□ 否□	
机电设备智能对象的设置	① 创建智能对象 ② 创建信号连接 ③ 编辑逻辑资源	是□ 否□ 是□ 否□ 是□ 否□	
机器人信号的创建和应用	① 创建机器人程序 ② 创建机器人信号 ③ 通过机器人信号控制	是□ 否□ 是□ 否□ 是□ 否□	
仿真面板事件信号控制	① 零件外观生成 ② 拾放机器人运行 1 号程序 ③ 放置前夹具打开 ④ 放置完成夹具闭合 ⑤ 转台转至焊接工位 ⑥ 两台焊接机器人开始焊接 ⑦ 焊接完成转台转回 ⑧ 夹具打开拾取机器人运行 2 号程序 ⑨ 等待新的开始事件信号	是□ 否□ 是□ 否□ 是□ 否□ 是□ 否□ 是□ 否□ 是□ 否□ 是□ 否□ 是□ 否□ 是□ 否□	

任务总结

通过使用物料流表、过渡条件以及智能对象，利用强制信号模拟真实场景，使用一系列设定完成机器人焊接流水线的事件信号序列工艺仿真，任务小结如图 3-4-40 所示。通过事件信号的设置，为后续使用 PLC 仿真控制以及虚拟与现实场景结合的数字孪生技术运用打下了基础。

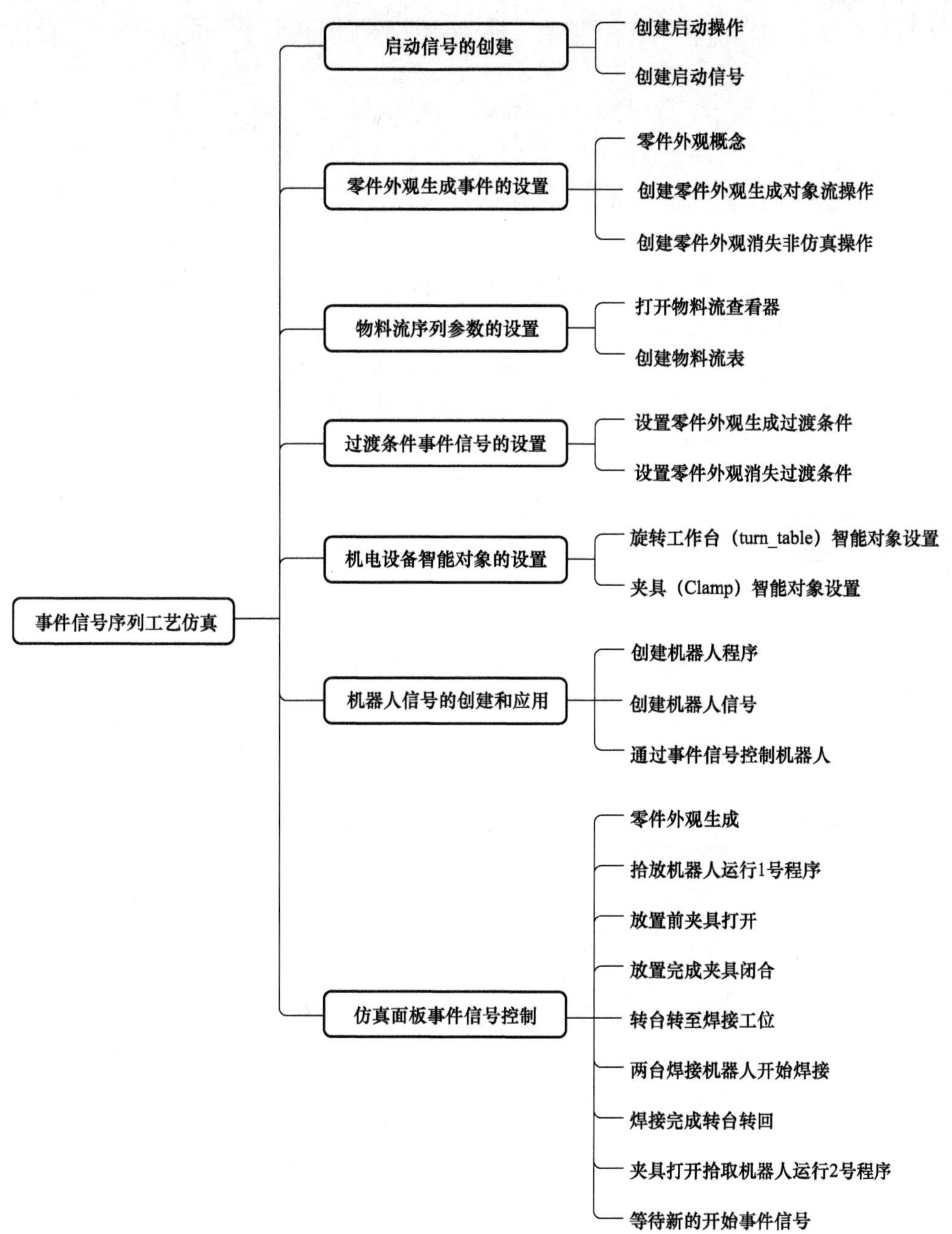

图 3-4-40　事件信号序列工艺仿真任务小结

任务拓展

将拾放操作“r2000ia125l_PNP_Op”路径值设为“2”，拾放操作“r2000ia125l_PNP_Op1”路径值设为“1”。再分别将焊接操作“r2000ia125l_1_Weld_Op”和“r2000ia125l_2_Weld_Op”的路径值均设为“3”。通过调整操作顺序完成整个仿真过程的任务拓展，并按表 3-3-1 对其参数设置进行检查。

本项目通过引入一个立体仓库模型（由双层传送带、升降台、托盘、堆垛机、仓库和传感器等设备所组成），让初学者学会如何创建与导入设备，如何创建智能设备和设备的逻辑块参数设置，如何设置外观零件的生命周期，如何将 PLCSM Advanced、博途、Process Simulate 3 个软件进行通信连接，如何进行控制系统的 PLC 设计与编程，如何实现立体仓库所有设备的虚拟调试与工艺仿真。

设备的创建与导入（上）

任务一 设备的创建与导入

任务工单

设备的创建与导入（中）

设备的创建与导入（下）

<table>
<tr><td>任务名称</td><td colspan="3"></td><td>姓名</td><td></td></tr>
<tr><td>班级</td><td></td><td>组号</td><td></td><td>成绩</td><td></td></tr>
<tr><td>工作任务</td><td colspan="5">本任务通过引入一个立体仓库模型（由双层传送带、升降台、托盘、堆垛机、仓库和传感器等设备所组成），让初学者学会如何正确将各设备导入和如何设置各设备的运动关系
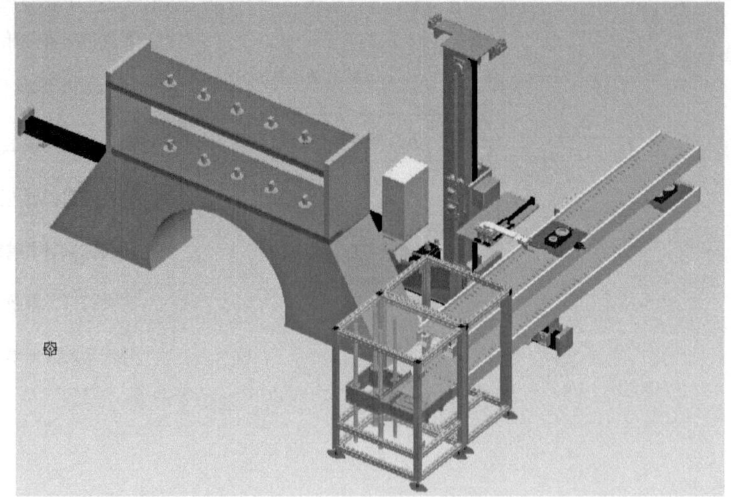
• 扫描二维码，观看“立体仓库的执行过程”微视频
• 阅读任务知识储备，理解设备控制要求
• 阅读任务技能实操，掌握 Process Simulate 软件的设备类型设置、工具布局、并且能够理解相关设备后，完成机电一体化设备的运动机构设置与姿态、学会创建传送带智能对象以及光电传感器等设备</td></tr>
<tr><td>任务目标</td><td colspan="5">知识目标
• 掌握 Process Simulate 软件的基本参数设置以及工站的控制要求</td></tr>
</table>

（续）

<table>
<tr><td rowspan="1">任务目标</td><td colspan="3">能力目标
• 学会设置设备类型
• 学会根据实际项目完成工站布局
• 学会分析升降台以及堆垛机的结构
• 学会设置升降台、堆垛机、伸缩杆电机、旋转电机、机械爪的运动机构
• 学会创建升降台、伸缩杆电机、旋转电机、机械爪的姿态
• 学会对相关设备的姿态进行运动仿真模拟
• 学会创建传送带 Conveyer 以及光电传感器
素质目标
• 激发学生的科技报国的家国情怀和使命担当信念，遇到困难不退缩，能专心钻研、专注做事
• 注重把握细节，精益求精，耐心打磨，力求卓越</td></tr>
<tr><td rowspan="4">任务分配</td><td>职务</td><td>姓名</td><td>工作内容</td></tr>
<tr><td>组长</td><td></td><td></td></tr>
<tr><td>组员</td><td></td><td></td></tr>
<tr><td>组员</td><td></td><td></td></tr>
</table>

知识储备

1. 立体仓库组成

立体仓库分别由①双层传送带、②升降台、③托盘、④堆垛机、⑤仓库以及光电传感器等 6 个设备所组成，如图 4-1-1 标注序号所示。

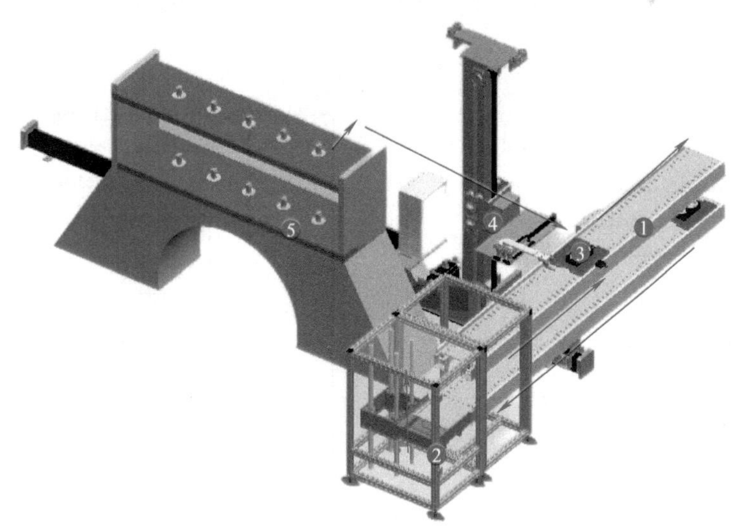

图 4-1-1　物料传送立体仓库

2. 立体仓库工作原理

立体仓库的工作原理为：①双层传送带中的下层传送带沿箭头方向将③托盘从入料口往②升降台方向传送，当托盘进入升降台后，其光电传感器就会获得信号，从而控制升降台上升。托盘沿箭头方向上升到升降台制订位置后，托盘再沿双层传送带的箭头方向进入上层传送带，然后送往中间光电传感器处后停止，等待④堆垛机将物料运送过来。堆垛机移动 X 和 Z 轴到达指定⑤立体仓库一号库位后，张开夹爪并控制升缩杆电机前伸机械爪抓住设备后上伸，回收，并完成旋转，然后控制堆垛机回到托盘处，将物料放置在托盘上，传送带再次开启，将托盘送往出料口，整个工作原理如图 4-1-1 箭头所示。

3. 立体仓库控制方式

立体仓库可分为自动控制与手动控制两种方式：手动控制需要能单独控制传送带的运行、升降台的升降、堆垛机在 X 轴与 Z 轴的移动、伸缩杆的伸缩、旋转电机的旋转和机械爪的抓握动作。自动控制则需要立体仓库工站自动执行，并完成一个库位的物料取出。

4. 堆垛机运输产线资源包文件（duiduoji.rar）

随书附赠的项目四配套资源包（duiduoji.rar）中，包含项目 model.psz 和资源文件夹 Library。其中资源文件夹由托盘设备文件夹 container、设备文件夹 device、装置文件夹 fixture、握爪 gripper、零件文件夹 part、传送带文件夹 VC 和其他设备文件夹 other 共 7 个部分组成。托盘设备文件夹 container 中包含项目的托盘零件 container.cojt 文件；设备文件夹 device 中包含项目的传送带框架 Device1.cojt 和仓库 Work_table1.cojt；装置文件夹 fixture 中包含堆垛机的主体 duiduoji_y.cojt、伸缩杆电机 push_y.cojt、旋转电机 xuanzhuan.cojt 和挡块 zudang.cojt；握爪 gripper 文件夹中是机械爪 jiazhua_y.cojt 文件；零件文件夹 part 中为项目需要的物料 beishen.cojt 和 ch-4.cojt；传送带文件夹 VC 中包含了 3 个已创建完成的智能传送带 Con2.cojt、Con3.cojt、Con4.cojt；其他设备文件夹 other 中包含了 1 个智能传送带 Conveyer1.cojt、传送带框架铝型材 hanjian.cojt 和升降台 shusong_fixture.cojt。

项目四配套资源包（duiduoji.rar）详细信息如图 4-1-2 所示。

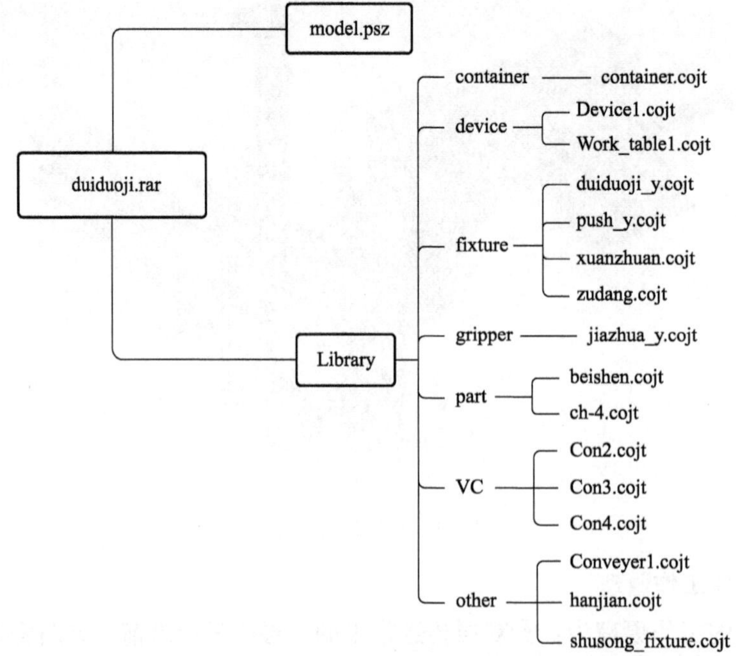

图 4-1-2　堆垛机运输产线资源包（duiduoji.rar）

（一）物料和设备类型设置

1. 物料的类型设置

立体仓库共有两种类型的物料，如图 4-1-3 所示。特别注意的是：物料在标准仿真模式下为 Parts 零件，在生产线仿真模式下为外观零件。为了让其在仿真过程中具有生命周期的属性，需要在设置类型中进行设置的时候，将其设置为零件原型（PartPrototype），如图 4-1-4 所示。

a）物料1

b）物料2

图 4-1-3　物料零件外观

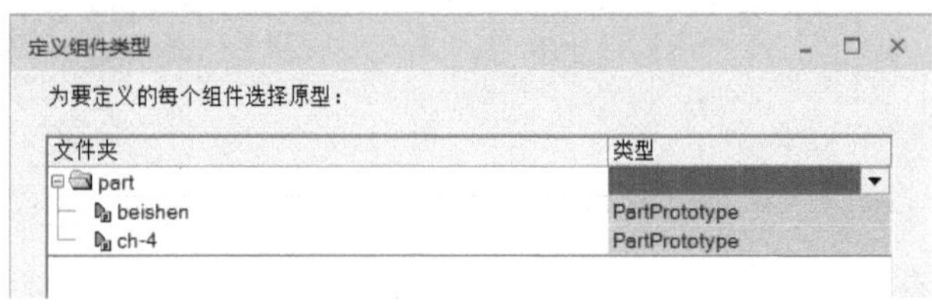

文件夹	类型
part	
beishen	PartPrototype
ch-4	PartPrototype

图 4-1-4　设备类型设置

2. 设备的类型设置

立体仓库设备包括升降台、堆垛机、升缩杆电机、机械臂和货架等设备，类型设置如图 4-1-5 所示。

其中，传送带由 hanjian 和 Device1 组成，如图 4-1-6 所示。这两个资源需要将类型设置为设备（Device），设备在 Process Simulate 中是一种无需设置运动关系的资源类型，只需要摆放在工程中即可。传送带的运动特性是由运送装置（Conveyer）实现的。

创建一个新的资源类型过程为：通过“建模”→“创建资源”，打开新建资源对话框，创建传送带（Conveyer）类型的资源，如图 4-1-7 所示。

升降台（shusong_fixture）是一种可以将物料实现上下空间位移的自动化设备，在

图 4-1-5　资源类型设置

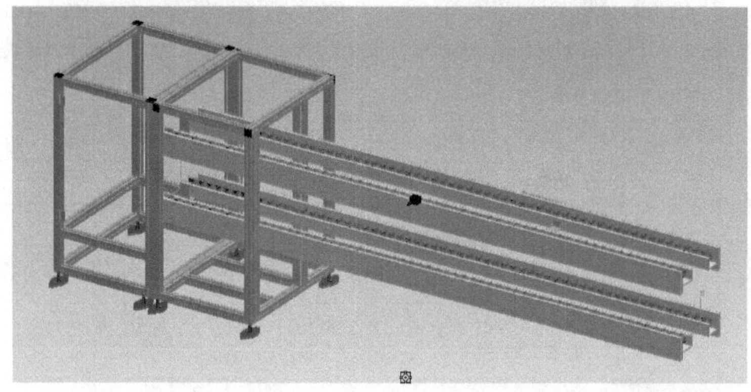

图 4-1-6　焊件与传送带

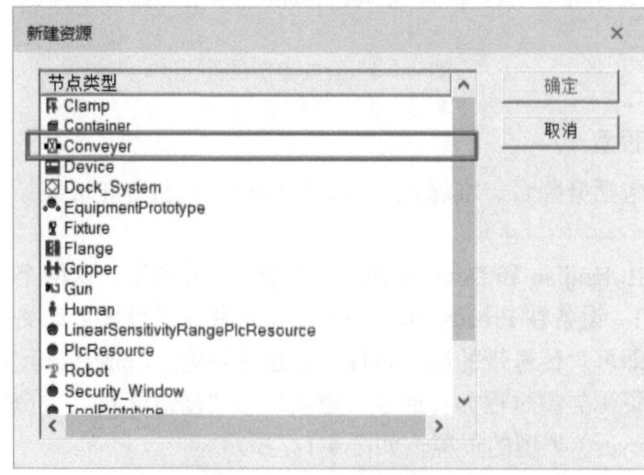

图 4-1-7　新建资源对话框

本任务中，它是通过丝杆来实现上下位移的，如图 4-1-8 所示，这种能够实现设备运行的机电一体化设备资源，需要将其设置为装置（Fixture）类型。同样的设备还包括堆垛机（duiduoji_y）、升缩杆电机（push_y）、旋转电机（xuanzhuan）、限位开关（hanjian），如图 4-1-9 和图 4-1-10 所示，均需要设置为装置类型。

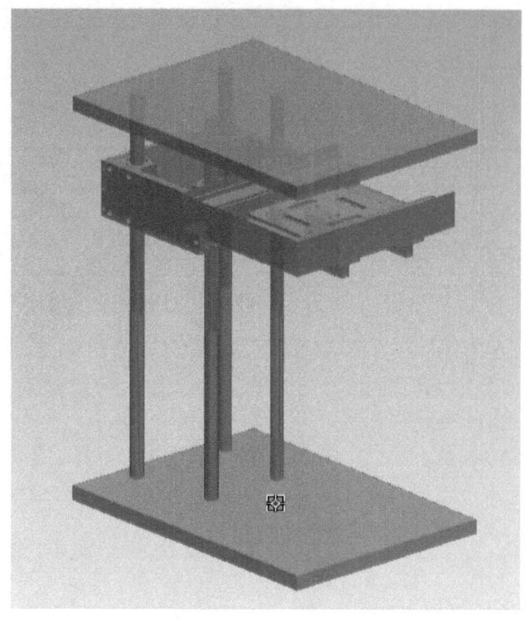

图 4-1-8　升降台

放置物料的托盘（Container），由于托盘在传送带上移动的时候，需要同时带着两个物料进行移动，这种类型的设备需要设置为托盘（Container）才能够使用”控件”→”定义滑撬”命令将设备列表中的物料与其实现附加的效果，如图 4-1-11 所示。

为了让堆垛机能够抓取物料，任务中还为堆垛机配备了机械爪（jiazhua_y），如图4-1-12 所示，用以实现物料的抓取，通常执行抓取操作的机械爪类型为 Gripper，如果 Gripper 要和类型为 Robot 的机械臂设备进行装配，这时可将 Gripper 作为 Robot 的末端执行器装配即可。

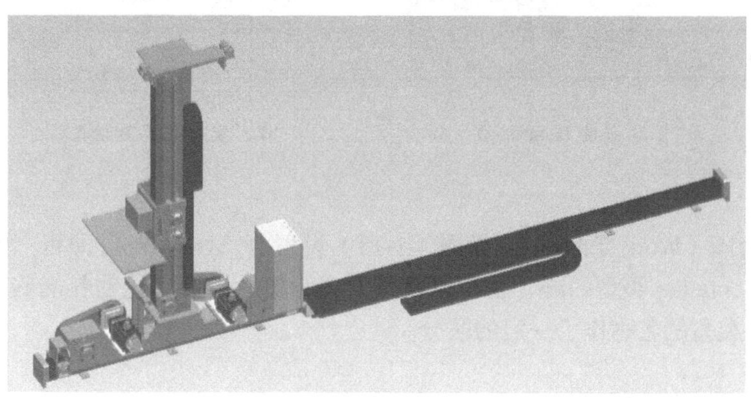

a）堆垛机主体

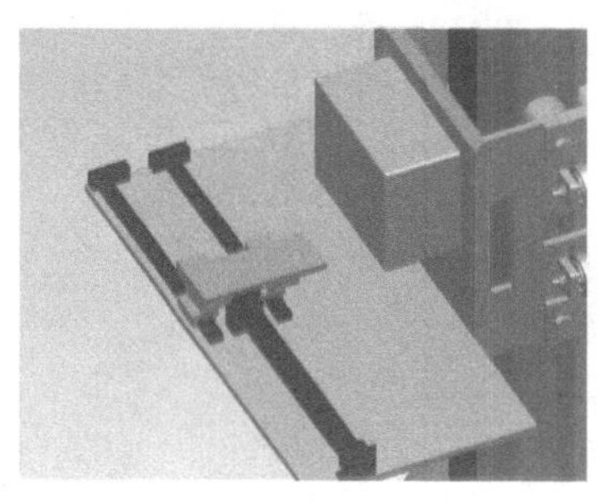

b）升缩杆电机

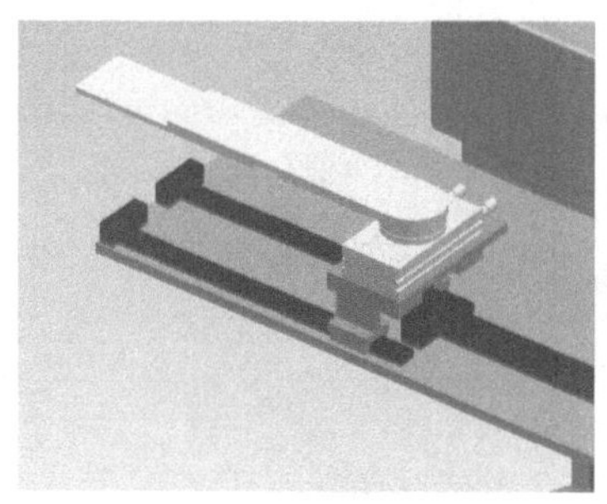

c）旋转电机

图 4-1-9　堆垛机

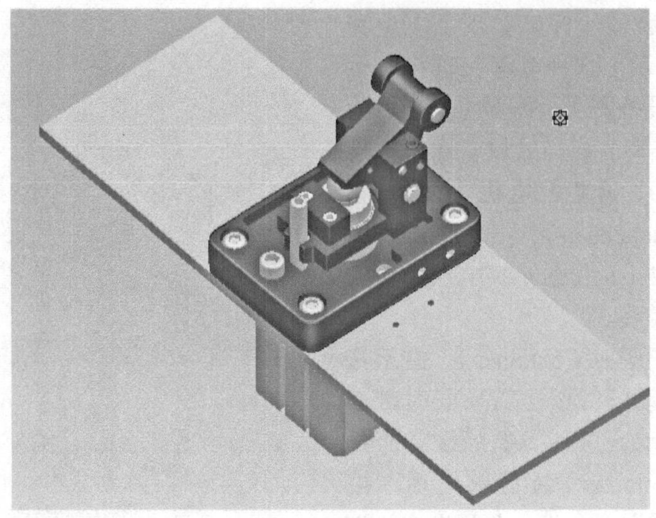

图 4-1-10　限位开关

a）托盘（Container）

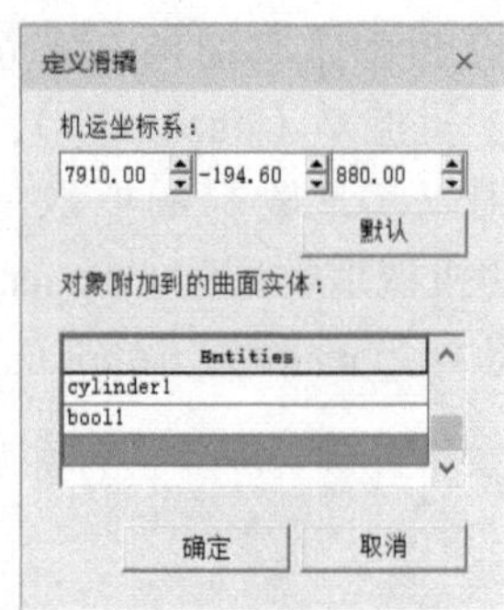

b）“定义滑撬”对话框

图 4-1-11　托盘

最后将仓库（Work_Table1）（见图 4-1-13）设置为 Work_Table 即可，Work_Table 类型的功能和 Container 类型一样，也可以将其设置为概念滑撬，让物料能够与设备实现附件效果，只是类型的名称作了一定的区分。

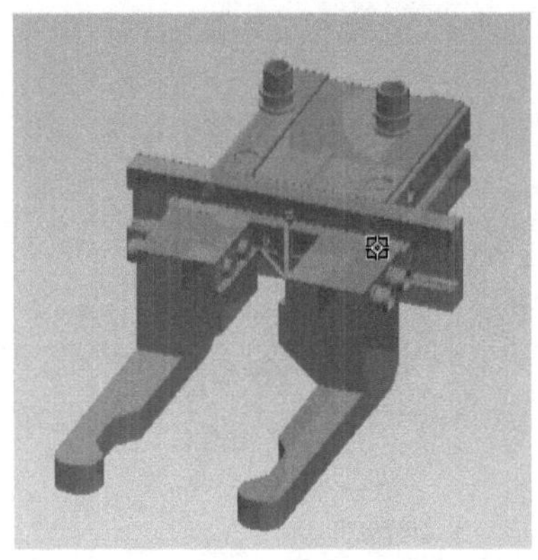

图 4-1-12　机械爪

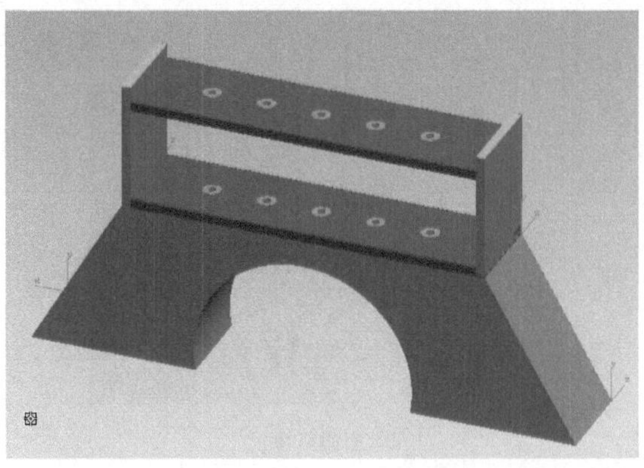

图 4-1-13　仓库

（二）立体仓库的布局

数字孪生模型与实际工站在尺寸上保持 1∶1，可以进行立体仓库布局设计，可视化的模型显示界面，让布局效果一目了然，仿真过程中的干涉检查更是快速验证布局合理性的一种必要手段，因此在设计初期就利用 Process Simulate 进行立体仓库布局设计可以确保在项目早期就能发现可能存在的问题，并加以解决并改进，从而避免后期大量的工程更改，降低项目成本。

1. 打开地板显示

Process Simulate 软件中“地板显示”功能，有助于判断和看见设备是否处于悬空状态，如图 4-1-14 所示。

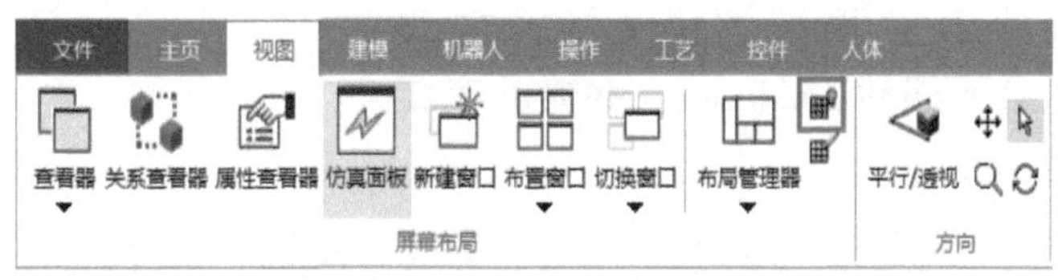

图 4-1-14　地板的显示与隐藏

2. 移动基座至地板

假设如图 4-1-15 所示，是插入到工程中的焊件（hanjian）设备，其距离地面还有一段距离，如果在设备布局阶段，就没有将设备放置在统一水平面上，那后续设计的 PLC 程序，其坐标也都是不对的，因此需要利用准确的测量工具，来清楚地知道，设备距离地板到底还有多长的距离。

从图 4-1-16 中，可以看到焊件至地板的距离应该看的是 Z 轴距离，即 dZ，需要利用测距尺来完成这件事情。在模型区域顶部的工具栏中，有一个测量工具，测量工具中的测量方式有很多。

图 4-1-15　焊件距离地板的距离

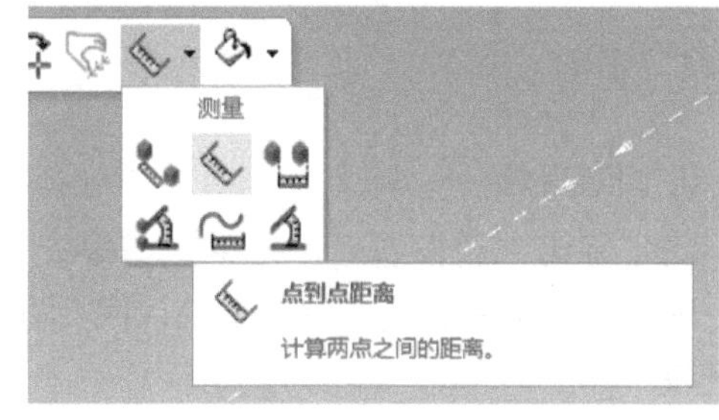

图 4-1-16　测距尺

计算两个物体之间的最短距离。

计算两个点之间的最短距离。

测量两个物体的平行面或者线段之间的距离。

测量两个物体不平行的面或线段之间的角度。

测量曲线的长度。

选择三个点并且计算它们之间的角度。

使用以上命令中的第二个测量工具，点到点的测量方式进行测量 Z 轴的距离。首先通过单击视图区左下角的视图导向块，快速调整至前视图（Front），可见焊件距离地板的距离图，通过选择吸附类型为端点或者线上的任意一点，第一个对象选择焊件底面的任意一个点，第二个对象可以通过手动输入的方式，将其设置为（0，0，0）世界原点坐标系，可以获得以下测量结果，可以看到，dZ 的距离为 25.33mm，因此此时设备还需要超 Z 轴下降 25.33mm 才能触及地板，如图 4-1-17 所示。

通过移动命令放置操控器沿 Z 轴方向移动 -25.33mm，即向下移动 25.33mm，就能够完成如图 4-1-18 所示的效果。

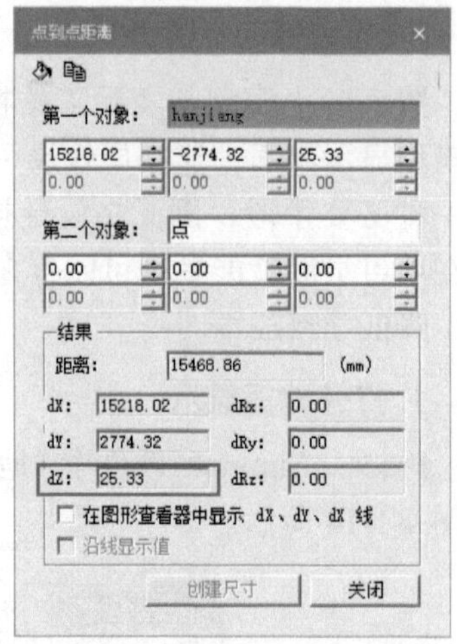

图 4-1-17　点到点的测量对话框

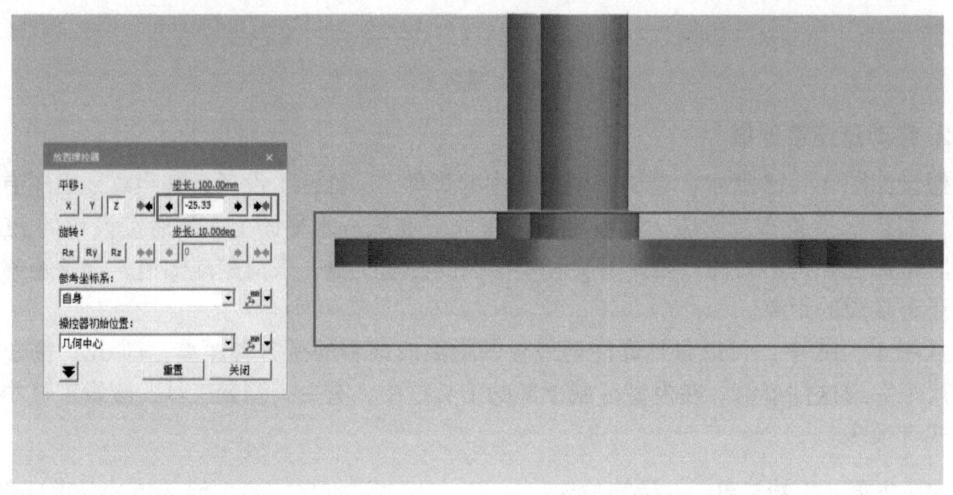

图 4-1-18　移动至地板

3. 相对定位

确定好第一台设备后，接下来需要安装本台设备上其他的组件，如升降台以及传送带。这些设备都是安装在焊件上的，因此在进行设备装配的时候，将以相对定位的方式进行安装。

通常来说，设备在导入到工程之前就应该已经完成了相对定位的坐标建立，比如安装的定位孔，但是如果有些导入的设备并没有做这件事情，说明其没有安装精度要求，在仿真软件当中没有太大的问题，因此只需要摆放到位即可。不过在设备安装的时候，可能会出现零件被遮挡的情况，因此需要对焊件进行局部零件隐藏的处理。

通过更改选择模式为局部零件选择模式的方法，将遮挡住视图的零件进行单独隐藏。不过在选择局部零件的时候，还需要打开焊件的建模范围才能选中局部零件，如图 4-1-19 所示。

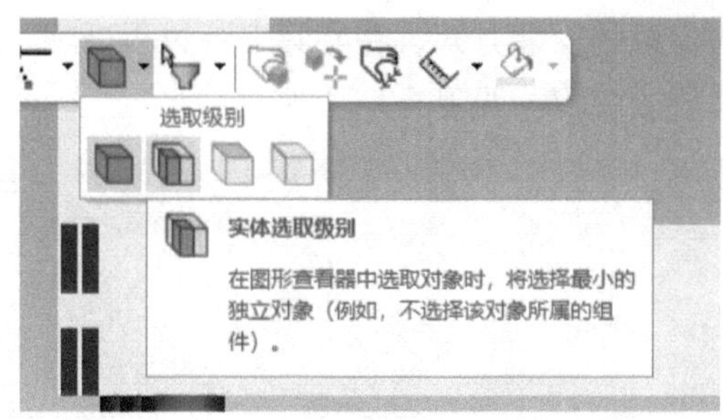

a）选择模式切换

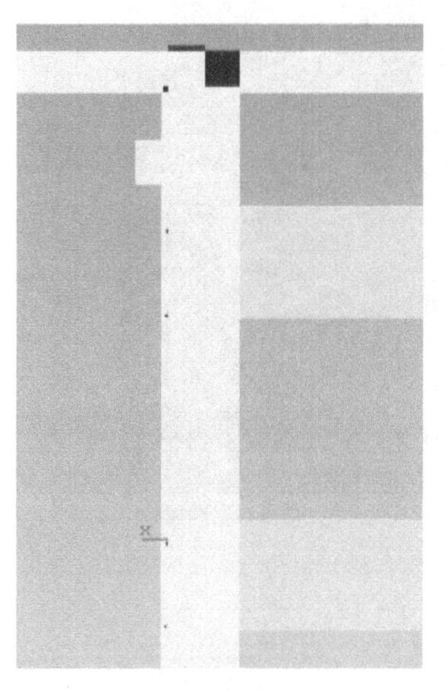

b）遮挡效果

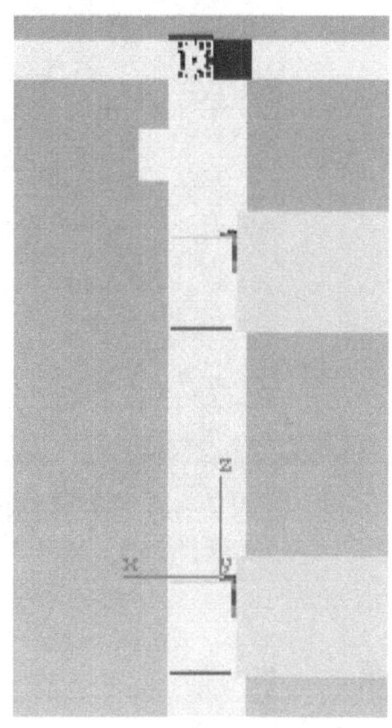

c）去除遮挡

图 4-1-19　显示与隐藏

为了能够更好地显示零件的内部情况，还需要更改模型的显示透明度，如图 4-1-20 所示。

图 4-1-20　更改零件显示样式

此时凭借刚才所学的测量尺的运用，将上述传送带框架安装到位。接下来，就可以进行安装升降台了。

升降台也是一种相对定位的安装方式，在实际安装过程当中，是将上下两块固定板固定在铝型材的槽内进行安装定位的，如图 4-1-21 所示。

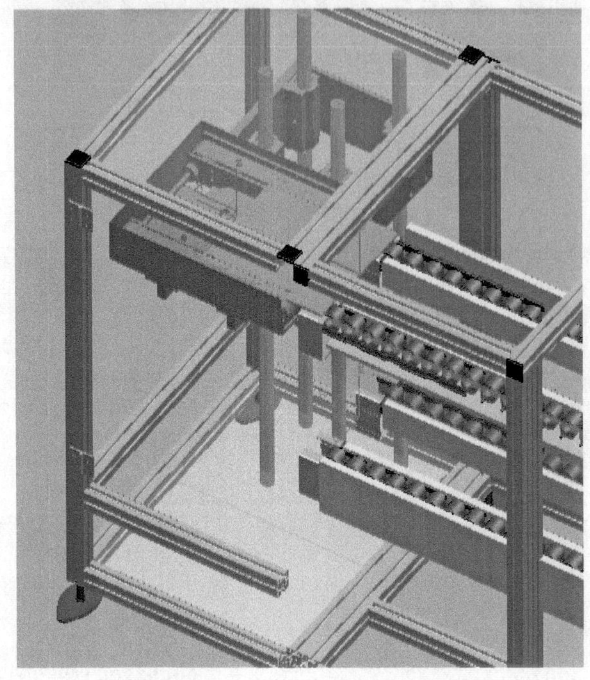

图 4-1-21　升降台的安装与定位

4. 参考装配

堆垛机的布局安装需要有两个参考点来确认，第一个参考点为仓库的库位，即伸缩杆电机将机械爪推出去的时候，需要能够夹取到物料，同时机械爪运送到零位的时候，可以将物料放置到传送带的托盘上，如图 4-1-22 所示。

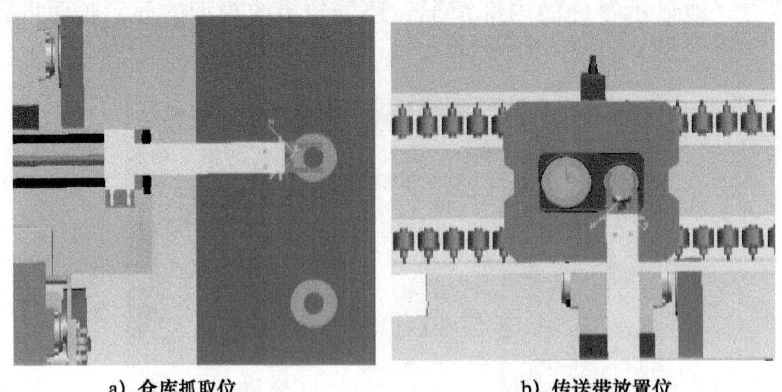

a）仓库抓取位　　b）传送带放置位

图 4-1-22　物料抓取与摆放的位置

（三）立体仓库设备的结构分析

为了能够顺利完成本项目任务二中的运动机构设置，需提前对升降台和堆垛机的结构进行分析。

1. 升降台的结构分析

将升降台单独显示，如图 4-1-23 所示。可以看到升降台是由两根光杆与两根丝杆组合而成的，模型中并没有完整的绘制出光杆与丝杆的不同，但是要让升降平台能够进行上下升降，必须要有执行机构，而此处就是利用丝杆将电机的旋转运动转换成升降台的上下运动。由于托盘到达传送带末端后，还需要进一步被运输至升降台上，因此在升降台上也有一小节传送带，相关设置的知识，本项目任务二中将进行详细的描述。

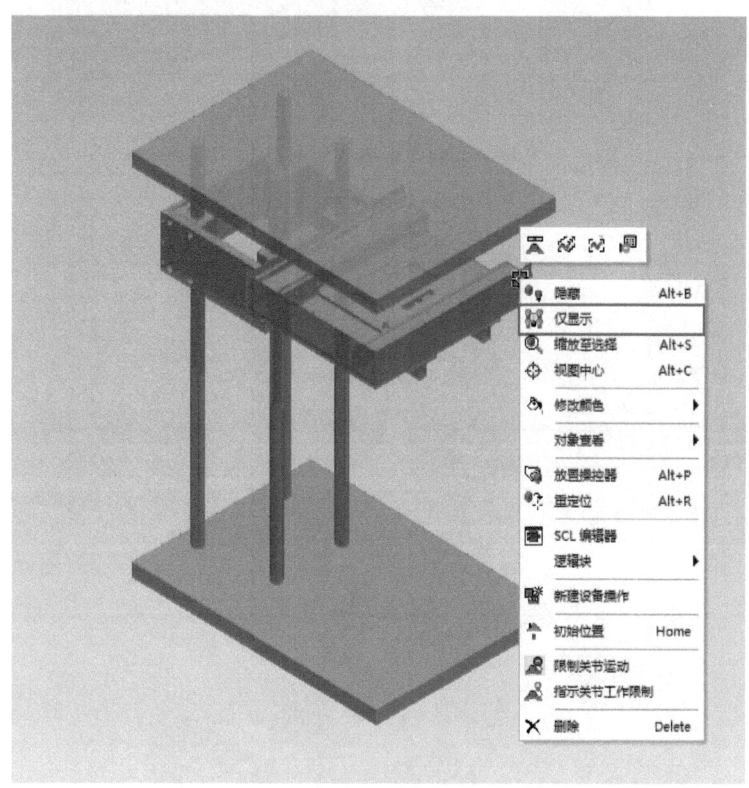

图 4-1-23　单独显示模式

2. 堆垛机的结构设置

将堆垛机的相关零部件隐藏几个，可以看到设备的执行元件（伺服电机），电机通过皮带传动带动同步轮一起旋转。如图 4-1-24 所示，左侧的伺服电机将控制堆垛机执行 Z 轴运动，如图 4-1-25 所示，而右侧的伺服电机将控制堆垛机执行 X 轴运动，如图 4-1-26 所示。

如图 4-1-25 所示，Z 轴升降托盘，是由黑色的皮带带动来进行上下 Z 轴运行的，当控制 Z 轴运动的伺服电机旋转的时候，电机通过皮带传动的方式将旋转运动传递到了同步轮上，而同步轮又与后面的滚筒固定在一起，当滚筒旋转的时候，会通过摩擦带动皮带的滚动，一次拉动 Z 轴升降托盘进行上下移动，不过为了保证 Z 轴升降托盘的运动精度，还可以看到在托盘与立柱之间还设置了其他的运动副。

再隐藏掉第二台伺服电机这块的罩子，可以看到同步轮，也是利用同样的结构，通过滚筒带动 Z 轴立柱的整个平台进行 X 轴的位移。

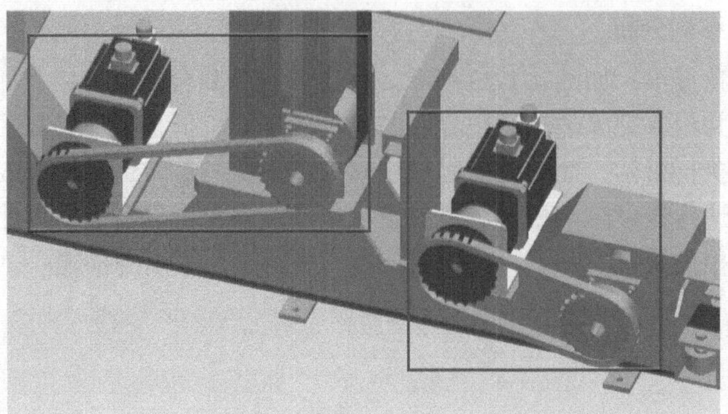

图 4-1-24　堆垛机执行元件

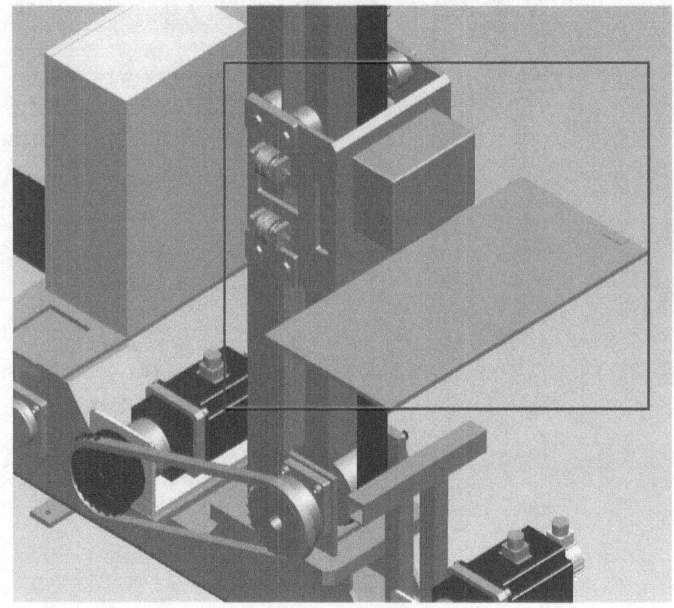

图 4-1-25　Z 轴升降托盘

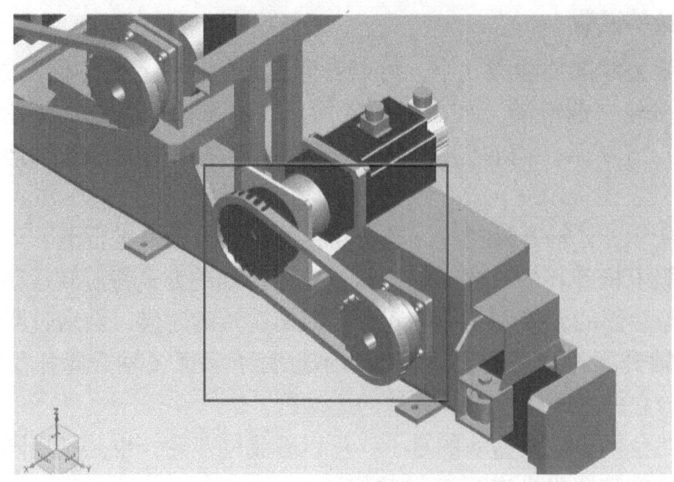

图 4-1-26　X 轴平移机构

（四）立体仓库机构的运动设置

在了解完设备的结构之后，就可以顺利地完成运动的相关设置。

1. 创建升降台的运动关系

进入编辑模式，首先需要将选择模式调整回整体选择模式，然后选择升降台，单击“建模”→“设置建模范围”进入编辑模式，此时通过单击运动编辑器，进入机构运动编辑器界面，如图 4-1-27 所示。

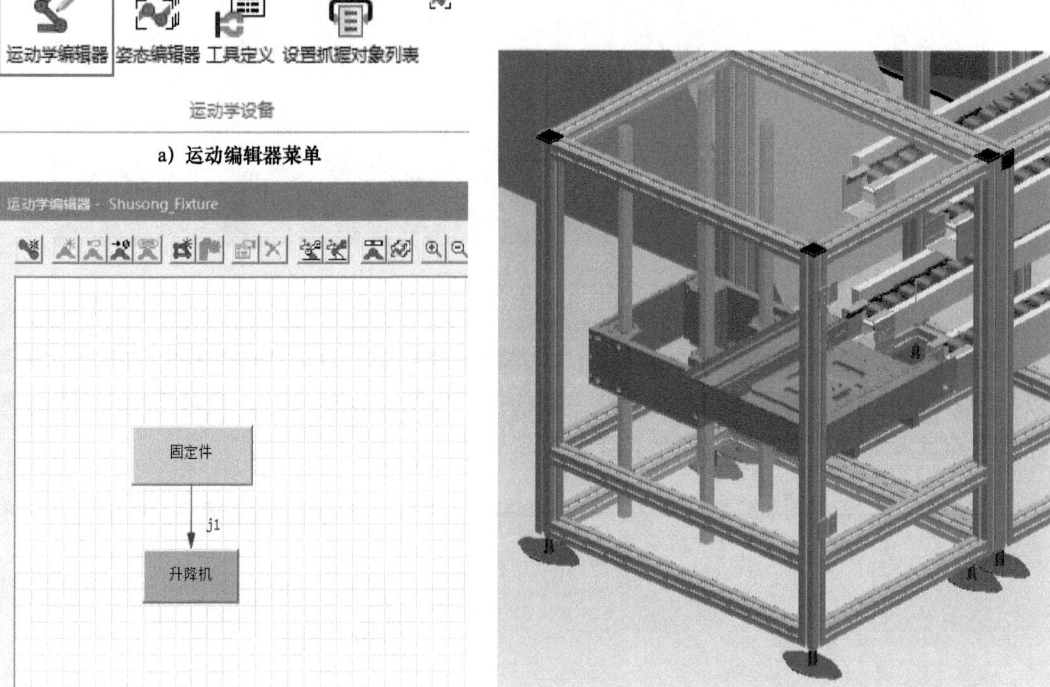

a）运动编辑器菜单

b）运动编辑器创建对话框

c）设备运动关系

图 4-1-27　升降台运动关系设置

在运动编辑器选中相应的连杆属性后，资源会根据连杆的块颜色来决定其显示的颜色，其中橙色的部分就是升降台连杆属性中选中的零件，而其他没有颜色的部分，默认都会以固定件的方式处理。关节设置 J1，只需要选择一个垂直的方向即可，具体操作步骤可见前面章节中相关的运动机构设置内容。

2. 创建堆垛机的运动关系

堆垛机需要设置 4 个部分，分别是堆垛机本体、伸缩杆电机、旋转电机以及机械手。在设置运动之前，需要先将这 4 个设备，分别进行全局附加的属性设置，如图 4-1-28 所示。

（1）全局附加

需要注意“到对象”一定要在局部选择模式下去选择伸缩杆下方的那块板，因为堆垛机本体是不会移动的，所以如果全局附加设置在堆垛机整体上的话，Z 轴升降台的运动，不会同时携带伸缩杆电机一同进行 Z 轴升降。

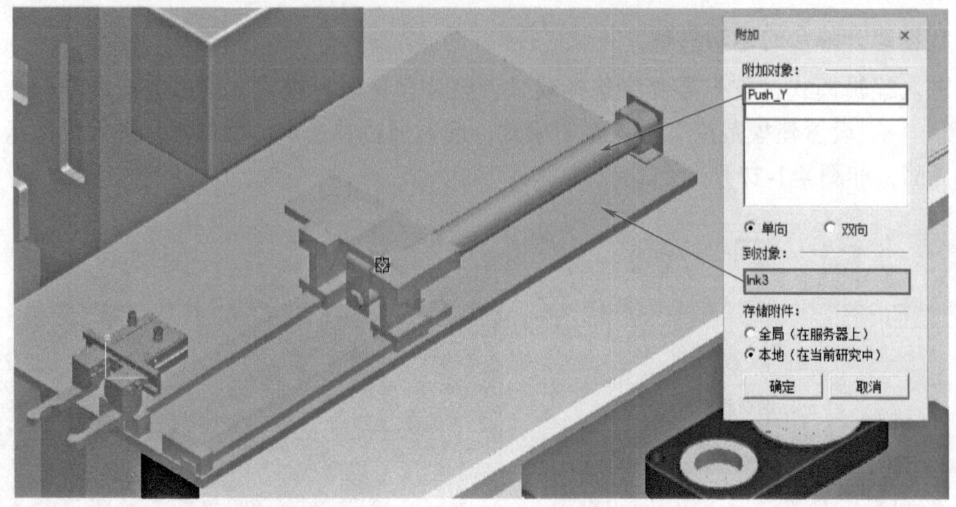

图 4-1-28　全局附加事件

旋转电机的全局附加事件也是同理，需要将“到对象”设定在伸缩杆上的 lnk2，才可以在伸缩杆前伸的时候，带动旋转电机一起前伸，如图 4-1-29 所示。机械手的全局附加事件也按照这种方法去和旋转电机的悬梁臂进行固定。

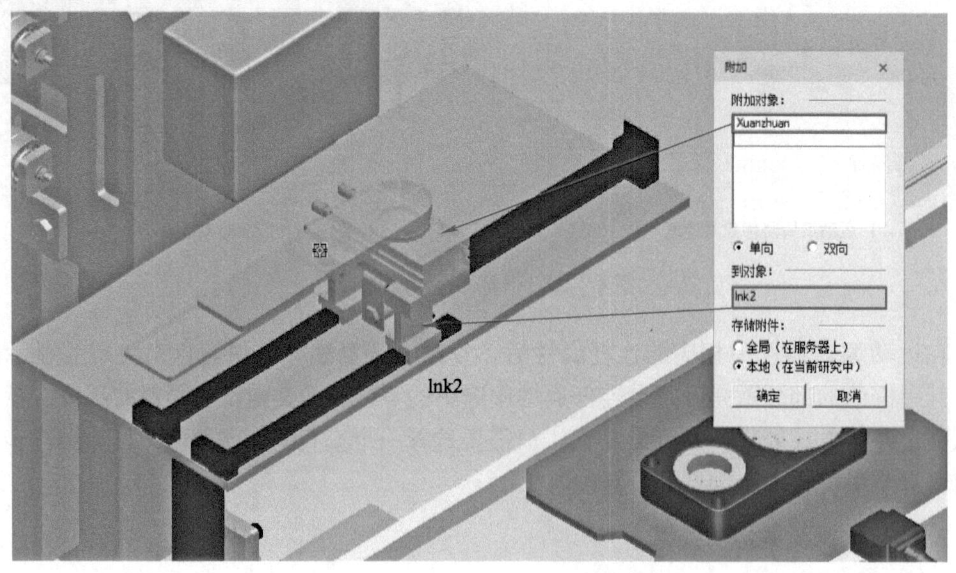

图 4-1-29　旋转电机的全局附加事件

（2）堆垛机的运动机构设计

在完成全局附加事件的设置后，设备进行运动设置后的移动事件就能让安装在一起的设备一同移动。

切换到整体选择模式，进入模型的建模范围，打开运动机构设置。观察图 4-1-30 的设置方式，①为 Z 轴立柱，②为升降机构。注意关节的链接关系为，升降台构链接至 Z 轴立柱，Z 轴立柱链接至固定件，这样当操作 Z 轴立柱进行 X 轴平移的时候，升降台机构会随着 Z 轴立柱的平移而平移。J1 的方向只要找到一个 X 轴的方向矢量即可，J2 的方向为垂直方向矢量即可。

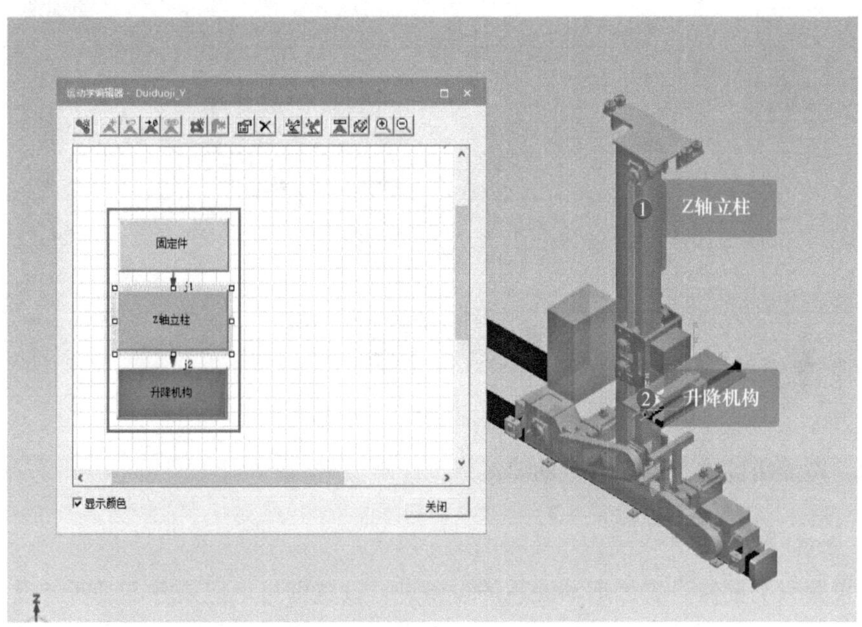

图 4-1-30 堆垛机的运动机构设置

（3）伸缩杆的运动机构设计

接下来就是设置伸缩杆电机的运动机构设置，从图 4-1-31 中可以看到，将伸缩杆电机的推杆和与旋转电机安装在一起的固定结构，统一设置为一个部件即可，关节为平移关系。

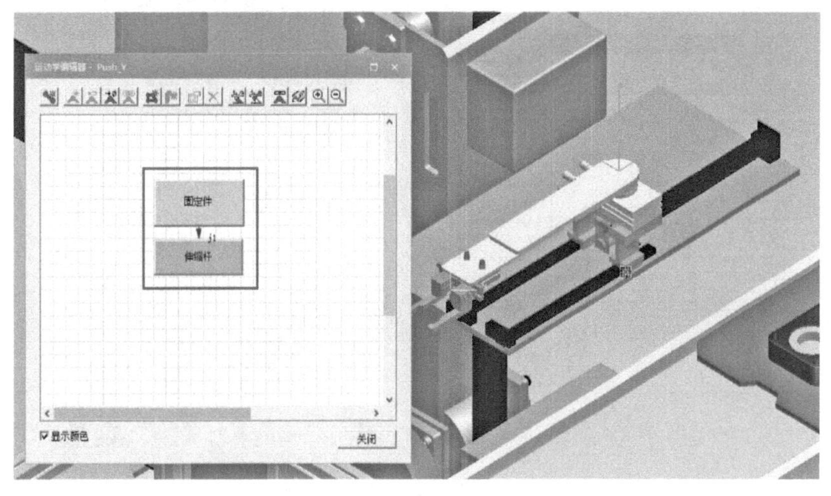

图 4-1-31 伸缩杆电机运动机构设置

（4）旋转电机的运动机构设计

旋转电机的运动机构设置如图 4-1-32 所示，其关节的运动副为旋转运动。

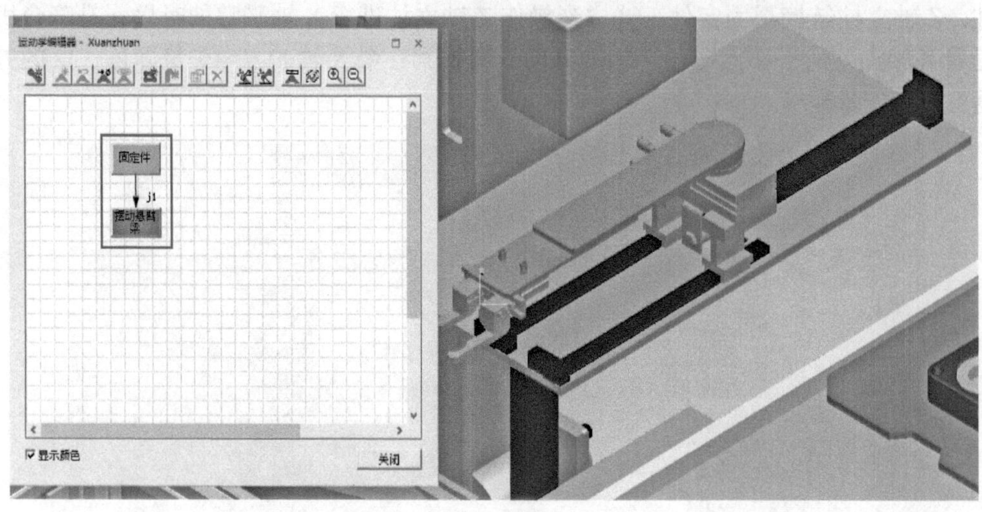

图 4-1-32　旋转电机运动机构设置

至此，堆垛机的整个设备的运动关系就创建完成了。

（五）立体仓库的姿态设置

姿态设置只需要给设置过运动关系的设备进行设置即可。但是并不是所有设置过运动关系的设备都要以姿态的方式进行驱动，例如堆垛机，堆垛机最好的驱动方式是通过坐标的方式进行驱动，因此要理解这一块的知识点，将要深入到逻辑块的知识点，这部分的知识将在本项目任务二中介绍。图 4-1-33 ~ 图 4-1-41 为立体仓库的各种姿态。

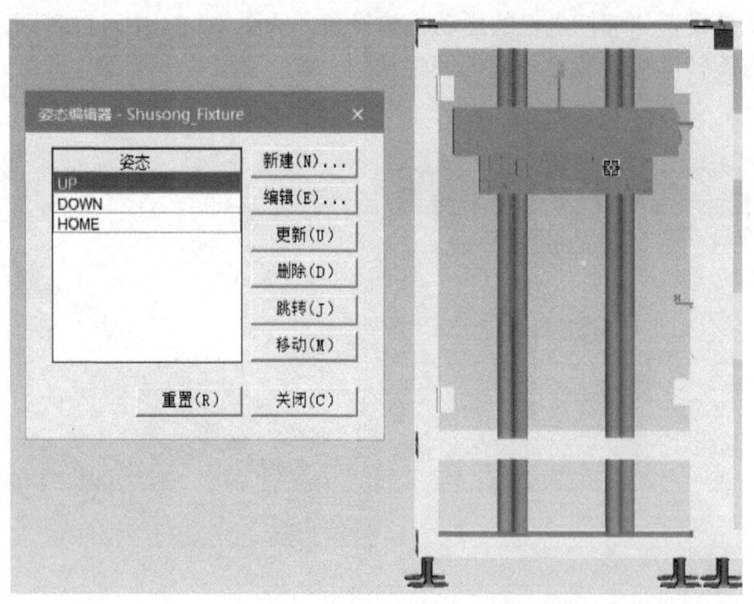

图 4-1-33　升降台 UP 姿态

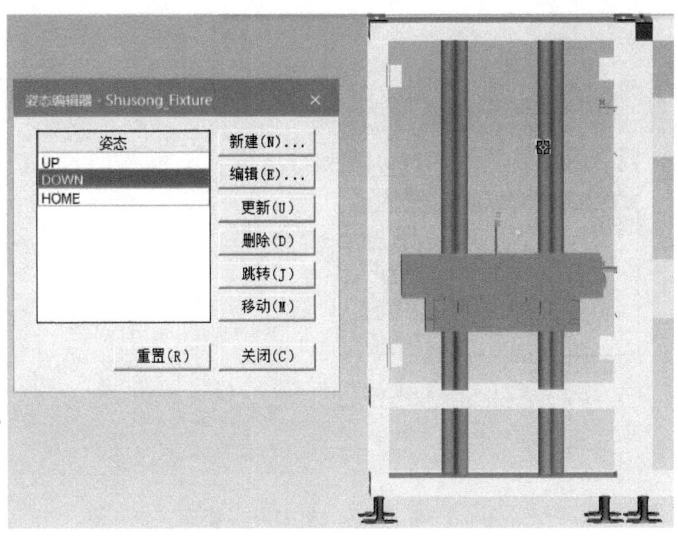

图 4-1-34　升降台 DOWN 姿态

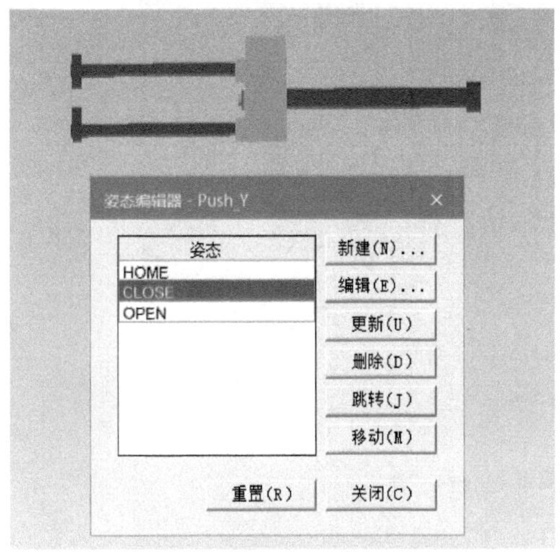

图 4-1-35　伸缩杆 CLOSE 姿态

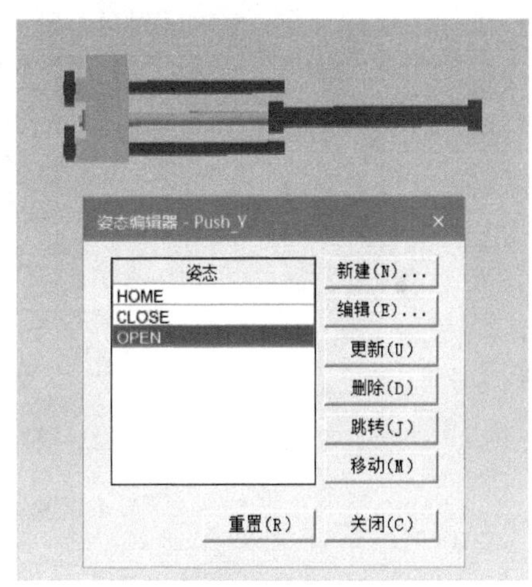

图 4-1-36　伸缩杆 OPEN 姿态

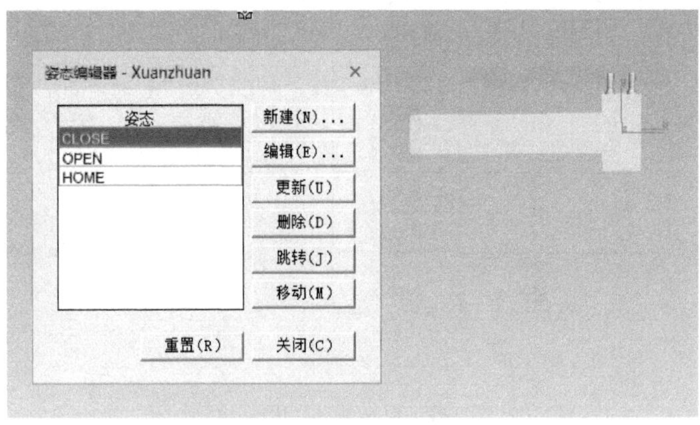

图 4-1-37　旋转电机 CLOSE 姿态

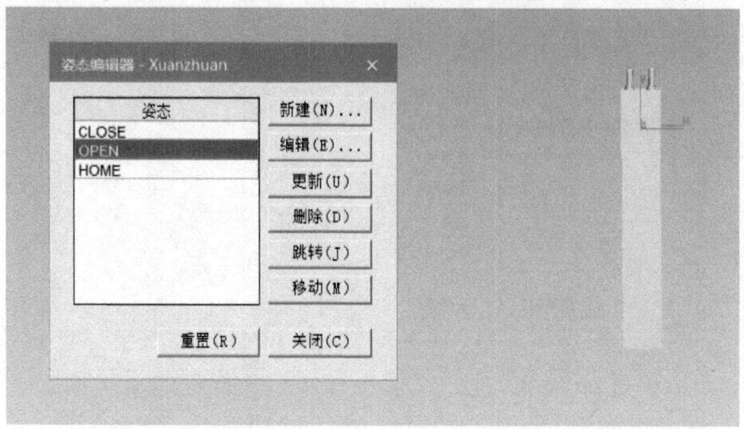

图 4-1-38　旋转电机 OPEN 姿态

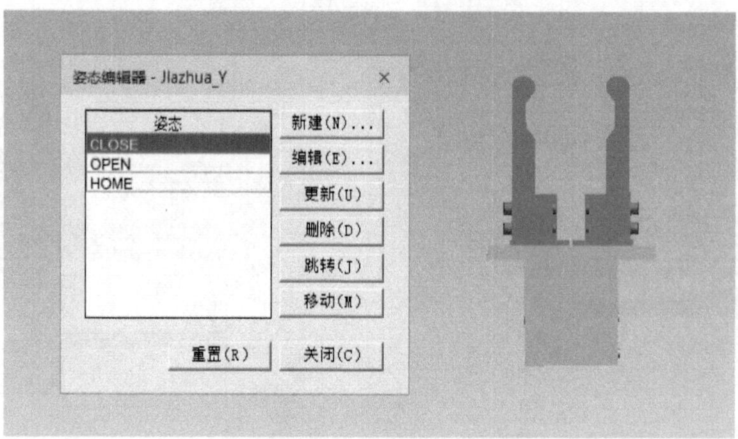

图 4-1-39　机械手爪 CLOSE 姿态

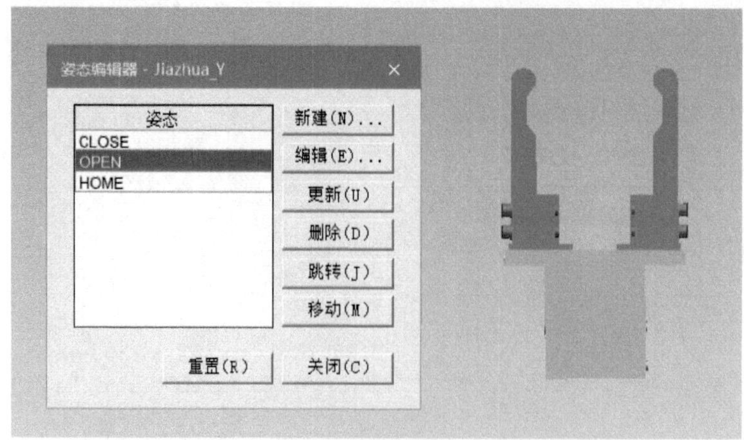

图 4-1-40　机械手爪 OPEN 姿态

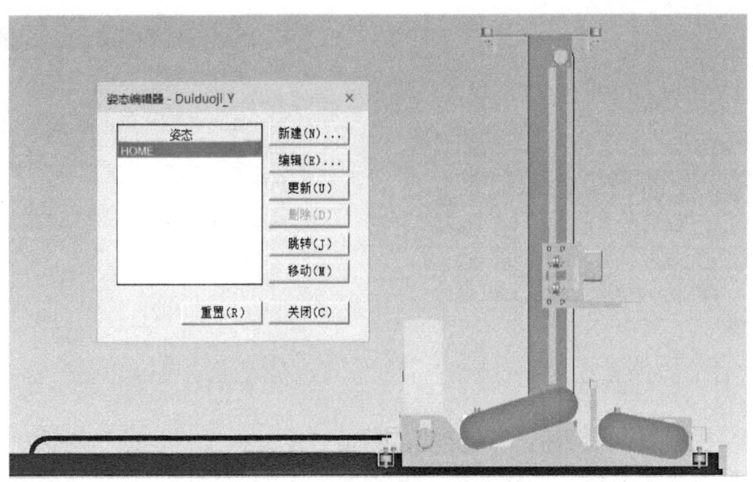

图 4-1-41　堆垛机无姿态

（六）传送带的创建和设置

传送带不是一个模型资源，虽然在模型导入的时候确实也导入了一个传送带的模型资源，但那个仅仅只是设定为 Device 类型的一个外观模型，不具备实际功能，在 Process Simulate 中，要想设置传送带功能，就需要创建一个类型为 Conveyer 的资源模块，如图 4-1-42 所示。

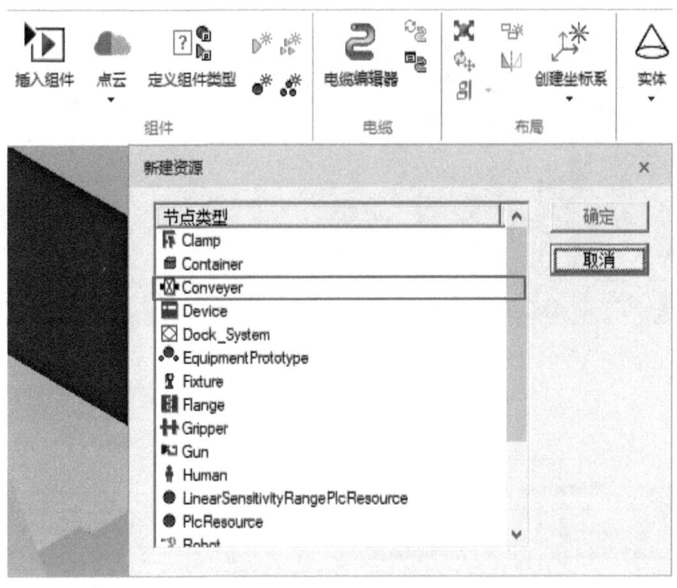

图 4-1-42　插入传送带资源

Conveyer 类型的资源可以被设置为智能传送带，其可以单独控制传送带的启停、方向甚至是速度，同时将对应的控制信号与实物中控制传送带的电机的起停、方向与速度值绑定在一块，从而达到虚实联动的效果。要完成上述功能，除了创建一个 Conveyer 类型的资源之外，还需要到控件菜单中，找到机运线命令中的“定义机运线”命令，如图 4-1-43 所示。

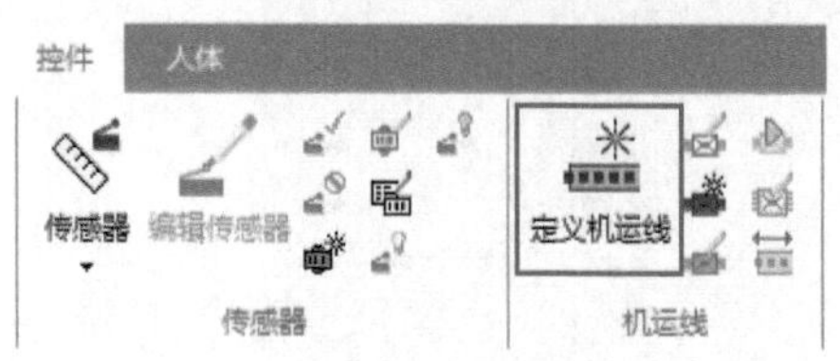

图 4-1-43　定义机运线命令

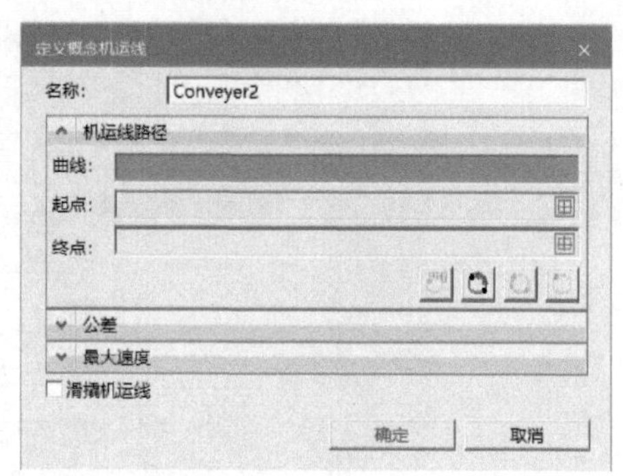

图 4-1-44　设置 Conveyer 类型对话框

单击“定义机运线”命令后，系统就会弹出“定义概念机运线”对话框，在上述对话框中，可以看到系统需要设定一根曲线，来确定传送带的路径，所以此时需要先将上述对话框关掉，先来完成一下移动路径的创建，如图 4-1-44 所示。

传送带的路径需要在 Conveyer 的建模范围（见图 4-1-45）内建立，因此先通过建模菜单中的设置建模范围命令进入编辑模式，然后在传送带的头尾分别建立一个坐标，该坐标适用于创建直线使用的辅助点，通过“曲线”菜单中的“创建多段线”将建立的两个坐标连接在一起，就可以获得一根直线。如图 4-1-46 所示。

图 4-1-45　设置建模范围为 Conveyer

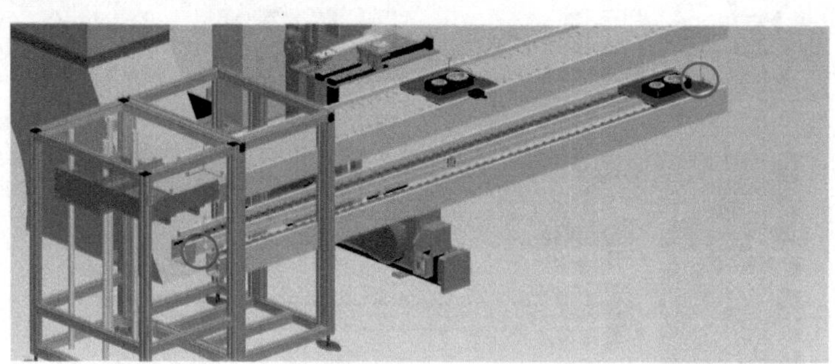

a）创建起点和终点坐标

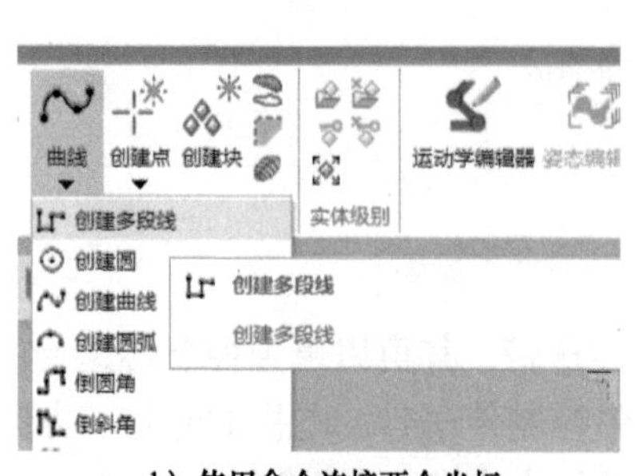

b）使用命令连接两个坐标

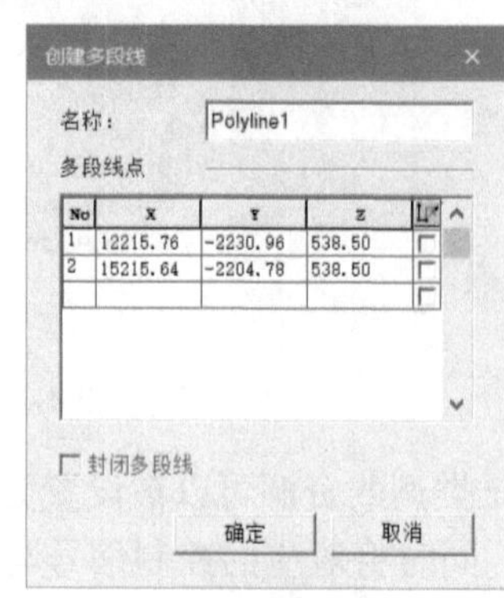

c）创建直线对话框

图 4-1-46　创建传送带辅助线

由于直线创建在 Conveyer2 资源中，因此在左侧的对象树中，可以观察到，在资源内部出现了曲线 Polyline1，此时再次单击“控件”中的“定义机运线”命令，就可以在对话框中，在曲线参数处就可以选择刚才创建的曲线，如图 4-1-47 所示。

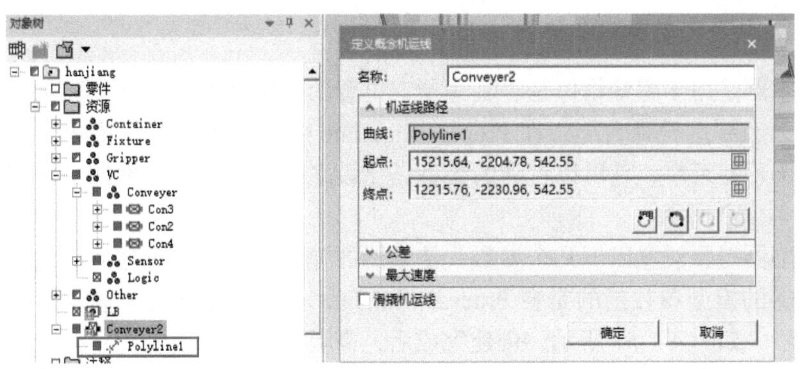

图 4-1-47　设置传送带路径

设置完成后，就可以设置传送带的控制方式了，“控件”菜单下的机运线菜单类中，可以单击机运线操作来对传送带动作进行设置，机运线的控制信号共分成 4 个，分别是开始、停止、更改速度、更改方向，如图 4-1-48 所示。

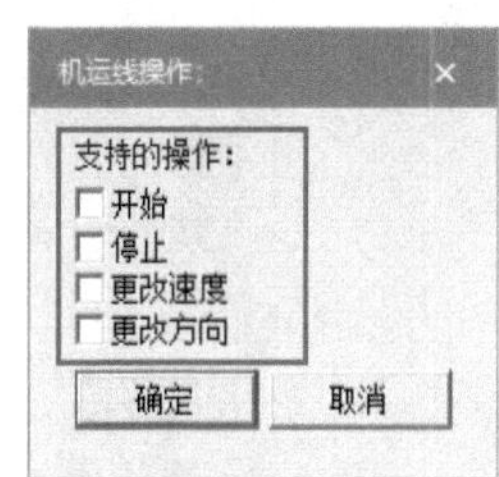

图 4-1-48　传送带支持的控制信号

由于部分传送只需要实现单方向传输即可，而升降台上的传送带要实现双向传输，因此传送带的信号可以设置为两种类型，传送架上的传送带如图 4-1-49a 所示，升降台上的传送带如图 4-1-49b 所示。

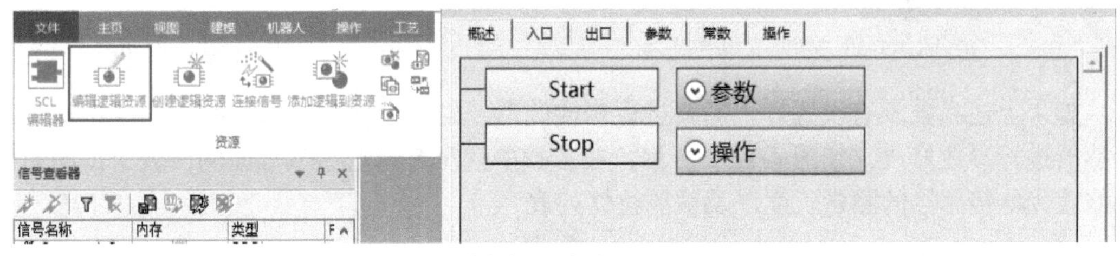

a）单方向的逻辑块

b）可以改变方向的逻辑块

图 4-1-49　传送带逻辑块

上述逻辑块并不需要进行创建，而是通过刚才的机运线操作自动创建的，但是如果需要进一步修改它的控制方式，可以在上述逻辑块资源中进行进一步修改。具体修改方法可参考任务二。

（七）光电传感器的创建和设置

光电传感器是用于感知物体是否到达指定位置的传感器设备，在本案例中主要用于感知物料是否已经到达升降台上，在 Process Simulate 中要创建光电传感器，可以在控件菜单中，找到传感器菜单，其可以创建的类型是比较多的，但是在本案例中使用创建光电传感器，如图 4-1-50 所示。

光电传感器需要设置以下几个参数：传感器的模型参数、传感器的测量距离以及被测物体。传感器的模型参数指的是在 Process Simulate 环境下传感器的基本参数大小，如直径和厚度尺寸，如图 4-1-51 所示，创建完成后，需要通过移动或者重定位命令将其移动至需要检测零件的位置。传感器的测量距离则是指传感器所在的位置距离测量物体的距离，至少要能够触碰到被检测零件。

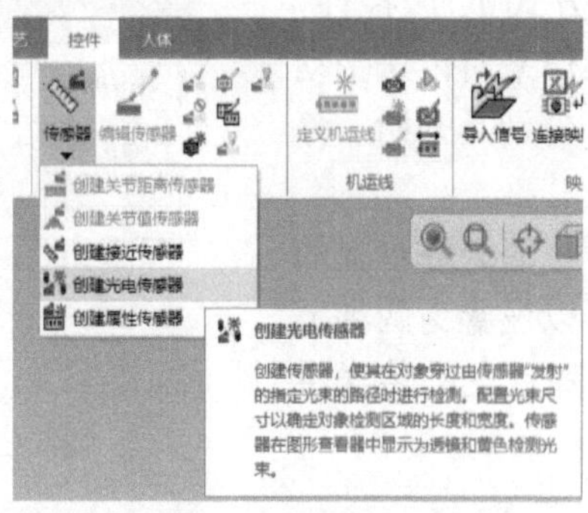

图 4-1-50　创建光电传感器

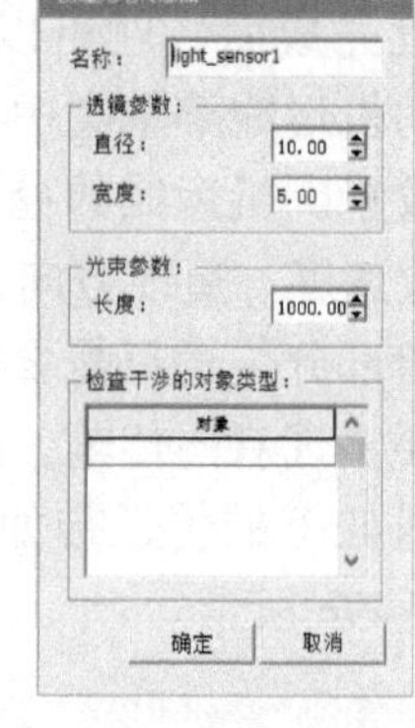

图 4-1-51　“创建光电传感器”对话框

如果上述参数没有设置好，需要进行修改的话，也可以使用编辑传感器命令，对光电传感器进行参数修改，如图 4-1-52 所示，在参数中就没有模型参数方面的设置了，用户可以修改光电传感器的测量长度以及被测物体列表。

图 4-1-52　“编辑光电传感器”对话框

检查与评估

对本任务的学习情况进行检查和评估，并将相关内容填写在表 4-1-1 中。

表 4-1-1　检查评估表

检查项目	检查对象	检查结果	结果点评
完成设备类型设置	① 托盘（Container） ② 传送带（Conveyer） ③ 设备（Device） ④ 装置（Fixture） ⑤ 握爪（Gripper）	是□ 否□ 是□ 否□ 是□ 否□ 是□ 否□ 是□ 否□	
完成工具布局，并检查资源是否齐全	① 完整布局 ② 装配到位	是□ 否□ 是□ 否□	
完成机电一体化运动机构设置	① 升降台 ② 堆垛机 ③ 伸缩杆 ④ 旋转电机 ⑤ 机械手	是□ 否□ 是□ 否□ 是□ 否□ 是□ 否□ 是□ 否□	
设置设备姿态	① 升降台 ② 堆垛机 ③ 伸缩杆 ④ 旋转电机 ⑤ 机械手	是□ 否□ 是□ 否□ 是□ 否□ 是□ 否□ 是□ 否□	
创建传送带智能对象	① 创建（Conveyer） ② 设置传送带参数	是□ 否□ 是□ 否□	
创建光电传感器	① 创建光电传感器 ② 设置传感器参数	是□ 否□ 是□ 否□	

任务总结

本任务主要介绍了项目的初步设置，从类型设置到导入工程，将资源按照所需要的布局进行定位，分析设备的结构属性，并为其设置运动机构设置，再到姿态的设置，为后续智能对象的创建打下基础，设备的创建与导入任务小结如图 4-1-53 所示。

任务拓展

任务拓展参照图 4-1-47 设置传送带路径，对传送带的最大速度进行重新设置，将原有默认的速度值“150”改为“250”，并按表 4-1-1 对其各个参数设置进行检查。

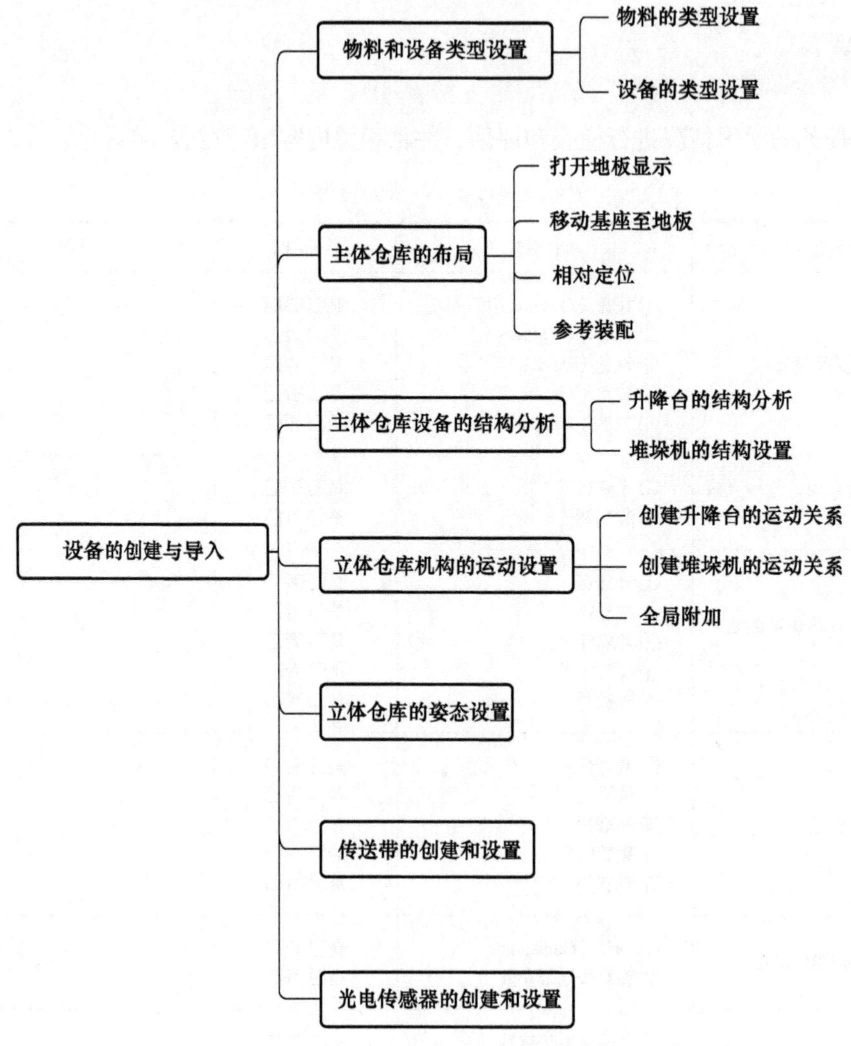

图 4-1-53　设备的创建与导入任务小结

任务二　智能设备的创建及逻辑块参数设置

任务工单

任务名称				姓名	
班级		组号		成绩	
工作任务	在本项目任务一立体仓库各种设备导入基础上，完成所有构成立体仓库相关智能设备的信号创建，并对设备逻辑块的关联参数进行设置和调试				

（续）

<table>
<tr><td>工作任务</td><td colspan="3"> 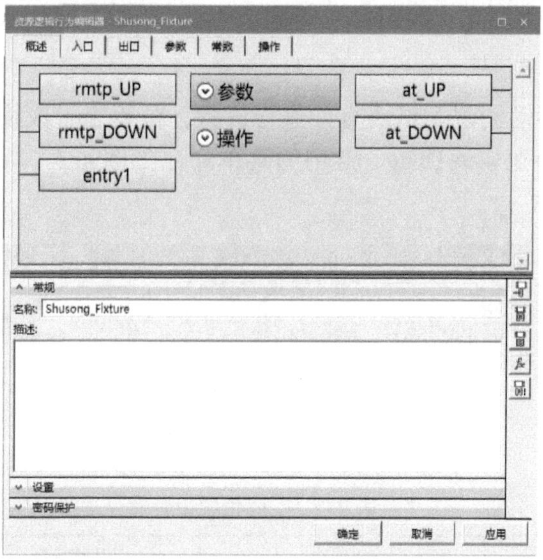• 扫描二维码，观看“设置智能对象”微视频
• 阅读任务知识储备，理解智能对象、逻辑块、信号查看器以及仿真面板
• 阅读任务技能实操，掌握智能对象的设置方式以及信号地址映射</td></tr>
<tr><td>任务目标</td><td colspan="3">知识目标
• 掌握将设备设置为智能对象的能力
能力目标
• 学会设置机电一体化设备的逻辑块参数，完成智能设备创建
• 学会智能设备的输入输出与信号查看器 Process Simulate 中的信号的关联
• 学会使用仿真面板，对信号进行调试，确认智能设备是否受控
素质目标
• 鼓励每一名学生发挥自身优势，取长补短和补位意识
• 引导学生们正确认识中国智能制造行业在未来世界的地位和作用，培养学生的自主创新意识</td></tr>
<tr><td rowspan="4">任务分配</td><td>职务</td><td>姓名</td><td>工作内容</td></tr>
<tr><td>组长</td><td></td><td></td></tr>
<tr><td>组员</td><td></td><td></td></tr>
<tr><td>组员</td><td></td><td></td></tr>
</table>

1. 智能对象

能够通过一个或者多个信号，控制设备完成某个特定的任务，这类设备均被称为智能对象。

2. 智能对象设置方法

智能对象设置有 3 种方法，一是姿态控制类的设备，只需要利用姿态就可以快速被设置为智能对象，一般归类为普通智能对象；二是机械臂的智能对象设置，需要通过创建工艺操作流，指定操作流为机器人的内置程序，并设置机器人信号，将其与 Process Simulate

信号完成绑定后，才能被称为智能对象，归类为特殊智能对象；三是自行设置逻辑块的智能对象，归类为自定义智能对象。

3. 逻辑块

用户可以手动创建逻辑块直接进行设置，常用于生成物料的场景，也可以基于某个特定的资源进行逻辑块编辑，常用的菜单命令如图 4-2-1 所示，命令的基本功能解释见表4-2-1。

图 4-2-1　逻辑块设置菜单栏

表 4-2-1　逻辑块设置命令功能解释

菜单图标	功能解释
编辑逻辑资源	编辑逻辑资源，此命令需要该资源在具有逻辑块属性的时候，才为可选状态
创建逻辑资源	创建逻辑资源，此命令常用于创建一个不基于任何资源的逻辑块，例如生成物料的逻辑块。如果基于某个资源来创建逻辑块，可以使用第四个命令
连接信号	连接信号，此命令可以将逻辑块中的输入与输出，与信号完成映射关系
添加逻辑到资源	添加逻辑到资源，此命令可以让资源具有逻辑块属性，从而可以使用第一个命令来对资源设置逻辑参数
创建逻辑块姿态操作和传感器	从姿态直接创建逻辑块，此命令可以将指定的姿态设置为智能对象的指定操作，能够自动生成逻辑块参数并完成信号自动映射

4. 信号查看器

信号查看器中列出了工程中所有的信号：包括显示信号、关键信号、资源输入信号与资源输出信号。

用户可以手动创建信号，也可以通过智能对象的自动映射信号功能，自动生成信号，如图 4-2-2 所示。

信号查看器的打开方式为：单击菜单栏中“视图”→“查看器”→“信号查看器”，打开信号查看器窗口，如图 4-2-3 所示。其中需要用户注意的是信号名称、地址、PLC 连接、外部连接这几个参数。

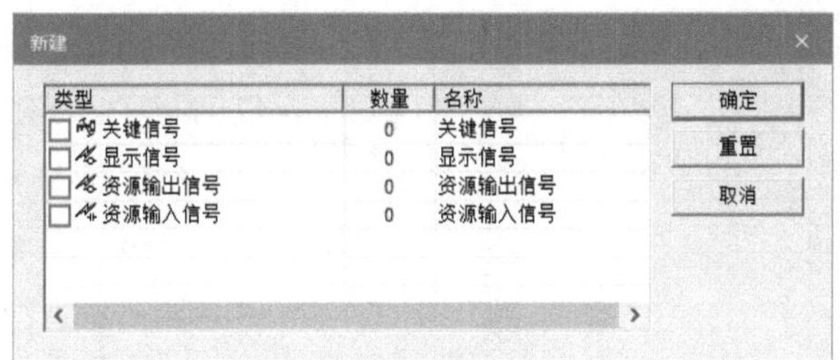

图 4-2-2　新建信号

信号查看器

信号名称	内存	类型	Robot Signal Nar	地址	IEC 格式	PLC 连接	外部连接	资源	注释
Con3 Start	☐	BOOL		1.2	Q1.2	☑	plc (缺少)	Con3	
Con3 Stop	☐	BOOL		3.1	Q3.1	☑	plc (缺少)	Con3	
Con3 ChangeDirection	☐	BOOL		3.0	Q3.0	☑	plc (缺少)	Con3	
Con4 Start	☐	BOOL		1.3	Q1.3	☑	plc (缺少)	(2)	
Con4 Stop	☐	BOOL		4.0	Q4.0	☑	plc (缺少)	Con4	
Shusong Fixture mtp UP	☐	BOOL		1.4	Q1.4	☑	plc (缺少)	Shusong	
Shusong Fixture at UP	☐	BOOL		1.0	I1.0	☑	plc (缺少)	Shusong	
Shusong Fixture mtp DOWN	☐	BOOL		1.5	Q1.5	☑	plc (缺少)	Shusong	
Shusong Fixture at DOWN	☐	BOOL		0.7	I0.7	☑	plc (缺少)	Shusong	
Jiazhua Y mtp CLOSE	☐	BOOL		0.4	Q0.4	☑	plc (缺少)	Jiazhua Y	
Jiazhua Y at CLOSE	☐	BOOL		0.3	I0.3	☑	plc (缺少)	Jiazhua Y	
Jiazhua Y mtp OPEN	☐	BOOL		0.5	Q0.5	☑	plc (缺少)	Jiazhua Y	
Jiazhua Y at OPEN	☐	BOOL		0.4	I0.4	☑	plc (缺少)	Jiazhua Y	
Push Y mtp CLOSE	☐	BOOL		0.1	Q0.1	☑	plc (缺少)	Push Y	
Push Y at CLOSE	☐	BOOL		0.0	I0.0	☑	plc (缺少)	Push Y	
Push Y mtp OPEN	☐	BOOL		0.2	Q0.2	☑	plc (缺少)	Push Y	
Push Y at OPEN	☐	BOOL		0.1	I0.1	☑	plc (缺少)	Push Y	
hanjiang mtp CLOSE	☐	BOOL		1.6	Q1.6	☑	plc (缺少)	hanjiang	
hanjiang mtp OPEN	☐	BOOL		1.7	Q1.7	☑	plc (缺少)	hanjian	
Duiduoji Y MOVE-X	☐	LREAL		50	Q50	☑	plc (缺少)	Duiduoj	
Duiduoji Y MOVE-Z	☐	LREAL		58	Q58	☑	plc (缺少)	Duiduoj	
Duiduoji Y Actual-X	☐	LREAL		60	I60	☑	plc (缺少)	Duiduoji	

图 4-2-3　信号查看器

5. 仿真面板

仿真面板可用来添加信号查看器中的信号，并进行编组整理，如图 4-2-4 所示。用户可以利用仿真面板强制控制信号的状态，来验证智能对象的逻辑块是否正确。

仿真面板

仿真	输入	输出	逻辑块	强制	强制值	地址	机
hanjiang							
堆垛机							
Duiduoji...		0.00		☐	0.00	Q50	
Duiduoji...		0.00		☐	0.00	Q58	
Duiduoji...	0.00			☐	0.00	I60	
Duiduoji...	0.00			☐	0.00	I68	
Beizi_Ge...				☐		Q	
LB_load-...				☐		Q0.0	
Y轴							
挡块							
夹爪							
旋转							
传送带							

图 4-2-4　仿真面板

选中需要添加到仿真面板中的信号，通过单击仿真面板菜单栏中的添加信号到查看器，就可以将信号查看器中的信号添加至仿真面板，信号会被添加到默认选中的组，如图 4-2-5 所示。

当信号数量较多的时候，可以使用分组命令将需要合并的命令进行编组，面板会显示得更清楚一些，如图 4-2-6 所示。

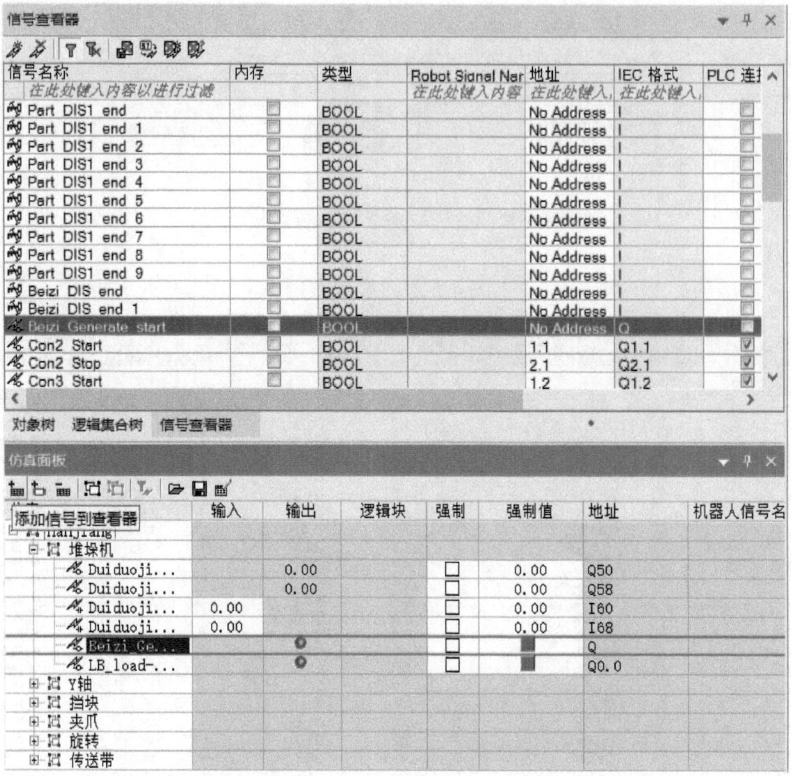

图 4-2-5　添加信号至仿真面板

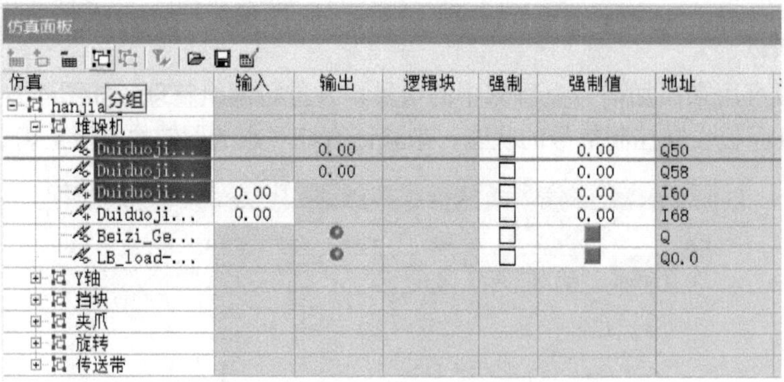

图 4-2-6　信号编组

技能实操

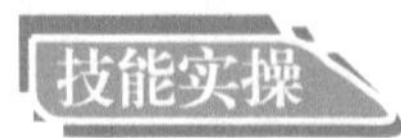

（一）普通智能对象创建

普通智能对象指的是：仅通过姿态编辑器中设置的姿态来自动创建智能对象的设备，在本项目中分别是升降台、升缩杆、旋转电机、抓手。对普通智能对象，用户可直接在自动创建的逻辑块中进行参数设置。

1. 升降台的智能对象创建

选择对象树中的升降台（Shusong_Fixture），单击菜单栏“建模”→“姿态编辑器”，可以看到如图 4-2-7 所示的姿态编辑器，其中已经有两个姿态被设置好，分别是“UP”和“DOWN”。

图 4-2-7　姿态编辑器

双击姿态名称，可以看到设备能够更换升降平台的位置，如图 4-2-8 所示。

在选中设备的状态下，单击“控件”→“创建逻辑块姿态操作和传感器”，命令所在位置见表 4-2-1。在弹出来的驱动姿态对话框中，选择所需要的姿态，并且勾选“创建并连接信号”的复选框，如图 4-2-9 所示。

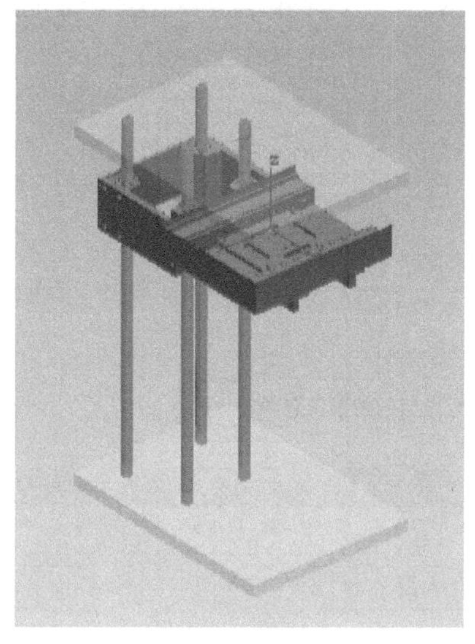

a）UP姿态

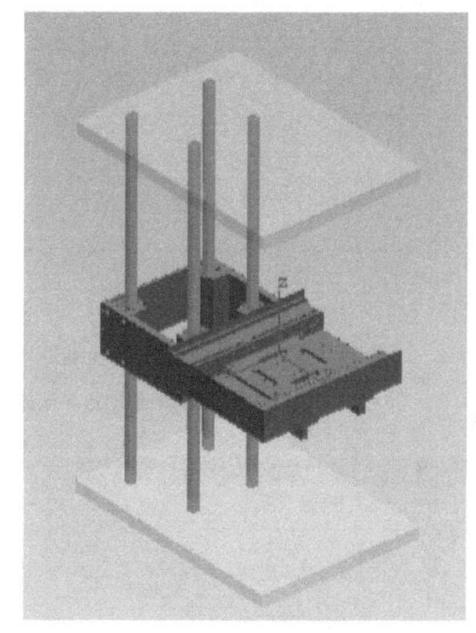

b）DOWN姿态

图 4-2-8　升降平台姿态状态

单击“控件”→“连接信号”，由于在驱动姿态中已经勾选过自动连接信号，所以可以看到设备的输入和输出端口都已经有信号完成了映射，如果上一步创建驱动姿态的时候，没有勾选创建并连接信号，此时需要单击一下图 4-2-10 中所示的“为空引脚创建并连接信号”。

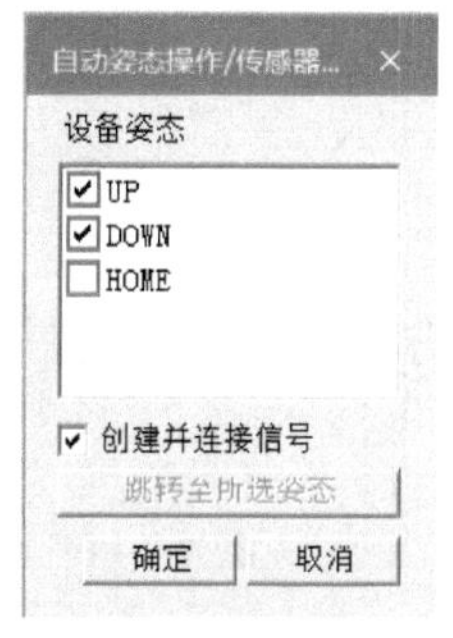

图 4-2-9　驱动姿态

单击“控件”→“编辑逻辑资源”，用户可以看到刚才自动生成的智能对象被设置的逻辑块，如图 4-2-11 所示，在逻辑块编辑器中，如果设备是具有姿态属性的，则会有以下选项页：概述、入口、出口、参数、常数、操作。而无设备资源绑定的逻辑块编辑器，其逻辑块编辑器仅包含：概述、入口、出口、参数、常数，具体如图 4-2-12 所示。

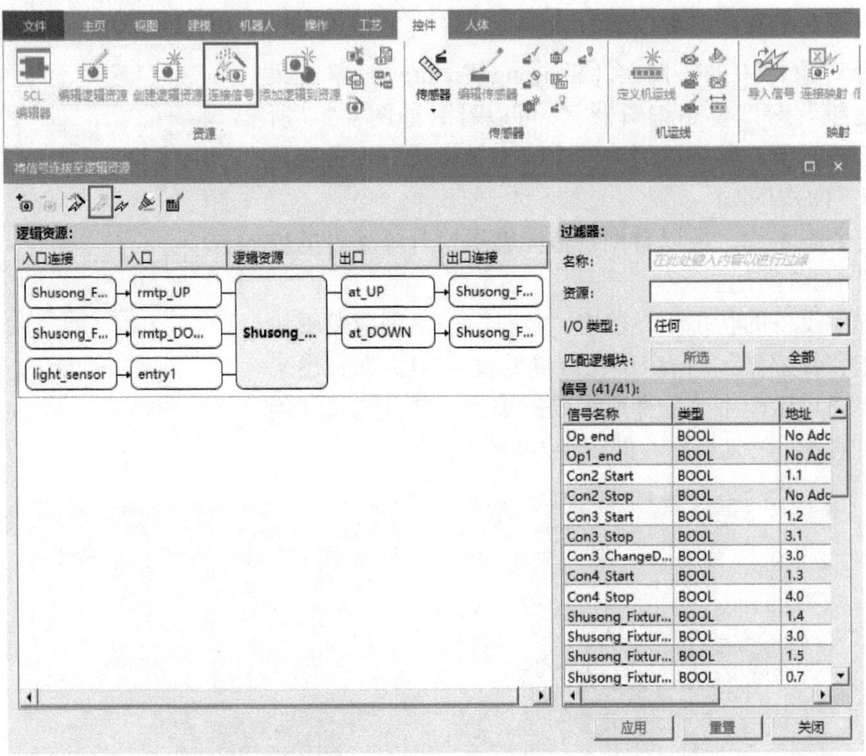

图 4-2-10 信号映射

注：图中为创建并连接完信号之后的效果示意图。

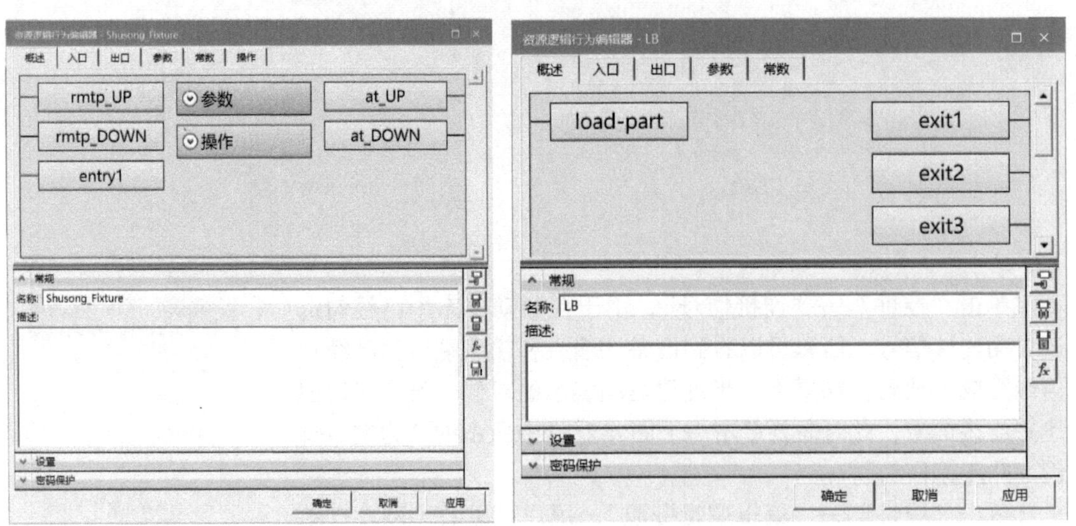

图 4-2-11 逻辑块编辑器 1

图 4-2-12 逻辑块编辑器 2

在设计逻辑块参数的时候，需要根据设备的运行逻辑进行设置，例如升降平台在上升的时候，需要带着物料一块上升。此处就需要设定吸附属性，在“操作”选项卡中，单击菜单“添加”→“抓握”，添加吸附行为，再单击菜单“添加”→“释放”，添加释放行为，同时吸附行为与释放行为应用于设备上的坐标点“pathEndFrame”，如图 4-2-13 所示。

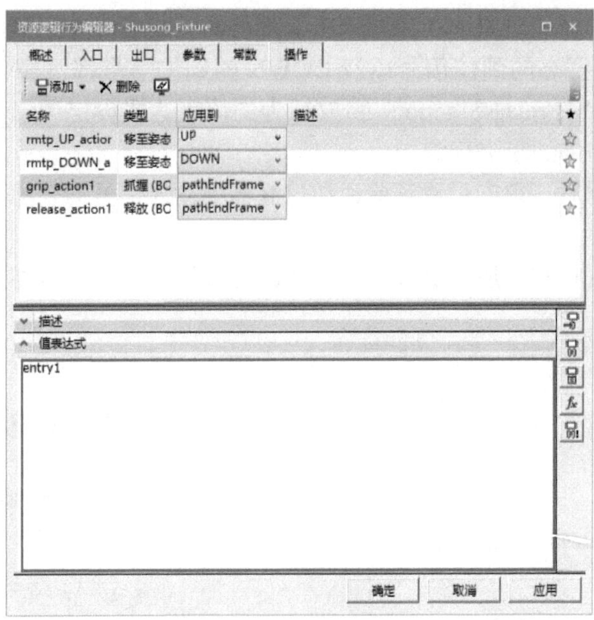

图 4-2-13　添加行为

上述行为选项卡中，选择对应行为后，会有一个值表达式栏目，当值表达式中的值为真的时候，就会触发当前行为，当前吸附行为需要 entry1 这个值为真，才可以实现吸附行为。单击“入口”→“添加”→“Bool”菜单，新建一个布尔类型的入口端口 entry1，并且把项目 1 中创建的光电传感器检测信号相互映射，此处只需要单击入口，然后在下方的连接的信号中输入信号查看器中已存在的信号，即可完成信号映射，如图 4-2-14 所示，重新回到操作选项卡中，在 grip_action1 的值表达式中关联入口端口 entry1。

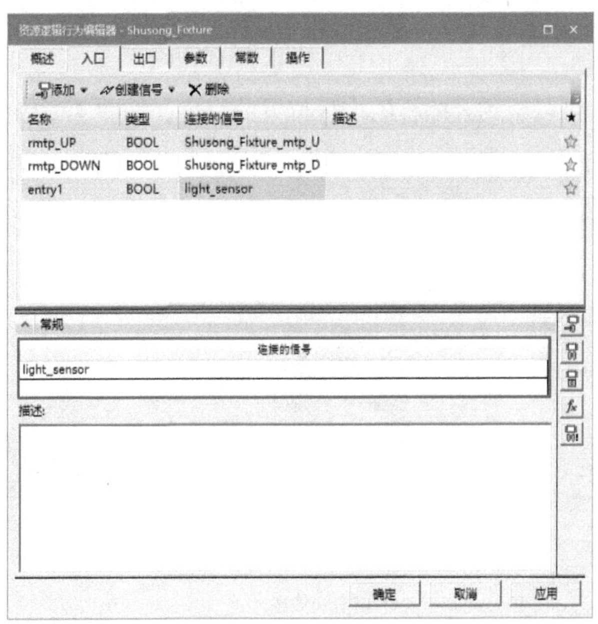

图 4-2-14　入口参数设置

通过姿态创建的智能对象，在参数选项卡都已经完成了姿态到微信号的参数设置，如图 4-2-15 所示，UP 姿态的到位信号以及 DOWN 的到位信号都已经自动创建完毕。用户需要将操作选项卡中的 release_action1 释放行为的值表达式设定为 at_UP_sensor 信号，即上升到位后，释放物体的吸附行为。

打开信号查看器后，单击过滤菜单，在过滤器中输入信号的名称，就可以进行模糊搜索，如图 4-2-16 所示。

选中上述信号，将其添加至仿真面板，并进行编组，如图 4-2-17 所示。

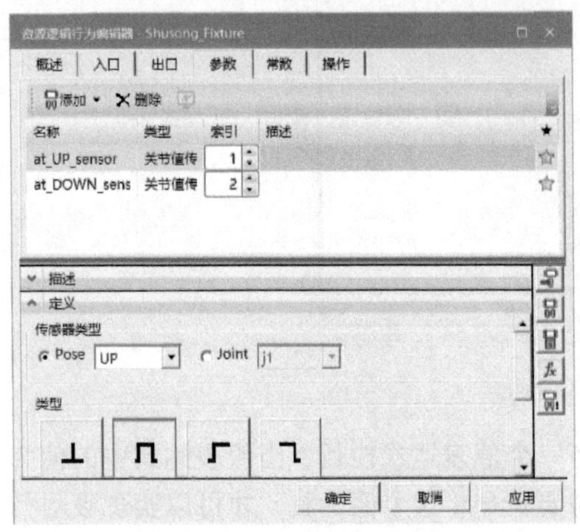

图 4-2-15　参数选项卡

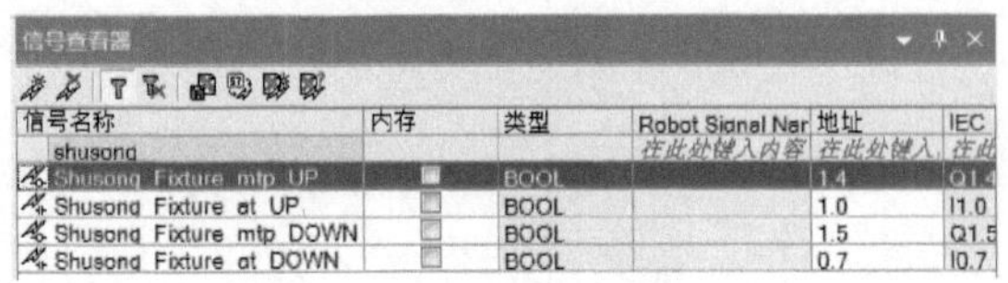

图 4-2-16　信号搜索

图 4-2-17　信号编组

2. 升缩杆的智能对象创建

选择对象树中的升缩杆（Push_Y），单击菜单栏“建模”→“姿态编辑器”，可以看到如图 4-2-18 所示的姿态编辑器，其中已经有两个姿态被设置好，分别是“CLOSE”和“OPEN”。

双击姿态名称，可以看到升缩杆的推杆位置的变化，如图 4-2-19 所示。

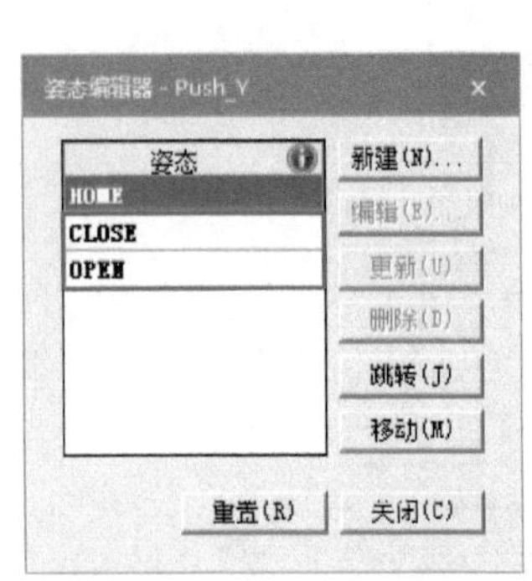

图 4-2-18　姿态编辑器

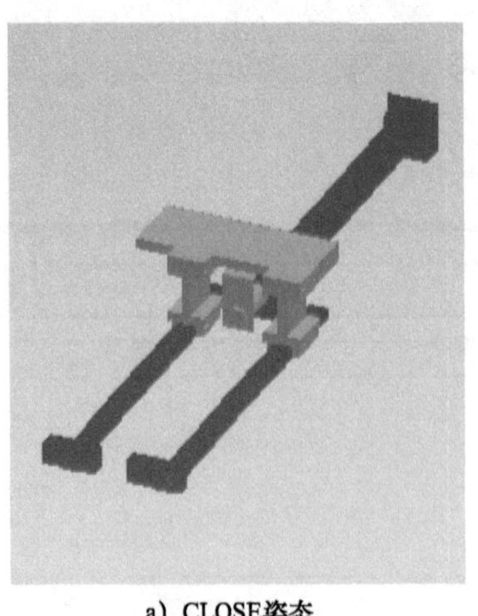

a）CLOSE姿态

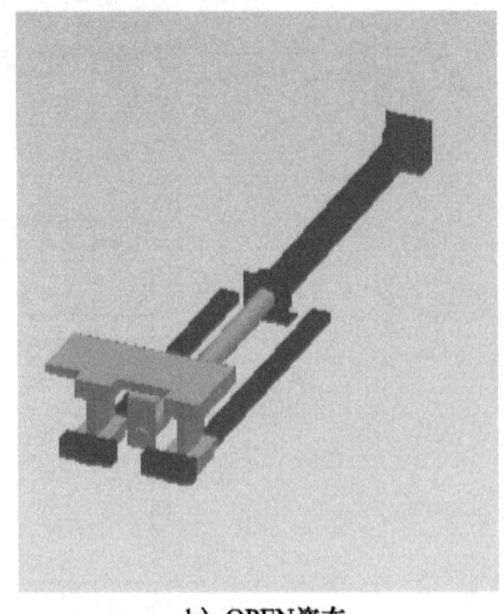

b）OPEN姿态

图 4-2-19　升缩杆推杆位置变化

在选中设备的状态下，单击“控件”→“创建逻辑块姿态操作和传感器”。在弹出来的驱动姿态对话框中，选择所需要的姿态，并且勾选“创建并连接信号”的复选框，如图4-2-20所示。

由于升缩杆的附加属性采用的是全局附加属性设置，所以完成项目四中任务一的全局附加即可，此处只需要确认信号是否已经创建完成，并实现信号映射，如图4-2-21所示。

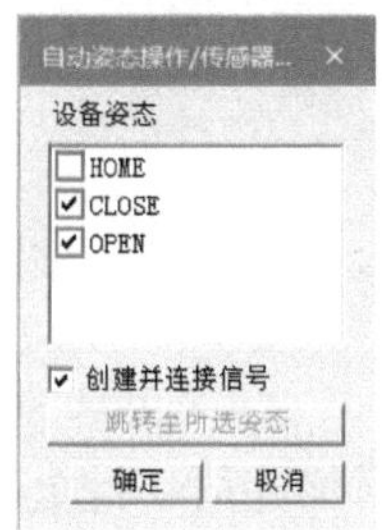

图 4-2-20　驱动姿态

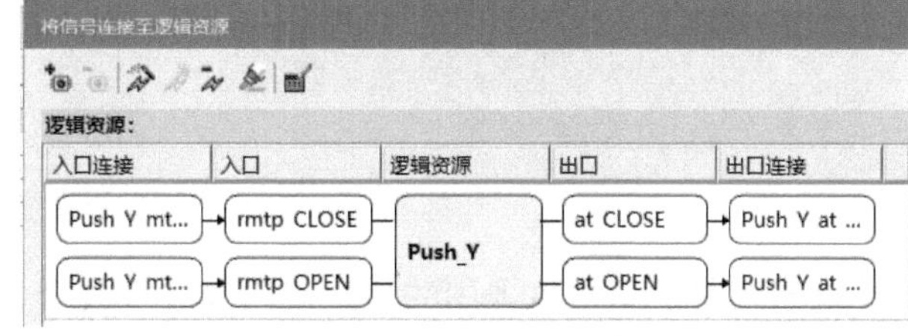

图 4-2-21　伸缩杆智能对象信号映射

打开信号查看器后，单击过滤菜单，在过滤器中输入信号的名称，就可以进行模糊搜索，如图4-2-22所示。

信号名称	内存	类型	Robot Signal Nar	地址	IEC
push y			在此处键入内容	在此处键入	在此
Push Y at CLOSE		BOOL		0.0	I0.0
Push Y at OPEN		BOOL		0.1	I0.1
Push Y mtp CLOSE		BOOL		0.1	Q0.1
Push Y mtp OPEN		BOOL		0.2	Q0.2

图 4-2-22　信号搜索

选中上述信号，将其添加至仿真面板，并进行编组，如图4-2-23所示。

Y轴
- Push_Y_mtp_CLOSE
- Push_Y_at_CLOSE
- Push_Y_mtp_OPEN
- Push_Y_at_OPEN

图 4-2-23　信号编组

3. 旋转电机的智能对象创建

选择对象树中的旋转电机（Xuanzhuan），单击菜单栏“建模”→“姿态编辑器”，可以看到如图4-2-24所示的姿态编辑器，其中已经有两个姿态被设置好，分别是“CLOSE”和“OPEN”。

图 4-2-24　姿态编辑器

双击姿态名称，可以看到旋转电机姿态的变化，如图4-2-25所示。

在选中设备的状态下，单击“控件”→“创建逻辑块姿态操作和传感器”。在弹出来的驱动姿态对话框中，选择所需要的姿态，并且勾选“创建并连接信号”的复选框，如图4-2-26所示。

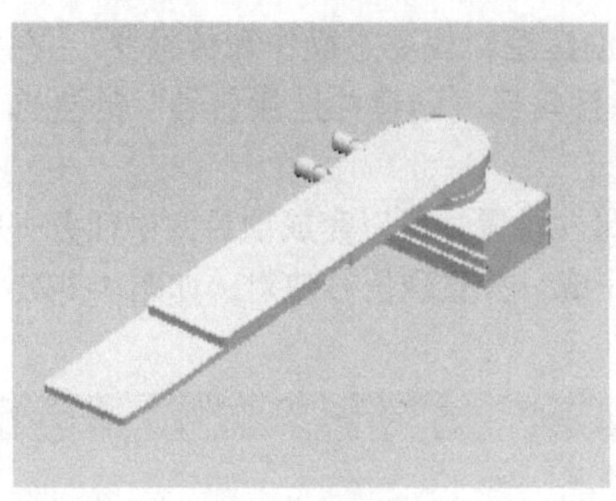
a）CLOSE姿态

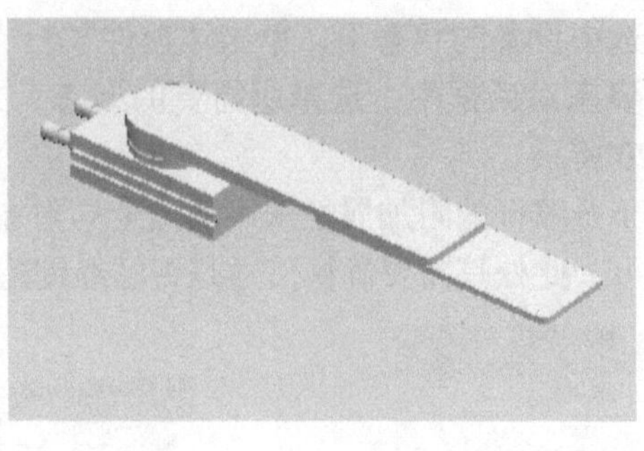
b）OPEN姿态

图 4-2-25 旋转电机的姿态变化

旋转电机的附加属性也采用的是全局附加属性设置，完成全局附加即可，此处只需要确认信号是否已经创建完成，并实现信号映射，如图 4-2-27 所示。

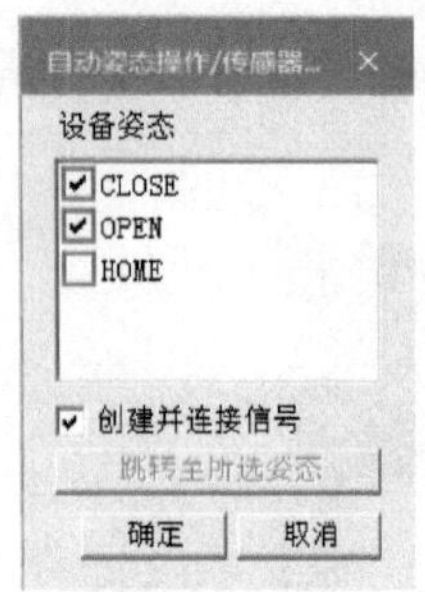

图 4-2-26 驱动姿态

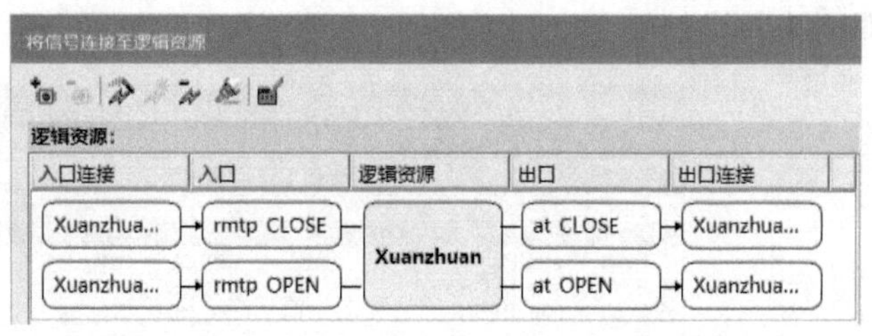

图 4-2-27 旋转电机智能对象信号映射

打开信号查看器后，单击过滤菜单，在过滤器中输入信号的名称，就可以进行模糊搜索，如图 4-2-28 所示。

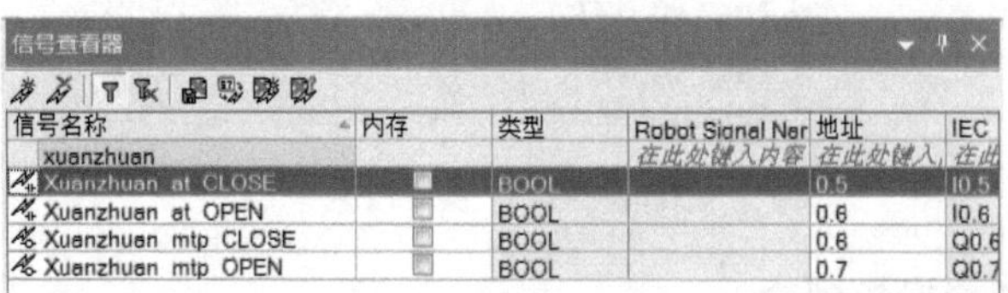

图 4-2-28 信号搜索

选中上述信号，将其添加至仿真面板，并进行编组，如图 4-2-29 所示。

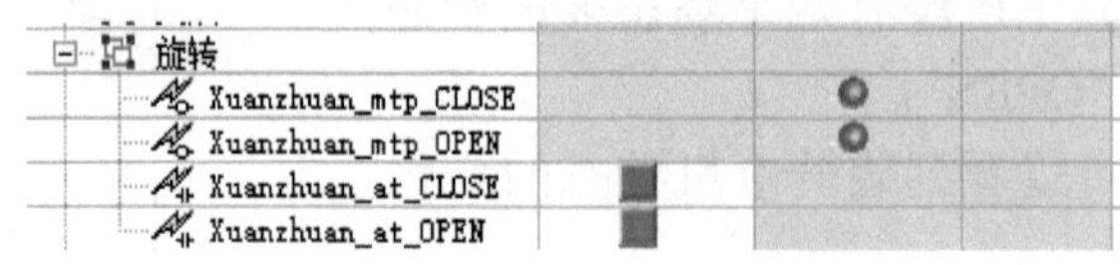

图 4-2-29 信号编组

4. 抓手的智能对象创建

选择对象树中的抓手（Jiazhua_Y），单击菜单栏“建模”→“姿态编辑器”，可以看到如图 4-2-30 所示的姿态编辑器，其中已经有两个姿态被设置好，分别是“CLOSE”和“OPEN”。

双击姿态名称，可以看到抓手的姿态变化，如图 4-2-31 所示。

在选中设备的状态下，单击“控件”→“创建逻辑块姿态操作和传感器”。在弹出来的驱动姿态对话框中，选择所需要的姿态，并且勾选“创建并连接信号”的复选框，由于设备姿态名称一致，此处的设置可以参考图 4-2-30 所示。

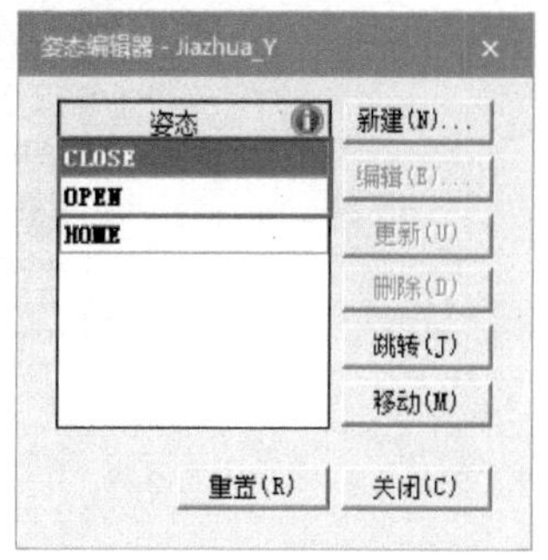

图 4-2-30　姿态编辑器

由于抓手需要拾放物料，因此除了需要添加全局附加属性，将自身固定在旋转电机上之外，也需要和升降台有相同的设置操作，需要在逻辑块中添加附加行为与释放行为。

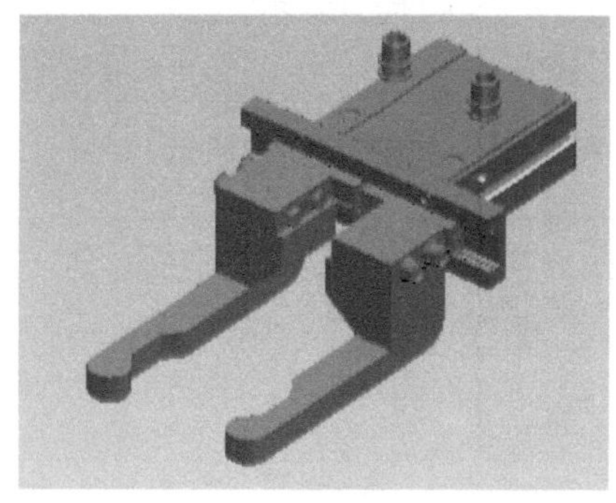

a）CLOSE姿态

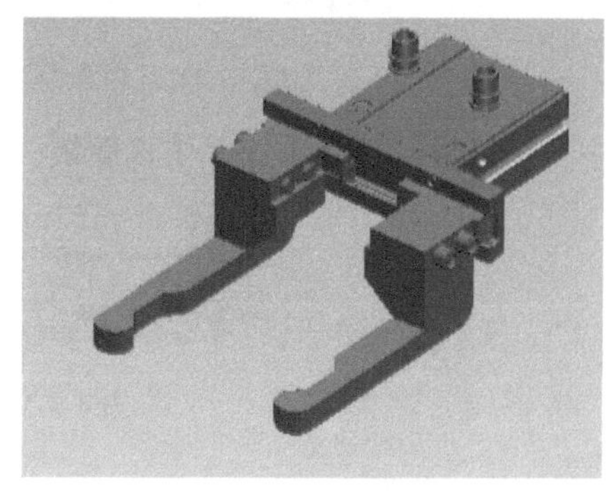

b）OPEN姿态

图 4-2-31　抓手姿态变化

单击菜单“控件”→“编辑逻辑资源”，打开逻辑块参数设置对话框，单击“操作”→“添加”→“抓握”以及“释放”，来添加抓手的相关行为。附加行为的值表达式以及释放行为的值表达式如图 4-2-32 所示。

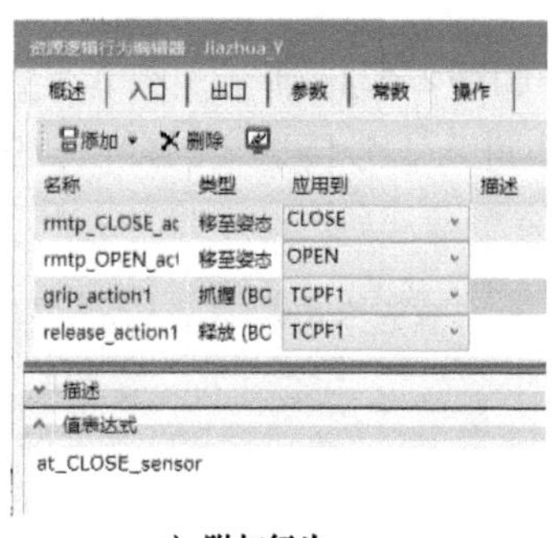

a）附加行为

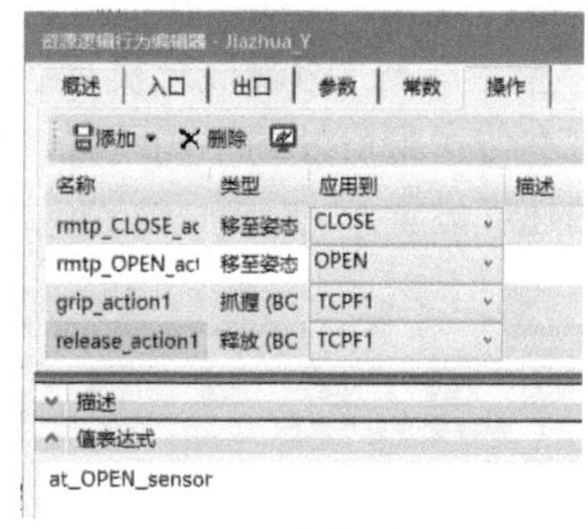

b）释放行为

图 4-2-32　逻辑块参数设置

确认逻辑块的入口与出口处是否完成信号映射，如图 4-2-33 所示。

打开信号查看器后，单击过滤菜单，在过滤器中输入信号的名称，就可以进行模糊搜索，如图 4-2-34 所示。

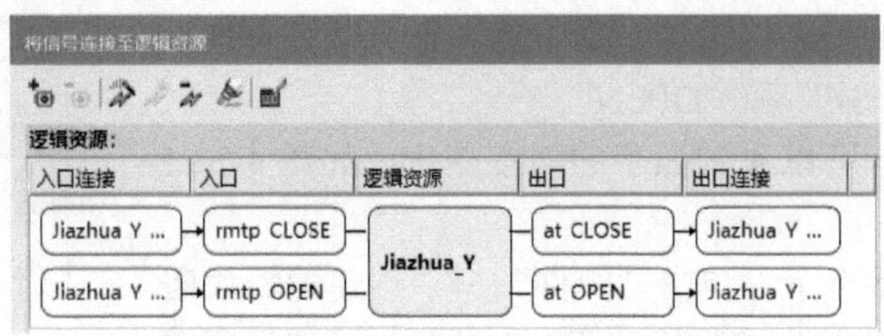

图 4-2-33　抓手智能对象信号映射

信号查看器

信号名称	内存	类型	Robot Signal Nar	地址	IEC
			在此处键入内容	在此处键入	在此
jiazhua					
Jiazhua Y at CLOSE		BOOL		0.3	I0.3
Jiazhua Y at OPEN		BOOL		0.4	I0.4
Jiazhua Y mtp CLOSE		BOOL		0.4	Q0.4
Jiazhua Y mtp OPEN		BOOL		0.5	Q0.5

图 4-2-34　信号搜索

选中上述信号，将其添加至仿真面板，并进行编组，如图 4-2-35 所示。

夹爪			
Jiazhua_Y_mtp_CLOSE			
Jiazhua_Y_at_CLOSE			
Jiazhua_Y_mtp_OPEN			
Jiazhua_Y_at_OPEN			

图 4-2-35　信号编组

（二）特殊智能对象创建

特殊智能对象指的是：无法通过姿态来自动创建逻辑块的智能对象，包括：传送带、堆垛机以及生成物料的逻辑块。

1. 传送带的智能对象创建

传送带的智能对象创建方法在本项目的任务一中已经有过详细介绍，本项目需要完成所有传送带的参数的设置，具体操作如下：

单击菜单“控件”→“编辑概念机运线”，如图 4-2-36 所示。图 4-2-37 表示①~④的不同编号为皮带在传送带所处的不同位置，其中进入①号传送带的默认传送方向、基本参数以及传送带的速度设置。

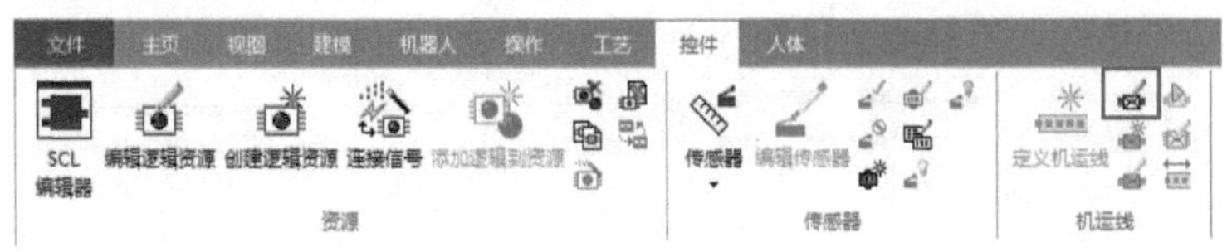

图 4-2-36　编辑概念传送带

由于①号传送带不需要将设备回传，因此只需要设置启动和停止信号，如图 4-2-38 所示。

其支持的操作有开始、停止、更改速度和更改方向。

②号传送带的默认传送方向、基本参数以及传送带的速度设置，如图 4-2-39 所示。

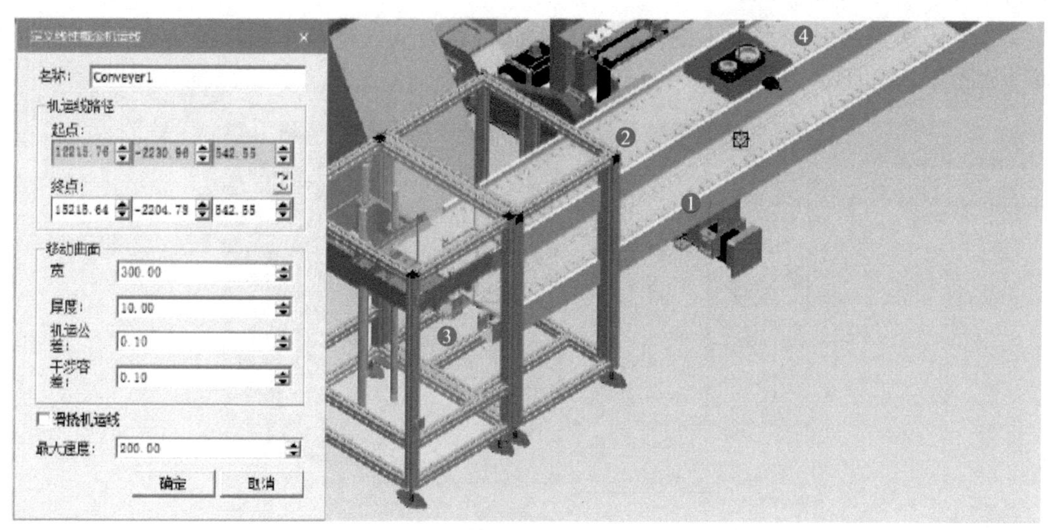

图 4-2-37　①号传送带的基本参数设置

图 4-2-38　创建智能对象支持行为

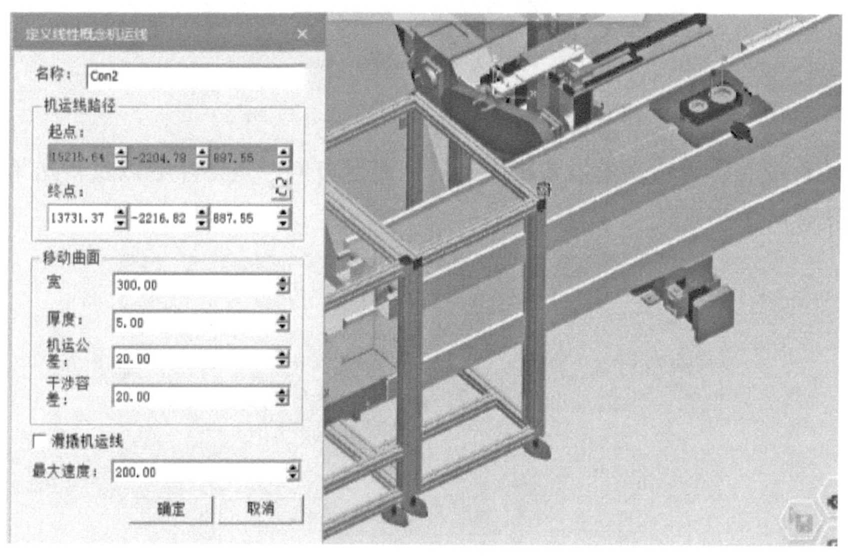

图 4-2-39　②号传送带的基本参数设置

由于②号传送带也不需要将设备回传，因此只需要设置开始和停止信号，参考图4-2-38。

③号传送带是升降平台上的传送带，默认传送方向、基本参数以及传送带的速度设置，如图 4-2-40 所示。

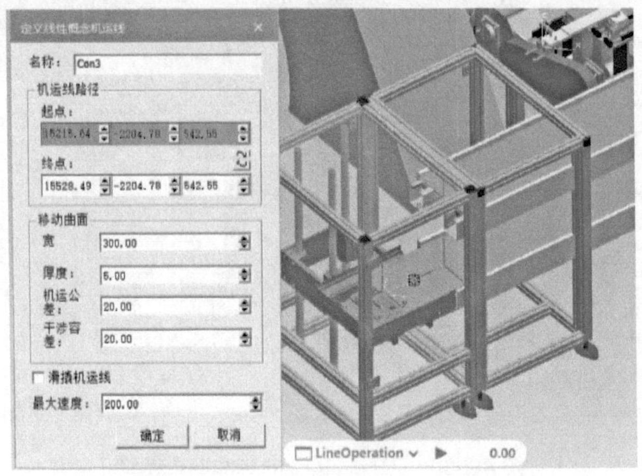

图 4-2-40　③号传送带的基本参数设置

由于③号传送带需要将设备送进送出，因此除了设置开始和停止信号之外，还需要设置添加改变方向的控制信号，如图 4-2-41 所示。

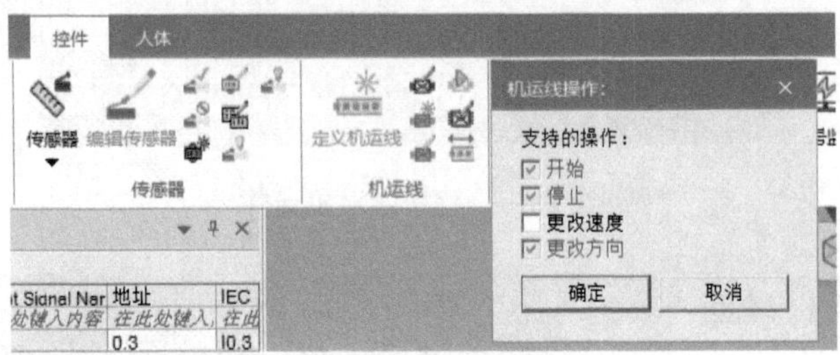

图 4-2-41　创建智能对象支持行为

④号传送带与②号传送带设置相同，默认传送方向、基本参数以及传送带的速度设置，如图 4-2-42 所示。

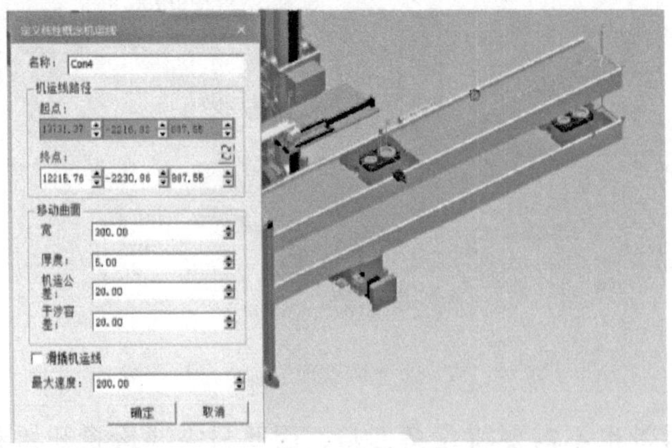

图 4-2-42　④号传送带的基本参数设置

打开信号查看器后，单击过滤菜单，在过滤器中输入信号的名称，就可以进行模糊搜索，如图 4-2-43 所示。

信号查看器

信号名称	内存	类型	Robot Signal Nar	地址	IEC
Con			在此处键入内容	在此处键入	在此
Con2_Start		BOOL		1.1	Q1.1
Con2_Stop		BOOL		2.1	Q2.1
Con3_ChangeDirection		BOOL		3.0	Q3.0
Con3_Start		BOOL		1.2	Q1.2
Con3_Stop		BOOL		3.1	Q3.1
Con4_Start		BOOL		1.3	Q1.3
Con4_Stop		BOOL		4.0	Q4.0
Conveyer1_Start		BOOL		1.0	Q1.0
Conveyer1_Stop		BOOL		2.0	Q2.0

图 4-2-43 信号搜索

选中上述信号，将其添加至仿真面板，并进行编组，如图 4-2-44 所示。

传送带
- Conveyer1_Start
- Conveyer1_Stop
- Con2_Start
- Con2_Stop
- Con3_Start
- Con3_Stop
- Con3_ChangeDirec...
- Con4_Start
- Con4_Stop

图 4-2-44 信号编组

2. 堆垛机的智能对象创建

堆垛机的控制方案是通过坐标值的方式进行控制，而不是采用固定姿态的方式进行控制，因此堆垛机的逻辑块需要自行创建。

单击菜单“控件”→“添加逻辑到资源”，用户就可以通过单击“编辑逻辑资源”进行逻辑块参数设置了。单击“参数”→“添加”→“LREAL”创建两个实数类型的关节距离传感器，并指定其控制的关节，在项目一中，堆垛机的运动机构设置，设置了 X 轴和 Z 轴的运动方向分别是 J1 和 J2，因此参数设置如图 4-2-45 与图 4-2-46 所示。

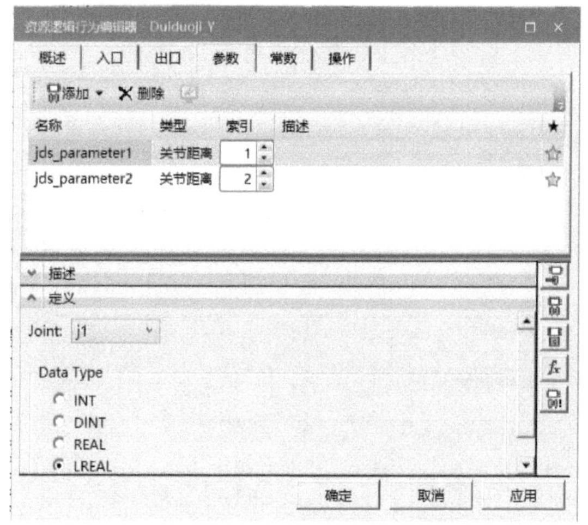

图 4-2-45 X 轴关节参数设置

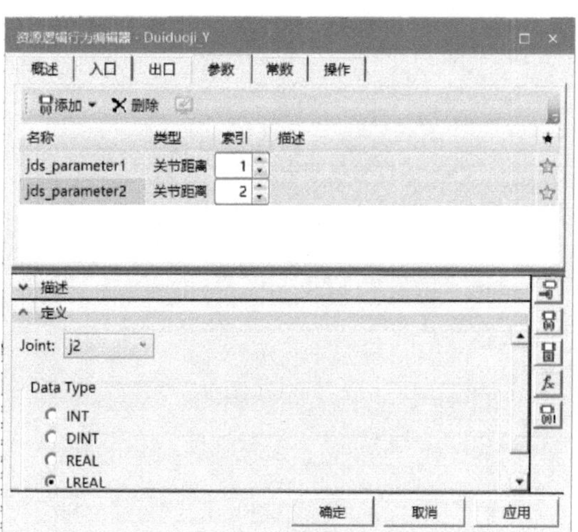

图 4-2-46 Z 轴关节参数设置

堆垛机的入口参数以及出口参数分别如图 4-2-47 与图 4-2-48 所示。入口参数主要用于接收用户指定坐标，而出口参数用于输出堆垛机实际坐标位置。因此需要给输出端口提供一个值表达式，而这个值表达式输出的值就是堆垛机的实际坐标位置。Actual-X 的值与 Actual-Z 的值均来自“参数”选项页中的两个关节参数。

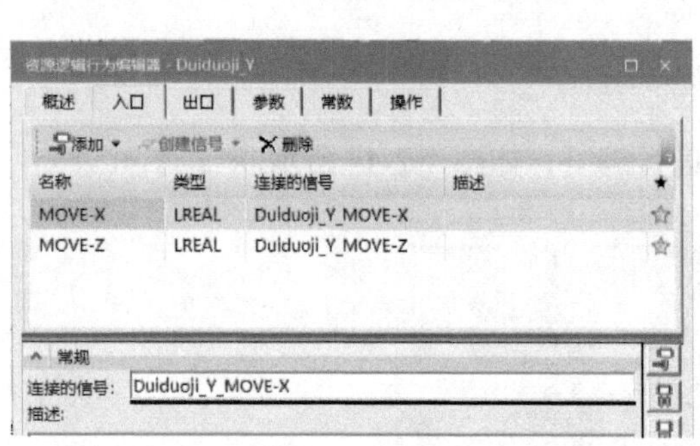

图 4-2-47 堆垛机逻辑块入口参数设置

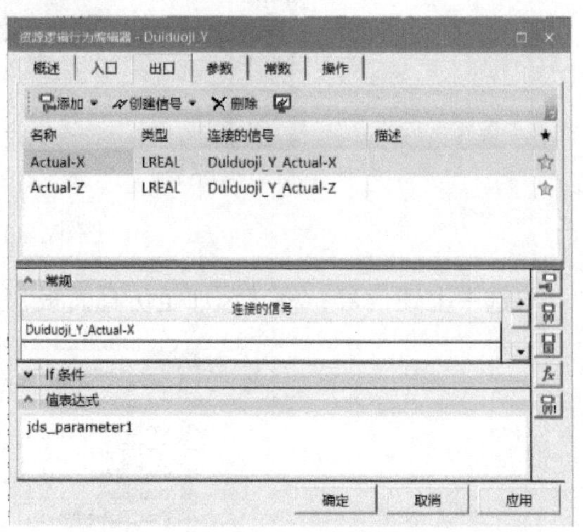

图 4-2-48 堆垛机逻辑块出口参数设置

单击“操作”→“添加”→“移动关节到值”，添加控制设备的行为参数，如图 4-2-49 与图 4-2-50 所示，将行为参数应用到对应关节上，并且将关节值表达式绑定为入口提供的 X 目标坐标 MOVE-X 端口，值表达式设定为 1 代表只要 MOVE-X 的值发生变化，马上改变驱动设备运动到对应的坐标位置。

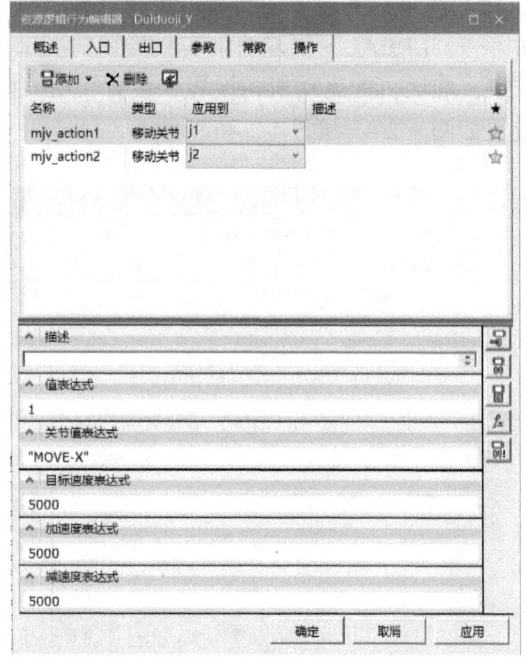

图 4-2-49 X 轴的行为参数

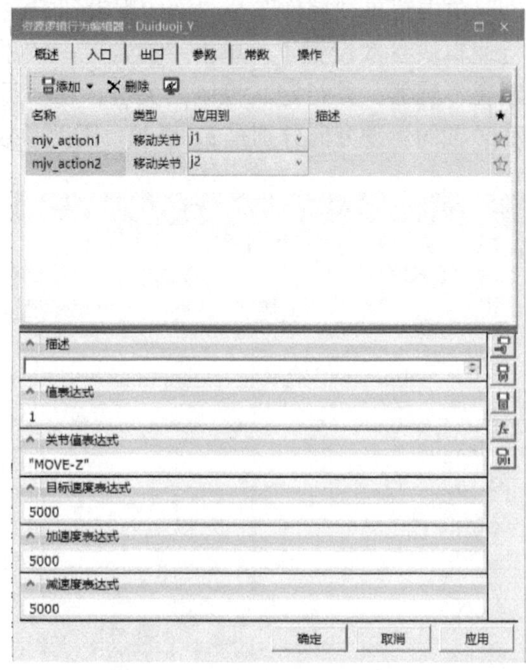

图 4-2-50 Z 轴的行为参数

打开信号查看器后，单击过滤菜单，在过滤器中输入信号的名称，就可以进行模糊搜索，如图 4-2-51 所示。

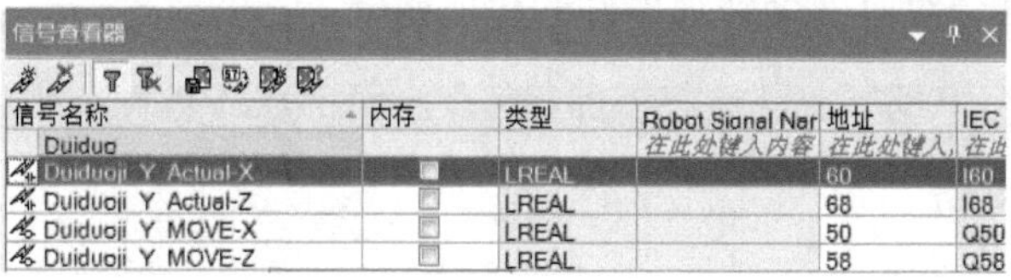

信号查看器

信号名称	内存	类型	Robot Signal Nar	地址	IEC
Duiduo			在此处键入内容	在此处键入	在此
Duiduoji_Y_Actual-X		LREAL		60	I60
Duiduoji_Y_Actual-Z		LREAL		68	I68
Duiduoji_Y_MOVE-X		LREAL		50	Q50
Duiduoji_Y_MOVE-Z		LREAL		58	Q58

图 4-2-51　信号搜索

选中上述信号，将其添加至仿真面板，并进行编组，如图 4-2-52 所示。

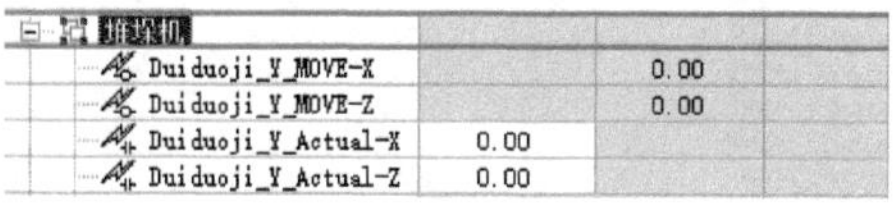

堆垛机		
Duiduoji_Y_MOVE-X		0.00
Duiduoji_Y_MOVE-Z		0.00
Duiduoji_Y_Actual-X	0.00	
Duiduoji_Y_Actual-Z	0.00	

图 4-2-52　信号编组

3. 物料生成的智能对象创建

在生产线仿真模式下，零件的概念更换成了外观的概念，而外观不会随着仿真的执行而自动生成，需要用户自行创建生成外观的操作流，并且在物料流表中进行物料流程的配置，这部分知识点放在本项目任务三中进行讲解，在本工程中，已经为大家提供好了用于生成物料的操作流和销毁物料的非仿真信号，如图 4-2-53 所示。

a）生成物料的操作流　　b）销毁物料的非仿真信号

图 4-2-53　物料必备操作流

单击菜单“控件”→“创建所有流起始信号”，如图 4-2-54 所示。该命令会为生成物料的操作流创建一个启动信号。

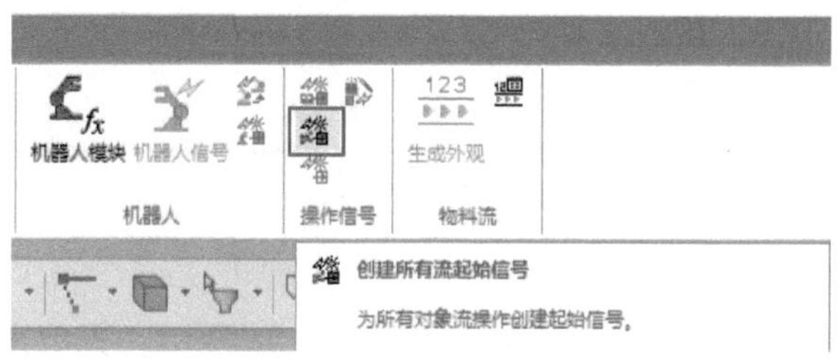

图 4-2-54　为所有对象流操作创建启动信号

打开信号查看器后，单击过滤菜单，在过滤器中输入信号的名称，就可以进行模糊搜索，如图 4-2-55 所示。用户可以将这些信号添加至仿真面板，然后在仿真下强制执行该信号，会发现每一个信号对应一个外观零件的生成事件。

信号查看器

信号名称	内存	类型	Robot Signal Nar	地址	IE
CH-4			在此处键入内容	在此处键入	
CH-4 Generate1 end 4		BOOL		No Address	I
CH-4 Generate1 end 5		BOOL		No Address	I
CH-4 Generate1 end 6		BOOL		No Address	I
CH-4 Generate1 end 7		BOOL		No Address	I
CH-4 Generate1 end 8		BOOL		No Address	I
CH-4 Generate1 end 9		BOOL		No Address	I
CH-4 Generate1 start		BOOL		No Address	C
CH-4 Generate10 start		BOOL		No Address	C
CH-4 Generate2 start		BOOL		No Address	C
CH-4 Generate3 start		BOOL		No Address	C
CH-4 Generate4 start		BOOL		No Address	C
CH-4 Generate5 start		BOOL		No Address	C
CH-4 Generate6 start		BOOL		No Address	C
CH-4 Generate7 start		BOOL		No Address	C
CH-4 Generate8 start		BOOL		No Address	C
CH-4 Generate9 start		BOOL		No Address	C

图 4-2-55　信号搜索

在工程执行的时候，如果只需要通过一个信号，就将所有物料全部生成在指定位置，就需要手动创建一个逻辑块，来实现这个需求。

单击菜单“控件”→“创建逻辑资源”，在对象树中会自动生成一个 LB 逻辑块，同时软件也会自动弹出一个空的逻辑块编辑器，让用户进行参数设计。为了实现一个输入信号触发多个生成物料的信号，我们需要设计一个一入口多出口的逻辑块，如图 4-2-56 所示。

在入口端口处绑定一个输入信号，如图 4-2-57 所示。先单击“添加”→“BOOL”创建一个入口端口，再单击“创建信号”→“Output”创建一个资源输出信号。

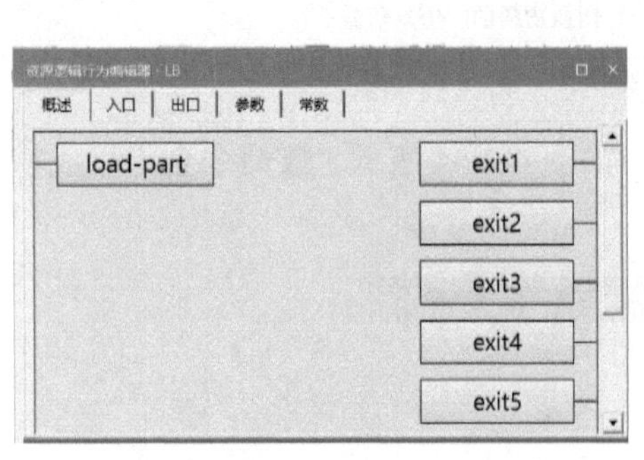

图 4-2-56　生成物料逻辑块的参数设置

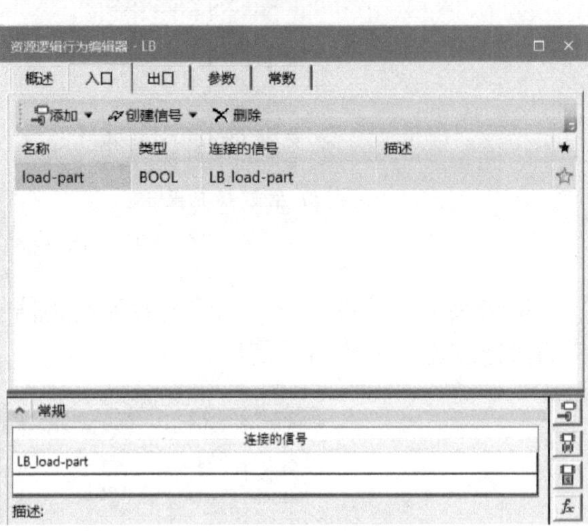

图 4-2-57　入口设置

在出口端口处需要绑定多个输出信号，如图 4-2-58 所示。先单击“添加”→“BOOL”创建一个出口端口，出口的信号不需要再次创建，而是通过选择图 4-2-55 中的开始信号来进行绑定，一个出口甚至可以绑定多个开始信号。在每一个出口信号下还需要设置一个值表达式，RE(“load-part”)，其中 RE() 代表只取信号的上升沿状态，而 load-part 就是刚才设置过得入口，即当入口有信号的时候，自动触发该出口，依次完成所有开始信号的配置，即可完成生成物料逻辑块的设计。

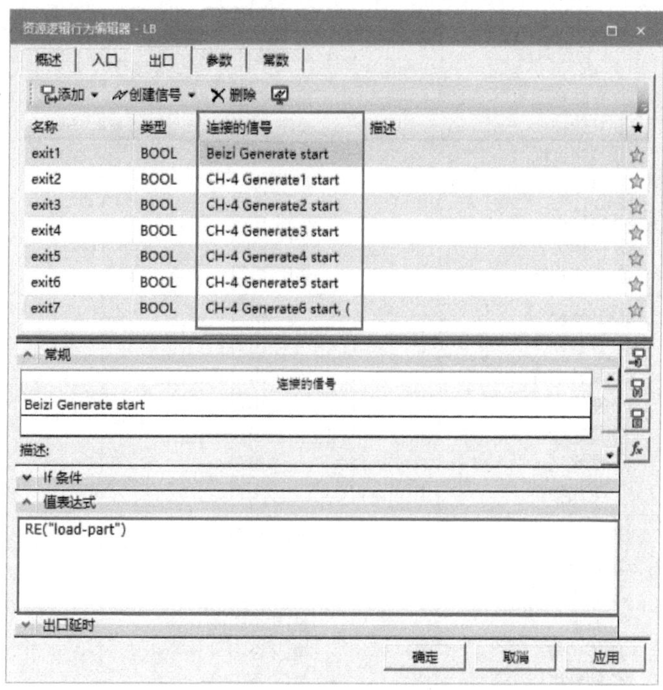

图 4-2-58　生成物料逻辑块出口参数

打开信号查看器后，单击过滤菜单，在过滤器中输入信号的名称，就可以进行模糊搜索，如图 4-2-59 所示。

图 4-2-59　信号搜索

选中上述信号，将其添加至仿真面板，如图 4-2-60 所示。

hanjiang		
堆垛机		
Duiduoji_Y_MOVE-X		0.00
Duiduoji_Y_MOVE-Z		0.00
Duiduoji_Y_Actual-X	0.00	
Duiduoji_Y_Actual-Z	0.00	
Beizi_Generate_s...		
LB_load-part		

图 4-2-60　信号编组

检查与评估

对本任务的学习情况进行检查和评估，并将相关内容填写在表 4-2-2 中。

表 4-2-2　任务完成情况

检查项目	检查对象	检查结果	结果点评
创建智能对象	① 升降台 ② 升缩杆 ③ 旋转电机 ④ 抓手 ⑤ 传送带 ⑥ 堆垛机 ⑦ 生成物料	是□ 否□ 是□ 否□ 是□ 否□ 是□ 否□ 是□ 否□ 是□ 否□ 是□ 否□	
智能对象信号个数	① 升降台 ② 升缩杆 ③ 旋转电机 ④ 抓手 ⑤ 传送带 ⑥ 堆垛机 ⑦ 生成物料	入口：_____ 出口：_____ 入口：_____ 出口：_____ 入口：_____ 出口：_____ 入口：_____ 出口：_____ 入口：_____ 出口：_____ 入口：_____ 出口：_____ 入口：_____ 出口：_____	
信号添加至仿真面板	① 升降台 ② 升缩杆 ③ 旋转电机 ④ 抓手 ⑤ 传送带 ⑥ 堆垛机 ⑦ 生成物料	是□ 否□ 是□ 否□ 是□ 否□ 是□ 否□ 是□ 否□ 是□ 否□ 是□ 否□	

任务总结

本任务主要介绍了智能对象的创建方式，如图 4-2-61 所示，区分了不同类型的设备应该如何设置智能对象参数，完成了智能对象信号的绑定，为后续与 PLC 程序进行虚拟联调打下了坚实的基础。通过本案例，还学习到如何在生产线仿真模式下实现物料的生成，并通过逻辑块的参数设计出了通过一个信号控制多个信号的方法。

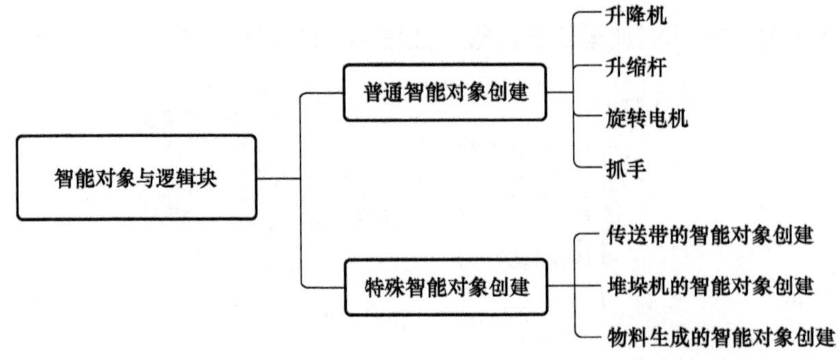

图 4-2-61　智能设备的创建及逻辑块参数设置任务小结

任务拓展

参照图 4-2-37 ①号传送带的基本参数设置，对机运公差进行重新设置，将原有默认的机运公差值“10.00”改为“2.00”，观察机运公差参数对传送带的影响，并按表 4-2-2 对其各个参数设置进行检查。

任务三 外观零件的生命周期设置

外观零件的生命周期设置

任务工单

<table>
<tr><td>任务名称</td><td colspan="3"></td><td>姓名</td><td></td></tr>
<tr><td>班级</td><td></td><td>组号</td><td></td><td>成绩</td><td></td></tr>
<tr><td>工作任务</td><td colspan="5">在生产线仿真模式下，零件树目录已经无法显示，每个零件外观都有一个属于自己的生命周期，而生命周期由物料流查看器中的关系所确定。另外，零件外观不会随着生产线仿真模式自动生成执行命令，需要用户自行创建生成外观的操作流，并在物料流表中对物料流程进行设置。本任务通过创建一个外观零件生成的对象流，并在物料流表中对物料流程进行参数设置
• 扫描二维码，观看“外观零件的生命周期设置”微视频
• 阅读任务知识储备，认识对象流操作和非仿真操作、物料流查看器
• 阅读任务技能实操，学会外观零件生成的对象流操作创建、外观零件消失的非仿真操作创建、创建物料流链接</td></tr>
<tr><td>任务目标</td><td colspan="5">知识目标
• 理解外观零件生命周期生成与消失的原理
能力目标
• 学会创建外观零件生成的对象流
• 学会创建外观零件消失的非仿真操作
• 学会在物料流查看器中新建物料流链接
素质目标
• 遇到困难不退缩，能专心钻研、专注做事
• 激发学生爱国和爱专业的情感，为国家智能制造产业建设贡献自己的力量</td></tr>
<tr><td rowspan="4">任务分配</td><td>职务</td><td>姓名</td><td colspan="3">工作内容</td></tr>
<tr><td>组长</td><td></td><td colspan="3"></td></tr>
<tr><td>组员</td><td></td><td colspan="3"></td></tr>
<tr><td>组员</td><td></td><td colspan="3"></td></tr>
</table>

知识储备

1. 对象流操作

对象流操作是指沿路径移动对象。在生产线仿真模式下，外观零件不会直接随着仿真执行而自动生成，因此需要用户新建对象流操作，使零件生成在指定的固定路径上，以达到显示零件的效果。对象流操作创建位置如图 4-3-1 中依次按照步骤①～③所示。

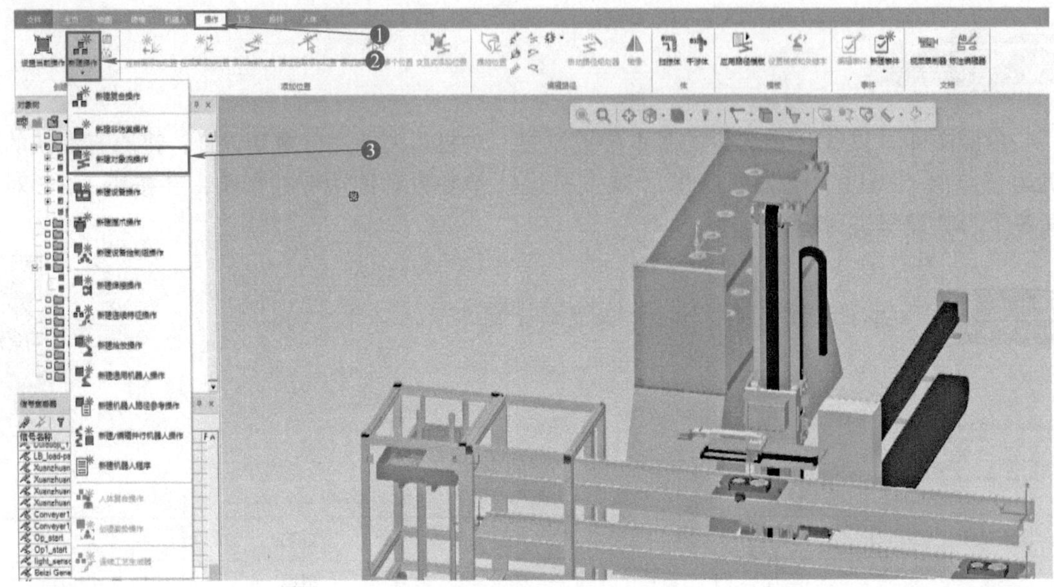

图 4-3-1　创建对象流操作

2. 非仿真操作

非仿真操作是空操作，用于标记时间间隔或标记以后创建的操作位置。非仿真操作创建位置如图 4-3-2 中依次按照步骤①~③所示。

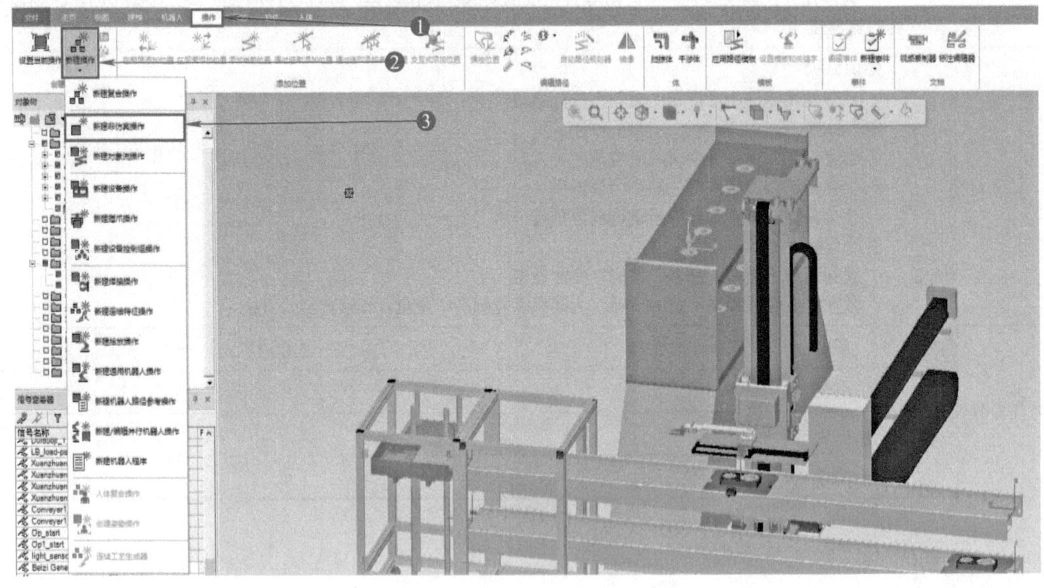

图 4-3-2　创建非仿真操作

3. 物料流查看器

物料流查看器是规划工件的生产流向及生命周期，在标准仿真模式下物料流查看器无法使用，物料流查看器只能在生产线仿真模式中使用。在物料流查看器中，可以将零件的生命周期通过单向箭头进行连接，如图 4-3-3 所示。

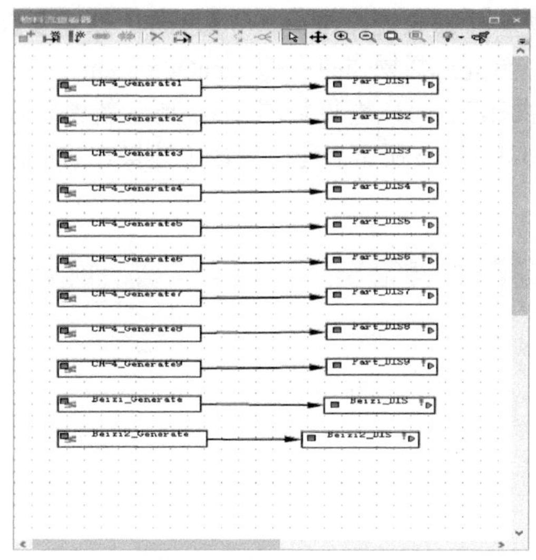

图 4-3-3　物料流查看器

技能实操

（一）外观零件生成的对象流操作创建

在软件中单击菜单栏“主页”→“标准模式”进入标准模式，因为只有在标准模式下零件树中才会有零件显示，依次按照步骤①~②操作，如图 4-3-4 所示。

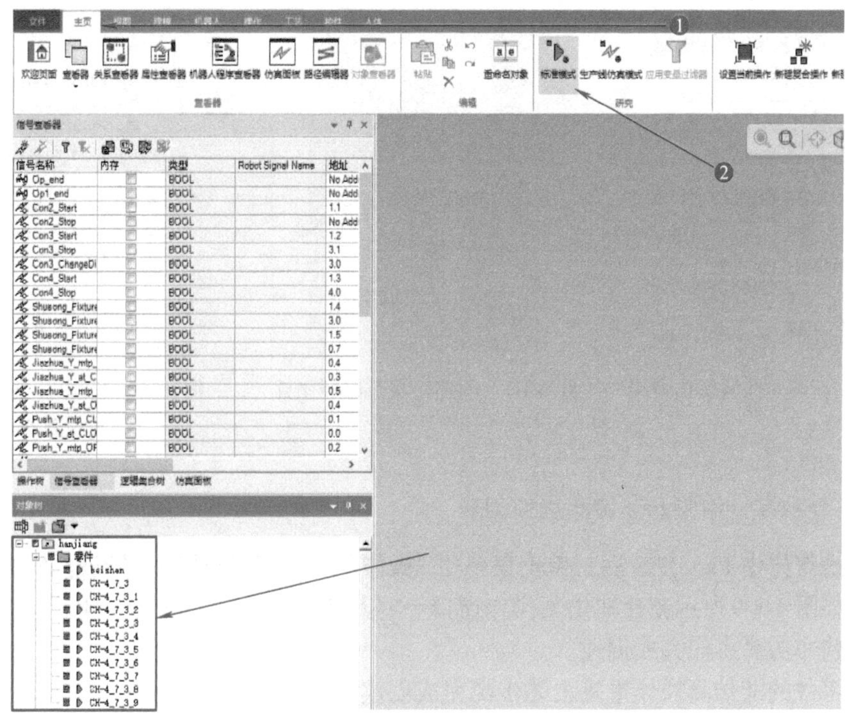

图 4-3-4　进入标准模式

每个零件都需要创建一个对象流操作及非仿真操作，新建复合操作给两类操作进行分类管理，方便后续查看。首先选择操作树中的 LineOperation，单击菜单栏“操作”→“新建操作”→“新建复合操作”，可以看见如图 4-3-5 所示新建复合操作窗口。新建两个复合操作分别命名为如图 4-3-5a、b 所示名称，完成上述操作后单击“确定”按钮，新建复合操作结束。

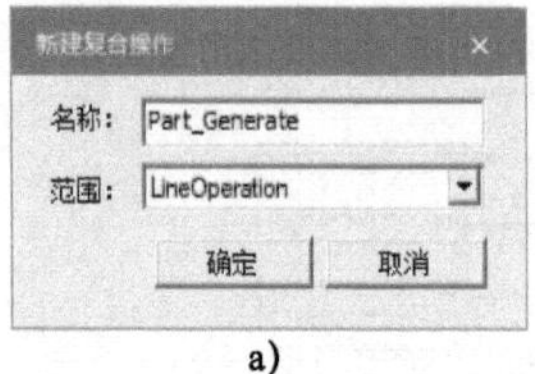

a)

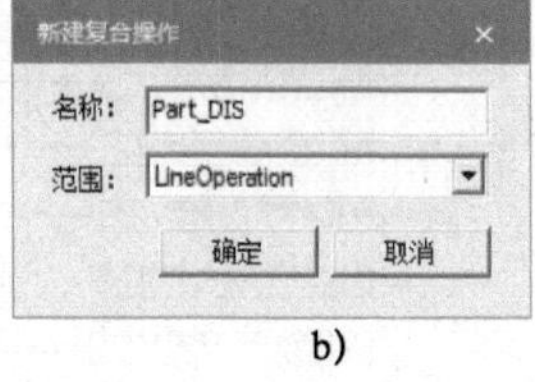

b)

图 4-3-5　新建复合操作窗口

选中操作树中 Part_Generate 后，单击菜单栏“操作”→“新建操作”→“新建对象流操作”，可以看见如图 4-3-6 所示新建对象流操作窗口。在对象栏选择零件树中的需要创建对象流的零件，在窗口中选择创建对象流路径，此时需要选择对象流执行的起点坐标及终点坐标。将起点和终点坐标都选择在需要零件生成的位置的坐标，如图 4-3-7 所示。完成以上操作后单击“确定”，对象流操作完成创建。

其他零件的对象流操作，可重复上述步骤完成相应创建。特别注意的是：上述路径只是其中一个零件生成坐标点，其他零件的起点、终点坐标应按照所要求生成位置来进行选择。创建完成如图 4-3-8 所示。

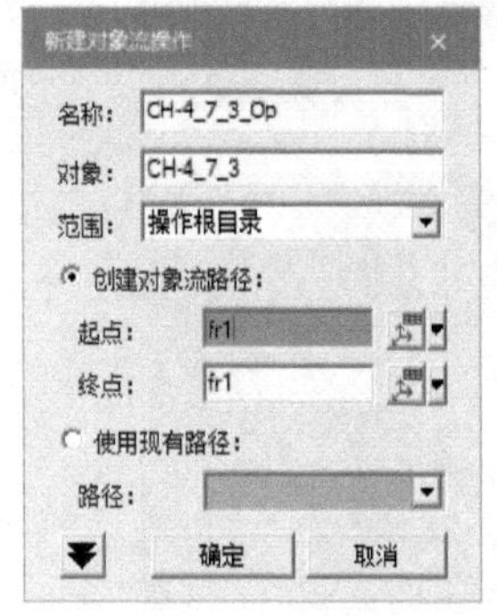

图 4-3-6　新建对象流操作窗口

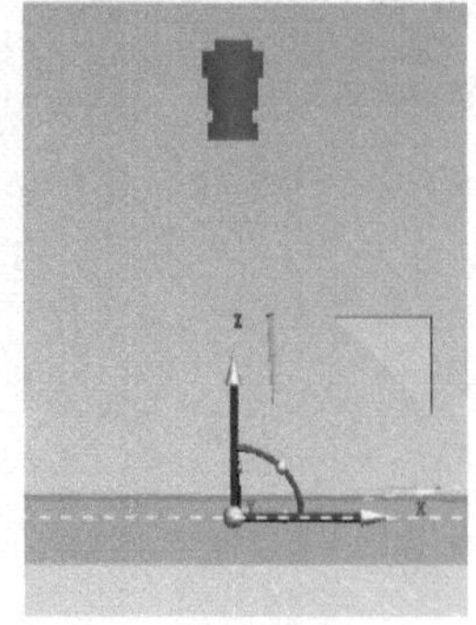

图 4-3-7　创建对象流路径坐标

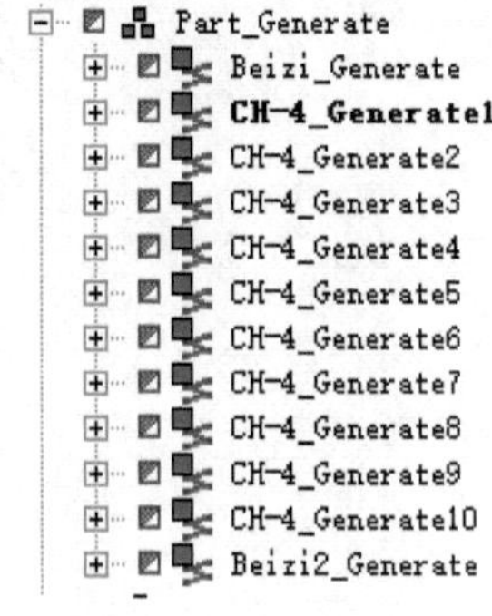

图 4-3-8　所有外观零件的对象流操作

（二）外观零件消失的非仿真操作创建

选中操作树中 Part_DIS 后，单击菜单栏“操作”→“新建操作”→“新建非仿真操作”，可以看见如图 4-3-9 所示新建非仿真操作窗口。将其命名为 Part_DIS1，完成后单击“确定”按钮，新建非仿真操作完成创建。

其他零件的非仿真操作重复上述步骤完成创建，创建完成如图 4-3-10 所示。

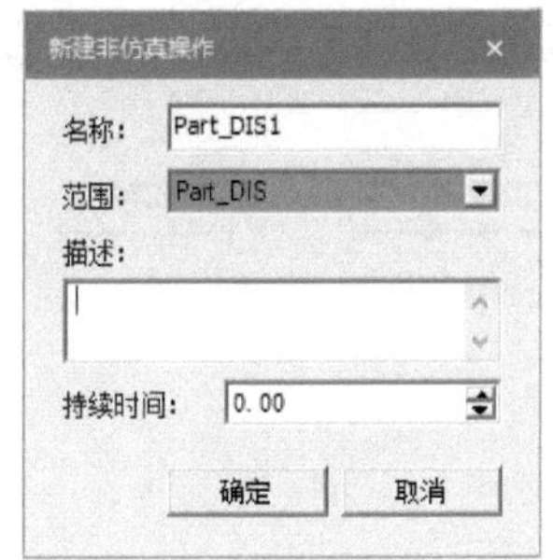

图 4-3-9　新建非仿真操作窗口

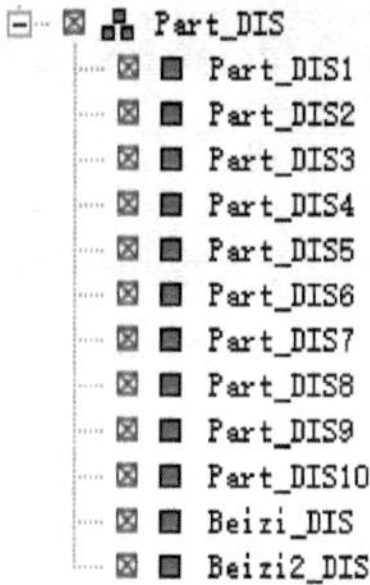

图 4-3-10　所有外观零件的非仿真操作

（三）创建物料流链接

因物料流查看器只能在生产线仿真模式下使用，单击菜单栏“主页”→“生产线仿真模式”，由标准模式切换至生产线仿真模式。单击菜单栏“主页”→“查看器→“物料流查看器”，可见如图 4-3-11 中所示物料流查看器。

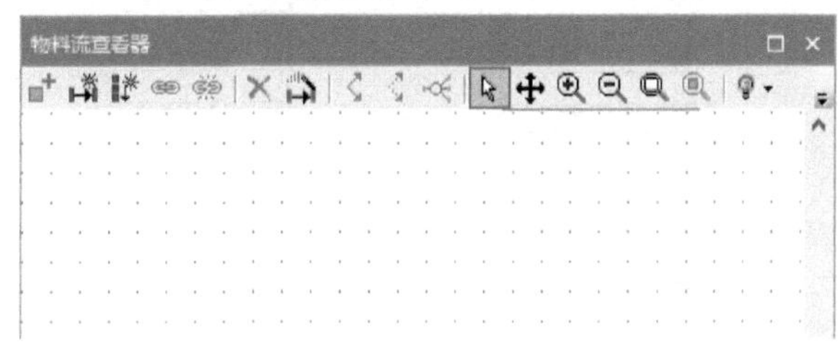

图 4-3-11　物料流查看器

选中操作树中 Part_Generate 中 CH-4_Generate1 对象流，在物料流查看器中单击“添加操作”，将对象流添加至物料流查看器中。重复上述操作将 Part_DIS 中 Part_DIS1 非仿真操作也添加至物料流查看器中。完成后如图 4-3-12 所示。

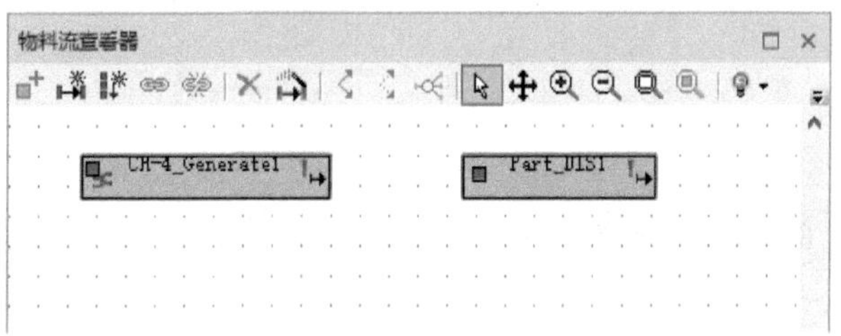

图 4-3-12　将操作添加至“物料流查看器”

单击“新建物料流链接”，单击 CH-4_Generate1 后不松开鼠标左键，将线段拖向 Part_DIS1。或者单击“生成物料流链接”，会弹出如图 4-3-13 所示窗口，在窗口中先选中 CH-4_Generate1 再选中 Part_DIS1，执行完上述操作后单击“确定”按钮。完成后箭头由 CH-4_Generate1 指向 Part_DIS1，如图 4-3-14 所示。

重复上述操作，将其他零件的对象流操作和非仿真操作都在物料流查看器中链接，链接完成后如图 4-3-15 所示。

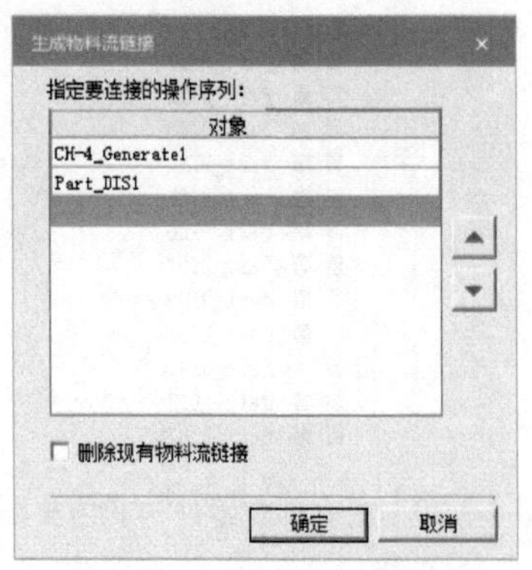

图 4-3-13　生成物料流链接窗口

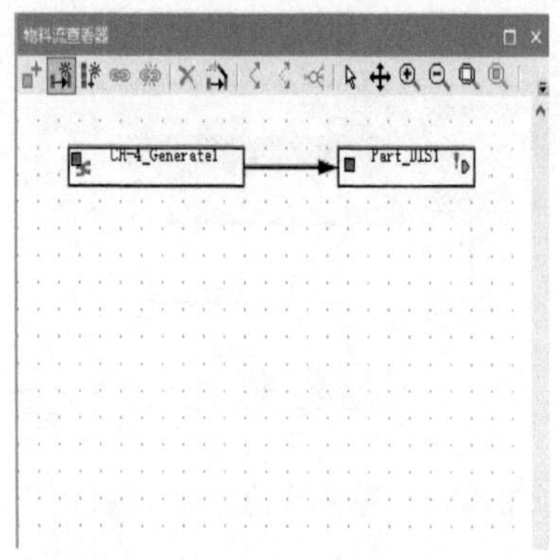

图 4-3-14　物料流链接箭头方向

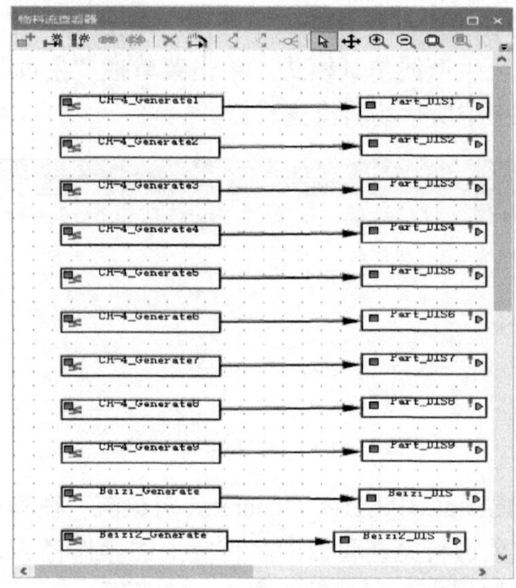

图 4-3-15　所有外观零件的物料流链接

检查与评估

对本任务的学习情况进行检查和评估，并将相关内容填写在表 4-3-1 中。

表 4-3-1　检测评估表

检查项目	检查对象	检查结果	结果点评
创建外观零件生成的对象流操作	① 所有零件对象流成功创建 ② 所有零件正确生成 ③ 所有零件生成坐标正确	是□ 否□ 是□ 否□ 是□ 否□	
创建外观零件消失的非仿真操作	① 零件非仿真操作成功创建 ② 零件消失成功	是□ 否□ 是□ 否□	
在物料流查看器中新建物料流链接	① 非仿真操作将对象流操作和非仿真操作添加至物料流查看器 ② 物料流查看器中将对象流操作和非仿真操作链接成功	是□ 否□ 是□ 否□	

任务总结

本任务主要介绍了外观零件的生命周期设置，学习到创建外观零件生成的对象流操作和创建外观零件消失的非仿真操作，以及在物料流查看器中将两种操作进行链接，如图 4-3-16 所示，为后续调试阶段做好了充足准备。

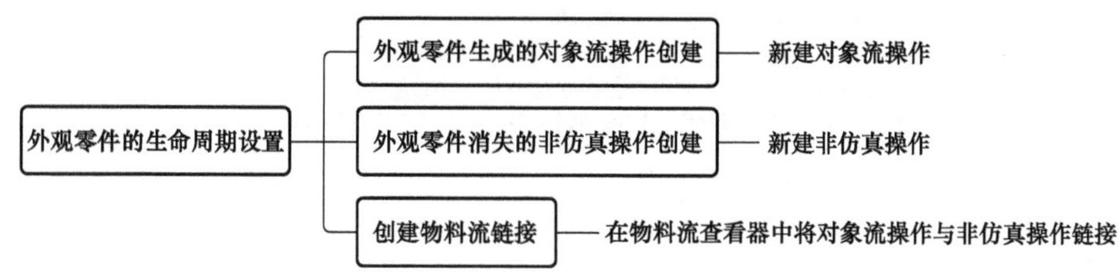

图 4-3-16　外观零件的生命周期设置任务小结

任务拓展

按下述内容操作：先将原有对象流操作“CH-4_Generate1”更名为“A_Generate”，非仿真操作“Part_DIS1”更名为“B_Part”。具体按图 4-3-6 所示，单击菜单栏“操作”→“新建操作”→“新建对象流操作”，创建对象流操作命名为“A_Generate”。再按图 4-3-9 所示，单击菜单栏“操作”→“新建操作”→“新建非仿真操作”，创建非仿真操作命名为“B_Part”。完成后如图 4-3-12 所示，单击“添加操作”，将对象流操作“A_Generate”和非仿真操作“B_Part”添加至物料流查看器中。然后单击“新建物料流链接”，单击对象流操作“A_Generate”后不松开鼠标左键，将线段拖向非仿真操作“B_Part”或单击“生成物料流链接”，如图 4-3-13 所示，先选中对象流操作“A_Generate”，再选中非仿真操作“B_Part”，执行完上述操作后单击“确定”按钮，完成物料流链接。

任务四 三个软件相互联立的通信调试

三个软件相互联立的通信调试

任务工单

任务名称				姓名	
班级		组号		成绩	
工作任务	联立 Process Simulate、PLCSIM Advanced 和博途 3 款软件之间的通信，是生产线调试与仿真的必要条件 本任务通过创建联立 Process Simulate、PLCSIM Advanced 和博途三款软件的通信，在 Process Simulate 中的信号查看器中对信号地址绑定进行参数设置，并将所创建的信号及给定的地址填写至博途软件中指定的 PLC 变量表后，才可以进行调试与仿真，以此保证后续的生产线调试与仿真能顺利执行 • 扫描二维码，观看“三个软件相互联立的通信调试”微视频 • 阅读任务知识储备，认识联立调试中所用到的 PLCSIM Advanced 软件、博途软件 • 阅读任务技能实操，学会 PLCSIM Advanced 与博途软件联立通信、Process Simulate 与 PLCSIM Advanced 软件联立通信、使用信号查看器设置信号地址绑定、使用博途软件验证信号关联状况					

（续）

任务目标	知识目标 • 理解三个软件之间相互联立通信调试的原理 能力目标 • 学会 PLCSIM Advanced 与博途软件的连接设置 • 学会 Process Simulate 与 PLCSIM Advanced 软件的连接设置 • 学会使用信号查看器设置信号地址绑定 • 学会使用博途软件验证信号是否关联成功 素质目标 • 提升学生在科学知识、文史知识、艺术欣赏等方面的文化修养 • 提高学生在自省和自律等方面的道德判断水平，养成良好的道德习惯		
任务分配	职务	姓名	工作内容
	组长		
	组员		
	组员		

知识储备

1. PLCSIM Advanced 软件

PLCSIM Advanced 是 Siemens 公司推出的一款高性能仿真器软件，该软件不仅可以仿真一般 PLC 的逻辑控制程序，同时还能进行通信仿真。此仿真软件除了与传统 S7-PLCSIM 一样提供内部访问接口 PLCSIM 外，还可以通过外部网卡实现 TCP/IP 网络通信，功能丰富，其软件界面如图 4-4-1 所示。

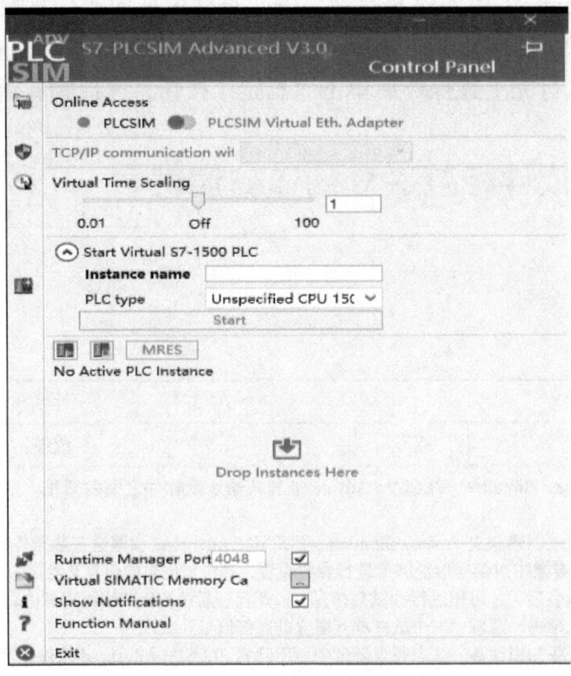

图 4-4-1　PLCSIM Advanced

2. 博途软件

博途软件是一款工程设计软件，其集成了西门子的各类自动化设备。通过博途，可在同一开发环境下组态开发可编程序控制器、人机界面和驱动系统等。统一的数据库使各个系统之间轻松、快速地进行互连互通，真正实现了控制系统的全集成自动化。在提升客户生产效率、缩短新产品上市时间、提高客户关键竞争力方面树立了新的标杆。博途的设计流程主要包括：组态设备、创建 PLC 程序、按照需求组态工艺对象、组态 HMI 画面。软件的主界面如图 4-4-2 所示。

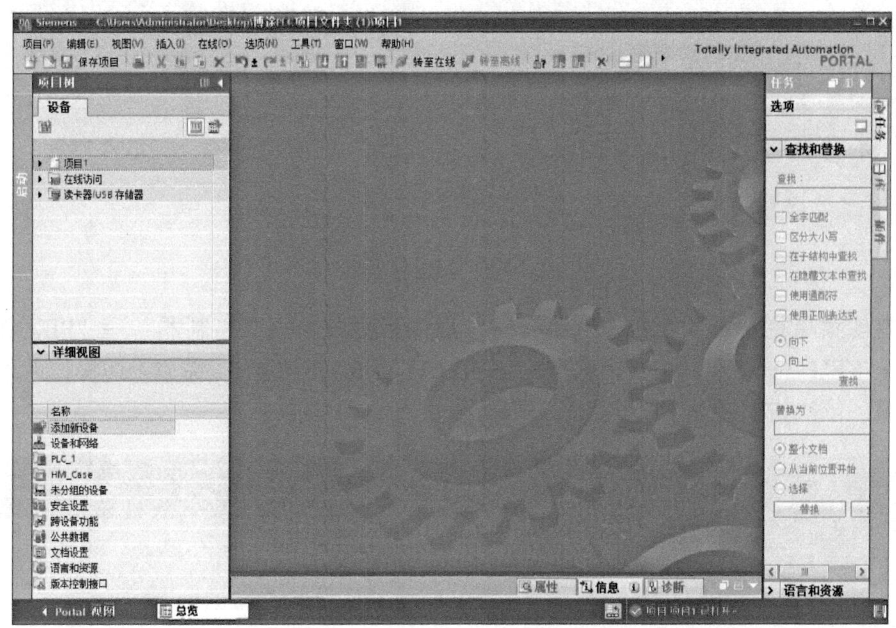

图 4-4-2　博途软件

3. PLC I/O 寻址

无论是哪种结构形式的 PLC，都必须确定用于工业现场的各个输入 / 输出点与 PLC 的 I/O 映像区之间的对应关系，即给每一个输入 / 输出点以明确的地址确立这种对应关系所采用的方式称为 I/O 寻址方式。

在本任务中的 I/O 寻址方式为用软件来设定 I/O 寻址方式，这种 I/O 寻址方式是由用户通过软件来编制 I/O 地址分配表来确定。

技能实操

（一）PLCSIM Advanced 与博途软件的联立通信

首先打开 PLCSIM Advanced 软件，单击“Start Virtual S7-1500 PLC”左边的下拉箭头，单击后可以看见如图 4-4-3 所示下拉菜单，在“Instance name”中填入实例名称 plc，“PLC type”使用 Unspecified CPU 1500，执行上述操作后单击“Start”按钮，完成后会出现如图 4-4-4 所示的实例，此时黄灯点亮并处于 STOP 状态。

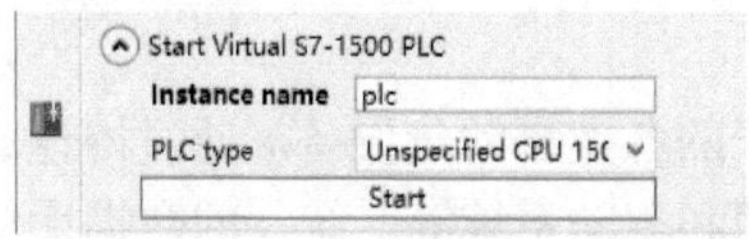

图 4-4-3　设置实例

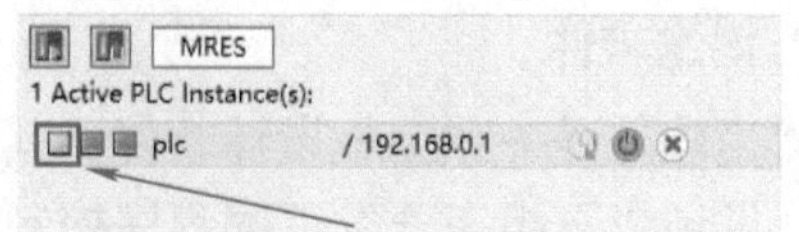

图 4-4-4　实例状态

其次打开博途 V16 软件，点击“创建新项目”，在右侧输入项目名称，输入完成后单击“创建”按钮，如图 4-4-5 所示。

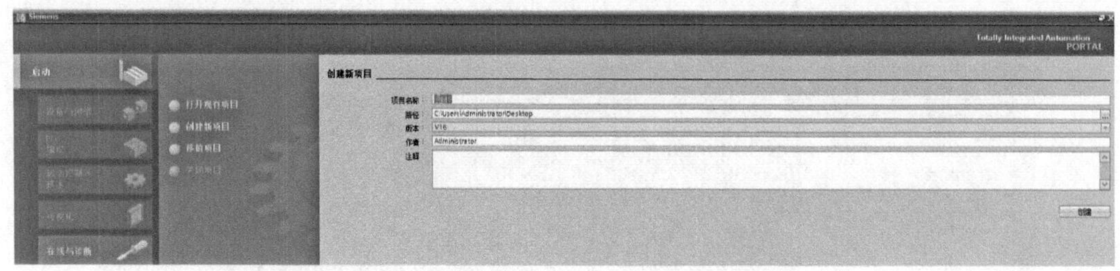

图 4-4-5　创建新项目

在左侧菜单栏单击“设备与网络”→“添加新设备”→“控制器”→“SIMATIC S7-1500”→“CPU”→“CPU 1511-1 PN”→“6ES7 511-1AK01-0AB0”，完成上述操作后单击“添加”按钮，依次按照图 4-4-6 步骤①～⑦操作。

图 4-4-6　添加 CPU

在工程中添加 CPU 硬件之后，窗口会来到设备组态界面。若不小心关闭该界面，用户可以通过项目树中单击“PLC_1”→“设备组态”再次打开该页面，依次按照图 4-4-7

步骤①～②操作。双击右侧目录中的模块可以添加该模块至设备组态中。注意：在虚拟调试中不用添加对应的DI、DQ模块，但是如果要与实物进行对接，必须添加与实物一致的模块。

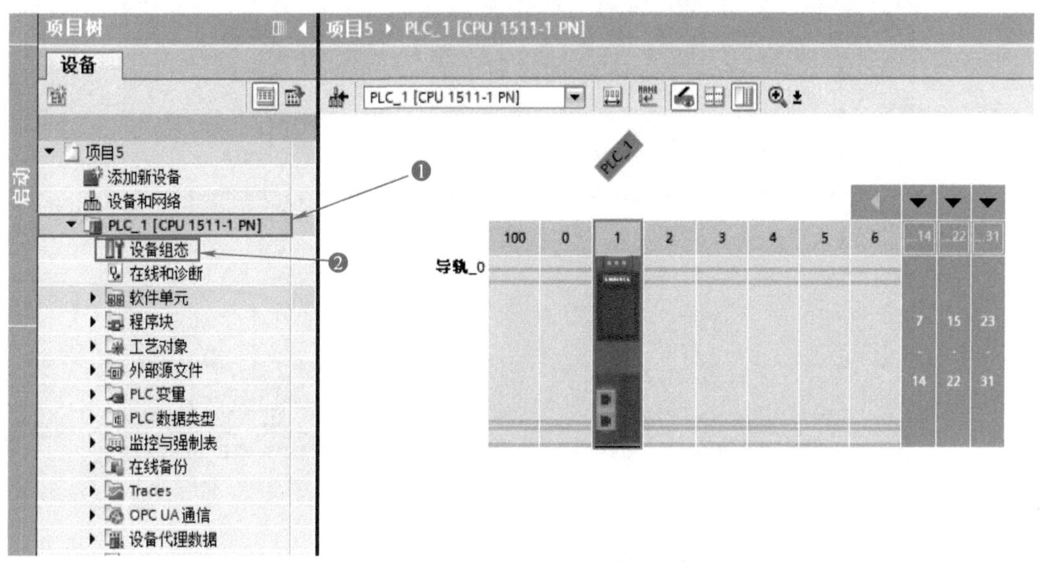

图 4-4-7　设备组态界面

在项目树找到项目并选中，鼠标右键单击项目会出现如图4-4-8所示下拉菜单。

单击菜单中的“属性”选项，会出现如图4-4-9所示弹窗。单击窗口中左上角“保护”，在“块编译时支持仿真”前面选项框打勾，依次按照图4-4-9步骤①～②操作。

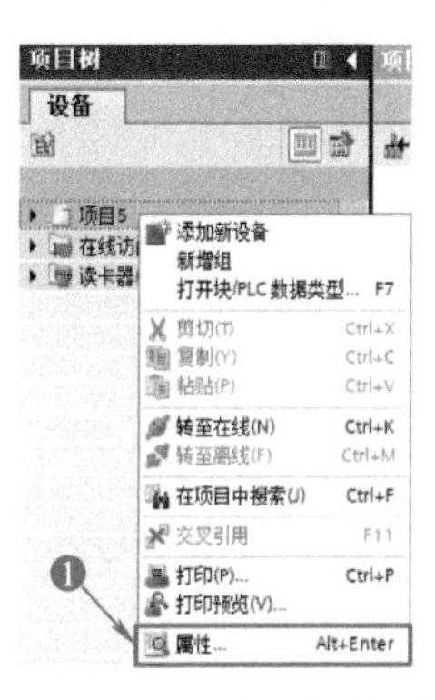

图 4-4-8　右击下拉菜单

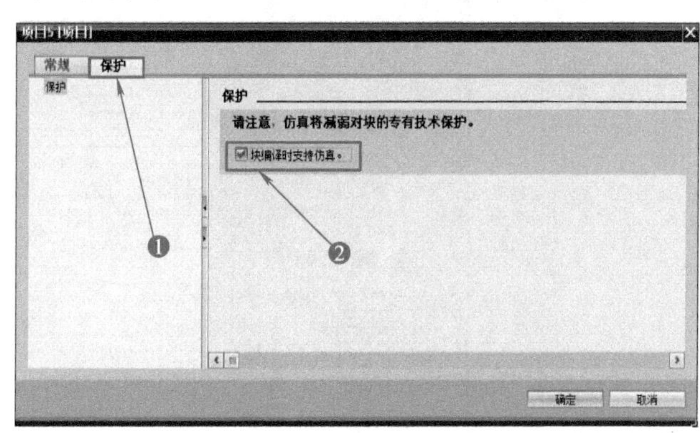

图 4-4-9　项目属性弹窗

单击项目左侧展开箭头，将项目中所有内容显示。依次按照图4-4-10步骤①～②操作，选中PLC，单击“下载到设备”，可以看见如图4-4-11所示下载预览窗口，单击“装载”，此时PLC中的内容会下载到PLCSIM Advanced仿真器中。

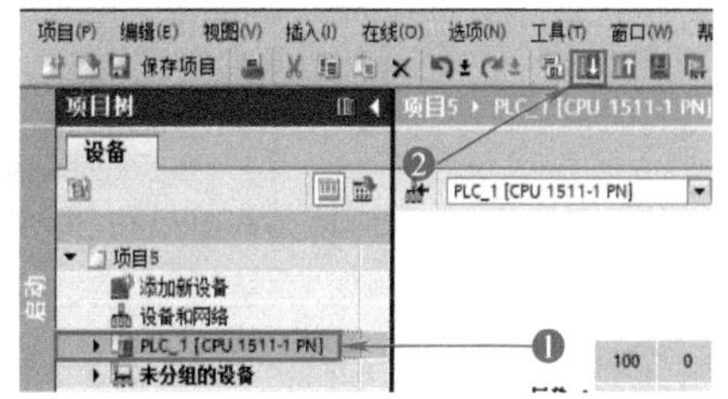

图 4-4-10　下载PLC到设备

PLCSIM Advanced中的实例会由黄灯转换为绿灯快速闪烁几次后变为绿灯常亮，表示PLC已成功下载到实例中，此时实例亮绿灯并处于 RUN 状态，如图 4-4-12 所示。至此 PLCSIM Advanced 与博途软件建立通信结束。

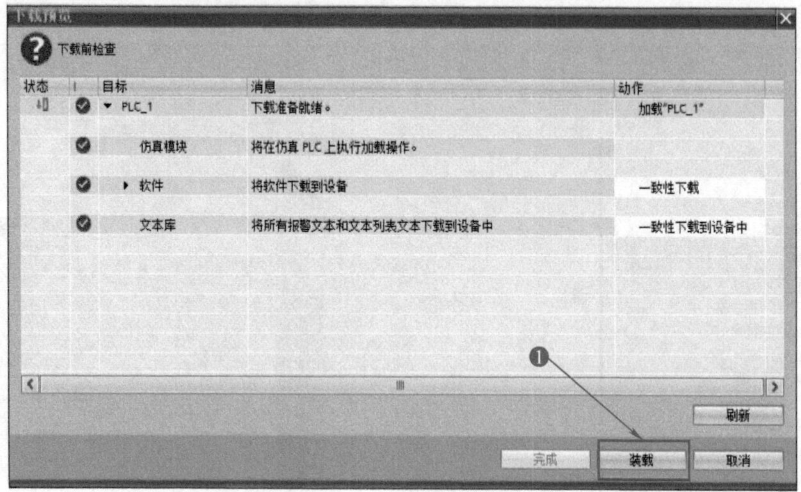

图 4-4-11　下载预览窗口

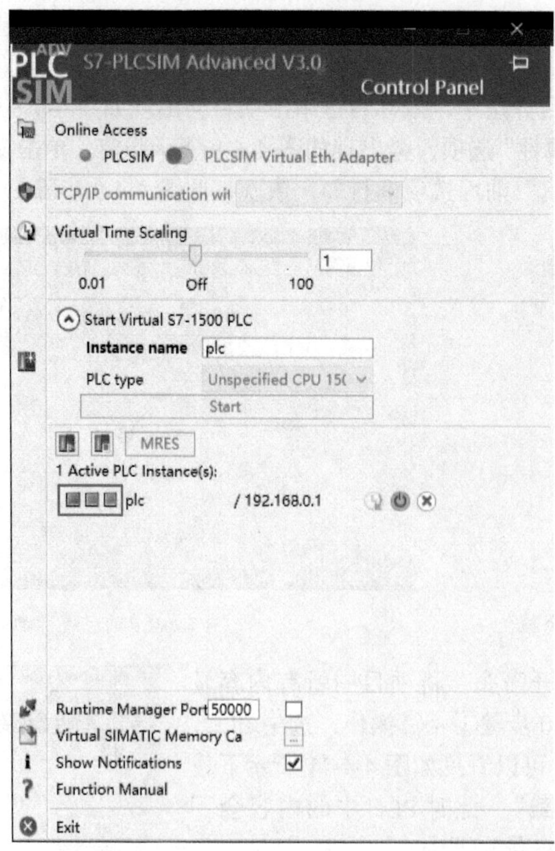

图 4-4-12　PLCSIM Advanced 绿灯常亮

（二）Process Simulate 与 PLCSIM Advanced 软件的联立通信

打开 Process Simulate 软件，在菜单栏单击“文件”→“选项”→“PLC”，在仿真区域选择“PLC”→“外部连接”，依次按照图 4-4-13 步骤①～③操作。

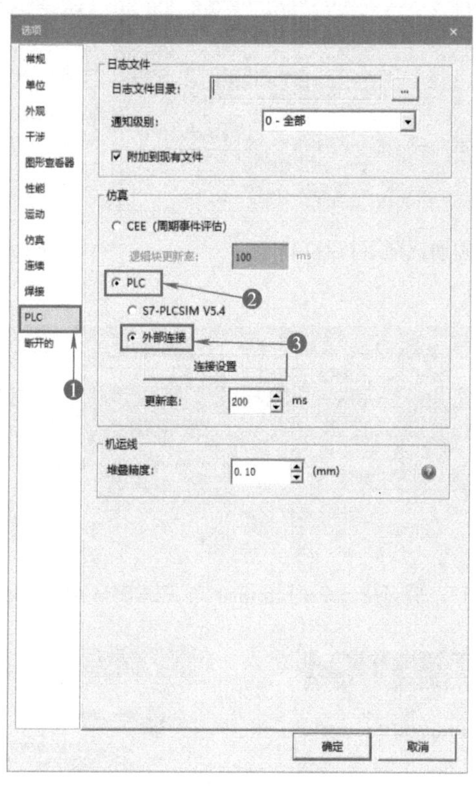

图 4-4-13　选项弹窗

单击外部连接下面的“连接设置”，可以看见如图 4-4-14 所示外部连接弹窗。

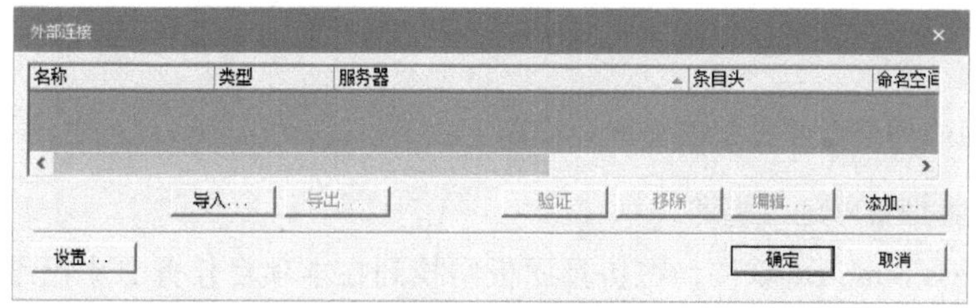

图 4-4-14　外部连接窗口

单击外部连接弹窗中的“添加”按钮，会出现下拉菜单，单击其中“PLCSIM Advanced”，依次按照图 4-4-15 步骤①～②操作，选项会出现如图 4-4-16 所示弹窗，在弹窗中名称填写“plc”，主机类型选择“本地”，实例名称选择为 PLCSIM Advanced 中的实例名称“plc”，信号映射方式选择“服务器地址”，执行上述操作后单击“确定”按钮。

此时外部连接窗口中会出现所添加的 PLCSIM Advanced 实例，依次按照图 4-4-17 步骤①～②操作，选中该实例，单击“验证”按钮，若连接成功会弹出如图 4-4-18a 所示弹窗。若连接失败则会出现如图 4-4-18b 所示弹窗。至此 Process Simulate 与 PLCSIM Advanced 软件联立通信结束。

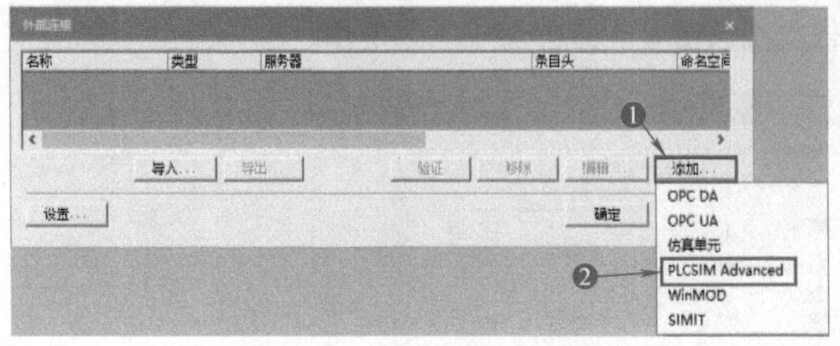

图 4-4-15　添加选项下拉菜单

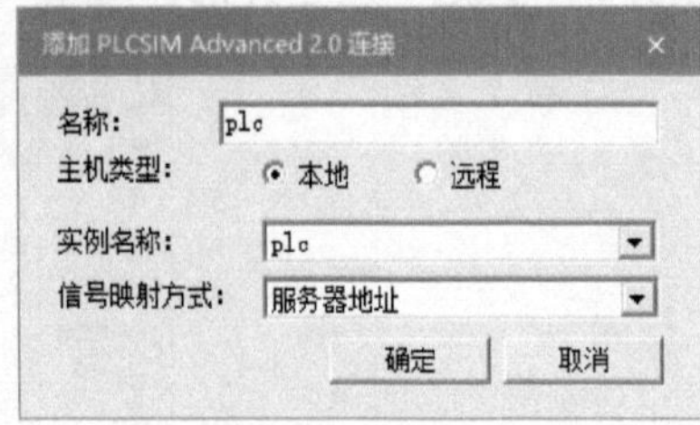

图 4-4-16　添加 PLCSIM Advanced 连接弹窗

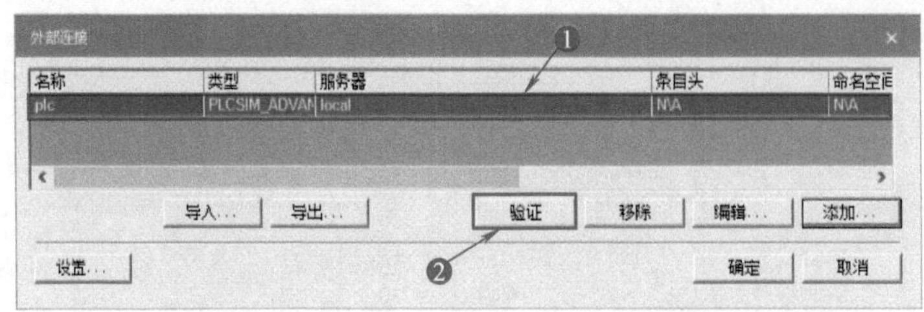

图 4-4-17　验证 Process Simulate 与 PLCSIM Advanced 通信

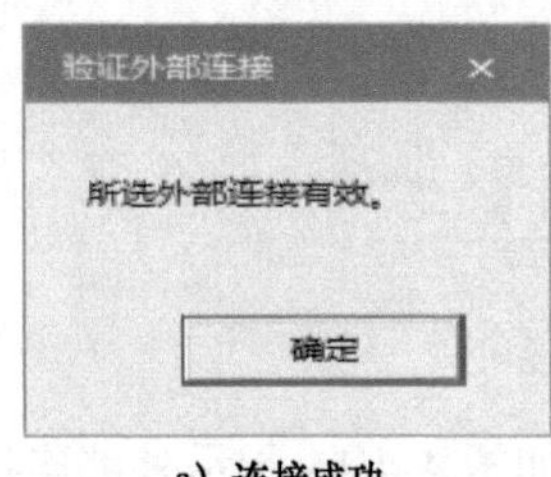

a）连接成功

b）连接失败

图 4-4-18　验证外部连接弹窗

（三）使用信号查看器设置信号地址绑定

1. BOOL 类型信号地址绑定

打开 Process Simulate 软件，在仿真面板中找到在本项目任务二中已编组好的信号，选择“LB_load-part”信号，此时在信号查看器中的“LB_load-part”也会被同时选取，如图 4-4-19 所示。

在信号查看器中单击“LB_load-part”的地址栏，将“No Address”更改为“0.0”，此时 IEC 格式会变为“Q0.0”，将 PLC 连接选项勾选，外部连接选为 PLCSIM Advanced 中的实例“plc”，如图 4-4-20 所示。

参考上述操作将仿真面板中通过智能组件生成的 BOOL 类型信号或用户自定义所需要的信号进行地址绑定。注意：I 代表输入模块，Q 代表输出模块，每个模块的通道不同，最多的有 16 通道，但在本任务中模块只有 8 通道，所以小数点位之后只能用 0 ~ 7 来表示。

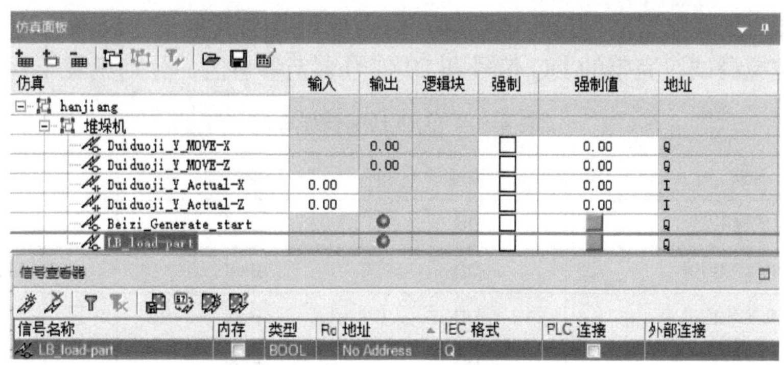

图 4-4-19　选取 BOOL 信号

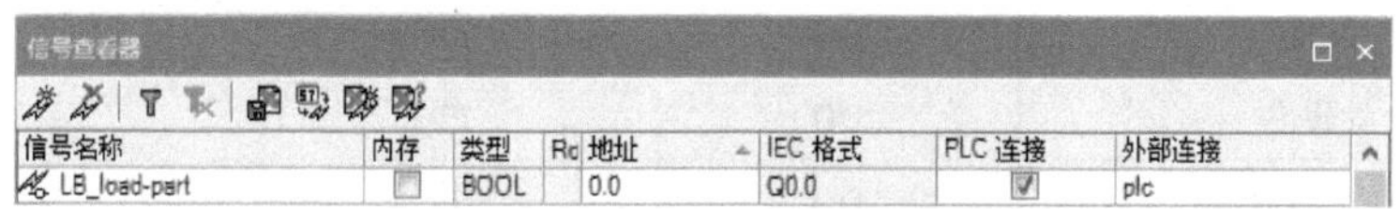

图 4-4-20　BOOL 类型信号地址绑定

2. LREAL 类型信号地址绑定

打开 Process Simulate 软件，在仿真面板中找到在本项目任务二中已编组好的信号，按住 Control 按键选择“DuiDuoji_Y_MOVE-X”信号和“DuiDuoji_Y_MOVE-Z”信号，此时在信号查看器中的两个信号也会被同时选取，如图 4-4-21 所示。

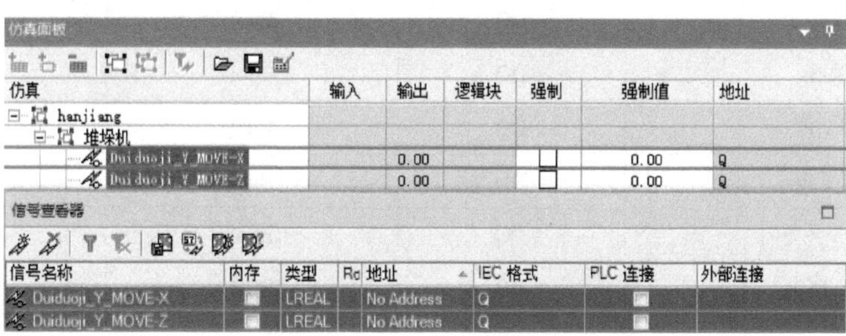

图 4-4-21　选取 LREAL 信号

在信号查看器中单击“DuiDuoji_Y_MOVE-X”的地址栏，将“No Address”更改为“50”，此时 IEC 格式会变为“Q50”，单击“DuiDuoji_Y_MOVE-Z”的地址栏，将“No Address”更改为“58”，此时 IEC 格式会变为“Q58”。将 PLC 连接选项勾选，外部连接选为 PLCSIM Advanced 中的实例“plc”，如图 4-4-22 所示。

信号查看器

信号名称	内存	类型	Ro	地址	IEC 格式	PLC 连接	外部连接
Duiduoji_Y_MOVE-X	☐	LREAL		50	Q50	☑	plc
Duiduoji_Y_MOVE-Z	☐	LREAL		58	Q58	☑	plc

图 4-4-22　LREAL 类型信号地址绑定

参考上述操作将仿真面板中通过智能组件生成的 LREAL 类型信号或用户自定义所需要的信号进行地址绑定。特别注意的是：LREAL 是 64 位双精度数表示的浮点数，长度为

8 个字节，因此在该类型信号进行地址绑定时需要将其与其他信号间隔为 8，以免地址冲突影响后续虚拟调试。完整的 DQ 信号和 DI 信号绑定参考值，分别见表 4-4-1 和表 4-4-2。

表 4-4-1　DQ 信号绑定参考

名称	路径	数据类型	地址
生成物料	DQ	Bool	%Q0.0
堆垛机 Y 轴回退	DQ	Bool	%Q0.1
堆垛机 Y 轴前进	DQ	Bool	%Q0.2
抓手闭合	DQ	Bool	%Q0.4
抓手张开	DQ	Bool	%Q0.5
顺时针旋转	DQ	Bool	%Q0.6
逆时针旋转	DQ	Bool	%Q0.7
传送带 1 启动	DQ	Bool	%Q1.0
传送带 2 启动	DQ	Bool	%Q1.1
传送带 3 启动	DQ	Bool	%Q1.2
传送带 4 启动	DQ	Bool	%Q1.3
升降平台上升	DQ	Bool	%Q1.4
升降平台下降	DQ	Bool	%Q1.5
挡块关	DQ	Bool	%Q1.6
挡块开	DQ	Bool	%Q1.7
传送带 1 停止	DQ	Bool	%Q2.0
传送带 2 停止	DQ	Bool	%Q2.1
传送带 3 换方向	DQ	Bool	%Q3.0
传送带 3 停止	DQ	Bool	%Q3.1
传送带 4 停止	DQ	Bool	%Q4.0
堆垛机 X	DQ	LReal	%Q50.0
堆垛机 Z	DQ	LReal	%Q58.0

表 4-4-2　DI 信号绑定参考

名称	路径	数据类型	地址
堆垛机 Y 轴后限位	DI	Bool	%I0.0
堆垛机 Y 轴前限位	DI	Bool	%I0.1
抓手闭合到位	DI	Bool	%I0.3
抓手张开到位	DI	Bool	%I0.4
旋转电机顺时针到位限位	DI	Bool	%I0.5
旋转电机逆时针到位限位	DI	Bool	%I0.6
升降平台上限位	DI	Bool	%I0.7

（续）

名称	路径	数据类型	地址
升降平台下限位	DI	Bool	%I1.0
传感器 1	DI	Bool	%I1.1
堆垛机 Act_X	DI	LReal	%I60.0
堆垛机 Act_Z	DI	LReal	%I68.0

（四）使用博途软件验证信号关联状况

打开博途软件，单击项目树中“项目 3”→“PLC_1”→“PLC 变量”→“添加新变量表”，添加一张新的变量表，依次按照图 4-4-23 步骤①~④操作。

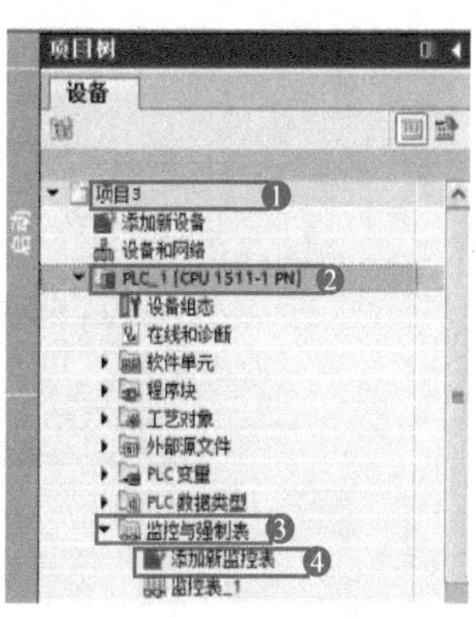

图 4-4-23　添加变量表

双击打开变量表，在变量表中的地址栏输入“Q0.0”，显示格式选择布尔值，如图 4-4-24 所示。

在项目树中单击“PLC_1”→“程序块”→“Main”，打开主函数界面，如图 4-4-25 所示。

在主函数界面中添加一个常开触点，输入名称为“物料生成”，依次按照图 4-4-26 步骤①~②操作。

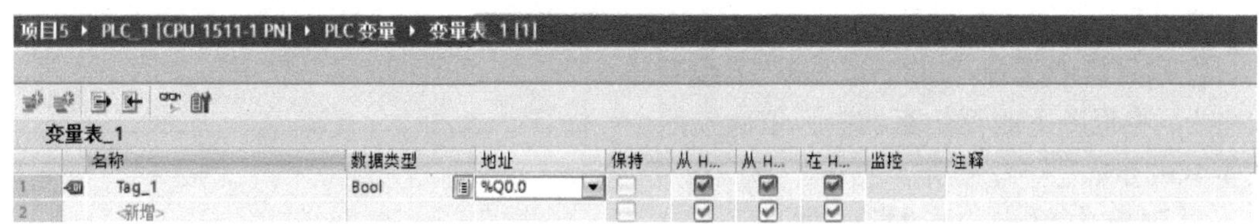

图 4-4-24　变量表

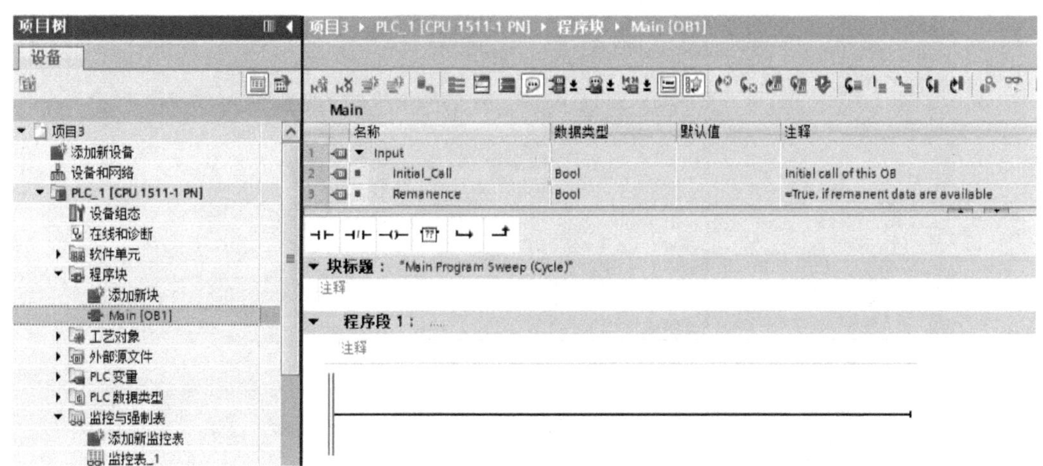

图 4-4-25　主函数界面

鼠标右键单击“物料生成”，单击“定义变量”如图 4-4-27 所示，可以发现出现定义变量窗口如图 4-4-28 所示，区域选择“Global Memory”，完成后单击“定义”按钮。

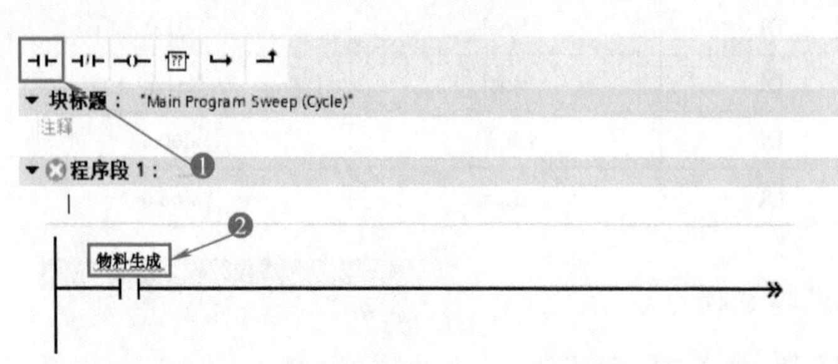

图 4-4-26　添加常开触点

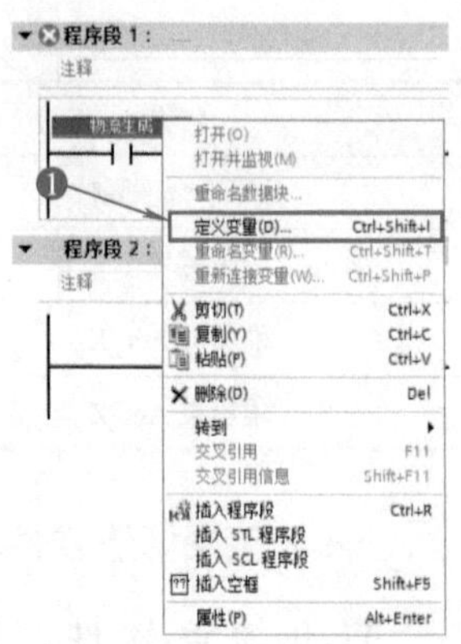

图 4-4-27　定义变量

图 4-4-28　定义变量弹窗

此时物料生成被赋予“M0.0”地址，在常开触点后面添加一个赋值，赋值内填上”Q0.0”，如图 4-4-29 所示。

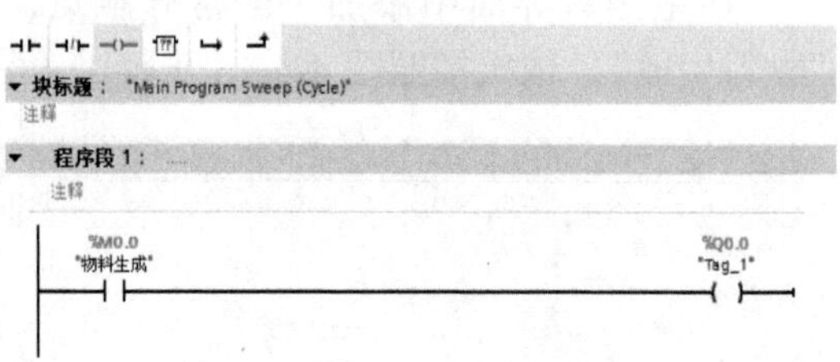

图 4-4-29　添加赋值

在项目树中选择“PLC_1”→“下载到设备”，将程序下载至仿真器中，依次按照图4-4-30 步骤①~②操作。

在弹窗中单击“装载”，如图 4-4-31 所示。

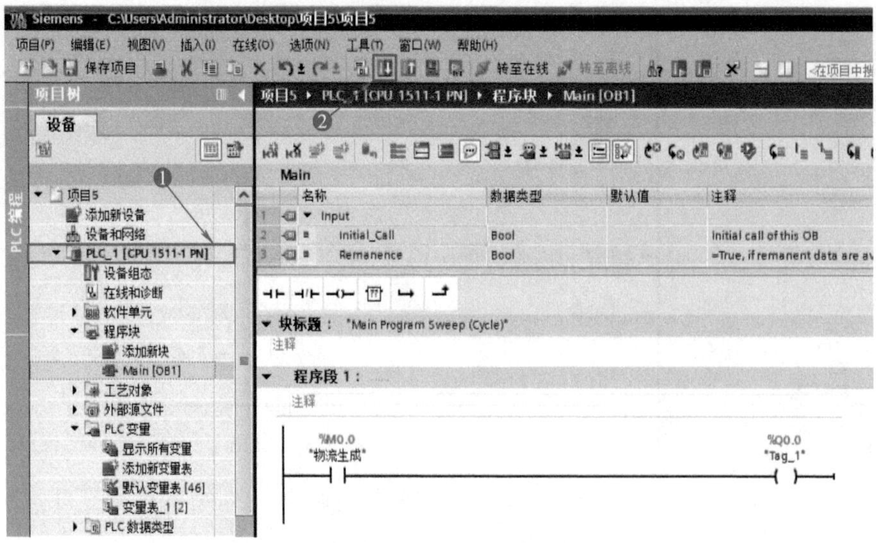

图 4-4-30　将程序下载至仿真器

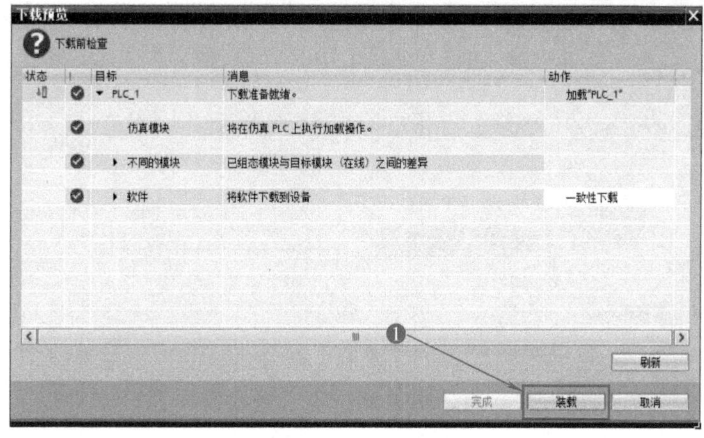

图 4-4-31　下载预览

单击“转至在线”→“启用监控”，依次按照图 4-4-32 步骤①～②操作。

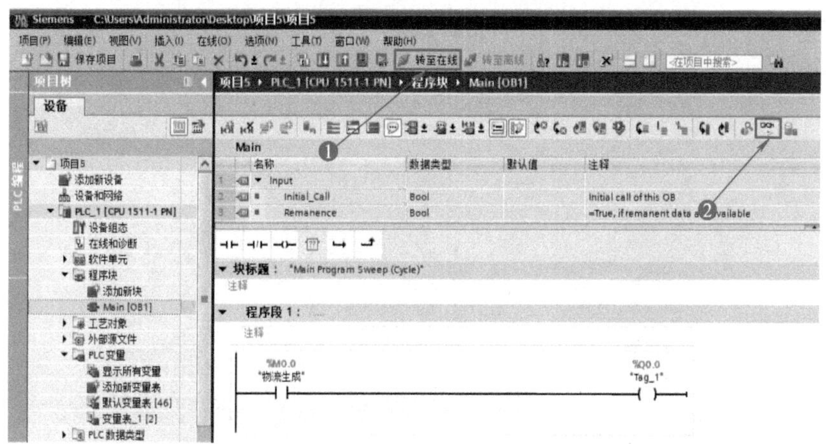

图 4-4-32　转至在线模式并启用监控

回到 Process Simulate 中，单击“正向播放仿真”，如图 4-4-33 所示。

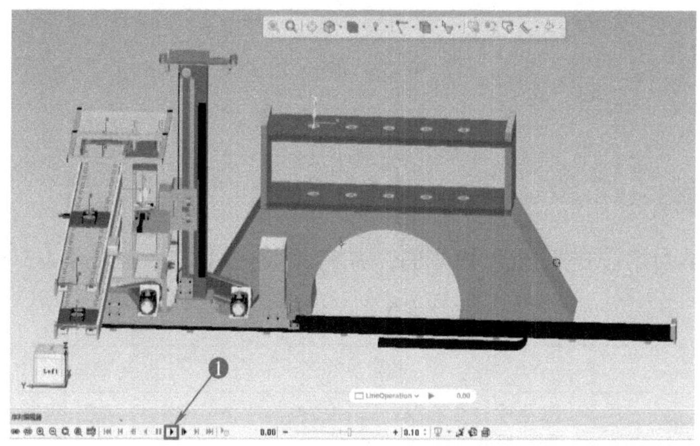

图 4-4-33　播放仿真

右击“常开触点”，单击“修改”→“修改为 1”，依次按照图 4-4-34 步骤①~②操作。

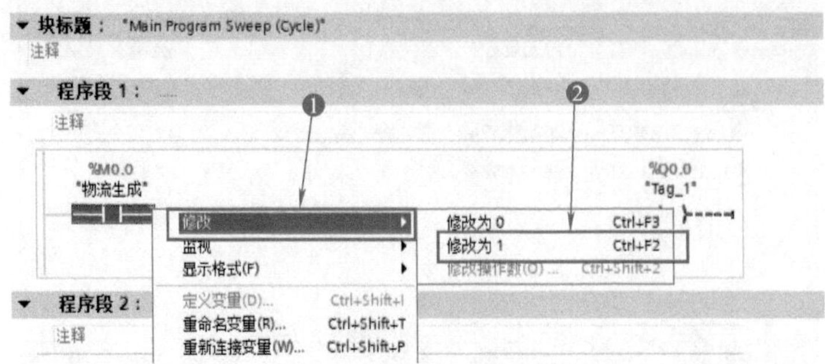

图 4-4-34　闭合常开触点

此时 Q0.0 导通，物料生成，如图 4-4-35、图 4-4-36 所示。至此，信号与博途关联成功。

图 4-4-35　开关闭合 Q0.0 导通

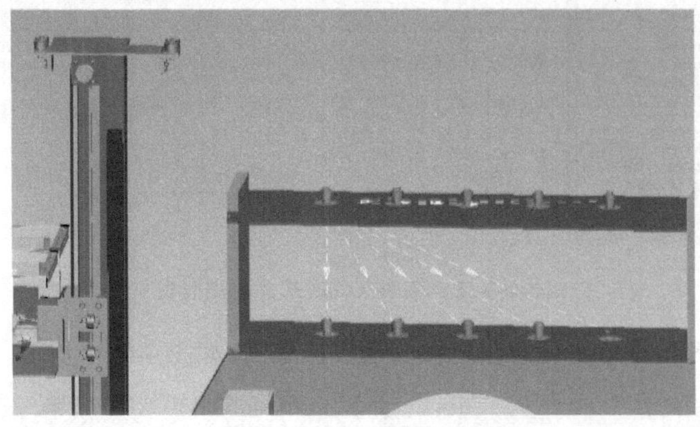

图 4-4-36　物料生成

对本任务的学习情况进行检查和评估，并将相关内容填写在表 4-4-3 中。

表 4-4-3　检查评估表

检查项目	检查对象	检查结果	结果点评
PLCSIM Advanced 与博途软件的连接设置	① 生成 PLCSIM Advanced 实例 ② 将博途工程下载至 PLCSIM Advanced 实例中 ③ PLCSIM Advanced 实例处于绿灯常亮状态	是□ 否□ 是□ 否□ 是□ 否□	

（续）

检查项目	检查对象	检查结果	结果点评
Process Simulate 与 PLCSIM Advanced 软件的连接设置	① Process Simulate 添加 PLCSIM Advanced 实例 ② Process Simulate 外部连接成功	是□ 否□ 是□ 否□	
使用信号查看器设置信号地址绑定	① BOOL 类型信号地址绑定成功 ② LREAL 类型信号地址绑定成功	是□ 否□ 是□ 否□	
使用博途软件验证信号关联状况	① 程序块启用监视 ② 物料生成成功	是□ 否□ 是□ 否□	

任务总结

本任务学习了 PLCSIM Advanced 与博途软件的连接设置、Process Simulate 与 PLCSIM Advanced 软件的连接设置与使用信号查看器设置信号地址绑定，最后使用博途软件验证信号是否关联成功，实现了虚拟调试与工艺仿真的前置条件，小结如图 4-4-37 所示。

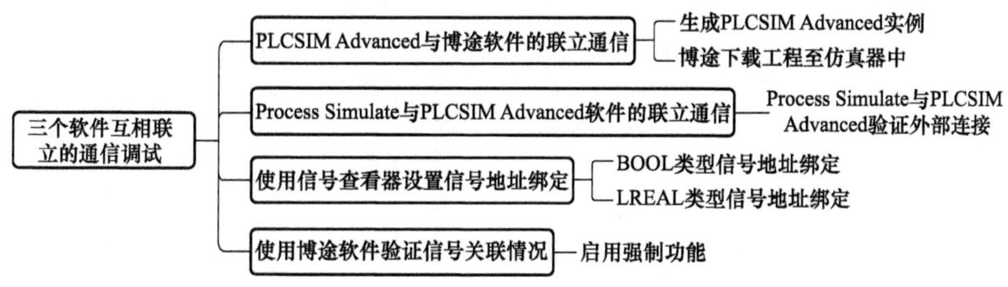

图 4-4-37　三个软件相互联立的通信调试任务小结

任务拓展

将原有在监控表中添加信号地址，再通过主函数中编写简单程序，验证通信信号与博图软件是否关联成功的方法。更改为第二种操作验证方法，即仍在监控表中添加信号地址，直接在监控表中修改信号的监视值来验证通信信号与博图软件是否关联成功。

具体操作按图 4-4-23，单击项目树中“项目 3”→“PLC_1”→“监控与强制表”→“添加新监控表”，添加一张新的监控表。再按图 4-4-24 所示，在监控表中的地址栏输入“Q0.0”，显示格式选择布尔值。完成上述操作后，如图 4-4-32 所示，单击“转至在线”→“启用监控”。在监控表中鼠标右键单击“Q0.0”的监控值栏，如图 4-4-34 所示单击“修改”→“修改为 1”。此时“Q0.0”导通，相应 Process Simulate 软件中物料也生成，通信信号与博途软件关联成功。

设备所有模块上电程序设计，手动控制程序设计

任务五 立体仓库控制系统的PLC设计与编程

任务工单

<table>
<tr><td>任务名称</td><td colspan="4"></td><td>姓名</td><td></td></tr>
<tr><td>班级</td><td></td><td>组号</td><td colspan="2"></td><td>成绩</td><td></td></tr>
<tr><td>工作任务</td><td colspan="6">本任务通过使用博途软件，编写一个满足立体仓库控制系统的执行程序。通过采用梯形图和步进指令图，分别对手动控制和自动控制两种模式进行 PLC 程序设计与编程，如下图所示 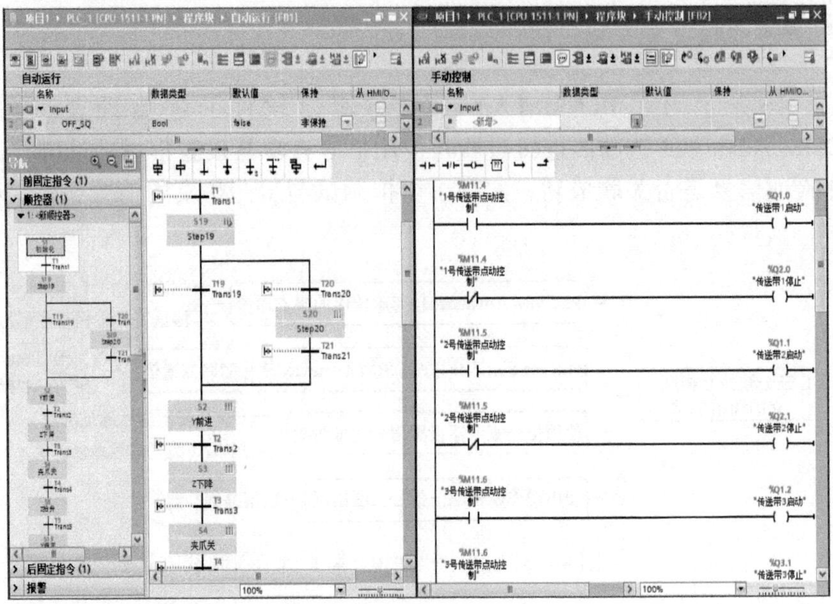
• 扫描二维码，观看“立体仓库的程序控制”微视频
• 阅读任务知识储备，理解 PLC 程序的设计原则
• 阅读任务技能实操，掌握手动控制与自动控制的程序设计思路</td></tr>
<tr><td>任务目标</td><td colspan="6">知识目标
• 掌握博途 PLC 中梯形图程序设计能力和步进指令编程能力
能力目标
• 学会编写设备上电的程序设计和编程
• 学会使用梯形图，完成手动控制的程序设计和编程
• 学会使用步进指令，完成自动控制的程序设计和编程
• 学会手动和自动双向切换的程序设计和编程
素质目标
• 培养学生科学的思维方式，认真细致地工作态度，塑造学生爱岗敬业的主人翁精神
• 引导学生在做每一项典型任务时，将“弘扬工匠精神，做合格工匠人”融入课程教学中</td></tr>
<tr><td rowspan="4">任务分配</td><td>职务</td><td colspan="2">姓名</td><td colspan="3">工作内容</td></tr>
<tr><td>组长</td><td colspan="2"></td><td colspan="3"></td></tr>
<tr><td>组员</td><td colspan="2"></td><td colspan="3"></td></tr>
<tr><td>组员</td><td colspan="2"></td><td colspan="3"></td></tr>
</table>

1. PLC 编程语言

PLC 的编程环境是由 PLC 生产厂家自行设计的，由国际电工委员会（International Electrotechnical Commission，IEC）指定的标准化编程语言。西门子博途软件所支持的 PLC 编程语言是非常丰富的，包括：语句指令表（STL）、梯形图（LAD）、功能块图（FBD）、顺序功能图（SFC）、结构化控制语言（SCL）以及步进指令（GRAPH）。其中梯形图（LAD）和步进指令（GRAPH）是本任务的重点。

2. 梯形图（LAD）

梯形图（LAD）是使用最多的 PLC 图形编程语言，它与继电器控制电路图的表达方式相似，具有直观易懂的特点，适用于开关量逻辑控制，梯形图结构如图 4-5-1 所示。

图 4-5-1　梯形图结构图

3. 步进指令（GRAPH）

步进指令（GRAPH）又称顺序控制，是 STEP 7 标准编程功能的补充，它可以将复杂的自动化任务分解成各个明确的子任务并通过步中的动作完成。 然后将每一步加入到顺控程序中，这样每步都可以在程序流中按指定顺序执行。不过每步都必须分配一个唯一的名称和编号，一旦所有的操作都已执行完毕，步将再次处于未激活状态。不设定任何动作的步称之为空步，如图 4-5-2 所示。

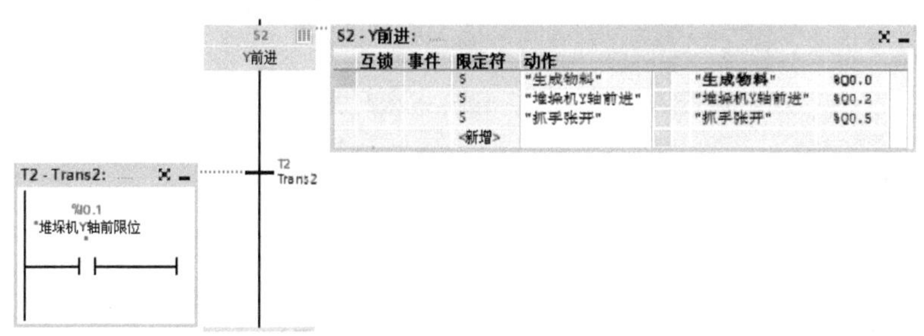

图 4-5-2　步进指令

4. PLC 的编程原则

PLC 的编程应该遵循以下基本原则：

1）外部输入、输出、内部继电器（位存储器）、定时器、计数器等器件的触点可以多次重复使用。

2）梯形图每一行都是从左侧母线开始，线圈接在最右侧，触点不能放置在线圈的右边。

3）线圈不能直接与左侧母线相连。

4）同一编号的线圈在一个程序中使用两次及以上（称为双线圈输出）容易引起误操作，应尽量避免双线圈输出。

5）梯形图程序必须符合顺序执行的原则，从左到右、从上到下地执行，如果不符合顺序执行的电路不能直接编程。

6）在梯形图中串联触点、并联触点的使用次数没有限制，可无限次使用。

（一）设备所有模块上电程序设计

为了使得 PLC 程序结构清晰、组织明确，便于修改，博途软件采用块的形式来管理用户编写的程序及程序运行所需要的数据，组成结构化的用户程序。主要包含组织块（OB）、函数块（FB）、函数（FC）以及数据块（DB），如图 4-5-3 和表 4-5-1 所示。

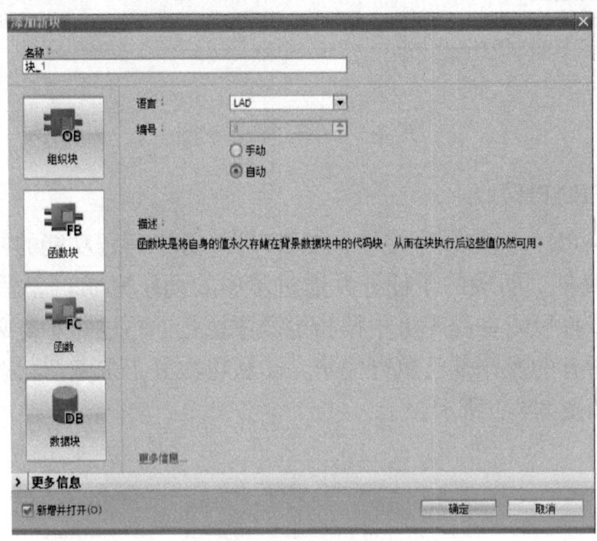

图 4-5-3　添加新块

表 4-5-1　块的描述

块	简要描述
组织块（OB）	操作系统与用户程序的接口，决定用户程序的结构
函数块（FB）	用户编写的包含经常使用的功能的子程序，有存储区
函数（FC）	用户编写的包含经常使用的功能的子程序，无存储区
数据块（DB）	存储用户数据的数据区域，供所有的块共享

组织块是一种由系统直接调用的系统程序。根据不同的 OB 类型，具有不同的优先级，例如默认的 Main[OB1] 就是优先级最低的循环程序块。虽然在系统启动之后，立马被执行，但是 OB1 是一个能够被其他组织块所中断的块。

系统在每一次循环中都会调用 OB1，因此所有需要执行的函数都需要直接或者间接地被 OB1 调用，否则就算上传到了 PLC 中，也是不会被执行的。

双击打开 Main[OB1]，在编辑器视图窗口中会显示一个空的梯形图，如图 4-5-4 所示。

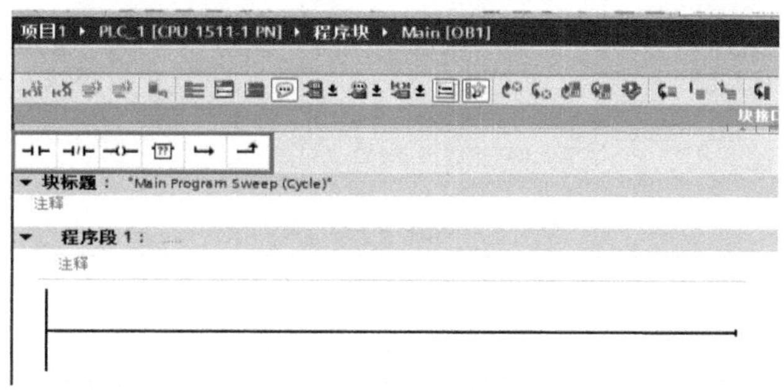

图 4-5-4　Main[OB1]

基于立体仓库的控制要求，首先进行电源上电的程序设计。在图 4-5-4 左上角，有一排快捷菜单，分别是常开触点、常闭触点、继电器线圈、空功能框、打开分支、嵌套闭合 6 个命令。通过拖拽的方式，可以将命令拖拽至程序段 1 中，完成 4-5-5 所示的程序段。第二行程序段使用打开分支和嵌套闭合两个命令，嵌套闭合也可以通过拖拽的方式实现闭合。

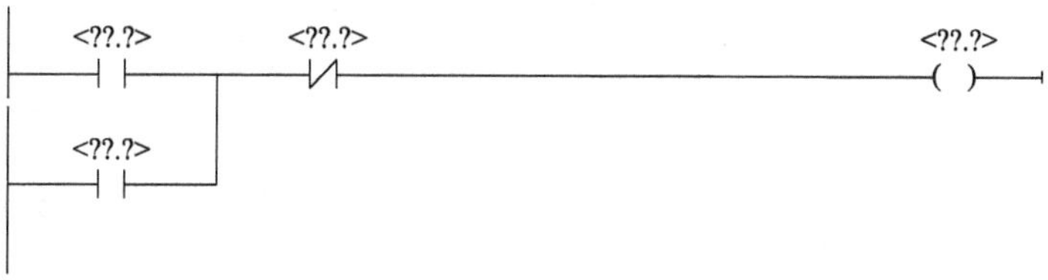

<??.?>　<??.?>　<??.?>

<??.?>

图 4-5-5　电源上电程序段

在命令被拖拽到程序段上之后，命令上端就会出现红色的参数缺失错误提示，在梯形图中，除了要完成电路的逻辑控制程序，还需要给每一个触点或者继电器绑定一个地址，并且满足 PLC 的编程原则。单击参数后，直接输入一个地址，由于本项目没有和实际硬件对接，所以此处直接使用 M 地址即可，如图 4-5-6 所示。当触发启动按钮，电源上电继电器便会得电，同时左侧的电源上电常开触点会闭合，实现自锁功能，此时需要按下停止按钮才能将电源切断。

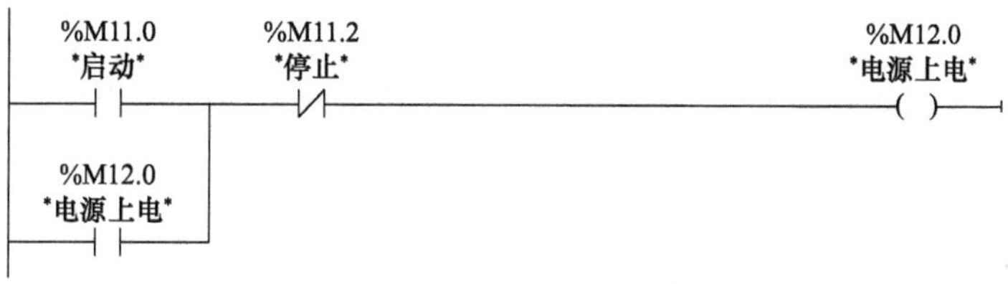

%M11.0 "启动"　%M11.2 "停止"　%M12.0 "电源上电"

%M12.0 "电源上电"

图 4-5-6　定义地址

除了停止按钮，立体仓库还会安装急停按钮，以便在出现危险情况，可以通过按下急停按钮，紧急停止。在电源上电的同时，Process Simulate的物料就可以生成了，这里需要注意，在实际生产环境下是不需要生成物料的触发，但是与Process Simulate进行仿真的时候，为了生成物料，从而单独设置了一个信号地址，如图4-5-7所示。

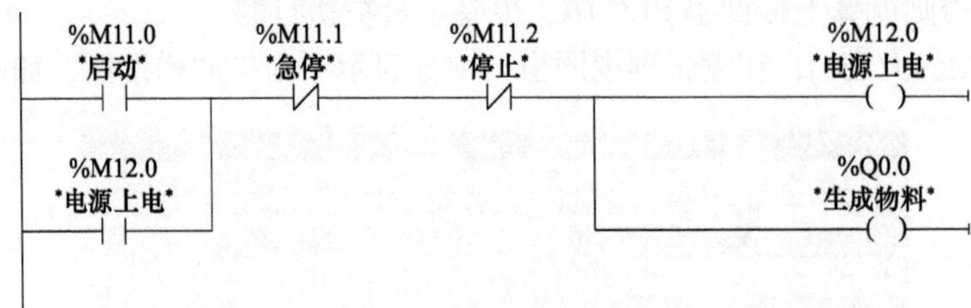

图4-5-7　电源上电程序段

（二）手动控制程序设计

手动控制是一套无先后逻辑顺序的程序指令，它适合使用梯形图来进行程序设计。立体仓库的手动控制按钮总共包含10个信号，它们分别是：①号传送带的点动按钮，②号传送带的点动按钮，③号传送带的点动按钮，④号传送带的点动按钮，③号传送带的方向切换按钮（上述传送带①~④编号的具体含义可参考本项目的任务二的图4-2-37），升降机的点动上升按钮，升降机的点动下降按钮，伸缩杆点动前进按钮（释放复原），旋转电机点动逆时针旋转按钮（释放复原），抓手点动打开按钮（释放复原），见表4-5-2。

表4-5-2　手动控制按钮地址列表

名称	数据类型	地址
"①号传送带点动控制"	Bool	%M11.4
"②号传送带点动控制"	Bool	%M11.5
"③号传送带点动控制"	Bool	%M11.6
"③号传送带方向切换"	Bool	%M12.3
"④号传送带点动控制"	Bool	%M11.7
"升降平台点动上升"	Bool	%M13.1
"升降平台点动下降"	Bool	%M13.2
"伸缩杆点动前进"	Bool	%M13.3
"旋转电机点动逆时针旋转"	Bool	%M13.5
"抓手点动打开"	Bool	%M14.0

限位开关总共包含8个信号，分别是升降平台上限位，升降平台下限位，堆垛机Y轴前限位，堆垛机Y轴后限位，旋转电机逆时针到位限位，旋转电机顺时针到位限位，抓手张开到位，抓手闭合到位，见表4-5-3。

驱动信号总共包含17个信号，分别是传送带①启动与停止，传送带②启动与停止，传送带③启动与停止，传送带④启动与停止，传送带③换方向，升降平台上升与下降，堆垛机Y轴前进与后退，逆时针旋转，顺时针旋转，抓手张开，抓手闭合。见表4-5-4。

表 4-5-3　限位开关地址列表

名称	数据类型	地址
“升降平台上限位”	Bool	%I1.0
“升降平台下限位”	Bool	%I0.7
“堆垛机 Y 轴前限位”	Bool	%I0.1
“堆垛机 Y 轴后限位”	Bool	%I0.0
“旋转电机逆时针到位限位”	Bool	%I0.6
“旋转电机顺时针到位限位”	Bool	%I0.5
“抓手张开到位”	Bool	%I0.4
“抓手闭合到位”	Bool	%I0.3

表 4-5-4　驱动信号地址列表

名称	数据类型	地址
“传送带①启动”	Bool	%Q1.0
“传送带①停止”	Bool	%Q2.0
“传送带②启动”	Bool	%Q1.1
“传送带②停止”	Bool	%Q2.1
“传送带③启动”	Bool	%Q1.2
“传送带③停止”	Bool	%Q3.1
“传送带③换方向”	Bool	%Q3.0
“传送带④启动”	Bool	%Q1.3
“传送带④停止”	Bool	%Q4.0
“升降平台上升”	Bool	%Q1.4
“升降平台下降”	Bool	%Q1.5
“堆垛机 Y 轴前进”	Bool	%Q0.2
“堆垛机 Y 轴后退”	Bool	%Q0.1
“逆时针旋转”	Bool	%Q0.7
“顺时针旋转”	Bool	%Q0.6
“抓手张开”	Bool	%Q0.5
“抓手闭合”	Bool	%Q0.4

X 轴与 Z 轴的坐标位置需要使用 LReal 作为数据类型，其由 8 个字节组成，因此在设置地址的时候，需要预留足够的空间，见表 4-5-5。

表 4-5-5　坐标位置地址信号

名称	数据类型	地址
“堆垛机 X”	LReal	%Q50.0
“堆垛机 Z”	LReal	%Q58.0

①号传送带的驱动程序主要以点动方式驱动，因此控制程序设计可以使用如图 4-5-8 所示程序段。

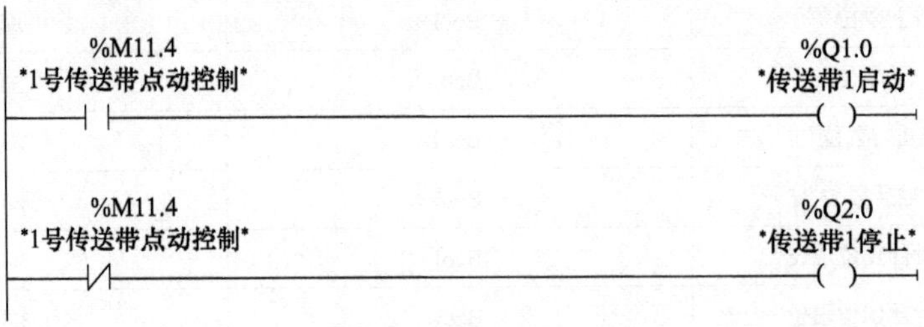

%M11.4
"1号传送带点动控制"
%Q1.0
"传送带1启动"
%M11.4
"1号传送带点动控制"
%Q2.0
"传送带1停止"

图 4-5-8　①号传送带点动控制

②号传送带、④号传送带的控制方案同①号传送带一致，但是③号传送带由于需要控制方向的改变，可以参考图 4-5-9 所示的程序段。

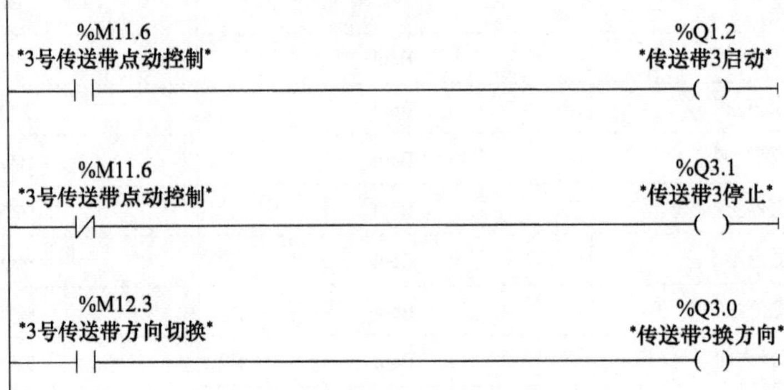

图 4-5-9　③号传送带点动控制

升降机在控制升降平台的时候需要注意限位开关的作用，因为升降平台通常采用的是丝杆螺母的控制方案，如果在使用中没有及时切断开关，会造成设备的损坏，此时可以采用多种方案来进行限位，比如机械限位或者光电开关，因此在设计控制程序的时候，需要将限位开关考虑进去，如图 4-5-10 所示。

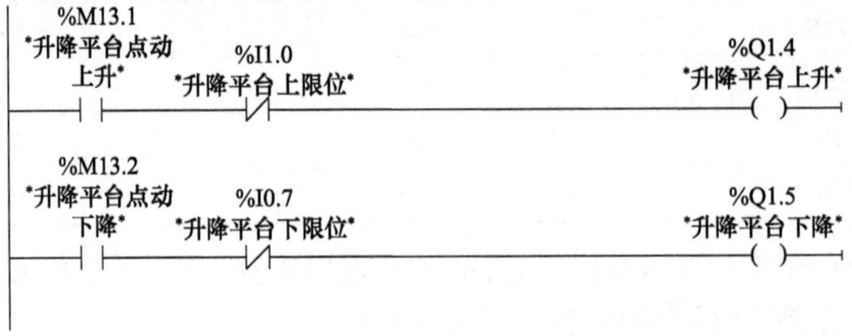

%M13.1
"升降平台点动上升"
%I1.0
"升降平台上限位"
%Q1.4
"升降平台上升"
%M13.2
"升降平台点动下降"
%I0.7
"升降平台下限位"
%Q1.5
"升降平台下降"

图 4-5-10　升降平台点动控制

伸缩杆、旋转电机、抓手使用的是气动元件，如果不需要精准控制设备的极限位置，就只需要控制电磁阀的通断即可，如图 4-5-11 所示。但是如果设备旋转停止位不是气动元件的极限位，也可以通过设置限位开关的方式进行限位，如图 4-5-12 所示。

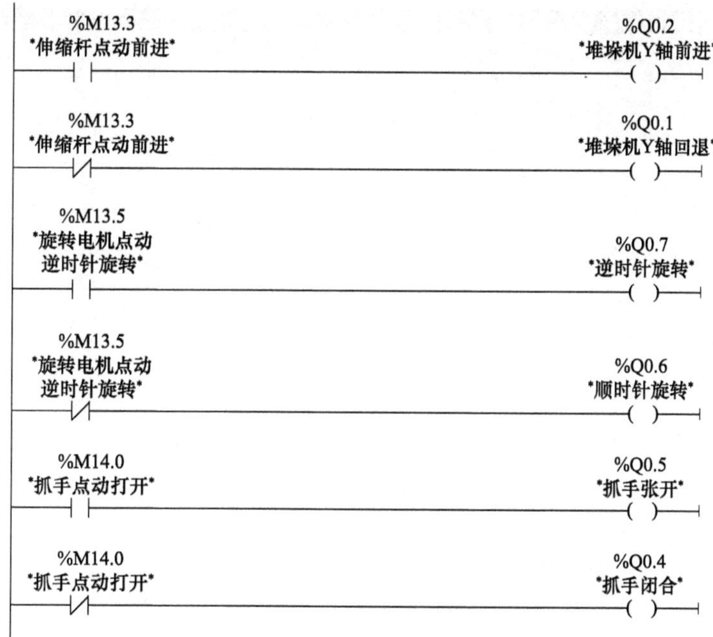

图 4-5-11　伸缩杆、旋转电机、抓手手动控制

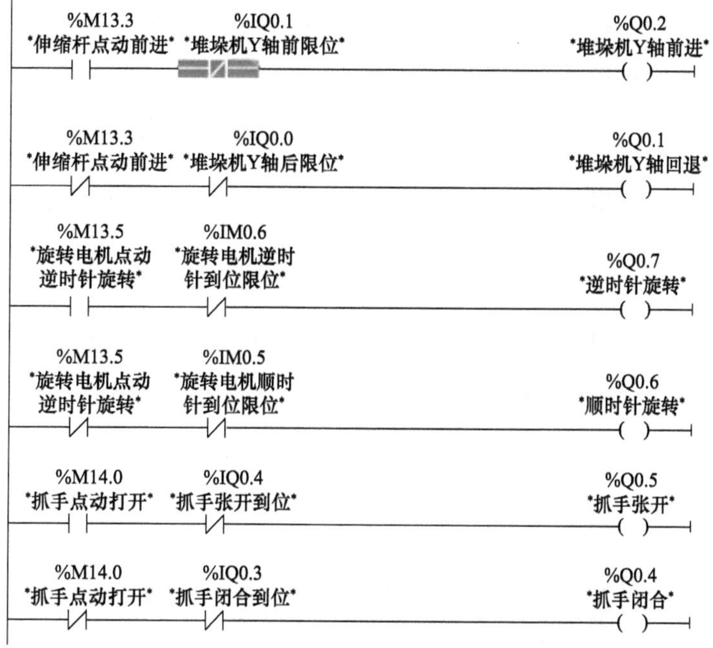

图 4-5-12　伸缩杆、旋转电动机、抓手手动控制（带限位开关）

在进行坐标点位的赋值之前，首先需要通过“程序块”→“添加新块”，新建一个数据块（DB），在数据块中，需要新建两个实数类型的数组，用来存放坐标号对应的坐标值，以便后续用于存放各个点位的坐标。数据块的变量结构如图 4-5-13 所示。注意：为了方便用户，数组取消了 0 号元素，而直接从 1 开始，数组长度也可以根据需要自行改变长度。

项目1 ▸ PLC_1 [CPU 1511-1 PN] ▸ 程序块 ▸ 库位 [DB1]

保持实际值 快照 将快照值复制到起始值中 将起始值加载为实际值

库位

	名称	数据类型	起始值	保持	从 HMI/OPC...	从 H...	在 HMI ...	设定值
1	▼ Static			☐	☐	☐	☐	☐
2	▼ X	Array[1..10] of LReal		☐	☑	☑	☑	☐
3	X[1]	LReal	1313.88	☐	☑	☑	☑	☐
4	X[2]	LReal	1313.88	☐	☑	☑	☑	☐
5	X[3]	LReal	0.0	☐	☑	☑	☑	☐
6	X[4]	LReal	0.0	☐	☑	☑	☑	☐
7	X[5]	LReal	0.0	☐	☑	☑	☑	☐
8	X[6]	LReal	0.0	☐	☑	☑	☑	☐
9	X[7]	LReal	0.0	☐	☑	☑	☑	☐
10	X[8]	LReal	0.0	☐	☑	☑	☑	☐
11	X[9]	LReal	0.0	☐	☑	☑	☑	☐
12	X[10]	LReal	0.0	☐	☑	☑	☑	☐
13	▼ Z	Array[1..10] of LReal		☐	☑	☑	☑	☐
14	Z[1]	LReal	600.0	☐	☑	☑	☑	☐
15	Z[2]	LReal	525.56	☐	☑	☑	☑	☐
16	Z[3]	LReal	525.56	☐	☑	☑	☑	☐
17	Z[4]	LReal	0.0	☐	☑	☑	☑	☐
18	Z[5]	LReal	0.0	☐	☑	☑	☑	☐
19	Z[6]	LReal	0.0	☐	☑	☑	☑	☐
20	Z[7]	LReal	0.0	☐	☑	☑	☑	☐
21	Z[8]	LReal	0.0	☐	☑	☑	☑	☐
22	Z[9]	LReal	0.0	☐	☑	☑	☑	☐
23	Z[10]	LReal	0.0	☐	☑	☑	☑	☐
24	X轴目标坐标	LReal	0.0	☐	☑	☑	☑	☐
25	Z轴目标坐标	LReal	0.0	☐	☑	☑	☑	☐
26	坐标号	Int	1	☐	☑	☑	☑	☐

图 4-5-13　数据块（库位）

堆垛机的X轴与Z轴的坐标需要采用指针的方式进行访问与修改，使用前缀P#，就可以指向改地址的存储区。为了方便调试的时候进行坐标位置的实时修改，可以使用MOVE功能块来进行赋值，如图4-5-14所示。

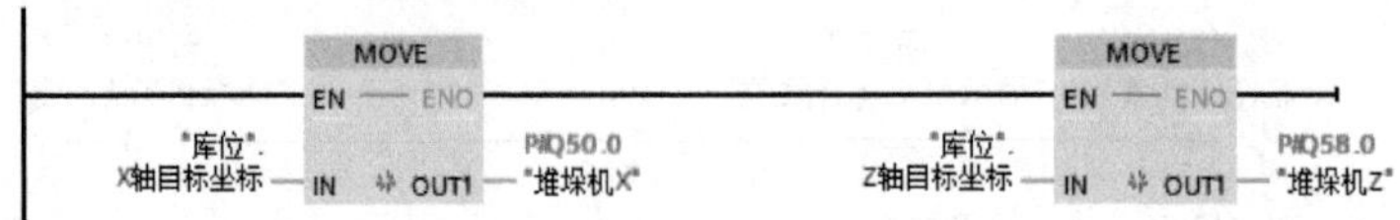

图 4-5-14　坐标位置赋值

在完成手动控制程序编写之后，按照本项目任务四的上传步骤，将Process Simulate与博途之间完成信号映射，然后就可以进行手动控制的调试。不过可以注意到，电源上电的信号并没有与手动控制相关联，这是因为上面这段手动控制的程序在后面需要重新定义到函数里，并且将其与自动控制的程序写在一块，到时候才会用到电源上电的信号。

自动控制程序设计，手动自动切换程序设计

（三）自动控制程序设计

自动控制是一套具有先后逻辑顺序的程序指令，它适合使用步进指令来进行程序设计。单击“项目树”→“PLC实例”→“程序块”→“添加新块”菜单，在弹出的对话框中，选择新建函数块，并且在语言下拉菜单中选择“GRAPH”，即可创建步进指令的程序，修改名称后，单击确定完成函数块的创建，如图4-5-15所示。

双击打开新函数块，可以看到在程序编辑器的窗口处会显示如图4-5-16所示的程序界面。左侧为导航栏，可以预览顺控器的结构缩略图，右侧是顺控器的具体编程界面。

步骤1：S1为初始步，在调用函数块的时候，它会第一时间被执行，因此S1会以初始化所有信号为主，如图4-5-17所示。

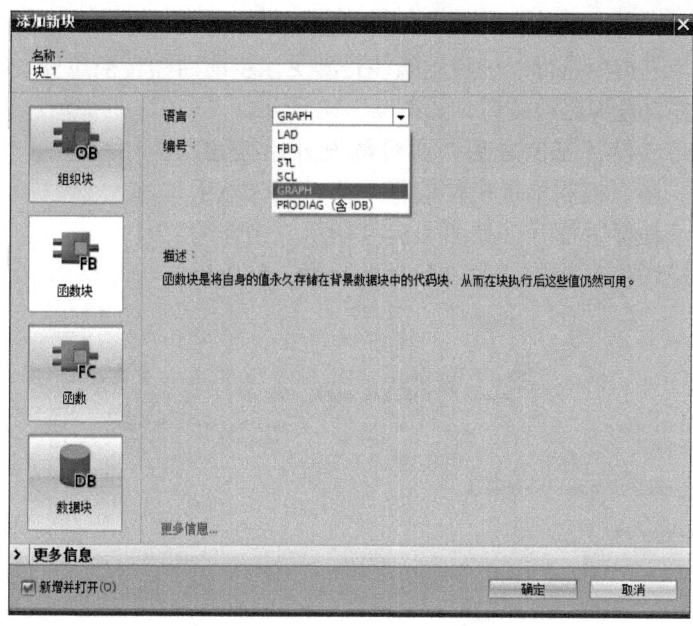

图 4-5-15　新建 GRAPH 语言函数块

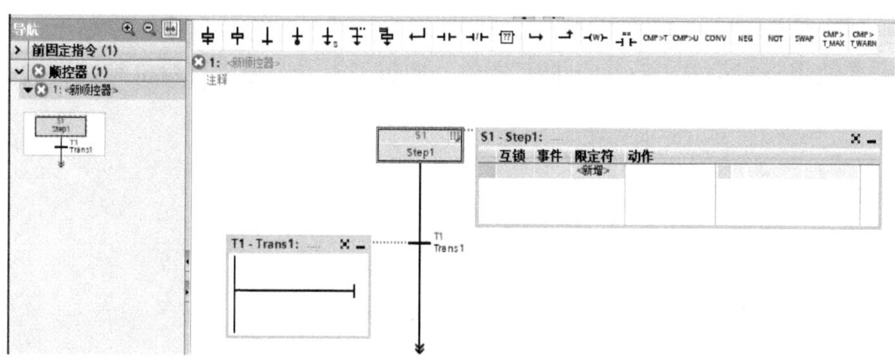

图 4-5-16　GRAPH 编程界面

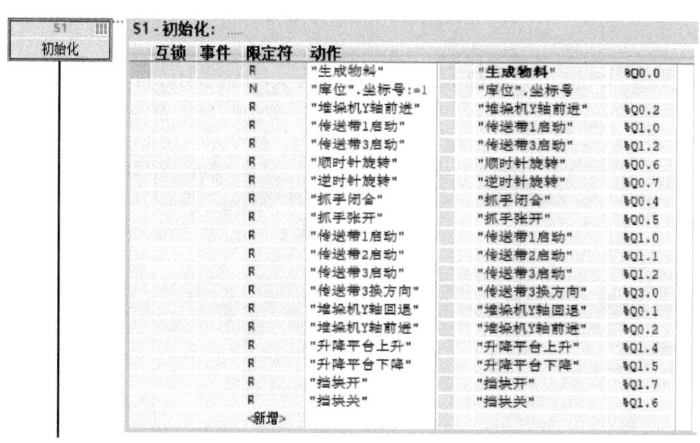

图 4-5-17　初始化

在初始化这一步中，设备会驱动堆垛机前往1号坐标位，并且其他所有的设备都处于重置状态。由于步进指令执行下一步的条件是满足该步前面的转换条件，因此可以给初始步下方的转换条件设置为启动按钮，如图4-5-18所示。

步骤2：在完成设备复位之后，通过触发开始按钮，就可以进入到下一步，控制堆垛机伸缩杆前伸，同时抓手张开，否则物料会被抓手推开，如图4-5-19所示。当伸缩杆前伸到位，即堆垛机Y轴前限位有信号的时候，就可以执行下一步了。

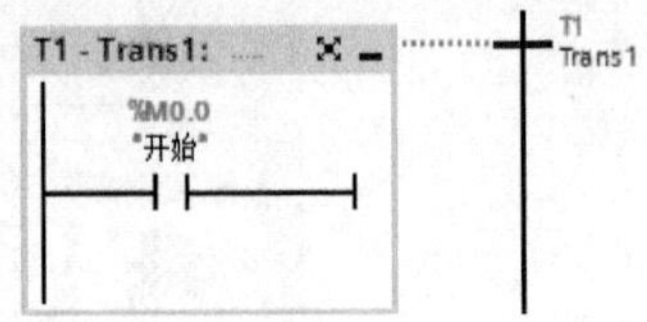

图4-5-18 初始步的转换条件

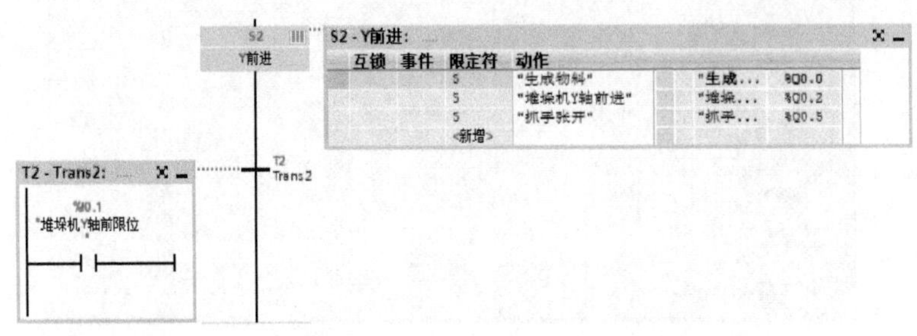

图4-5-19 Y前进

步骤3：需要控制堆垛机的Z轴下降，由于伸缩杆和抓手已经完成了第一步操作，因此在当前步骤需要使用限定符R（Reset）将其置位，通过坐标号，驱动堆垛机到达预设的2号坐标位，如图4-5-20所示。

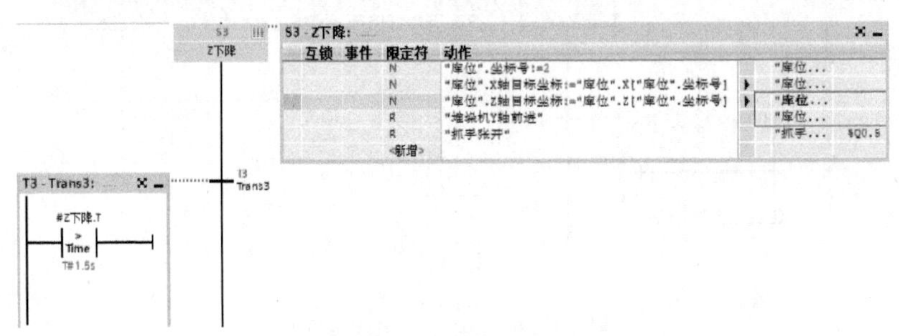

图4-5-20 Z下降

步骤4：驱动抓手闭合，完成物料的抓取，抓手闭合到位后，进入下一步，如图4-5-21所示。

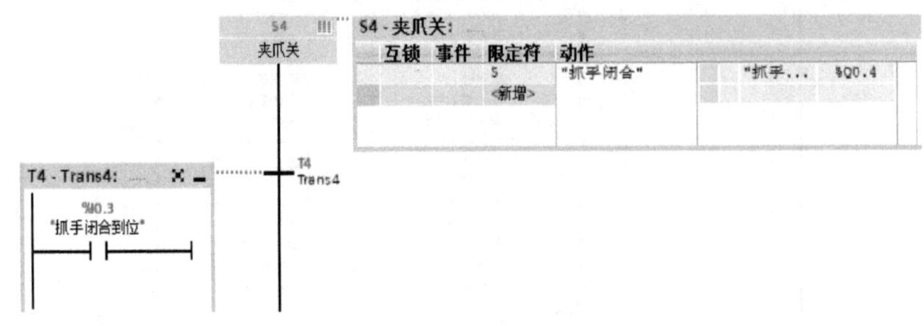

图4-5-21 夹爪关

步骤 5：驱动堆垛机回到 1 号坐标位，此处的转换条件使用的是计时器计时，同样也可以使用比较指令设置为坐标到位的条件，如图 4-5-22 所示。

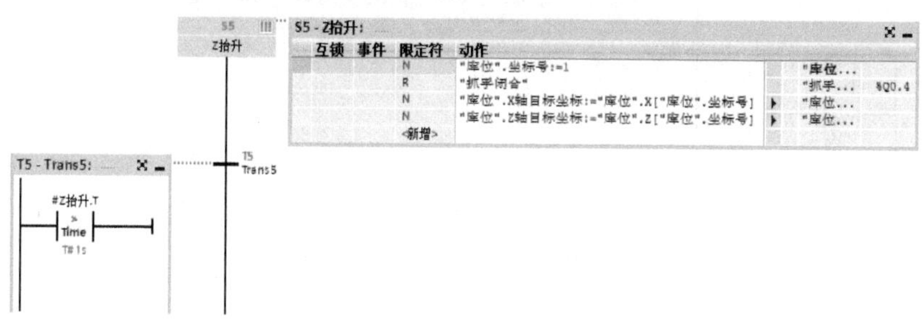

图 4-5-22　堆垛机 Z 轴抬升

步骤 6：控制堆垛机 Y 轴回退，当回退到位后，就可以执行下一步，如图 4-5-23 所示。

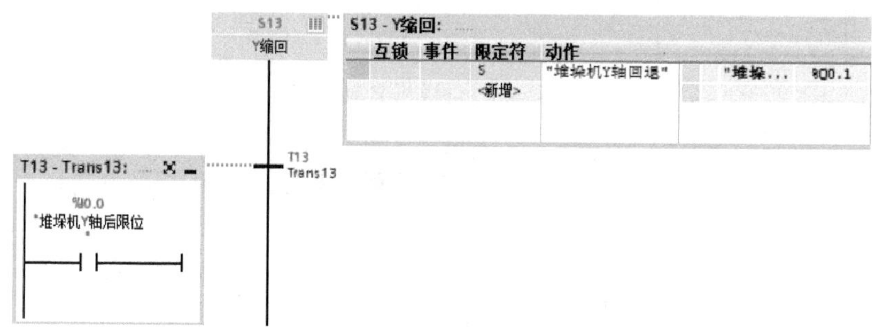

图 4-5-23　堆垛机 Y 轴回退

步骤 7：回退到位后，控制旋转电机逆时针旋转，将抓手正对传送带，如果想要让几个不会发生干涉的操作同时执行，限定符 S（SET）是可以跨步执行的，只需要设计好转换条件即可，如图 4-5-24 所示。

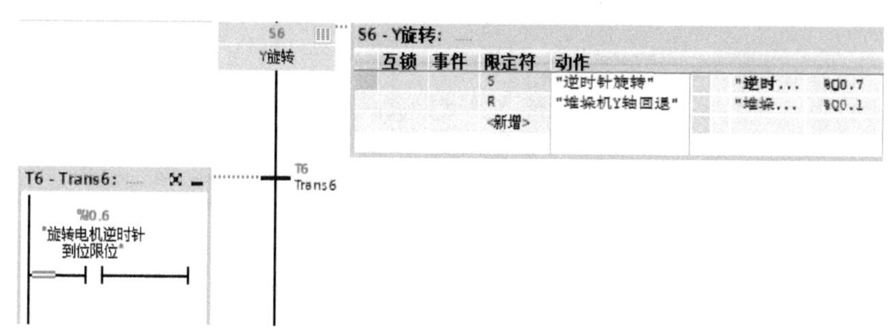

图 4-5-24　旋转电机逆时针旋转

步骤 8：控制堆垛机 X 轴移动，让抓手停止在物料盘正上方，此处的转换条件也可以设置为坐标值是否到位，如图 4-5-25 所示。

步骤 9：控制堆垛机 Z 轴下降，将抓手中的物料放置到物料托盘上，与此同时开始控制升降机下降，运送下一个空托盘，如图 4-5-26 所示。

步骤 10：在堆垛机下降到位后，才能让抓手张开，否则物料就会因为抓手的提前张开，而掉落。因此需要单独在一个步中单独控制抓手张开动作，如图 4-5-27 所示。

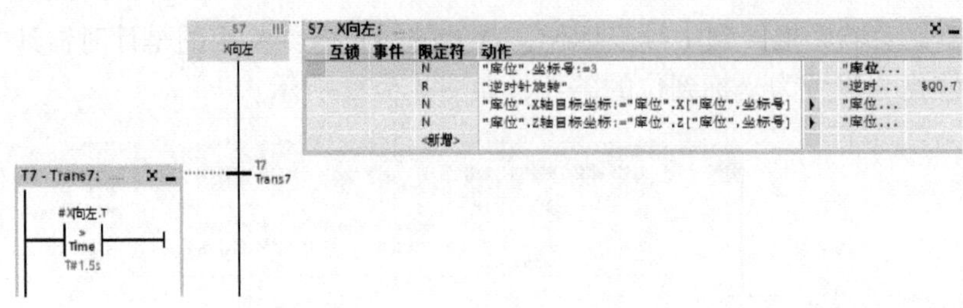

图 4-5-25　堆垛机 X 轴平移

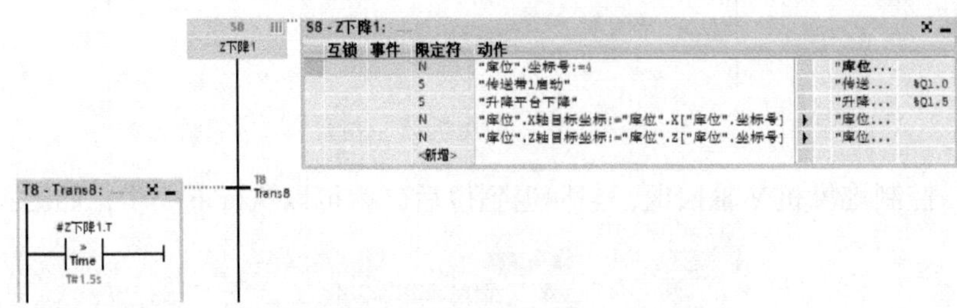

图 4-5-26　堆垛机 Z 轴下降

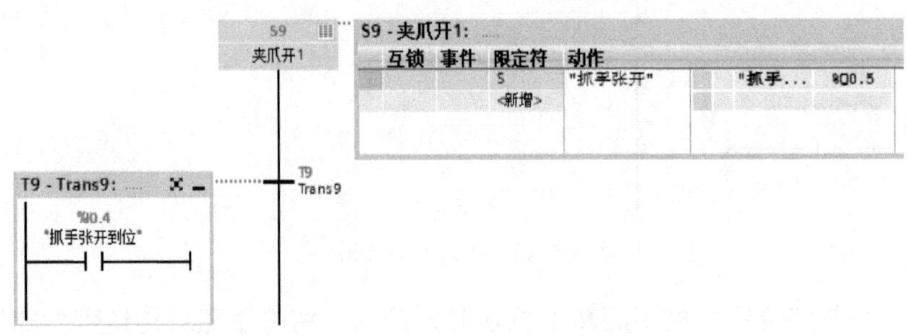

图 4-5-27　抓手张开

步骤 11：堆垛机 Z 轴复位，同时置位抓手张开以及升降平台下降的信号，如图 4-5-28 所示。

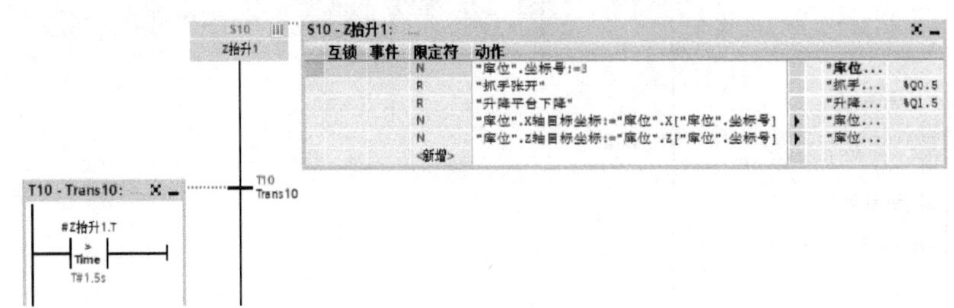

图 4-5-28　堆垛机复位过程

步骤 12：堆垛机回到 1 号坐标位，完成复位动作，如图 4-5-29 所示。

步骤 13：挡块用于防止托盘在升降平台升降时掉出设备，如图 4-5-30 所示。

步骤 14：启动传送带③，如图 4-5-31 所示。

步骤 15：控制升降平台上升，直到到达上限位，如图 4-5-32 所示。

步骤 16：升降平台到位后，更换传送带旋转方向，并控制挡块关闭，如图 4-5-33 所示。

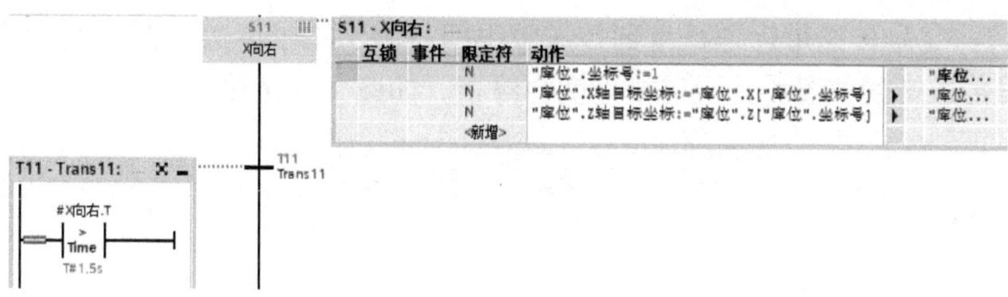

图 4-5-29　堆垛机回到 1 号坐标位

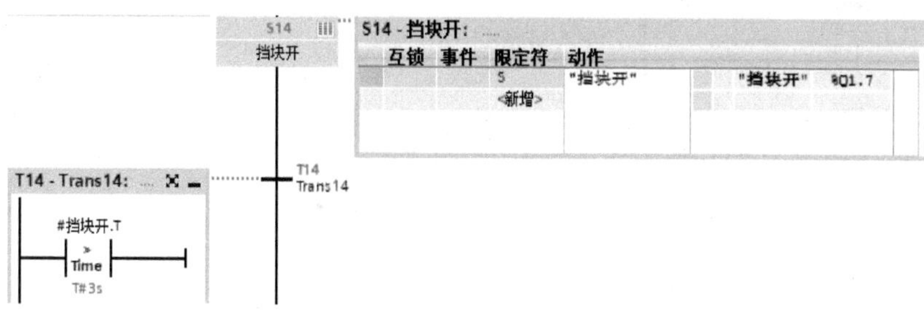

图 4-5-30　挡块打开

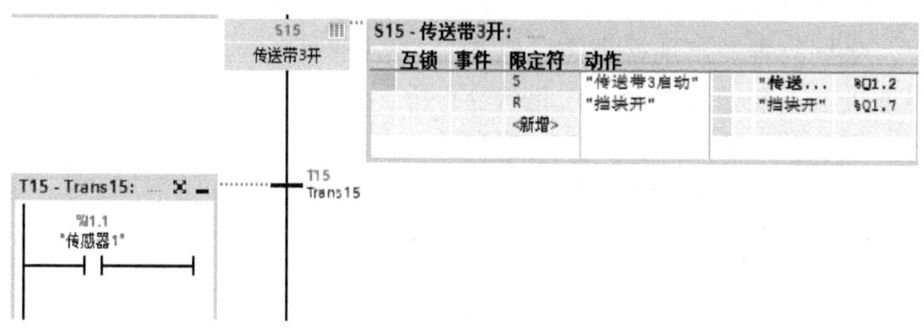

图 4-5-31　升降机传送带③启动

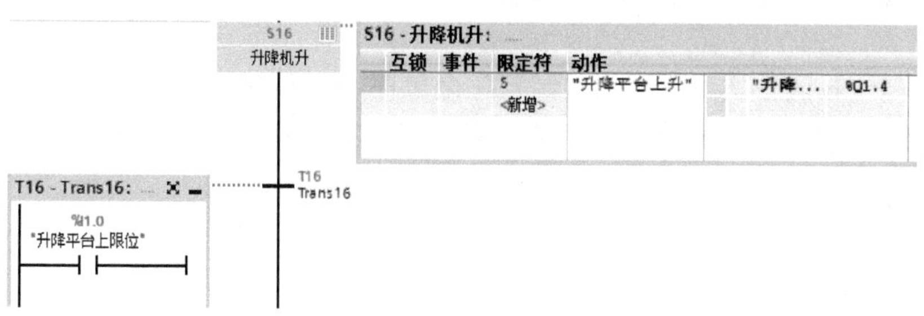

图 4-5-32　升降平台上升

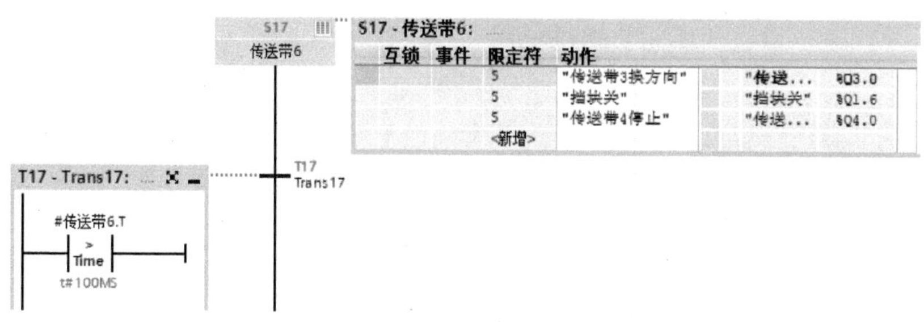

图 4-5-33　③号传送带更换传送方向

步骤 17：②号传送带运送托盘到传送带中间。由于④号传送带在第 15 步停止了，因此到达④号传送带的位置后，运送托盘就会停止，如图 4-5-34 所示。

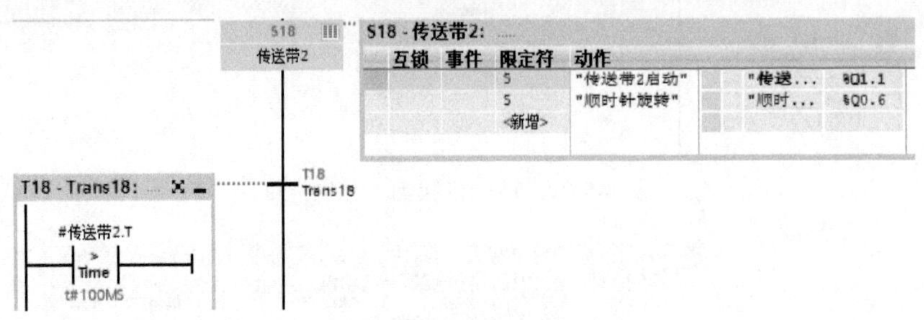

图 4-5-34　②号传送带启动

（四）手动 / 自动切换程序设计

手动控制程序现在还写在组织块 OB1 中，但是如果想要将自动控制程序也在 OB1 中调用，就会违背 PLC 编写原则中的第 4 条，双线圈输出，会导致程序出现误操作。但是控制的信号地址又不能做成两套，因此结合 GRAPH 语言的特性，可以将手动控制放在其中的一个步中，就能避免双线圈输出了。

为了能够在自动程序开始前，先能手动控制立体仓库，需要在初始步下方添加一个空步，而空步的转换条件采用多分支的方式进行判断，如图 4-5-35 所示，为自动执行启动按钮。

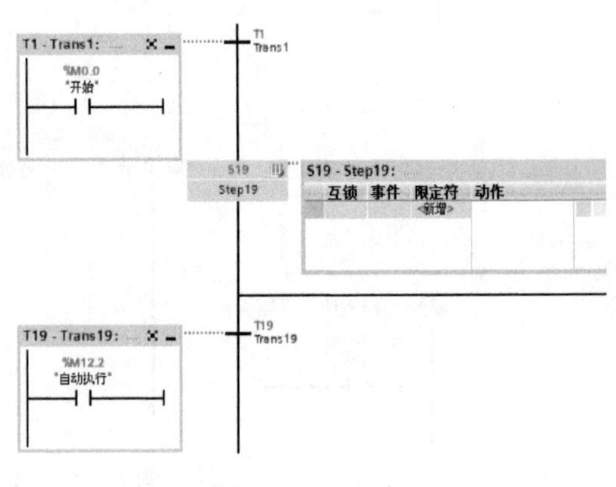

图 4-5-35　空步

新建一个 FB 函数块，将手动控制程序全部剪切到函数块中，并在空步的第二条分支中，设置手动执行的转换条件，并再次新增新步，调用手动控制函数块，如图 4-5-36 所示。

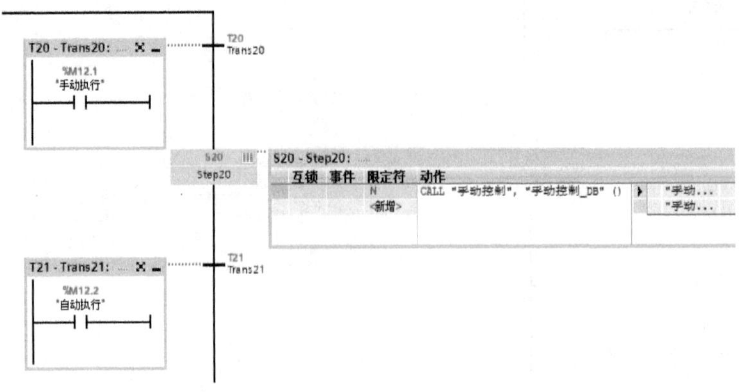

图 4-5-36　手动控制子函数块调用

调用动作使用 CALL 函数，但是用户需要手动创建实例，鼠标右键单击创建实例即可，如图 4-5-37 所示。

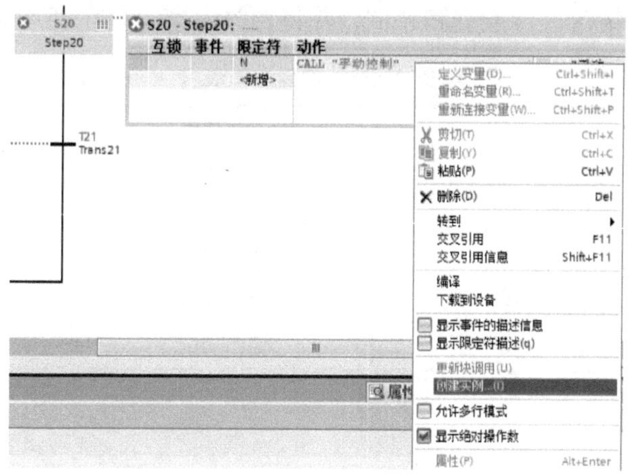

图 4-5-37 创建实例

完成自动运行函数块后，需要将 GRAPH 语言的函数块在 OB1 中调用，如图 4-5-38 所示。

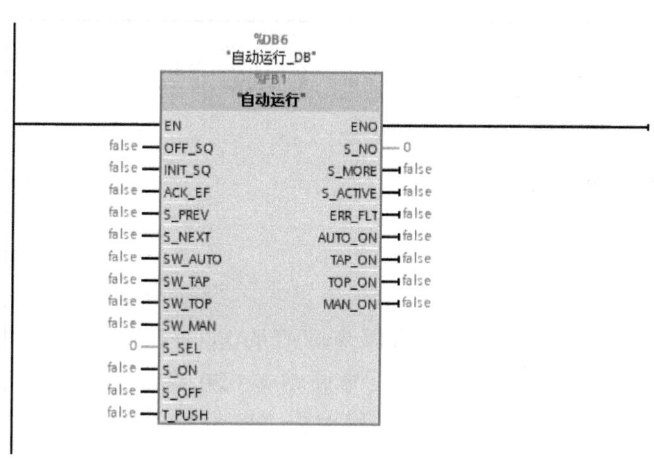

图 4-5-38 主函数调用子函数

并在主函数中使用两个 MOVE 功能块，将 X 轴目标坐标与 Z 轴目标坐标赋值给堆垛机 X 和堆垛机 Z 的两个实数类型的变量。自动控制程序才能正常驱动堆垛机移动，如图 4-5-39 所示。

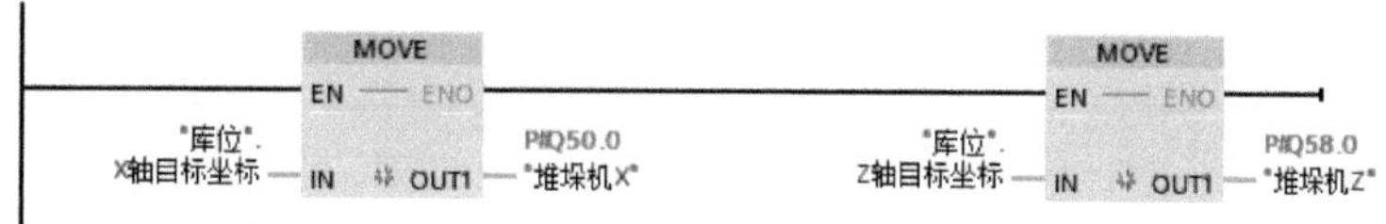

图 4-5-39 坐标驱动

检查与评估

对本任务的学习情况进行检查和评估，并将相关内容填写在表 4-5-6 中。

表 4-5-6　检查评估表

检查项目	检查对象	检查结果	结果点评
地址定义	① 输入地址 ② 输出地址	是□ 否□ 是□ 否□	
功能完成度	① 手动控制 ② 自动控制 ③ 手 / 自动切换	是□ 否□ 是□ 否□ 是□ 否□	
上传程序	上传程序无错误提示	是□ 否□	

任务总结

本任务完成了立体仓库 PLC 的程序设计，如图 4-5-40 所示，通过本任务的指导，用户可以自行完成最基本的一个任务循环，但是如果想要更进一步学习的话，需要自己去增加控制要求的难度，比如将所有库位的点位信息全部测试出来，并在程序中，通过程序实现库位选择的效果，本任务主要的目的就是教会大家如何使用梯形图以及步进指令，来实现对模型的控制。

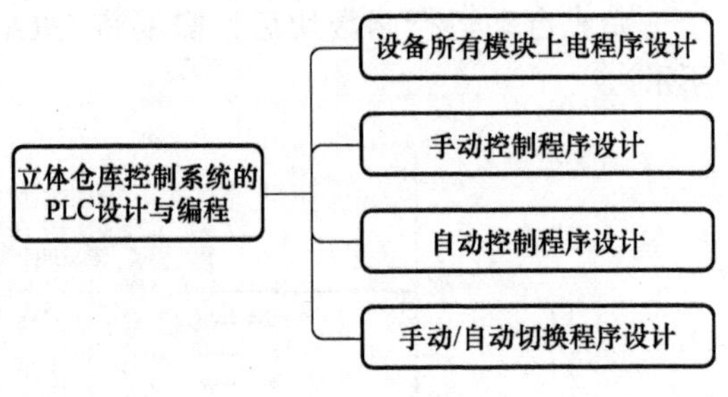

图 4-5-40　立体仓库控制系统的 PLC 设计与编程任务小结

任务拓展

参照图 4-5-13 数据块（库位），将原坐标值从 X[1]=1313.88、X[2] =1313.88 赋值到 X[3]、X[4]，原坐标值 X[1]=0、X[2]=0。参照图 4-5-20 等涉及 X 轴目标坐标的所有图，都需要将“库位”.X[“库位”. 坐标号] 修改成“库位”.X[“库位”. 坐标号 +2]，并按表4-5-6 对其各个参数设置进行检查。

任务六　WinCC 虚拟触控板设计

任务工单

任务名称				姓名	
班级		组号		成绩	
工作任务	在项目四中的任务一 ~ 任务五的基础上，本任务要完成一个 WinCC 虚拟触控板的面板界面布局设计，并将信号地址绑定到该界面所对应的按钮上，实现使用触摸板直接控制 PLC 信号触发 • 扫描二维码，观看“WinCC 虚拟触控板设计”微视频				

（续）

<table>
<tr><td>工作任务</td><td colspan="3">• 阅读任务知识储备，理解 PLC 常用编辑位“置位位”“复位位”和“取反位”的含义，了解 WinCC 与 HMI 的区别与联系
• 阅读任务技能实操，通过创建一个 WinCC 虚拟触控板、设计触控板界面并添加触发事件来理解 WinCC 的控制原理</td></tr>
<tr><td>任务目标</td><td colspan="3">知识目标
• 理解博途 PLC 系统函数中常用的三种编辑位函数的用法，了解 WinCC 与 HMI 的区别与联系
能力目标
• 学会添加 WinCC 虚拟触控板
• 学会添加工具箱元素至 HMI
• 学会添加元素的触发事件
• 学会设置指示灯外观动画
• 学会设置数字显示栏
• 学会使用 WinCC 启用仿真
素质目标
• 培养学生在不同事物之间的差异性和多样性
• 注重把握细节，精益求精，耐心打磨，力求卓越</td></tr>
<tr><td rowspan="4">任务分配</td><td>职务</td><td>姓名</td><td>工作内容</td></tr>
<tr><td>组长</td><td></td><td></td></tr>
<tr><td>组员</td><td></td><td></td></tr>
<tr><td>组员</td><td></td><td></td></tr>
</table>

知识储备

1. PLC 系统函数的常用编辑位

在博途软件中，编辑位是最常用的系统函数。共有“对变量中的位取反”“复位变量中的位”“复位位”“取反位”“移位和掩码”“置位变量中的位”和“置位位”7 种编辑位函数，如图 4-6-1 所示。其中常用的是“置位位”“复位位”和“取反位”3 种编辑位函数。

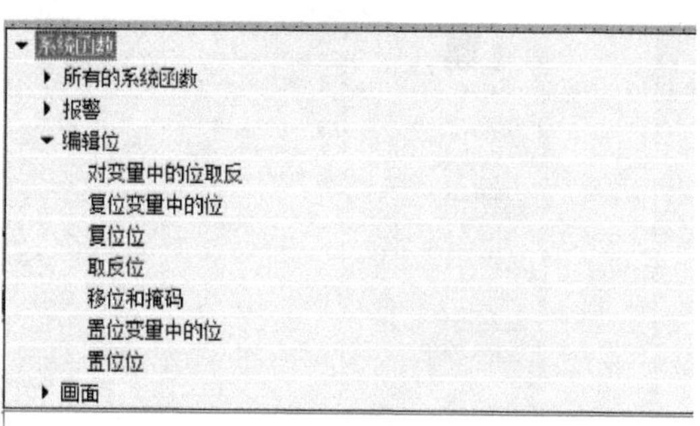

图 4-6-1　系统函数编辑位

2. 常用 3 种编辑位函数的触发效果

“置位位”：触发时将对应信号地址的 BOOL 值由“0”置为“1”。

“复位位”：触发时将对应信号地址的 BOOL 值由“1”置为“0”。

“取反位”：一般用于按钮开关（保持按钮），触发时将对应信号地址的 BOOL 值由“0”

置为“1”或由“1”置为“0”。

特别注意的是：“置位位”和“复位位”经常搭配使用在点动触发或上升沿触发，按下时为“置位位”，松开时为“复位位”。

3. HMI 与 WinCC 的区别与联系

人机接口（Human Machine Interface，HMI），也叫人机界面。人机界面是系统和用户之间进行交互和信息交换的媒介，它实现信息的内部形式与人类可以接受形式之间的转换，凡参与人机信息交流的领域都存在着人机界面。

WinCC Flexible，是德国西门子公司工业全集成自动化（TIA）的子产品，是一款面向机器的自动化概念的 HMI 软件。

本任务主要使用 WinCC 组态虚拟触摸板，并以元素为单位设计出 HMI 画面，提供给用户更为便捷的控制方式，减少误操作率。

（一）添加一个 HMI 面板

1. 添加新设备

打开博途软件，找到“项目树”，按照①～②步骤操作，“项目 1”→“添加新设备”，鼠标左键双击“添加新设备”，弹出窗口，如图 4-6-2 所示。

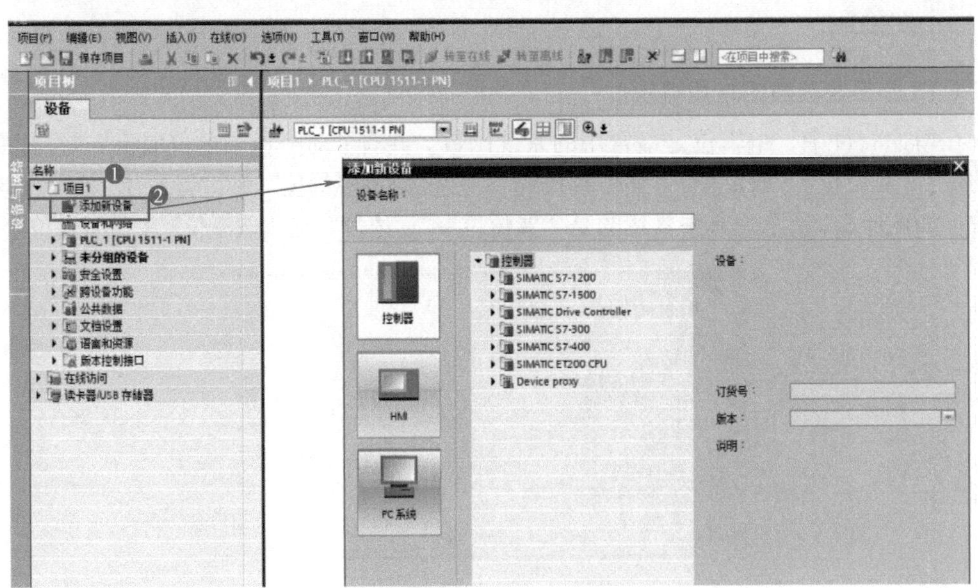

图 4-6-2　添加新设备

2. 选择 HMI 显示屏的型号

单击左侧①“HMI”，依次按照②～⑦步骤操作，“HMI”→“SIMATIC 精简系列面板”→“7" 显示屏”→“KTP700 Basic”，选择订货号为“6AV2 123-2GB03-0AX0”的显示屏，版本默认最新版本 16.0.0.0 即可，如图 4-6-3 所示。

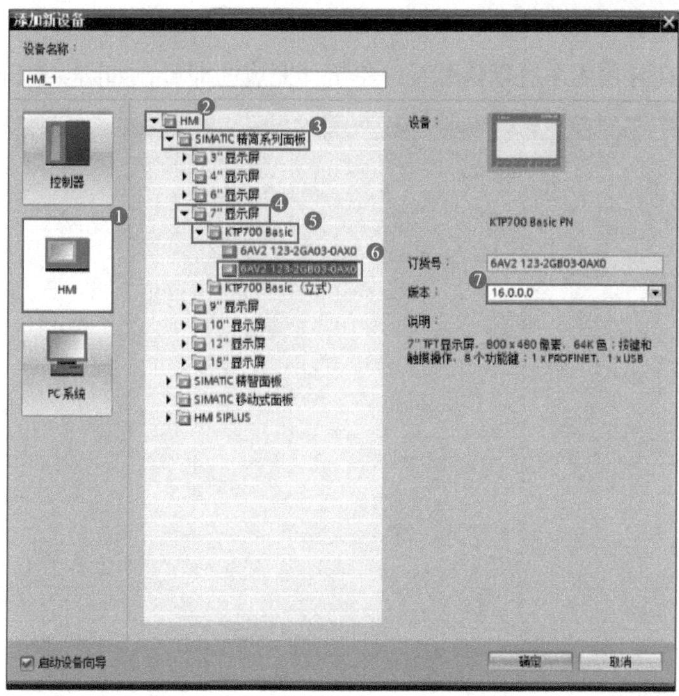

图 4-6-3　选择 HMI 显示屏的型号

3. 修改设备名称

单击设备名称下方输入栏，修改设备名称为“HMI_Case”，单击“确定”，如图 4-6-4 所示。

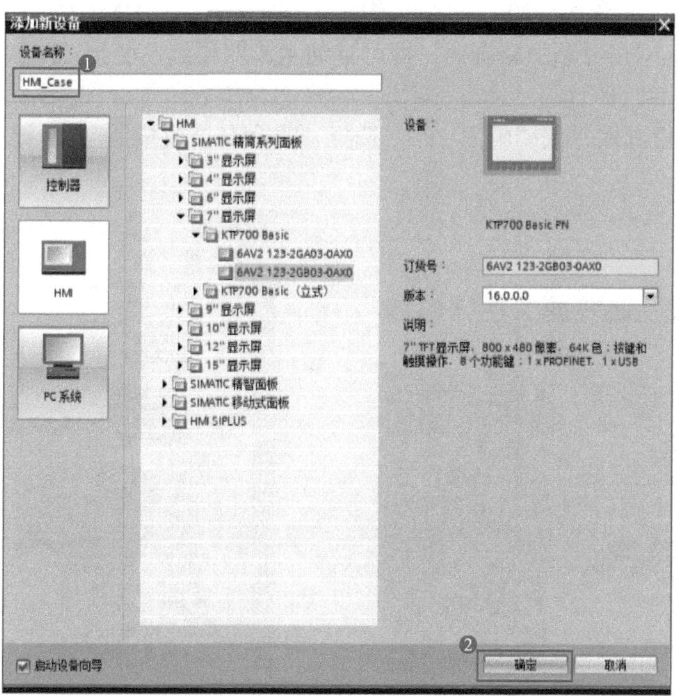

图 4-6-4　修改 HMI 设备名称

4. HMI 设备向导

HMI 的设备向导使用系统默认配置，单击“完成”即可，如图 4-6-5 所示。

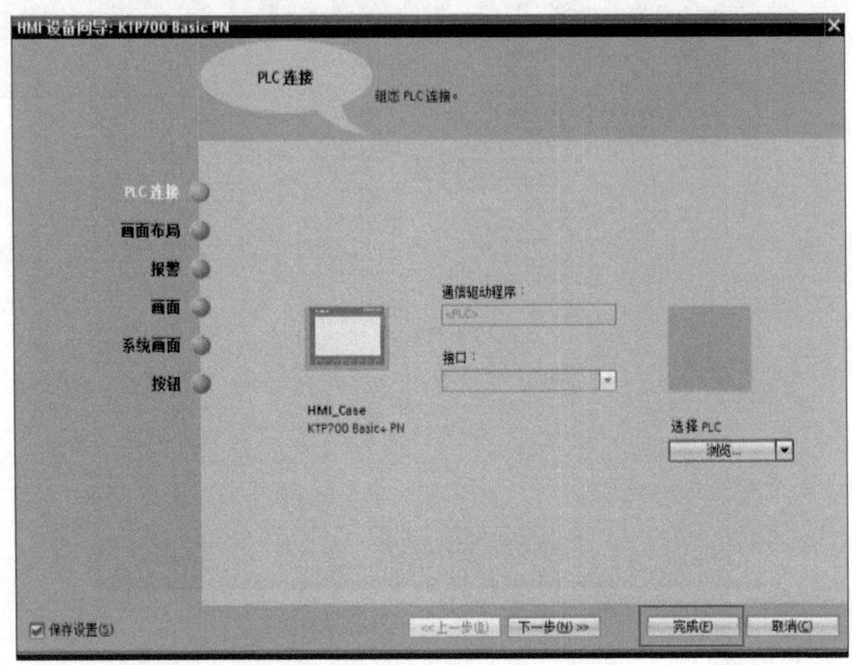

图 4-6-5　HMI 设备向导

5. HMI 添加新画面

找到“项目树”，依次按照①～④步骤操作，“项目 1”→“HMI_Case”→“画面”→“添加新画面”，鼠标双击“添加新画面”即可自动生成新画面，名为“画面 _1”，如图 4-6-6 所示。

鼠标右键“根画面”或“画面 _1”，选择“重命名”或按键盘 F2 即可修改画面名称，如图 4-6-7 所示。

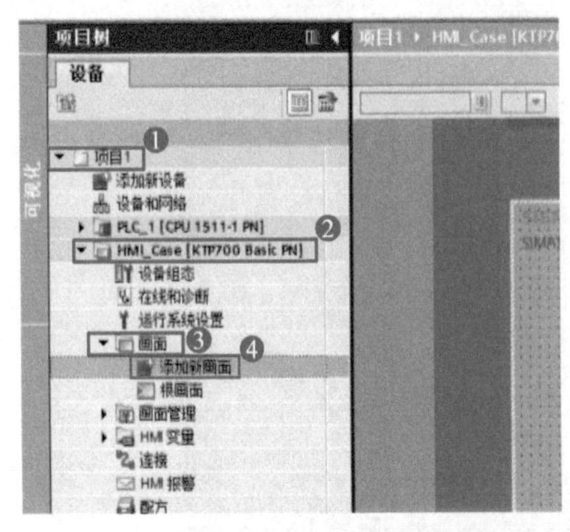

图 4-6-6　添加新画面

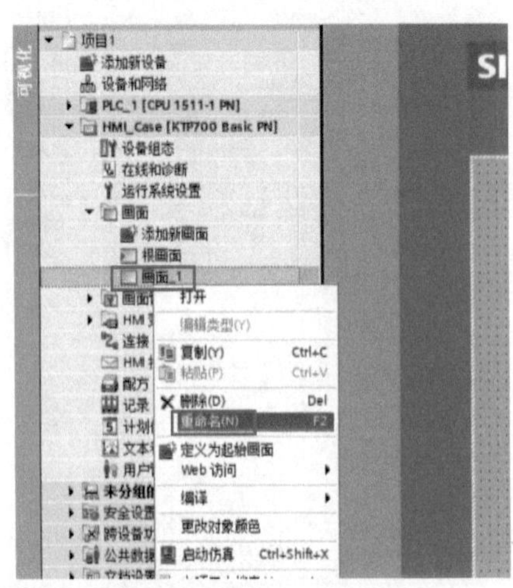

图 4-6-7　修改画面名称

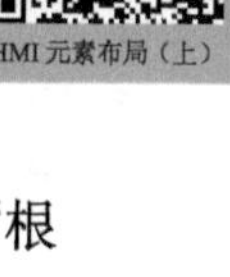
HMI 元素布局（上）

HMI 元素布局（下）

6. 案例实操

参考上述操作，添加一个新画面，并修改名称为“自动控制”。

（二）HMI 元素布局

1. 打开 HMI 画面

找到“项目树”，依次按照①～④步骤操作，“项目 1”→“HMI_Case”→“画面”→“根画面”，鼠标双击“根画面”打开根画面窗口，如图 4-6-8 所示。

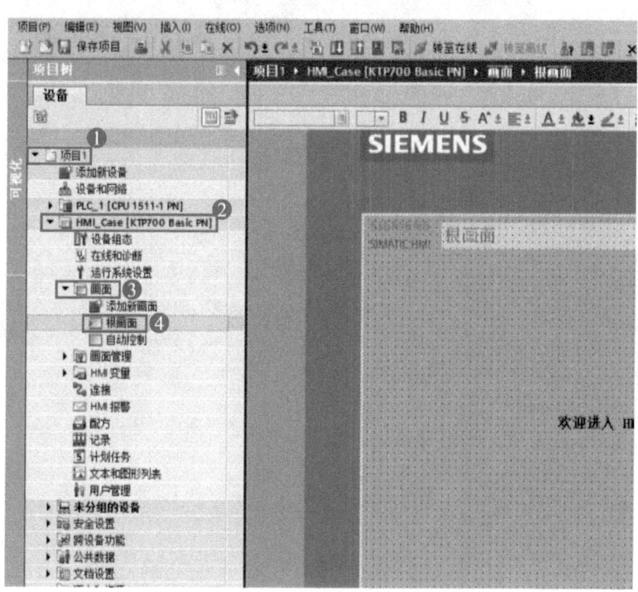

图 4-6-8　打开根画面

2. 添加工具箱元素至画面

找到“工具箱”→“元素”→“按钮”，双击“按钮”或鼠标左键长按按钮拖拽至画面，如图 4-6-9 所示。

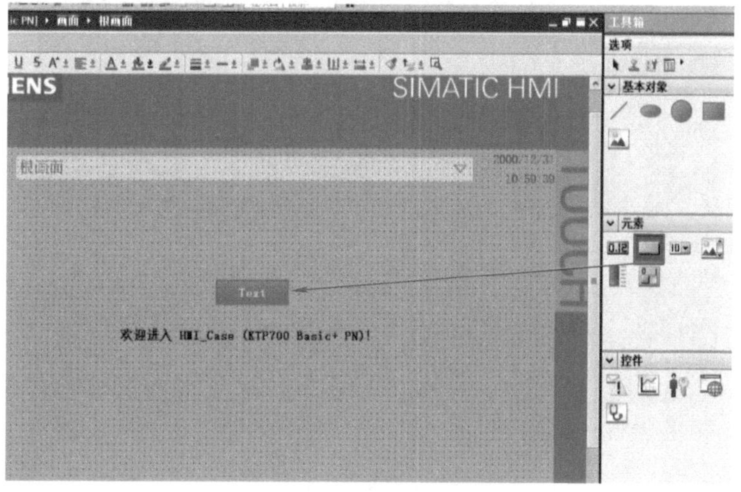

图 4-6-9　添加“按钮”至根画面

3. 删除画面元素

选中画面元素后使用键盘“DELETE”按键即可删除。

4. 调整元素尺寸大小

选中元素后将鼠标光标锁定到按钮边线上，鼠标左键长按后拖动即可调整尺寸，如图4-6-10所示。

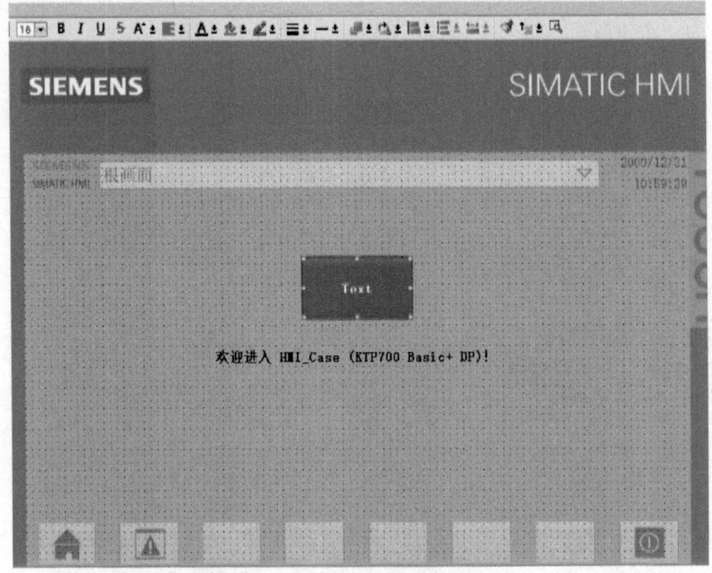

图 4-6-10 调整按钮尺寸大小

5. 修改按钮标签文本

双击按钮上的文本“Test”，修改文本内容为“开关”，如图 4-6-11 所示。

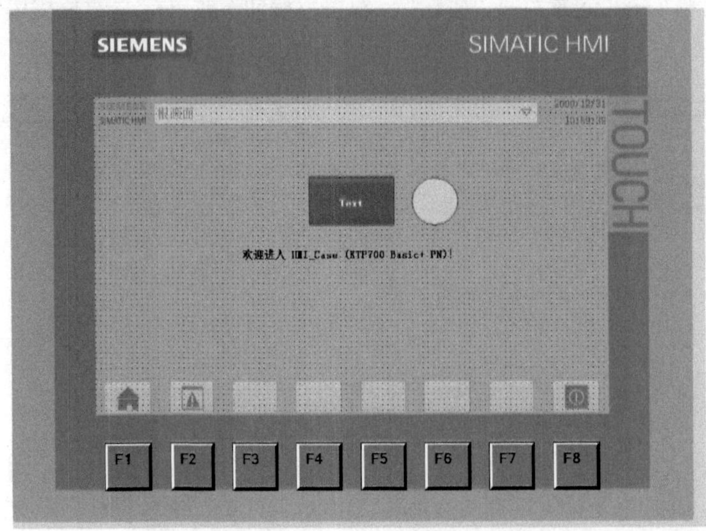

图 4-6-11 修改按钮标签文本

6. 添加注释文本

使用“工具箱”→“基本对象”→“文本域”，双击或鼠标左键长按拖拽至根画面，双击文本“Test”，当文本背景呈蓝色时即可通过键盘修改文本文字，如图 4-6-12 所示。

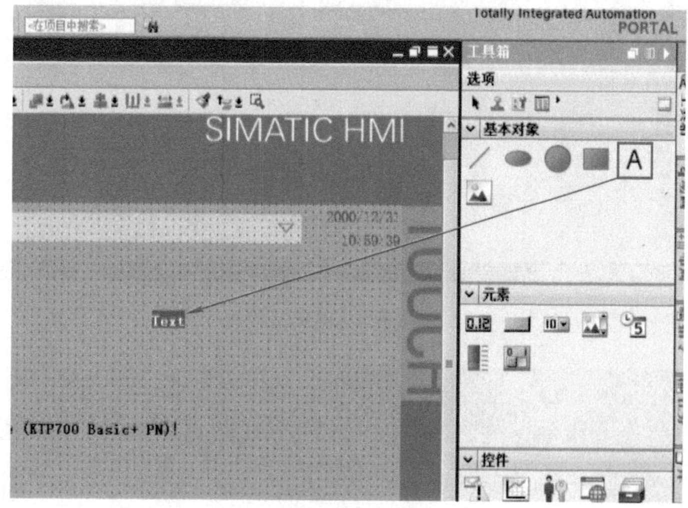

图 4-6-12 添加注释文本

7. 案例实操

参考图 4-6-13、图 4-6-14 布局图，使用上述操作将根画面和自动控制画面 1∶1 设计还原。

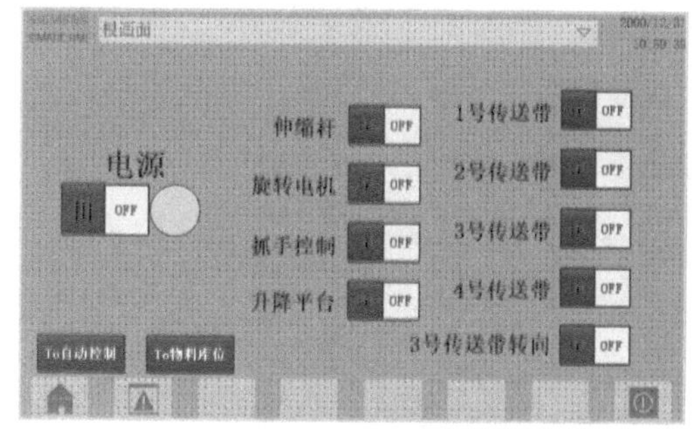

图 4-6-13 根画面布局图

图 4-6-14 自动控制画面布局图

（三）添加元素的触发事件

1. 选择元素事件

选中“按钮”/“开关”后，依次单击“属性”→“事件”，分别如图 4-6-15 和图 4-6-16 所示。

2. 添加事件的对应函数

选中事件类型，双击“添加变量”弹出系统函数窗口，依次选择“系统函数”→“编辑位”→“置位位”，如图 4-6-17 所示。

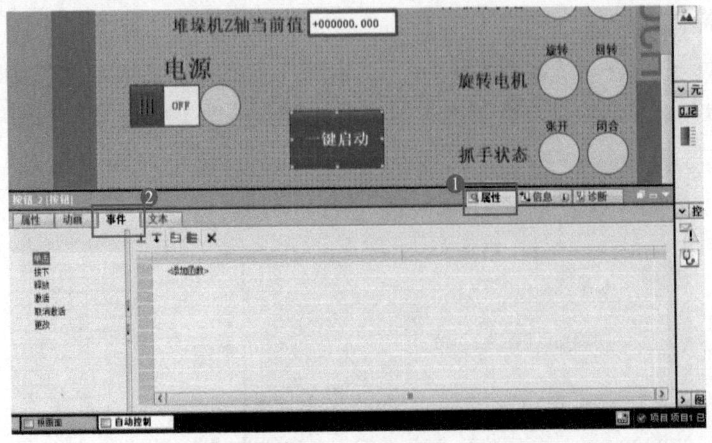

图 4-6-15　按钮添加事件

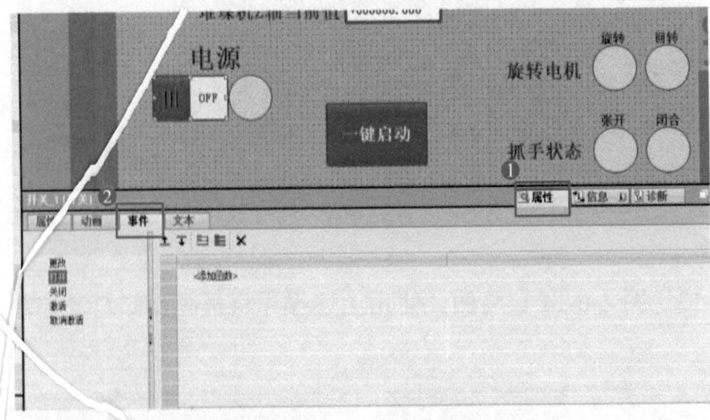

图 4-6-16　开关添加事件

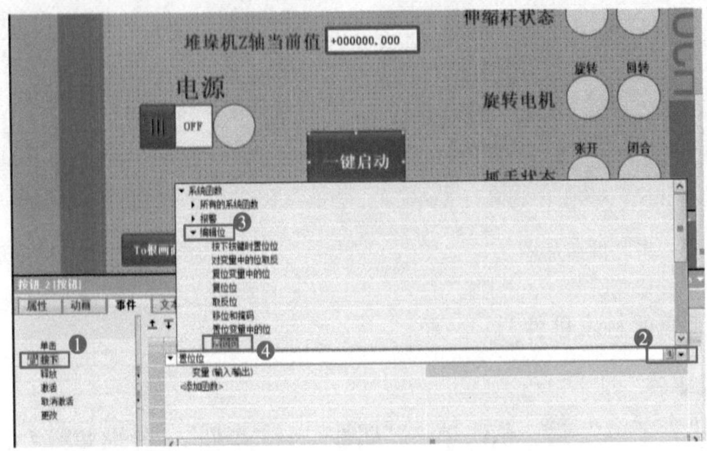

图 4-6-17　添加按钮事件函数

3. 绑定事件触发变量

按照①~③步骤操作，依次单击“变量（输入 / 输出）”右侧的“...”→“PLC 变量表”，选择按钮对应的 plc 变量，如图 4-6-18 所示。

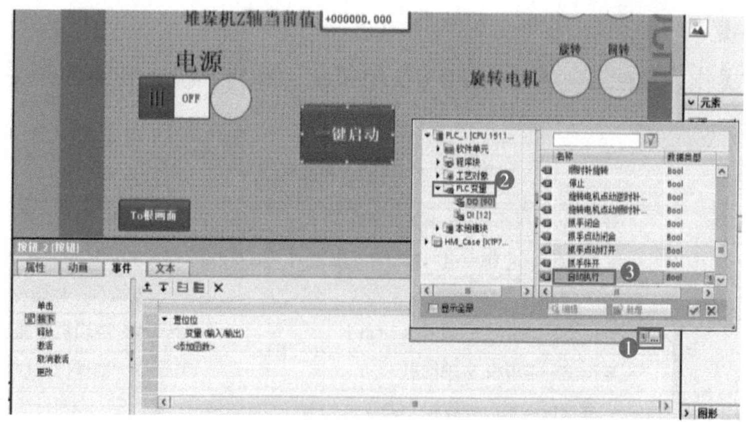

图 4-6-18　绑定事件触发变量

4. 激活屏幕事件

激活屏幕事件可以将 WinCC 显示屏切换到其他画面，在本项目中用于根画面和自动控制画面的来回切换。依次按照①～④步骤操作，"事件" → "释放" → "添加函数" → "画面" → "激活屏幕"，添加激活屏幕事件，如图 4-6-19 所示。

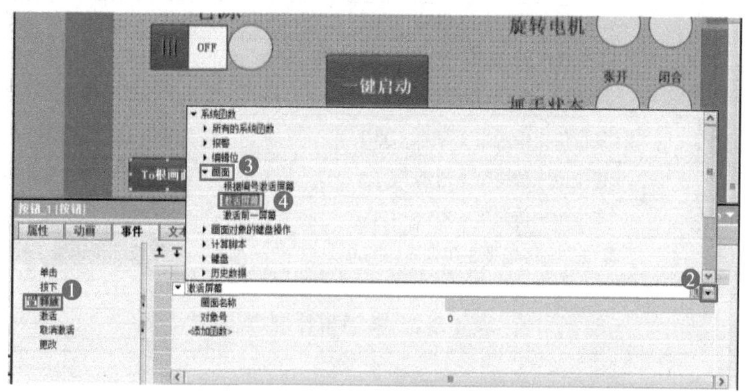

图 4-6-19　激活屏幕事件

展开画面名称右侧的拓展按钮"..."，选择"自动控制"，如图 4-6-20 所示。

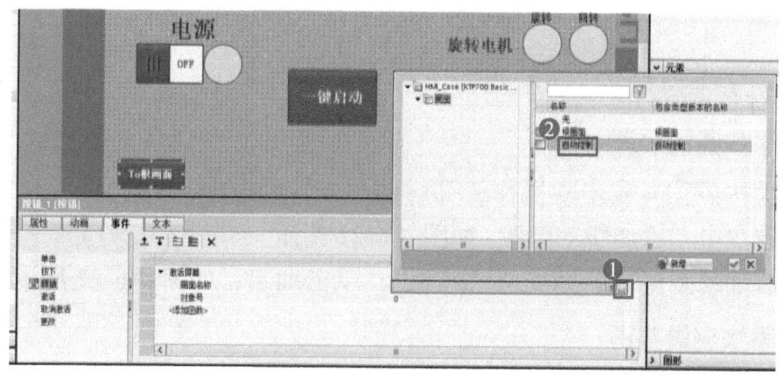

图 4-6-20　添加激活画面名称

5. 案例实操

参考上述操作，按照表 4-6-1、表 4-6-2 把根画面和自动控制画面的开关事件的按钮事件绑定。

表 4-6-1　开关事件绑定

名称	开关打开 - 信号名称 - 存储地址	开关关闭 - 信号名称 - 存储地址
电源	置位位 - 电源上电 - M12.0	置位位 - 急停 - M11.1
	复位位 - 急停 - M11.1	复位位 - 启动 - M12.0
伸缩杆	置位位 - 堆垛机 Y 轴前进 - Q0.2	置位位 - 堆垛机 Y 轴回退 - Q0.1
	复位位 - 堆垛机 Y 轴回退 - Q0.1	复位位 - 堆垛机 Y 轴前进 - Q0.2
旋转电机	置位位 - 逆时针旋转 - Q0.7	置位位 - 顺时针旋转 - Q0.6
	复位位 - 顺时针旋转 - Q0.6	复位位 - 逆时针旋转 - Q0.7
抓手控制	置位位 - 抓手张开 - Q0.5	置位位 - 抓手闭合 - Q0.4
	复位位 - 抓手闭合 - Q0.4	复位位 - 抓手张开 - Q0.5
升降平台	置位位 - 升降平台下降 - Q1.5	置位位 - 升降平台上升 - Q1.4
	复位位 - 升降平台上升 - Q1.4	复位位 - 升降平台下降 - Q1.5
1 号传送带	置位位 - 传送带 1 启动 - Q1.0	置位位 - 传送带 1 停止 - Q2.0
	复位位 - 传送带 1 停止 - Q2.0	复位位 - 传送带 1 启动 - Q1.0
2 号传送带	置位位 - 传送带 2 启动 - Q1.1	置位位 - 传送带 2 停止 - Q2.1
	复位位 - 传送带 2 停止 - Q2.1	复位位 - 传送带 2 启动 - Q1.1
3 号传送带	置位位 - 传送带 3 启动 - Q1.2	置位位 - 传送带 3 停止 - Q3.1
	复位位 - 传送带 3 停止 - Q3.1	复位位 - 传送带 3 启动 - Q1.2
4 号传送带	置位位 - 传送带 4 启动 - Q1.3	置位位 - 传送带 4 停止 - Q4.0
	复位位 - 传送带 4 停止 - Q4.0	复位位 - 传送带 4 启动 - Q1.3
3 号传送带转向	置位位 - 传送带 3 换方向 - Q3.0	复位位 - 传送带 3 换方向 - Q3.0

表 4-6-2　按钮事件绑定

名称	按下 - 信号名称 - 存储地址	释放 - 信号名称 - 存储地址
To 自动控制	—	激活屏幕 - 自动控制
To 根画面	—	激活屏幕 - 根画面
一键启动	置位位 - 手 / 自动切换 - M11.3	复位位 - 手 / 自动切换 - M11.3

指示灯设置外观动画（上）

指示灯设置外观动画（下）

（四）指示灯设置外观动画

1. 添加圆的动画

依次按照①～④步骤操作，“属性”→“动画”→“显示”→“添加新动画”，鼠标左键双击“添加新动画”，如图 4-6-21 所示。

在添加动画窗口选择类型“外观”，单击确定，如图 4-6-22 所示。

2. 添加变量范围

依次按照①～④步骤操作，“动画”→“显示”→“外观”，双击“添加”即可新增变量值，将变量值分别修改为“0”和“1”，如图 4-6-23 所示。

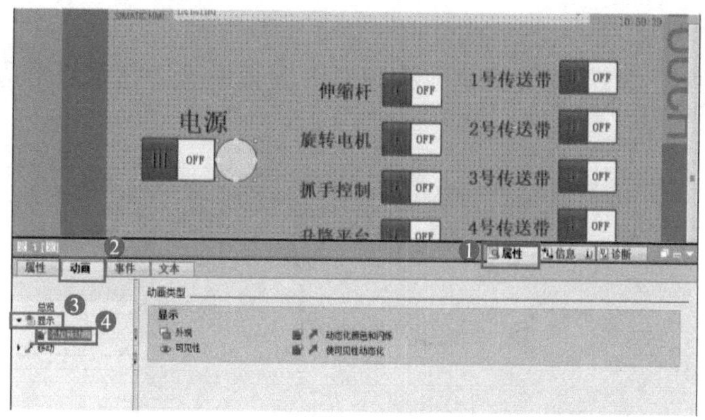

图 4-6-21　添加圆的动画

图 4-6-22　添加动画类型“外观”

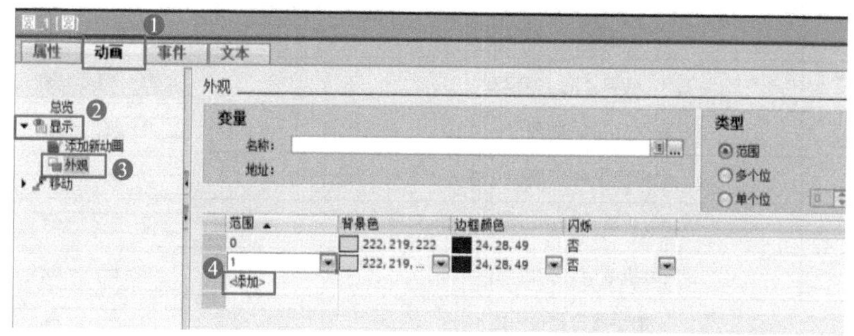

图 4-6-23　添加变量范围

修改范围“1”的背景色为绿色，如图 4-6-24 所示。

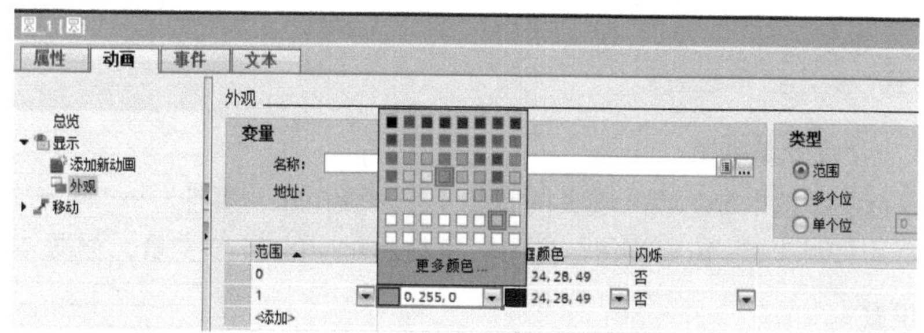

图 4-6-24　修改范围背景色

3. 绑定变量地址

单击名称右侧的“...”拓展按钮，从PLC变量表中选中指示灯对应的plc变量，如图4-6-25所示。

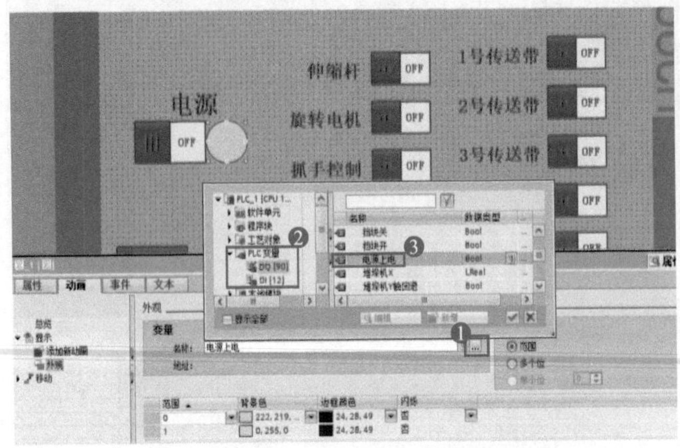

图 4-6-25 绑定指示灯变量

4. 案例实操

参考上述操作，按照表4-6-3把根画面与自动控制画面的指示灯外观动画设置完成。

表 4-6-3 指示灯外观动画设置表

名称	PLC 变量名 - 存储地址	范围 - 颜色
电源	电源上电 - M12.0	0- 灰; 1- 绿
伸出	堆垛机 Y 轴前限位 - I0.1	0- 灰; 1- 绿
缩回	堆垛机 Y 轴后限位 - I0.0	0- 灰; 1- 绿
旋转	旋转电机逆时针到位限位 - I0.6	0- 灰; 1- 绿
回转	旋转电机顺时针到位限位 - I0.5	0- 灰; 1- 绿
张开	抓手张开到位 - I0.4	0- 灰; 1- 绿
闭合	抓手闭合到位 - I0.3	0- 灰; 1- 绿
上限位	升降平台上限位 - I1.0	0- 灰; 1- 绿
下限位	升降平台下限位 - I0.7	0- 灰; 1- 绿

（五）数字显示栏设置

数字显示栏设置

1. I/O 域变量绑定

鼠标左键选中I/O域，依次按照②~④步骤操作,“属性”→“常规”→“变量”，单击变量右侧“...”拓展按钮，选择数字显示对应的PLC变量，如图4-6-26所示。

2. 属性设置

在“常规”属性中，可以通过修改“类型”和“格式”而改变I/O域的输入和显示方式。类型为“输入”时，该I/O域允许从WinCC触摸板中输入并将数据传输给变量；类型为“输出”时，该 I/O 域只读取变量中的数值并显示在 WinCC 触摸屏上；类型为“输入 / 输出”时即两种功能都满足，如图 4-6-27 所示。

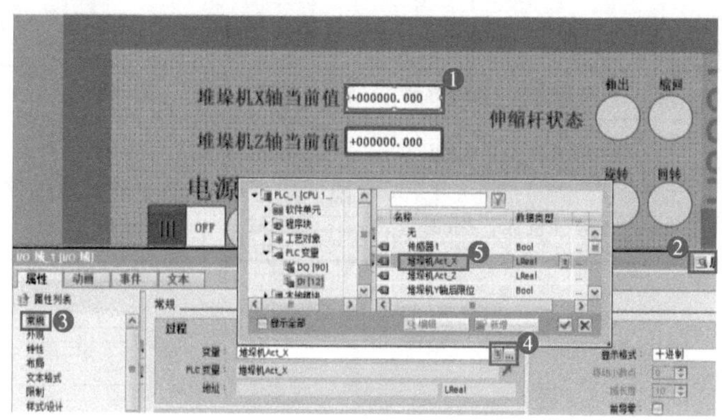

图 4-6-26　I/O 域绑定变量

数据显示格式分为“二进制”“日期”“日期 / 时间”“十进制”“十六进制”“时间”和“字符串”7 种，在选择显示格式时需要对照变量类型进行选择，如图 4-6-28 所示。

格式样式，即数据显示精度，可以通过下拉展开选择数据精度，也可以手动删减格式样式中数据位数来修改精度，十进制数据的格式样式前可以添加字母“s”，表示有符号十进制数据，如图 4-6-29 所示。

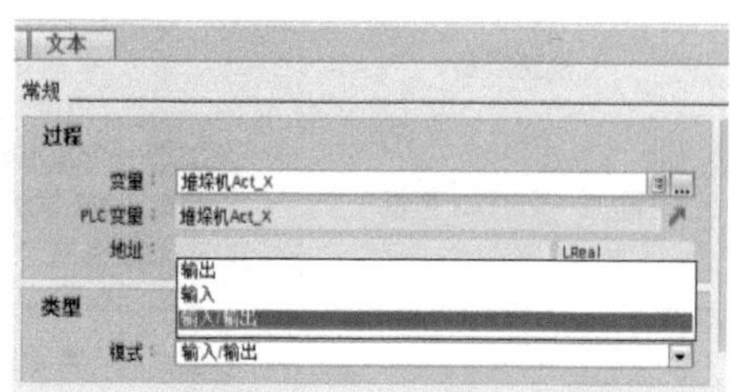

图 4-6-27　I/O 域输出类型

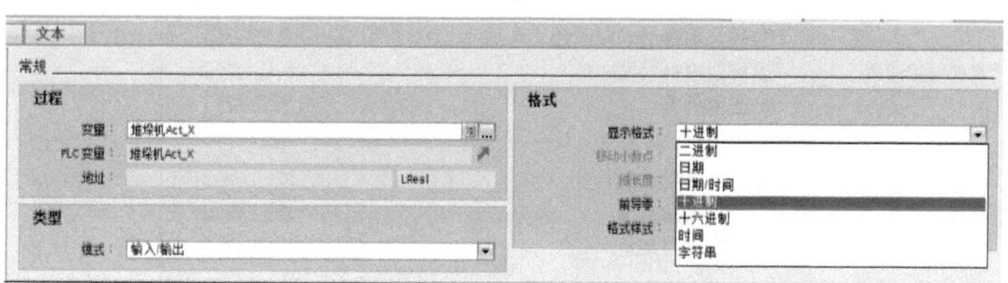

图 4-6-28　数据显示格式

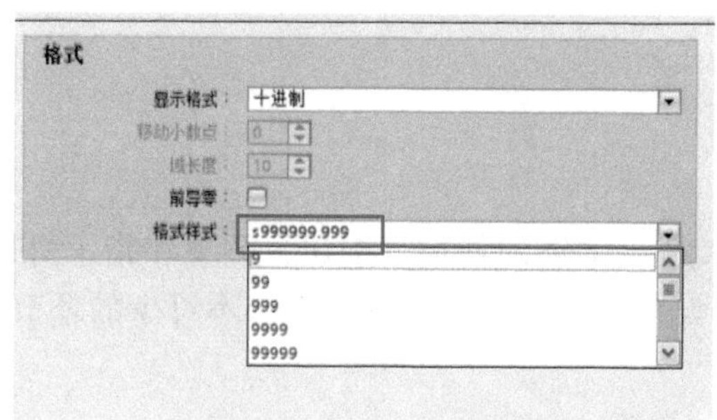

图 4-6-29　修改数据精度

3. 案例实操

参考上述操作，按照表 4-6-4 把数字显示栏设置完成。

表 4-6-4　数字显示栏设置

名称	PLC 变量名 - 存储地址	类型	显示格式	格式样式
堆垛机 X 轴当前值	堆垛机 Act_X-I60	LREAL	输出	s999999.999
堆垛机 Z 轴当前值	堆垛机 Act_Z-I68	LREAL	输出	s999999.999

检查与评估

对本任务的学习情况进行检查和评估，并将相关内容填写在表 4-6-5 中。

表 4-6-5　检查表

检查项目	检查对象	检查结果	结果点评
添加一个 HMI 面板	① 添加一个指定型号的 HMI 显示屏 ② 修改 HMI 显示屏的设备名称 ③ 添加新画面	是□ 否□ 是□ 否□ 是□ 否□	
HMI 元素布局	①添加工具箱元素至画面 ② 删除画面元素 ③ 调整元素尺寸大小 ④ 修改按钮的标签文本 ⑤ 添加注释文本	是□ 否□ 是□ 否□ 是□ 否□ 是□ 否□ 是□ 否□	
添加元素的触发事件	① 添加事件的对应函数 ② 绑定事件触发变量 ③ 激活屏幕	是□ 否□ 是□ 否□ 是□ 否□	
指示灯设置外观动画	① 添加圆的动画 ② 添加变量范围 ③ 绑定变量地址	是□ 否□ 是□ 否□ 是□ 否□	
I/O 域变量绑定	① I/O 域变量绑定 ② 属性设置	是□ 否□ 是□ 否□	

任务总结

本任务学习了 WinCC 显示屏的创建，按钮、开关和指示灯的添加，按钮触发事件绑定、指示灯外观动画设置，是虚拟调试过程中必不可少的环节，任务小结如图 4-6-30 所示。

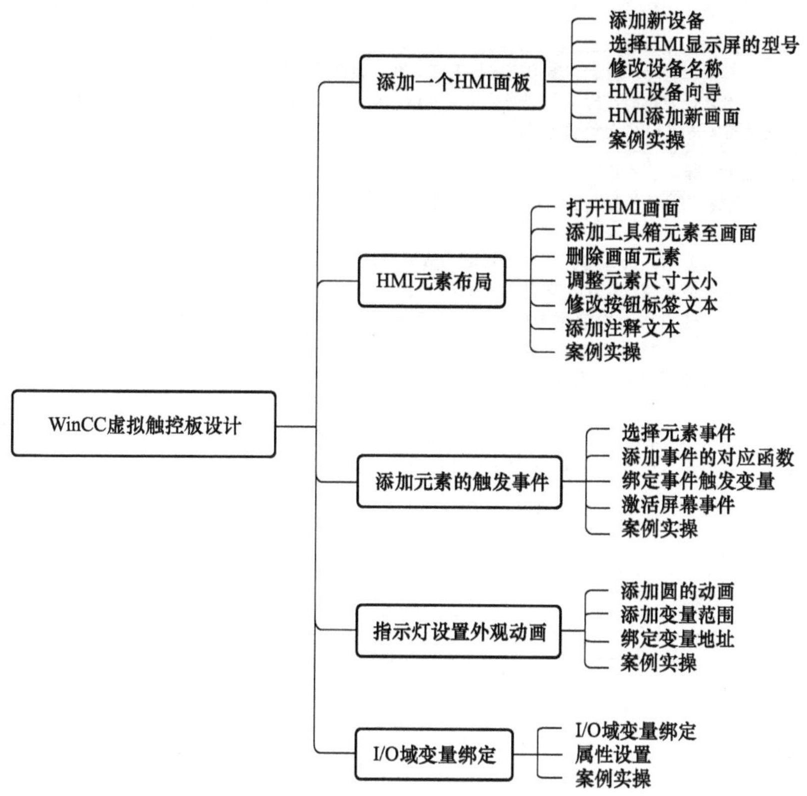

图 4-6-30　WinCC 虚拟触控板设计任务小结

任务拓展

参考本任务案例，将“根画面”和“自动控制”中的开关元素全部替换成按钮元素并绑定对应信号，使按钮能够实现按下后保持信号置复位状态的效果（第 1 次单击按钮时信号置位，第 2 次单击按钮后信号复位）。完成 WinCC 虚拟触控板的任务拓展，并按表 4-6-5 对其各个参数设置进行检查。

任务七　虚拟调试与工艺仿真

任务工单

任务名称				姓名	
班级		组号		成绩	
工作任务	在项目四任务一～任务六的基础上，本任务通过 Process Simulate 软件中的仿真面板和博途软件中的监控表以及虚拟触控板，完成所有智能设备的信号测试和触发 PLC 程序段信号的程序段测试，以此保证虚拟触控板测试 PLC 程序具有连贯性，最终实现立体仓库所有功能的虚拟调试和工艺仿真				

（续）

<table>
<tr><td>工作任务</td><td colspan="3">• 扫描二维码，观看“虚拟调试与工艺仿真”微视频
• 阅读任务技能实操，分别使用仿真面板、监控表以及虚拟触控版调试设备，使用程序块和 WinCC 虚拟触控板调试 PLC 自动运行程序</td></tr>
<tr><td>任务目标</td><td colspan="3">知识目标
• 理解仿真面板强制控制和 PLC 程序控制的区别和优先顺序
能力目标
• 学会使用 Process Simulate 软件的仿真面板调试
• 学会使用博途软件的监控表测试信号通信
• 学会使用 WinCC 启用仿真测试信号通信
• 学会手动触发 PLC 程序信号测试运行
• 学会使用 WinCC 虚拟触控板触发 PLC 程序运行
素质目标
• 鼓励每一名学生发挥自身优势，取长补短和补位意识
• 激励学生正确认识时代责任和历史使命</td></tr>
<tr><td rowspan="4">任务分配</td><td>职位</td><td>姓名</td><td>工作内容</td></tr>
<tr><td>组长</td><td></td><td></td></tr>
<tr><td>组员</td><td></td><td></td></tr>
<tr><td>组员</td><td></td><td></td></tr>
</table>

知识储备

1. 仿真模拟调试需要预先将设计好的程序写入 PLC 后，首先逐条仔细检查，并改正写入时出现的错误。

2. 一般先在博途软件启用监视的状态下进行单段程序的模拟调试，输入信号可以通过手动强制修改开始信号来模拟，各输出量的通 / 断状态可以通过程序段中的线圈状态来检测。

3. 根据功能表图，可以灵活地使用开关或按钮来模拟实际的反馈信号，如限位开关触点的接通和断开。

4. 对于顺序控制程序，调试程序的主要任务是检查程序的运行是否符合功能表图的规定，即在某一转换条件满足时，是否发生步的活动状态的正确变化，以及各步被驱动的信号状态是否发生相应的变化。

技能实操

（一）仿真面板调试

1. 仿真面板强制控制

打开 Process Simulate 软件，切换至仿真生产线模式，勾选仿真面板里所有的控制信号（Q 信号）的“强制！”，如图 4-7-1 所示。

2. 强制值调试智能设备

序列编辑器开始播放仿真，触发仿真面板中智能设备信号的强制值，如图 4-7-2 所示。

查看每个设备所绑定的 Q 信号触发时，是否执行相应动作。

仿真面板

仿真	输入	输出	强..l	强制值	地址	机
LB_load-part		●	☑	■	Q0.0	
Y轴						
Push_Y_at_CLOSE	■		☐	■	I0.0	
Push_Y_at_OPEN	■		☐	■	I0.1	
Push_Y_mtp_CLOSE		●	☑	■	Q0.1	
Push_Y_mtp_OPEN		●	☑	■	Q0.2	
夹爪						
Jiazhua_Y_at_CLOSE	■		☐	■	I0.3	
Jiazhua_Y_mtp_CLOSE		●	☑	■	Q0.4	
Jiazhua_Y_at_OPEN	■		☐	■	I0.4	
Jiazhua_Y_mtp_OPEN		●	☑	■	Q0.5	
旋转						
Xuanzhuan_at_CLOSE	■		☐	■	I0.5	
Xuanzhuan_mtp_CLOSE		●	☑	■	Q0.6	
Xuanzhuan_at_OPEN	■		☐	■	I0.6	
Xuanzhuan_mtp_OPEN		●	☑	■	Q0.7	
上下						

操作树 仿真面板

图 4-7-1 仿真面板信号强制

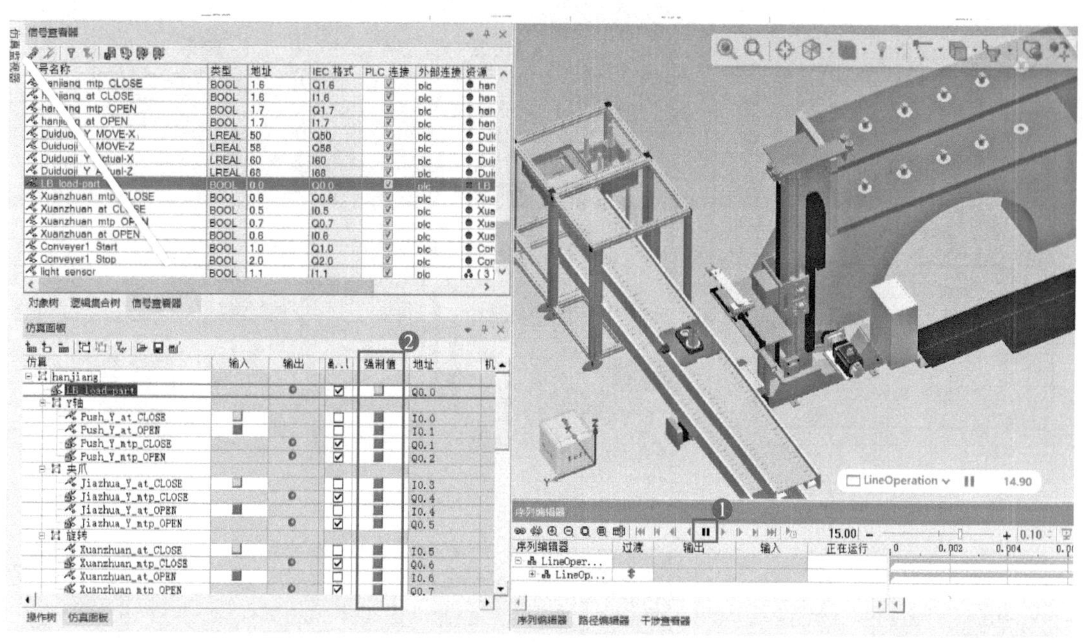

图 4-7-2 强制值触发智能设备

3. 测试物料存放坐标

调整工作区视角，单击 3D 导航立方体的“Top”面切换工作区视角到正上方，如图 4-7-3 所示。

强制生成物料、伸缩机 Y 轴伸出，修改仿真面板里 X、Z 轴的强制值，使抓手中心正好能够夹住物料，如图 4-7-4 所示。记录此时 X 轴的值。

调整工作区视角，单击 3D 导航立方体的“Right”面切换工作区视角到正右方，修改仿真面板里 Z 轴的强制值，使抓手的高度能够夹住物料，如图 4-7-5 所示。

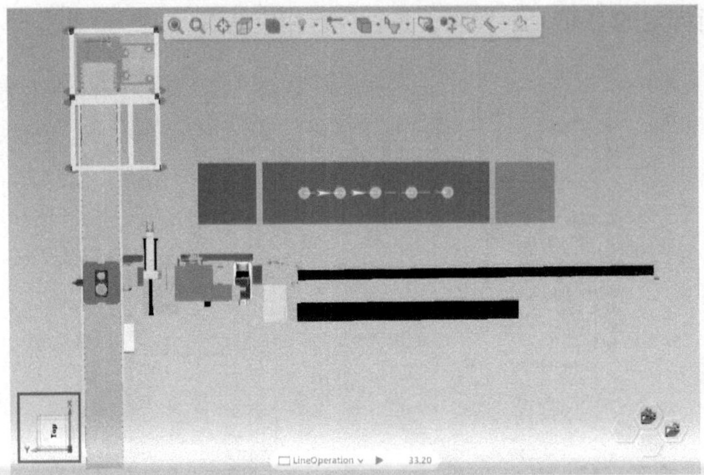

图 4-7-3　切换工作区视角

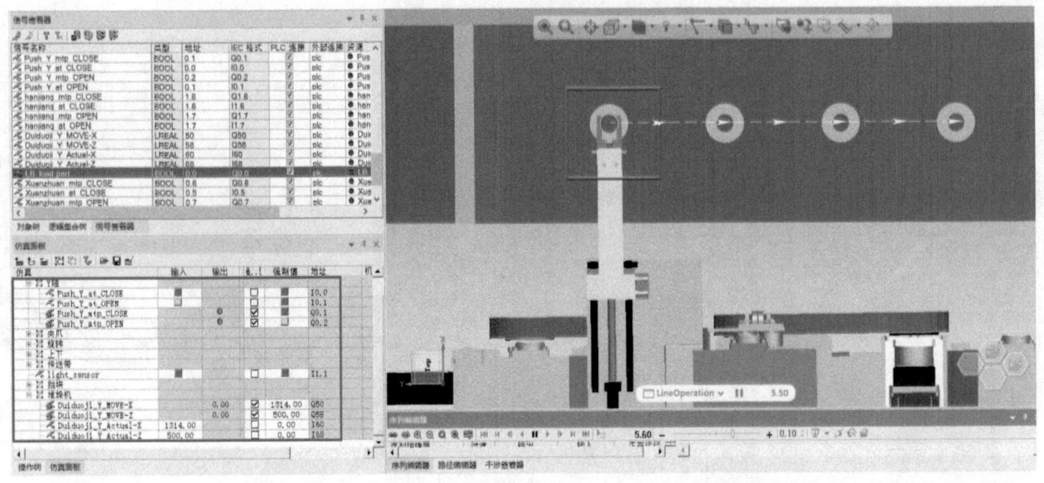

图 4-7-4　测试堆垛机 X 坐标

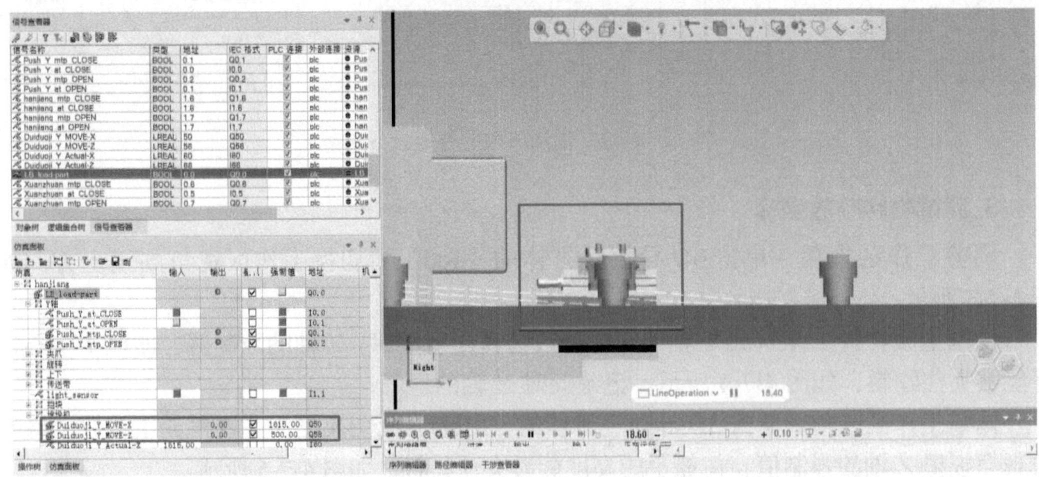

图 4-7-5　测试堆垛机 Z 坐标

4. 数据块记录库位

打开博途软件，将记录的 X、Z 库位的坐标保存至“库位”数据块，如图 4-7-6 所示。

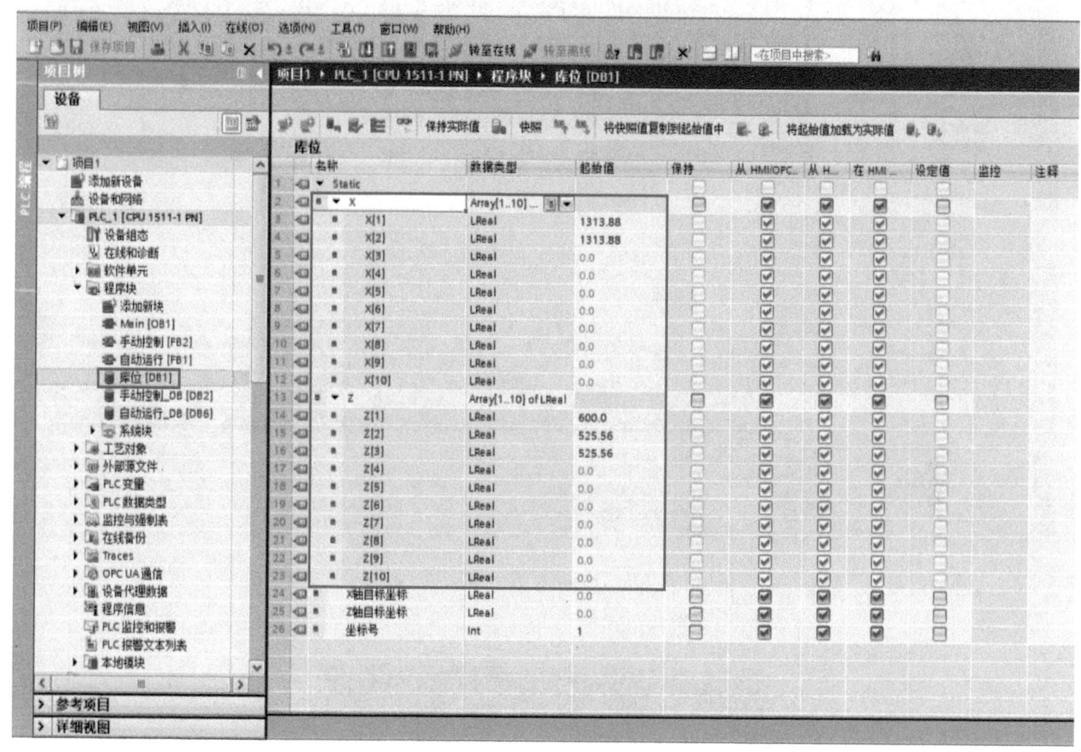

图 4-7-6　库位数据块

5. 任务操作

参考上述步骤，调试智能设备信号触发是否成功，测试并记录 10 个库位的坐标值，并记录在库位数据块中。

（二）监控表信号通信调试

1. 信号通信调试准备工作

进行虚拟调试前，需要重新检查信号通信是否正常，若有一处出现问题则无法完成调试时，需将 PLC 程序重新下载到设备，并进行再次调试，具体如图 4-7-7 所示。

打开 PLCSIM Advanced 软件，检查虚拟 PLC 是否处于运行状态，确保 PLCSIM Advanced 软件运行正常，如图 4-7-8 所示。

打开 Process Simulate 软件，依次按照①～⑤步骤操作，重新验证外部连接是否有效，连接正常则会弹出窗口“所选外部连接有效”，如图 4-7-9 所示。

确认每个建立通信的信号都已勾选 PLC 连接且都已经给定地址，检查所有“外部连接”是否都有“plc”的命名，如图 4-7-10 所示。

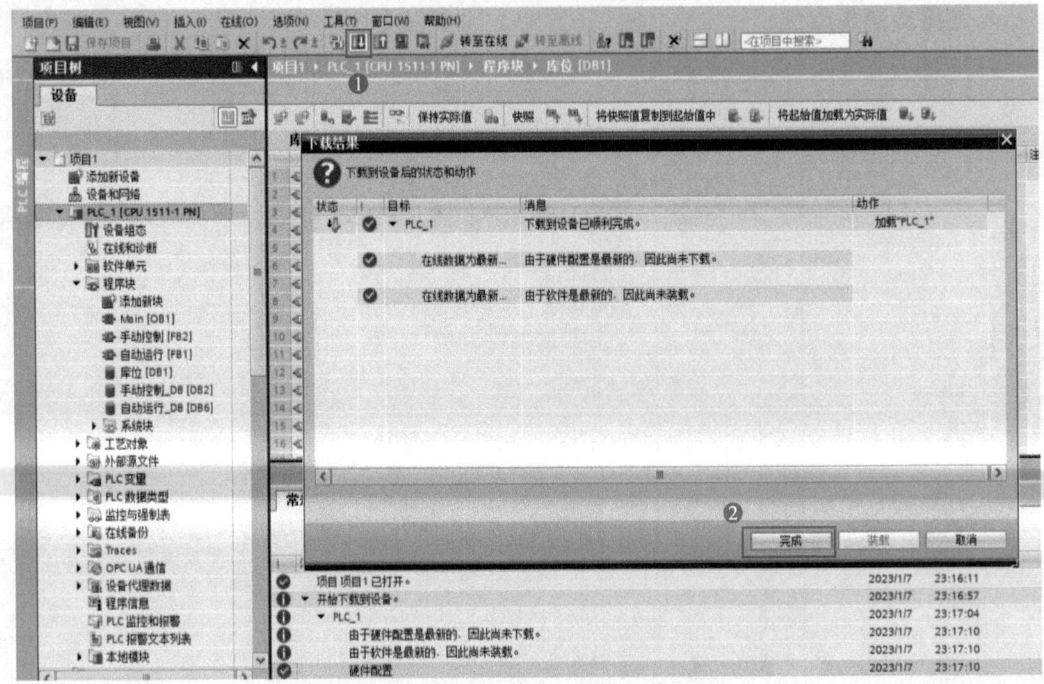

图 4-7-7　重新下载 PLC 到设备

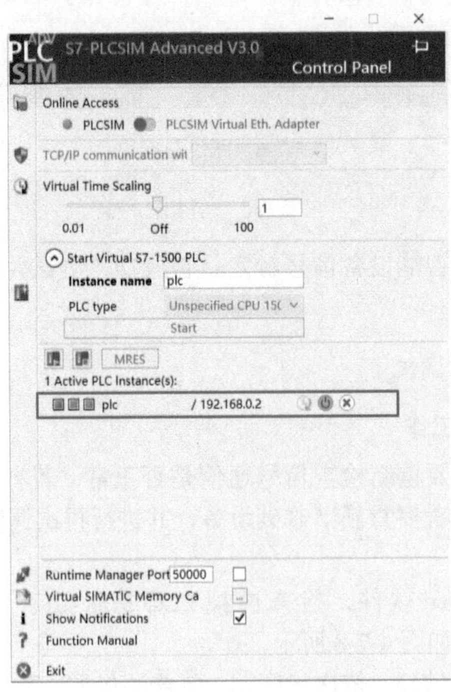

图 4-7-8　检查 PLCSIM Advanced 运行

检查 PLC 变量表和 Process Simulate 软件中的信号类型、地址是否一一对应。

强制控制是 Process Simulate 软件测试逻辑块时的内部信号控制，PLC 属于外部控制，在使用前需要将仿真面板里所有信号的“强制！”全部取消勾选，如图 4-7-11 所示。勾选“强制！”的信号优先执行内部信号控制，所以此时使用 PLC 控制无效。

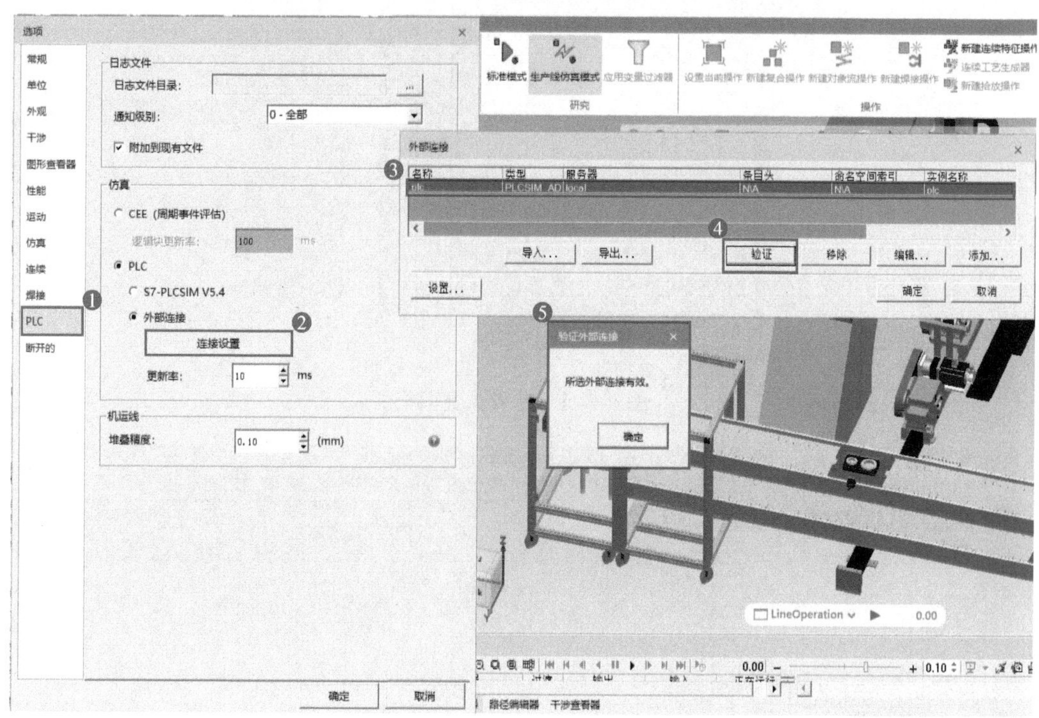

图 4-7-9　验证外部连接

信号查看器

信号名称	类型	地址	IEC 格式	PLC 连接	外部连接	资源
Push_Y_mtp_CLOSE	BOOL	0.1	Q0.1	☑	plc	Pus
Push_Y_at_CLOSE	BOOL	0.0	I0.0	☑	plc	Pus
Push_Y_mtp_OPEN	BOOL	0.2	Q0.2	☑	plc	Pus
Push_Y_at_OPEN	BOOL	0.1	I0.1	☑	plc	Pus
hanjiang_mtp_CLOSE	BOOL	1.6	Q1.6	☑	plc	han
hanjiang_at_CLOSE	BOOL	1.6	I1.6	☑	plc	han
hanjiang_mtp_OPEN	BOOL	1.7	Q1.7	☑	plc	han
hanjiang_at_OPEN	BOOL	1.7	I1.7	☑	plc	han
Duiduoji_Y_MOVE-X	LREAL	50	Q50	☑	plc	Dui
Duiduoji_Y_MOVE-Z	LREAL	58	Q58	☑	plc	Dui
Duiduoji_Y_Actual-X	LREAL	60	I60	☑	plc	Dui
Duiduoji_Y_Actual-Z	LREAL	68	I68	☑	plc	Dui
LB_load-part	BOOL	0.0	Q0.0	☑	plc	LB
Xuanzhuan_mtp_CLOSE	BOOL	0.6	Q0.6	☑	plc	Xua
Xuanzhuan_at_CLOSE	BOOL	0.5	I0.5	☑	plc	Xua
Xuanzhuan_mtp_OPEN	BOOL	0.7	Q0.7	☑	plc	Xua
Xuanzhuan_at_OPEN	BOOL	0.6	I0.6	☑	plc	Xua
Conveyer1_Start	BOOL	1.0	Q1.0	☑	plc	Con
Conveyer1_Stop	BOOL	2.0	Q2.0	☑	plc	Con

对象树　逻辑集合树　信号查看器

图 4-7-10　检查信号查看器

2. 创建监控表

找到“项目树”，依次按照①～④步骤操作，“项目 1”→“PLC_1”→“监控与强制表”→“添加新监控表”，双击“添加新监控表”自动生成“监控表_1”，如图 4-7-12 所示。

仿真面板

仿真	输入	输出	虽...	强制值	地址	机
hanjiang						
LB_load-part					Q0.0	
Y轴						
Push_Y_at_CLOSE					I0.0	
Push_Y_at_OPEN					I0.1	
Push_Y_mtp_CLOSE					Q0.1	
Push_Y_mtp_OPEN					Q0.2	
夹爪						
Jiazhua_Y_at_CLOSE					I0.3	
Jiazhua_Y_mtp_CLOSE					Q0.4	
Jiazhua_Y_at_OPEN					I0.4	
Jiazhua_Y_mtp_OPEN					Q0.5	
旋转						
Xuanzhuan_at_CLOSE					I0.5	
Xuanzhuan_mtp_CLOSE					Q0.6	
Xuanzhuan_at_OPEN					I0.6	
Xuanzhuan_mtp_OPEN					Q0.7	
上下						
Shusong_Fixture_at_...					I0.7	
Shusong_Fixture_at_UP					I1.0	
Shusong_Fixture_mtp_UP					Q1.4	

操作树　仿真面板

图 4-7-11　检查仿真面板

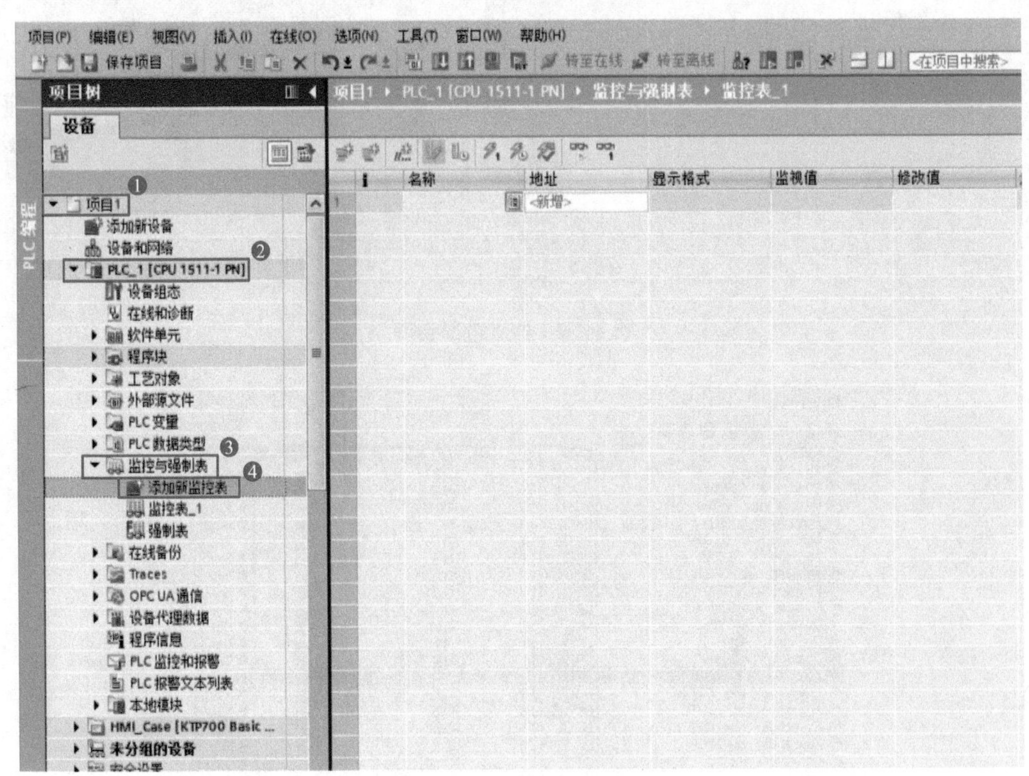

图 4-7-12　添加新监控表

3. 把信号添加到监控表

在监控表地址栏输入需要监控的信号，软件会自动检索到该信号对应的名称和格式，如图 4-7-13 所示。还可以采用复制 PLC 变量表的方式，批量将信号粘贴到监控表。

4. 启用监视

鼠标左键单击“转至在线”后继续单击“启用监视”，如图 4-7-14 所示。在博途软件中，启用监视后才可以对监控表以及程序信号进行手动触发。

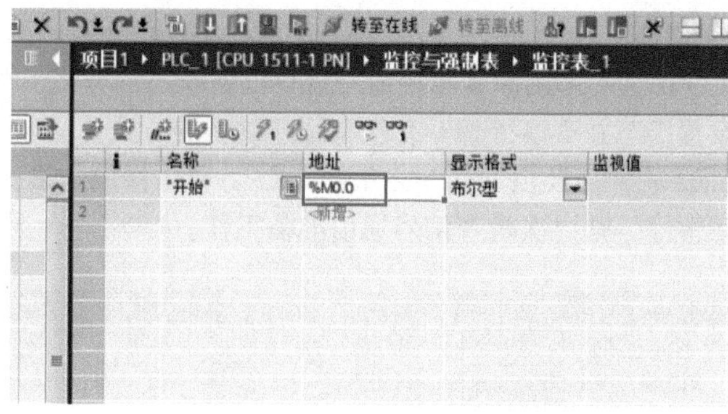

图 4-7-13　添加信号到监控表

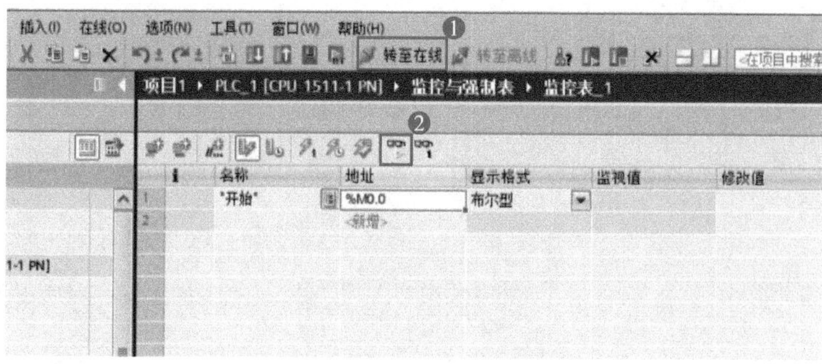

图 4-7-14　开启监视

此时监视值栏可以看到该信号的实时状态，如图 4-7-15 所示。

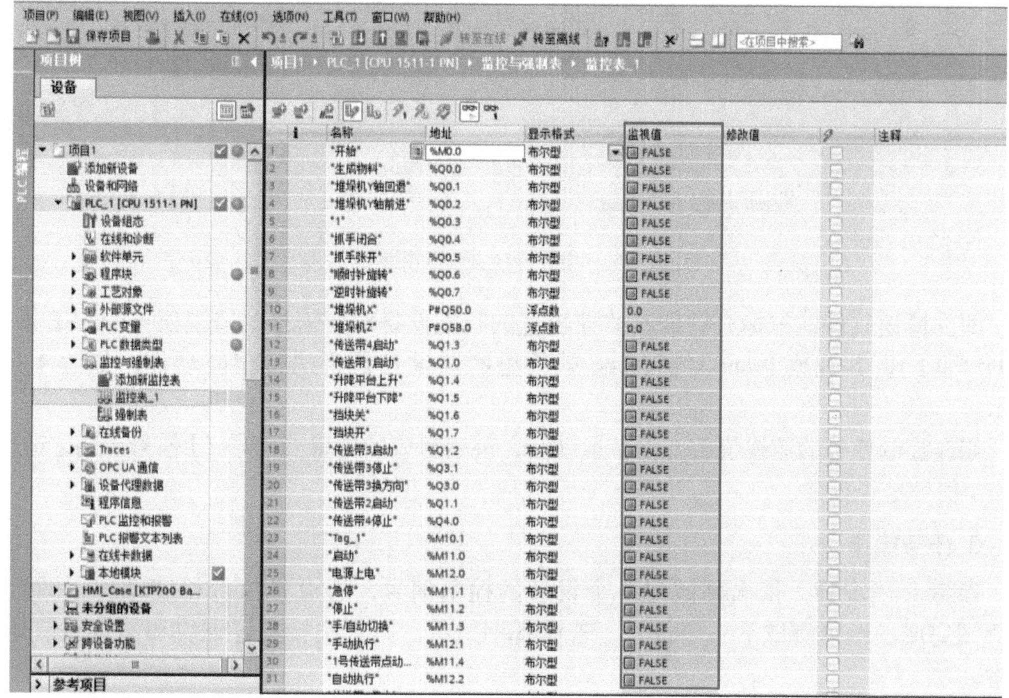

图 4-7-15　同步信号状态

5. 监控表测试信号通信

测试控制信号（Q 信号）采用修改监控值并观察设备状态的方式，测试传感器信号（I 信号）采用将设备设置姿态并观察传感器有没有跟随跳转的方式。

将 Process Simulate 软件切换至“生产线仿真模式”，单击播放仿真，如图 4-7-16 所示。如果单击播放后自动暂停，则再次检查信号通信准备工作。

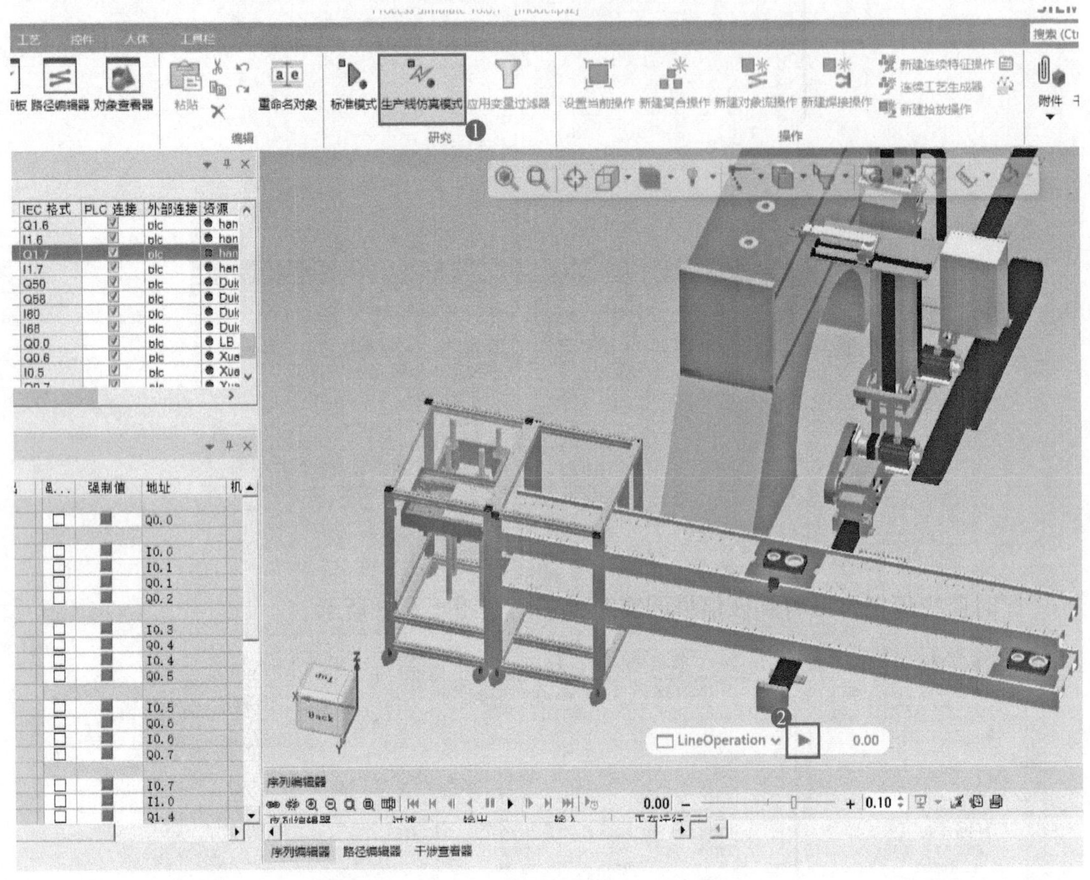

图 4-7-16　生产线仿真模式开始运行

回到博途软件，鼠标右键修改监控表里的智能设备对应信号的监视值（FALSE 即 0，TRUE 即 1），并观察 Process Simulate 软件里的该设备是否执行相应动作，如图 4-7-17 所示。

修改控制信号的监视值后，设备运动后，观察对应的传感器信号（I 信号）随之改变，检查 I 信号是否正常。

6. 任务操作

参考上述步骤，依次测试每一个设备的控制信号，若设备执行相应动作，即该信号测试完成，继续测试下一个信号，若设备不执行，则再次检查逻辑块和信号通信是否正常。

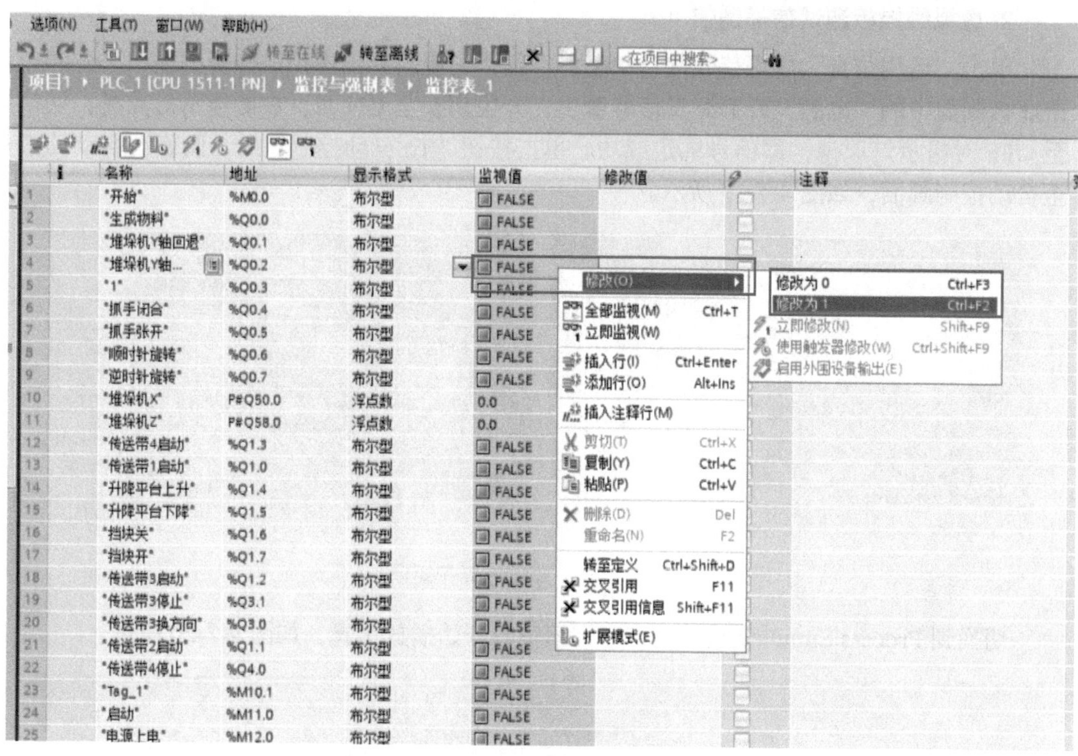

图 4-7-17　修改监控表监视值

（三）WinCC 启用仿真调试信号通信

WinCC 启用仿真调试信号通信

1. WinCC 启用仿真

打开博途软件，选中项目树中的 HMI_Case 文件，单击菜单栏的“启用仿真”按钮，如图 4-7-18 所示。

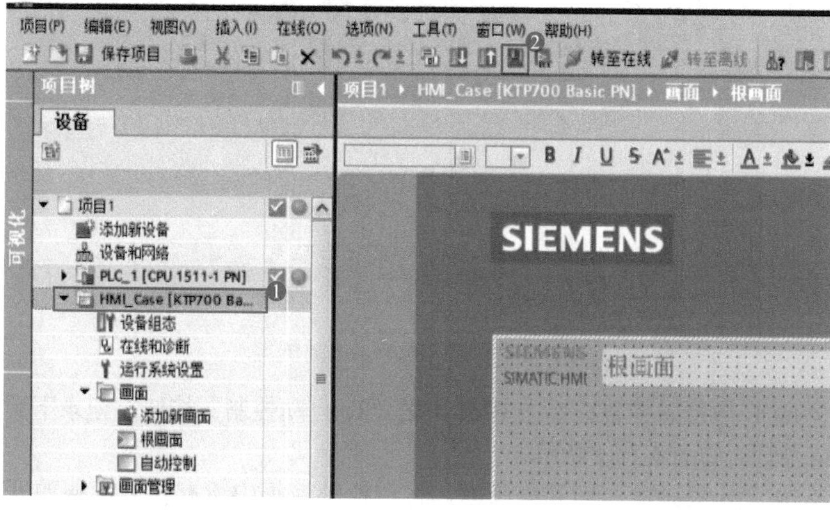

图 4-7-18　WinCC 启用仿真

2. 虚拟触控板测试信号通信

单击“启用仿真”后等待软件自动编译，编译完成会弹出虚拟触控板的窗口。此时单击虚拟画面中的“电源”开关测试信号触发，开关切换至 ON 时，右侧指示灯点亮，切换至 OFF 时指示灯灭掉，即信号绑定成功。单击按钮“To 自动控制”时，画面会自动切换至自动控制画面，如图 4-7-19 所示。

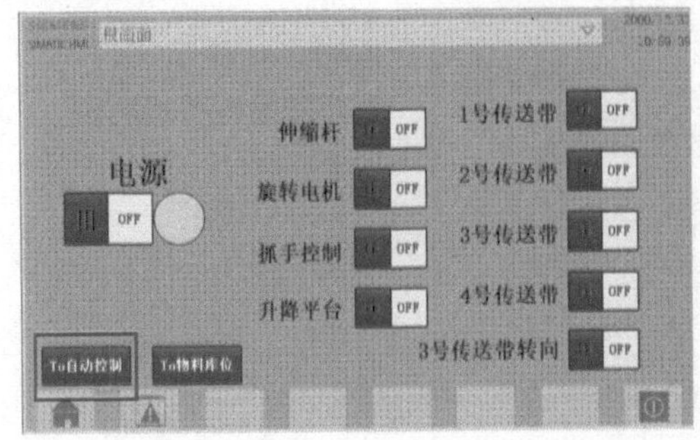

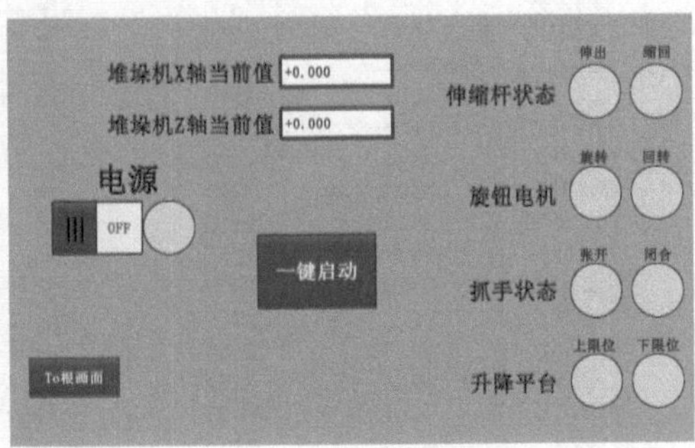

图 4-7-19　测试电源开关

切换到 Process Simulate 软件，将序列编辑器开始播放仿真，如图 4-7-20 所示。

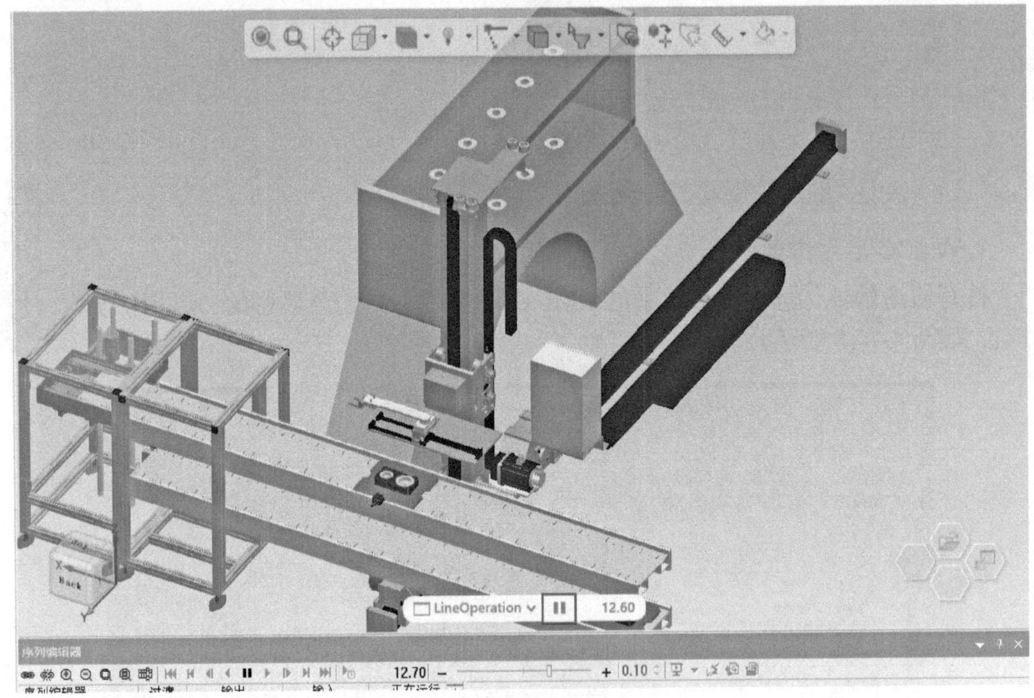

图 4-7-20　序列编辑器播放仿真

回到 WinCC 虚拟触控板，单击 HMI 中的“To 自动控制”按钮，记录下当前智能设备的状态信号灯，如图 4-7-21 所示。

继续单击“To 根画面”回到根画面，将虚拟触控板中所有智能设备的开关切换到 ON，观察 Process Simulate 软件中的智能设备是否执行相应动作，如图 4-7-22 所示。

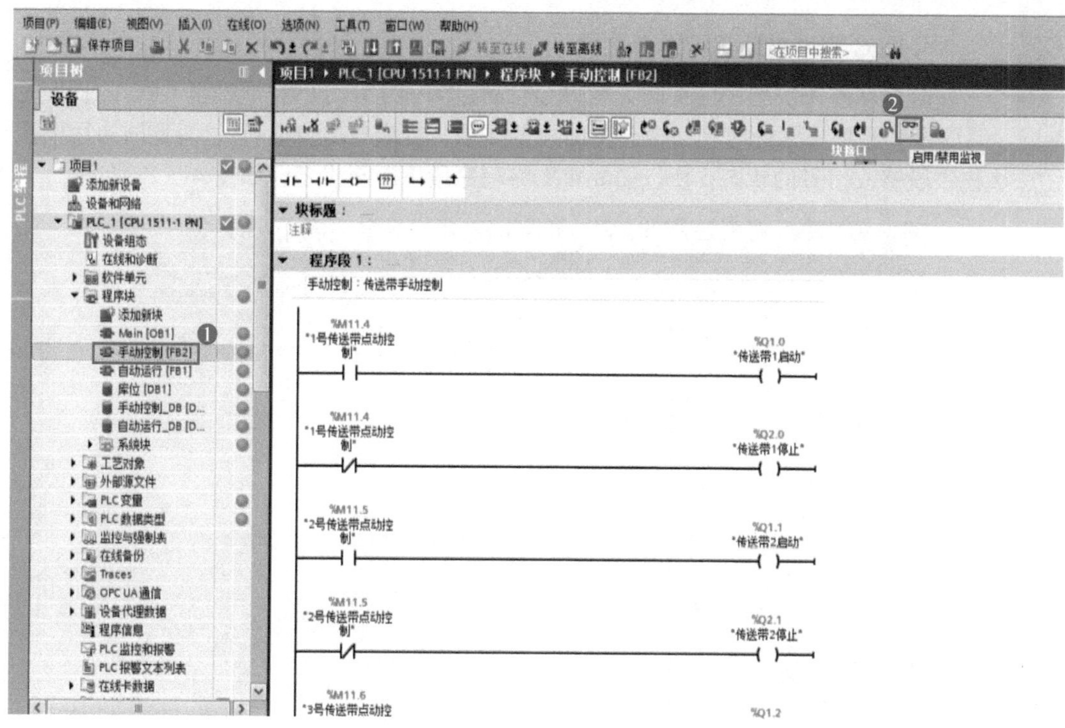

图 4-7-25　手动控制程序块启用监视

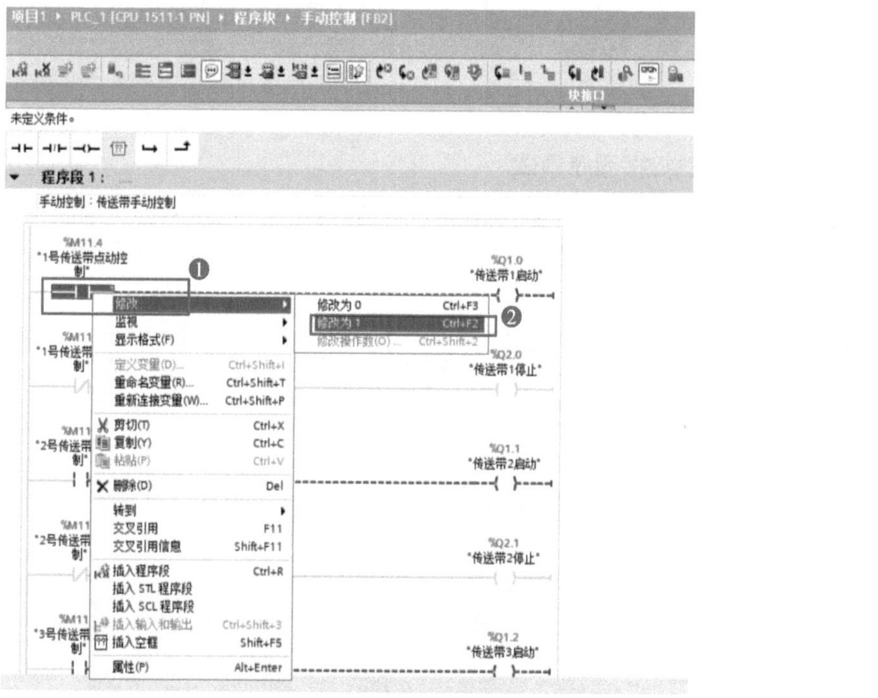

图 4-7-26　测试程序段

切换到 Process Simulate 软件，将序列编辑器开始播放仿真，参考图 4-7-16。此时虚拟触控板状态指示灯已经点亮，将电源开关切换至 ON，此时零件生成，如图 4-7-29 所示。

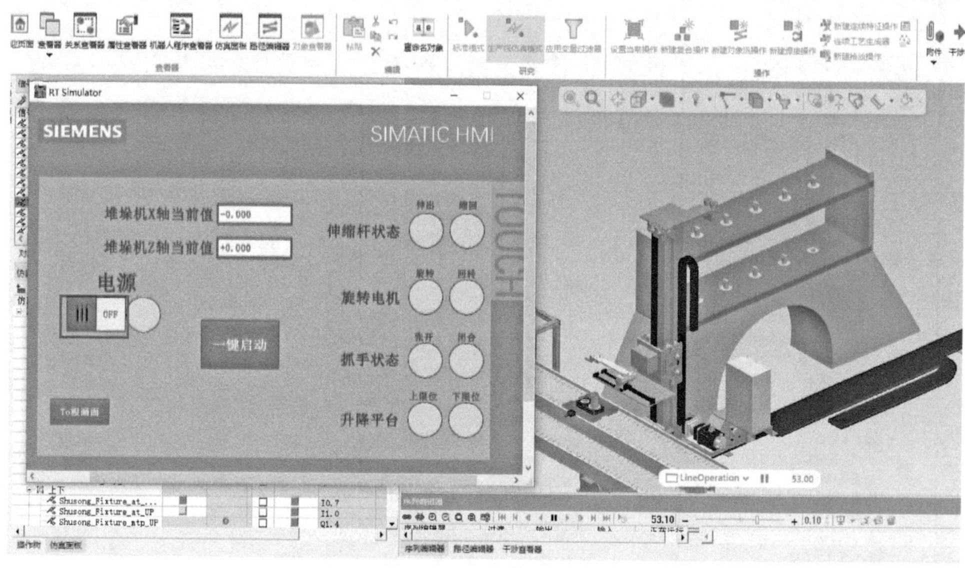

图 4-7-29　电源开关打开

单击虚拟触控板按钮“一键启动”，程序开始运行，设备开始运动，如图 4-7-30 所示。运行过程中智能设备状态指示灯会随着设备动作而切换，堆垛机移动后数字显示器也会随之变换数值。

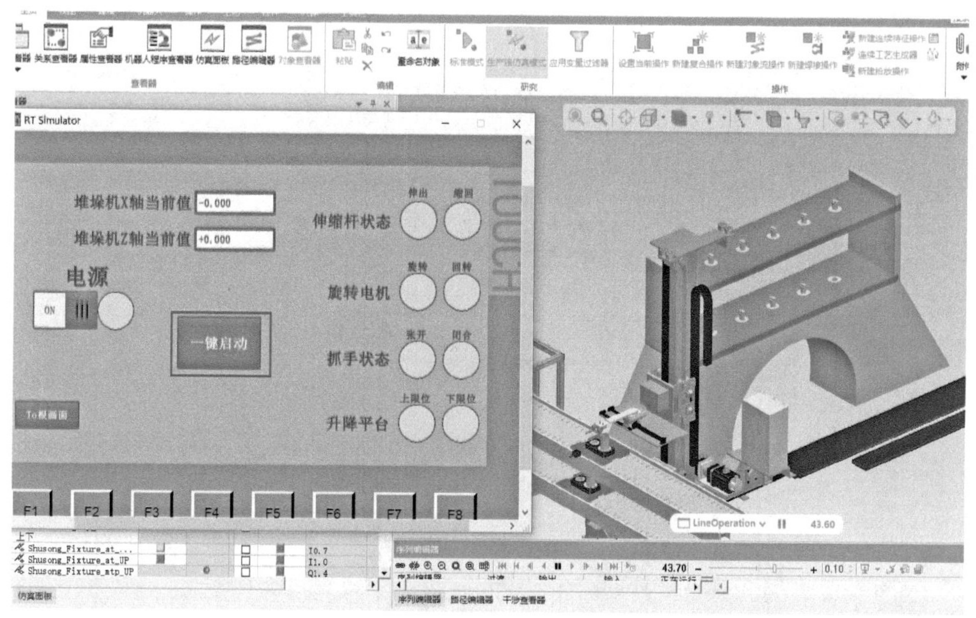

图 4-7-30　PLC 程序一键启动

PLC 程序运行过程中可以进入“自动运行”程序块监视程序运行阶段。双击“自动运行”程序块，进入子程序，如图 4-7-31 所示。

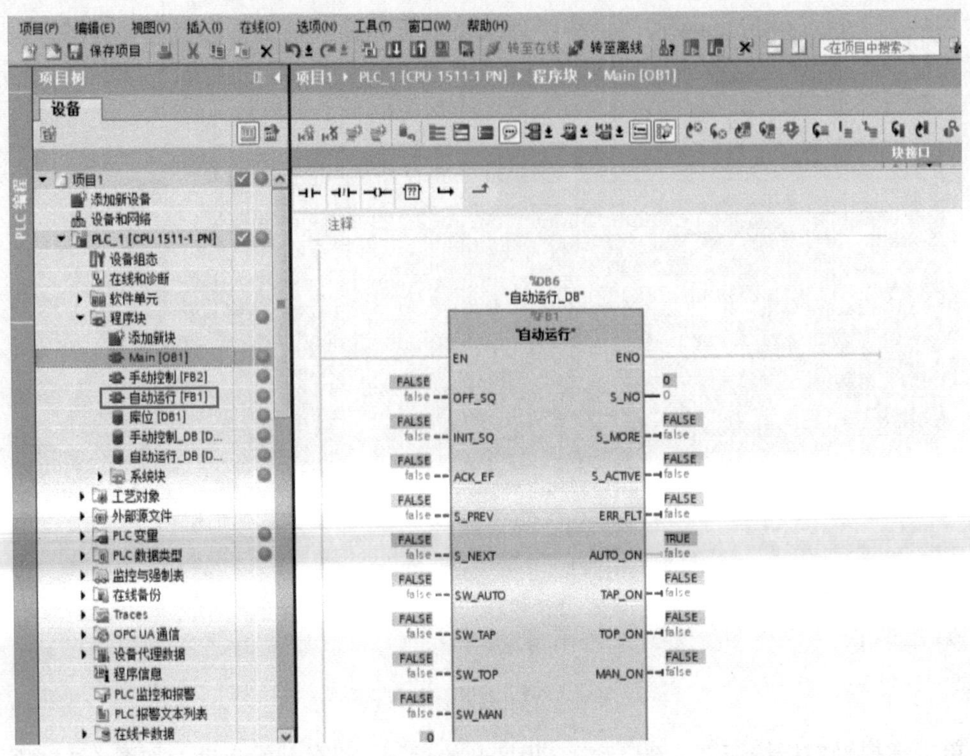

图 4-7-31　进入“自动运行”子程序

继续启用监视，此时通过顺控器可以看到左侧绿色的步就是程序当前正在执行的步，如图 4-7-32 所示。

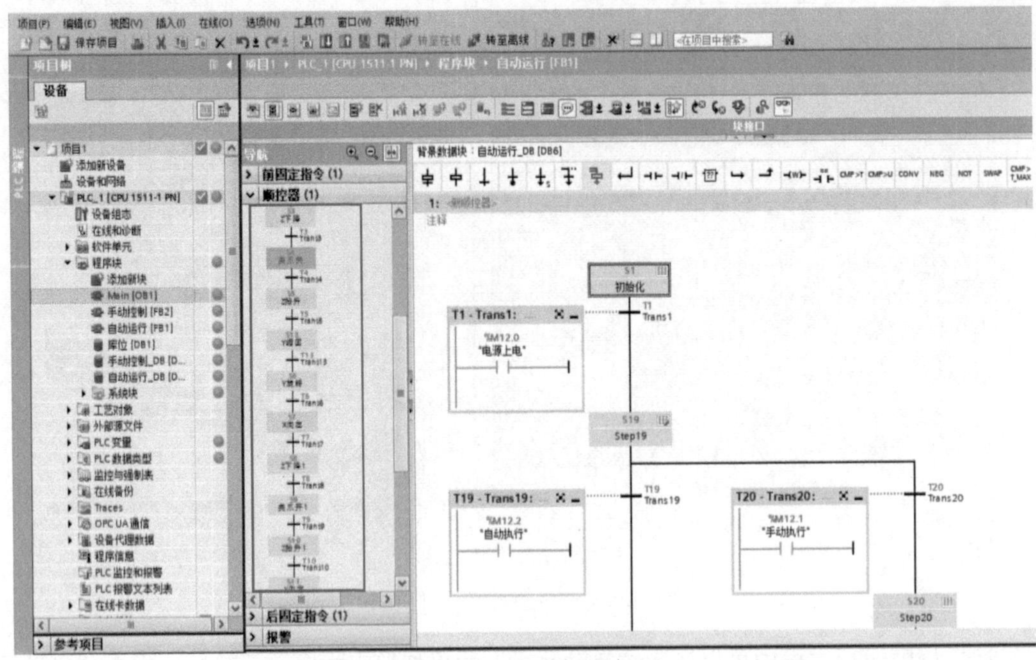

图 4-7-32　监视 PLC 执行